高等教育工程造价系列规划教材

工程招投标与合同管理

第 2 版

主　编　王秀燕　李　艳

副主编　王　赫

参　编　李锦华　康香萍
　　　　罗　凤　李东光

主　审　郭献芳

机械工业出版社

本书全面介绍了工程招投标与合同管理的基本理论、方法。全书共分 10 章,主要内容包括:工程项目招投标、合同管理、索赔等基本理论,招投标文件、资格预审及申请文件的编制,投标策略和投标决策的内容和方法,开标、评标的程序与方法,建设工程合同的内容分析,合同实施控制、变更和索赔的管理方法和实务操作,国际工程项目常用合同条件,网络招标,招投标和合同管理软件的操作运用等。

本书在第 1 版的基础上,参照《中华人民共和国招标投标法实施条例》、《建设工程工程量清单计价规范》(GB 50500—2013)、《建设工程施工合同(示范文本)》(GF—2013—0201)、《中华人民共和国简明标准施工招标文件(2012)》和《中华人民共和国标准设计施工总承包招标文件(2012)》、《中华人民共和国标准施工招标文件(2007)》及之后各部委陆续出台的房屋建筑及市政工程、公路工程等行业标准资格预审及招标文件等最新颁布的相关法律、法规、标准、规范和现实情况进行编写,全面反映了招投标及合同管理的国际惯例和国内新变化。

本书立足国情、接轨国际,注重实务性、可操作性和理论的系统性,反映学科的新进展;力求体现以理论知识为基础,重在实践能力、动手能力的培养的编写宗旨。通过案例导入、案例解析、知识链接、技能训练,让读者掌握相关知识和技能。可作为高等院校工程管理、工程造价及相关专业的教材及教学参考书,也可作为从事招投标与合同管理的相关人员学习参考书及培训用书。

图书在版编目(CIP)数据

工程招投标与合同管理/王秀燕等主编. —2 版. —北京:机械工业出版社,2014.1
(2022.9 重印)

高等教育工程造价系列规划教材

ISBN 978-7-111-44914-0

Ⅰ.①工… Ⅱ.①王… Ⅲ.①建筑工程—招标—高等学校—教材②建筑工程—经济合同—管理—高等学校—教材 Ⅳ.①TU723

中国版本图书馆 CIP 数据核字(2013)第 282962 号

机械工业出版社(北京市百万庄大街 22 号 邮政编码 100037)
策划编辑:冷 彬 责任编辑:冷 彬 林 静 常爱艳
版式设计:霍永明 责任校对:陈立辉
封面设计:张 静 责任印制:邰 敏
北京盛通商印快线网络科技有限公司印刷
2022 年 9 月第 2 版第 6 次印刷
184mm×260mm·19.75 印张·487 千字
标准书号:ISBN 978-7-111-44914-0
定价:39.80 元

电话服务   网络服务
客服电话:010-88361066   机 工 官 网:www.cmpbook.com
          010-88379833   机 工 官 博:weibo.com/cmp1952
          010-68326294   金 书 网:www.golden-book.com
封底无防伪标均为盗版   机工教育服务网:www.cmpedu.com

序

伴随着社会经济的发展和物质文化生活水平的提高，人们一方面对工程项目的功能和质量要求越来越高，另一方面又期望工程项目建设投资尽可能少、效益尽可能好。随着经济体制改革和经济全球化进程的加快，现代工程项目建设呈现出投资主体多元化、投资决策分权化、工程发包方式多样化、工程建设承包市场国际化以及项目管理复杂化的发展态势。而工程项目所有参建方的根本目的都是追求自身利益的最大化。因此，工程建设领域对具有合理的知识结构、较高的业务素质和较强的实作技能，胜任工程建设全过程造价管理的专业人才需求越来越大。

高等院校肩负着培养和造就大批满足社会需求的高级人才的艰巨任务。目前，全国300多所高等院校开设的工程管理专业几乎都设有工程造价专业方向，并有近50所院校独立设置工程造价（本科）专业。要保证和提高专业人才培养质量，教材建设是一个十分关键的因素。但是，由于高等院校的工程造价（本科）专业教育才刚刚起步，尽管许多专家、学者在工程造价教材建设方面付出了大量心血，但现有教材仍存在诸多不尽如人意之处，并且均未形成能够满足对工程造价专业人才培养需要的系列教材。

机械工业出版社审时度势，于2007年下半年在全国范围内对工程造价专业教学和教材建设的现状进行了广泛的调研，并于年底在北京召开了"工程造价系列规划教材编写研讨会"，成立了"高等教育工程造价系列规划教材编审委员会"。本人同与会的各位同仁就该系列教材的体系以及每本教材的编写框架进行了讨论。随后的两三个月内，详细研读了陆续收到的各位作者提供的教材编写大纲，并提出自己的修改意见和建议。许多作者在教材编写过程中与我进行了较为充分的沟通。

通过作者们一年多的辛勤劳动，"高等教育工程造价系列规划教材"的撰写工作即将全面告竣，并将陆续正式出版。该套系列教材是作者们在广泛吸纳各方面意见，认真总结以往教学经验的基础上编写的，充分体现了以下特色。

（1）强调知识体系的系统性。工程项目建设全过程造价管理是一个十分复杂的系统工程，要求其专业人才具有较为扎实的工程技术、管理、经济和法律四大平台知识。该套系列教材注重四大平台知识的融合、贯通，构建了全面、完整、系统的专业知识体系。

（2）突出教材内容的实践性。近年来，我国建设工程计价模式、方法和管理体制发生了深刻的变化。该套系列教材紧密结合我国现行工程量清单计价和定额计价并存的特点，注重以定额计价为基础，突出工程量清单计价方法，并对《建设工程工程量清单计价规范》（GB 50500—2008）在工程造价专业教学与工程实践中的应用与执行进行了较好的诠释；同时，教材内容紧密结合我国造价工程师等执业资格考试和注册制度的要求，较好地体现出培养工程造价专业应用型人才的特色。

（3）注重编写模式的创新性。作者们结合多年对该学科领域的理论研究与教学和工程实践经验，在该套系列教材中引入和编写了大量工程造价案例、例题与习题，力求做到理论联系实际、深入浅出、图文并茂和通俗易懂。

（4）兼顾学生就业的广泛性。工程造价专业毕业生可以广泛地在国内外土木建筑工程项目建设全过程的投资估算、经济评价、造价咨询、房地产开发、工程承包、招标代理、建设监理、项目融资与项目管理等诸多岗位从业，同时也可以在政府、行业、教学和科研单位从事教学、科研和管理工作。该套系列教材所包含的知识体系较好地兼顾了不同行业各类岗位工作所需的各方面知识，同时也兼顾了本专业课程与相关学科课程的关联与衔接。

在本套系列教材即将面世之际，我谨代表高等教育工程造价系列规划教材编审委员会，向在教材撰写中付出辛劳和心血的同仁们表示感谢，还要向机械工业出版社高等教育分社的领导和编辑表示感谢，正是他们的适时策划和精心组织，为我们教学一线上的同仁们创建了施展才能的平台，也为我国高等院校工程造价专业教育做了一件好事。

工程造价在我国还是一个年轻的学科领域，其学科内涵和理论与实践知识体系尚在不断发展之中，加之时间有限，尽管作者们作出了极大努力，但该套系列教材仍难免存在不妥之处，恳请各高校广大教师和读者对此提出宝贵意见。我坚信，该套系列教材在大家的共同呵护下，一定能够成为极具影响力的精品教材，在高等院校工程造价专业人才培养中起到应有的作用。

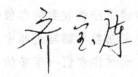

第2版前言

自 2009 年 8 月《工程招投标与合同管理》第 1 版出版以后，国家陆续颁布了许多新的政策、法规、技术规范等新知识，所以需要对书中过时的内容进行删减，对新观点、新知识进行补充、丰富，需要对案例进行更新，从而体现工程招标投标与合同管理工作的实践发展与变化，并需要结合教育部对人才培养的新要求重新组织教材内容。

四年来，选择本书作为教材的同行教师们，就本书在教学过程中的使用情况给编者提出了非常有用的反馈意见。此外，在工程建设领域工作的一些专业人员，在使用此书的同时，也提出了很多真知灼见。他们的反馈和建议让编者们对本书修订时的内容增减或调整进行了重新考虑。

此次修订仍保留了第 1 版的基本框架，主要作了以下几点修订：

1. 依据《中华人民共和国招标投标法实施条例》等新政策法规，对招标投标的相关规定进行了调整和修改。

2. 在招投标文件、资格预审及申请文件、评标程序部分融入《房屋建筑和市政工程标准施工招标资格预审文件》（2010）、《房屋建筑和市政工程标准施工招标文件》（2010）、《中华人民共和国简明标准施工招标文件（2012）》和《中华人民共和国标准设计施工总承包招标文件（2012）》等新颁布的行业规范，进行特点阐述和比较分析。

3. 建设工程合同的内容部分依据《建设工程施工合同（示范文本）》（GF—2013—0201）来重新修改，投标报价、招标控制价、合同工程价款、索赔等部分按照《建设工程工程量清单计价规范》（GB 50500—2013）来修改，并注意相关规范之间的衔接。

4. 力求体现以理论知识为基础，突出实践能力、动手能力的培养，每章增加"技能训练"板块，加入了新的案例或链接资料。

本书由山西财经大学王秀燕、海南大学李艳任主编，由河北建筑工程学院王赫任副主编。本书具体编写分工为：第 1、3、4 章由王秀燕编写；第 2 章及第 7 章第 7.3、7.4节由王赫编写；第 5 章由康香萍（河南城建学院）编写；第 6 章，第 7 章第 7.1、7.2 节及第 8 章由李锦华（天津城建大学）、李东光（天津城建大学）共同编写；第 9 章由罗凤（中国商飞上海飞机客户服务有限公司）编写；第 10 章由李艳编写。全书由王秀燕和李艳统稿。

常州工学院郭献芳教授担任本书的主审，他为本书的编写提供了许多建设性的意见，在此表示衷心感谢！

衷心感谢书中注释、参考文献所列著作、文章的各位作者；感谢第 1 版教材出版以来提出反馈与建议的同行教师及业界人士。由于编者水平有限，虽竭尽所能，书中仍难免存在疏漏和不足之处，敬请同行及读者指正。

编　者

目　　录

第 1 章

绪 论

■ 本章概要

　　工程招投标与合同管理跨越相关的技术、经济、法律与管理领域，是一项综合性很强的应用性学科。本章介绍了工程建设活动及其参与者和建设项目的交易方式、招投标与合同管理的相关概念、招投标与合同管理的产生与发展、研究方法。通过本章的学习，可以了解招投标与合同管理在工程建设中的位置，明确本课的研究对象和学习这门课的重要性，熟悉招投标与合同管理的相关概念，了解学习这门课程的正确方法，从学习目的、学习内容、学习思路和学习方法上整体把握课程脉络。

【引导案例】长江三峡工程招投标与合同管理成功实践

　　三峡工程位于长江三峡之一的西陵峡的中段，坝址在三峡之珠——湖北省宜昌市的三斗坪。长江三峡工程是开发治理长江的关键性骨干工程，是当今世界规模最大的多目标开发的水利枢纽工程之一。三峡工程主要由拦河大坝工程、电站厂房工程、航运工程和茅坪防护工程组成。其主要目标是防洪、发电、改善航运条件。三峡工程建设将对长江流域乃至全国的政治、经济、社会和环境带来巨大的效益，产生深远影响。三峡工程分三期，从 1992 年开工，到 2009 年竣工，总工期 17 年。本工程预计总投资 1800 亿元。

　　三峡工程规模宏大，中国尚没有一家施工承包商有足够的实力总承包。根据国内承包商的实际和工程特点，三峡工程实行招投标制，运用市场机制，择优选择承包商，确保最优施工组合；实行分段负责、分级管理、集体决策的招标管理制度，有效地控制了投资、供货进度。三峡工程严格执行"公开招标、公平竞争、公正评标、集体决策"的招标原则，并据此制定了严格的招标程序。2000 年 1 月 1 日《中华人民共和国招标投标法》公布实施后，三峡总公司成立招标委员会负责招标工作，依法招标，严格按程序操作，并停止部分小型项目的议标。招标过程由总公司控股的三峡国家招标有限责任公司负责代理，评标专家组按照招投标法规定聘请，独立进行评审工作。截至 2005 年 7 月底，三峡枢纽工程累计招标项目数量为 965 项，合同总金额为 439.11 亿元。其中，公开招标项目达到 205 项，合同总金额 300.57 亿元。三峡工程开工 20 年来，已经完成和正在执行的合同均通过招投标选定承包商。实践证明其招标管理是非常成功的。

　　合同管理是三峡工程施工管理的核心。在项目决标授标后开始合同谈判，谈判依据是以招投标文件共同认可的条款为基础，并具体条文化，双方协商后签约。三峡工程合同金额较大，如泄洪坝段、厂房坝段、发电厂房、船闸等合同，最大金额达 66.85 亿元，合同执行期长达数年。合同根据不同的项目内容，结合我国实际采用单价合同和总价合同两种形式，根据合同执行期长短又可采用固定价或浮动价两种形式。按年度计划量在年初由业主支付15% ~20% 的预付款，合同款每月结算一次，逐月按照完成结算量年度比例扣回预付款。在每次结算中甲方扣留 3% ~5% 的质保金，在决算时返还给承包商。合同执行中如出现偏差，承包商通过监理反馈给业主和工程项目部，对设计图纸和技术上问题可会同现场设计代表及时处理，重大问题及时反馈到三峡总公司工程建设部，经决策后付诸实施，从而较好地处理了合同执行过程中出现的各类问题。

　　【评析】三峡项目实施了项目法人责任制、招投标制、工程监理制及合同管理制。工程招投标程序分为四个阶段、十二个步骤、成果显著收效甚大。合同体系界定了项目法人与工程设计、监理、承包商、设计制造商、材料供应商的责权利，保证合同顺利实施并实现项目控制目标。合同管理始终贯穿于三峡工程建设管理全过程，其已成为工程施工管理的核心。实践证明，招投标作为一种采购方式和订立合同的特殊程序，是迄今为止最令承发包双方心悦诚服的成交手段，它能最大限度地节省开支、公开透明以及促进效益目标的实现。合同和合同管理已成为规范市场行为的主要手段之一。由于我国建设投资多元化和建筑买方市场的形成造成企业竞争日益白热化和国际化，合同风险日益凸现，合同和合同管理在工程界越来越被重视。招投标与合同管理已成为企业高效控制工程造价和项目管理运作的有效制度和方法。熟悉、掌握招标投标和合同管理相应知识和技能，对于适应竞争环境，提高自身竞争力都有重大意义。

　　（资料来源：杨俊杰. 工程承包项目案例及解析 [M]. 北京：中国建筑工业出版社，2007：111-118. 节选，整理）

1.1　工程建设

1.1.1　工程建设活动

1. 工程建设的概念

　　工程建设简称工程，是对土木建筑工程的建造和线路管道、设备安装及其与之相关的其他建设工作的总称。工程建设活动的对象是建设项目；工程建设活动的成果是建设产品；房屋建筑是最常见的建设产品。

　　土木建筑工程：矿山、铁路、公路、道路、隧道、桥梁、堤坝、电站、码头、飞机场、运动场、房屋等工程。

　　线路管道、设备安装：电力、通信线路、石油、燃气、给水、排水、供热等管道系统和各类机械设备、装置的安装。

　　其他建设工作：建设单位及其主管部门的投资决策活动、政府的监督管理以及征用土地、工程勘察设计、工程监理和相应的技术咨询等工作。

2. 工程项目建设周期

　　为了顺利完成工程项目，通常要把每一个工程项目划分成若干个项目阶段，以便进行更好的控制。每一个工程项目阶段都以一个或数个可交付成果作为其完成的标志。通常，把工

　　○　这是广义工程的概念。工程的含义十分广泛，要根据不同情况和不同使用场合来体现其具体含义。

程项目建设周期划分为四个阶段：工程项目策划和决策阶段（Project Opportunity Study& Project Feasibility Study），工程项目准备阶段（Project Preparation），工程项目实施阶段（Project Execution），工程项目竣工验收阶段（Project Acceptance），具体划分如图1-1所示。

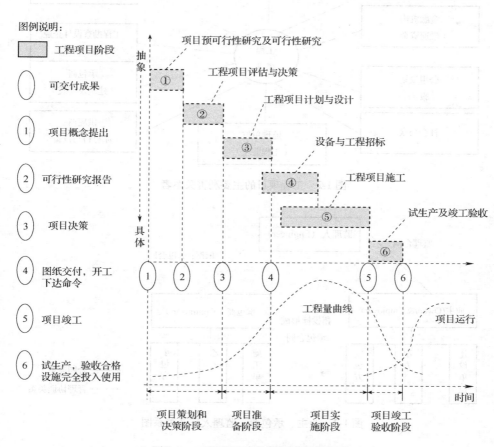

图1-1 工程项目建设周期及阶段划分

1.1.2 工程建设的参与者

工程建设活动是一个系统性的工作，除政府管理部门、金融机构、社会公众及建筑材料、设备供应商之外，我国从事建设活动的主体主要有建设单位、房地产开发企业、工程承包企业、工程勘察设计企业、工程监理单位以及工程咨询服务单位等。详细情况如图1-2所示。在众多的参与者中，业主（Owner& Employer）、承包商（Contractor）、监理人（Engineer）三者关系最为密切。业主往往通过招投标的方式选择工程承包合同的执行者——承包商，"业主的管家"——监理人又依据承包合同监督承包商履行合同义务。业主和承包商是工程合同法律关系；业主和监理人是委托合同法律关系；监理人和承包商是建立在上述两种法律关系基础上的监理事实关系。三者在业务关系中的核心是始终围绕依据招投标方式签订的承包合同条款进行合同管理。详细情况如图1-3所示。

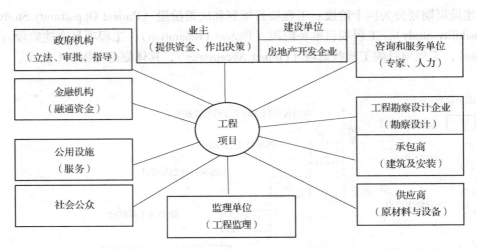

图 1-2 工程项目的主要利害关系者

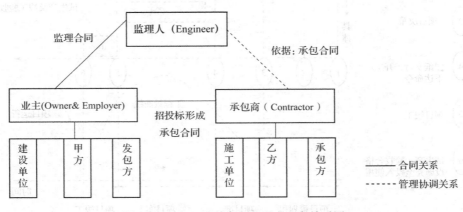

图 1-3 业主、承包商、监理人三者关系图

1.1.3 建设项目的交易方式

工程建设项目的交易，从业主的角度是指项目的采购或发包，站在项目承包者的角度就是对项目的承接或承包。因此，广义地讲，项目发包就是业主采用一定方式，择优选定项目承接单位的活动；而项目承包是指承包者通过一定的方式取得合同承揽某一项目的全部或其中一部分的活动。

1. 按承包范围（内容）划分

（1）建设全过程承包 建设全过程承包也叫"统包"，发包的工作范围一般包括从项目立项到交付使用的全过程，是目前国际上广泛采用的一种承包方式，如交钥匙工程承包（EPC Turnkey）、产品到手承包（Design-Build）等。其优点是能使承包商将整个项目管理形成一个统一的系统，避免多头领导，降低管理费用；方便协调和控制，减少大量的重复管理工作，减少中间检查、交接环节和手续，从而大大缩短工期。通过全包可以减少业主面对的承包商数量，合同争执和索赔很少；业主基本上不再参与建设过程中的具体管理，只对项目的建设过程进行较为宏观的监督和控制。

（2）阶段承包 阶段承包的内容是建设工程中的某一阶段或某些阶段的工作，常见于传统的 Design – Bid – Build（DBB）管理模式下，如勘察设计承包、建筑施工承包、设备安装承包。在施工阶段，还可根据承包内容的不同，细分为包工包料、包工部分包料、包工不包料。

（3）专项承包 专项承包的内容是某一建设阶段中的某一专门项目，由于专业性强，多由有关的专业承包者承包。例如，勘察设计阶段的工程地质勘察、基础或结构工程设计，施工阶段的基础施工、金属结构制作和安装等。

2. 按获得承包任务的途径划分

（1）投标竞争 投标竞争即招标投标方式。通过投标竞争，中标者获得任务，与业主签订承包合同，这是市场经济条件下实行的主要承包方式。

（2）委托承包 委托承包即直接发包（或称议标），是业主与承包者协商，签订委托其承包某项工程任务的合同。

（3）指令承包 指令承包是由政府主管部门依法指定工程承包者，仅适用于某些特殊情况。

3. 按承包者所处地位划分

（1）总承包 总承包简称总包，是指发包人将一个建设项目建设全过程或其中某个或某几个阶段的全部工作，发包给一个承包人承包，该承包人可以将在自己承包范围内的若干专业性工作，再分包给不同的专业承包人去完成，并统一协调和监督他们的工作，各专业承包人只同这个承包人发生直接关系，不与发包人（建设单位）发生直接关系。

在实践中，总承包主要有两种情况：一是建设全过程总承包；二是建设阶段总承包。其中建设阶段总承包，主要包括下列情形：勘察、设计、施工、设备采购总承包；施工总承包；勘察、设计总承包；勘察、设计、施工总承包；施工、设备采购总承包；投资、设计、施工总承包[⊖]；投资、设计、施工、经营一体化总承包[⊖]。

采用总承包方式时，可以根据工程具体情况，将工程总承包任务发包给有实力的具有相应资质的咨询公司、勘察设计单位、土建公司以及设计施工一体化的大建筑公司等承担。由于总包对承包商的要求很高，对业主来说，承包商资信风险很大。业主可以让几个承包商联营投标，通过法律规定联营成员之间的连带责任"抓住"联营各方。

在国外，承包商垫资承包工程是很平常的，我国过去实践中也有垫资承包的情况，目前则明文禁止。作者认为，这一禁令乃是我国现阶段投资体制改革不到位、市场机制发育不健全的产物，从长远来看，这是一个权宜之计，具有明显的阶段性。

（2）分承包 分承包简称分包，是相对于总包而言，是指从总承包人承包范围内分包某一分项工程，如土方、模板、钢筋等工程，或某种专业工程，如钢结构制作和安装、电梯安装、卫生设备安装等工程，分承包人不与发包人（建设单位）发生直接关系，而只对总承包人负责，在现场上由总承包人统筹安排其活动。总包单位和分包单位就分包工程对建设

⊖ 即建设项目由承包商贷款垫资，并负责规划设计、施工，建成后再转让给发包人（建设单位）。

⊖ 即发包人（建设单位）和承包人共同投资，承包人不仅负责项目的可行性研究、规划设计、施工，而且建成后还负责经营几年或几十年，然后再转让给发包人（建设单位）。

单位承担连带责任。

1）分包形式。主要有两种分包形式：一是总承包合同约定的分包，总承包人可以直接选择分包人与之订立分包合同；二是总承包合同未约定的分包，须经发包人认可后总承包人方可选择分包人，与之订立分包合同。

在国际上，分包很流行，分包方式也多种多样。例如，除了由总承包人自行选择分包人签订分包合同的方式外，还存在一种允许由发包人直接指定分包人的方式。在我国，一般不允许这种指定分包。对发包人直接指定分包的，总承包人有权拒绝。如果总承包人不拒绝并选用了这家分包人的，则视同总承包人自行选择的分包人。

2）分包的许可和范围。《中华人民共和国建筑法》（以下简称《建筑法》）第二十九条、《中华人民共和国招标投标法》（以下简称《招标投标法》）第四十八条作出了相关规定，达成三点共识：① 分包需总包合同有约定或者经建设单位（或招标人）同意$^\ominus$；② 总包单位只能分包非主体、非关键性工作；③ 接受分包的人应当具备相应的资质条件，并不得再次分包。

（3）独立承包　独立承包是指承包人依靠自身力量自行完成承包任务等的发包承包方式。通常主要适用于技术要求比较简单、规模不大的工程和修缮工程等。

（4）联合承包　联合承包是相对于独立承包而言的，是指发包人将一项工程任务发包给两个以上承包人，由这些承包人联合共同承包。

参加联合的各方，通常是采用成立工程项目合营公司、合资公司、联合集团等联营体形式，推选承包代表人，协调承包人之间的关系，与发包人签订合同，各方共同对发包人承担连带责任。一般说来，合营公司、联合集团属松散型联合，合资公司则属紧密型联合。

在市场竞争日趋激烈的形势下，联合承包优势十分明显。它可以有效地减弱多家承包商之间的竞争，化解和分散风险，有助于充分发挥各自的优势，增强共同承包大型或结构复杂的工程的能力，增加了中标、中好标，共同获取更丰厚利润回报的机会。

承包商通过联营进行联合，以承接工程量大，技术复杂、风险大、难以独家承揽的项目，扩大经营范围；在投标中发挥联营各方技术和经济的优势，在情报、信息、资金、劳力、技术和管理上互相取长补短，珠联璧合，使报价有竞争力。而且各成员具有法律上的连带责任，业主比较欢迎和放心，容易中标。在国际项目中，国外的承包商如果与当地的承包商联营投标，既可以获得价格上的优惠，增加报价的竞争力，又有利于对当地国情风俗、法律法规的了解和适应。

（5）直接承包　直接承包是指在同一工程项目上，不同的承包人分别与发包人签订承包合同，各自直接对发包人负责。各承包商之间不存在总承包、分承包的关系，现场上的协调工作由发包人自己去做，或由发包人委托一个承包商牵头去做，也可聘请专门的项目经理去做。

随着科学技术和经济的发展，工程管理已走向综合型、国际化，PMC 总承包模式、CM模式在国际上兴起。

PMC（Project Management Contractor）总承包模式是 20 世纪 90 年代中期出现的新兴的

$\ominus$　实践中，下列情形之一，应认定分包已经取得发包人同意：① 总包单位在投标文件中已明确声明中标后准备分包的项目，且该声明未被拒绝而经合法程序中标的；② 履行承包合同中，建设单位认可总包单位分包的。

总承包模式，是指由业主聘请管理承包商作为业主代表或业主的延伸，对项目进行集成化管理。施工承包商与管理承包商签订合同，而不与业主签订合同，但管理承包商选定的施工承包商须经业主批准。这种模式可充分发挥管理承包商在项目管理方面的专业职能，统一协调和管理项目的设计与施工，减少矛盾，减少设计变更；可方便地采用阶段发包，有利于缩短工期。近年来，一些国际著名的工程公司如 BECHTEL, FLOUR, FOSTER WHEELER, KBR, AMEC, JGC, LUMMUS 等为了适应项目建设大型化、一体化以及项目大规模融资和分散项目风险的需要，在一些大型国际项目上多应用这种模式。

CM (Fast—Track—Construction Management) 模式是由业主委托 CM 单位，以一个承包商的身份，采取有条件的"边设计、边施工"，即 Fast-Track 的生产组织方式，来进行施工管理的一种承发包模式。在这种模式下，项目的设计过程被分解成若干部分，每一部分施工图设计后面都紧跟着进行这部分施工招标。整个项目的施工不再由一家施工单位总包，而是被分解成若干个分包，按先后分别进行招标。这样，设计、招标、施工三者充分搭接，施工可以在尽可能早的时间开始，与传统模式相比之下，大大缩短了整个项目的建设周期。由于CM 班子的早期介入，改变了传统承发包模式设计与施工相互脱离的弊病，使设计人员在设计阶段可以获得有关施工成本、施工方法等方面的建议，因而在一定程度上有利于设计优化。设计在施工上的可行性在设计尚未完全结束时已逐步明朗，因此很大程度上减少了设计变更。

1.2 招标投标

1.2.1 招投标的概念与特点

1. 招投标的概念

招投标作为一个整体概念进行定义的典型表示方式有如下几种：

（1）采购活动说 我国《招标投标法》，将招标投标表述为"招标投标活动"，如该法开篇写道："为了规范招标投标活动，保护国家利益、社会公共利益和招标投标活动当事人的合法权益，提高经济效益，保证项目质量，制定本法。"但该法对招投标活动的含义未作进一步的明确。《中华人民共和国招标投标法释义》解释到："《招标投标法》的适用对象是招标投标活动，即招标人对工程、货物和服务事先公布采购条件和要求，吸引众多投标人参加竞争，并按规定程序选择交易对象的行为[⊖]。"

（2）采购过程说 招投标是指由招标人发出招标公告或通知，最后由招标人通过对各投标人所提出的价格、质量、交货期限和该公司技术水平、财务状况等因素进行综合比较，确定其中条件最佳投标人为中标人，并与之最终订立合同的过程。招投标是指招标人（业主）对自愿参与某一特定项目的投标人（承包商）进行审查、评比和选定的过程[⊖]。

（3）交易方式说 招投标是一种有序的市场竞争交易方式，也是规范选择交易主体、

⊖ 国家计委政策法规司，国务院法制办公室财金司，监察部执法监察司. 中华人民共和国招标投标法释义. 北京：中国计划出版社，1999.

⊖ 国务院法制局农林城建司，建设部体改法规司，建筑业司. 中华人民共和国建筑法释义. 北京：中国建筑工业出版社，1997；全国建筑业企业项目经理培训教材编写委员会. 工程招标投标与合同管理（修订版）. 北京：中国建筑工业出版社，2000，也有类似表述。

订立交易合同的法律程序。招标方发出招标公告（邀请）和招标文件，公布采购或出售标的物内容、标准要求和交易条件，满足条件的投标人按招标要求进行公平竞争，招标人依法组建的评标委员会按招标文件规定的评标方法和标准公正评审，择优确定中标人，公开交易结果并与中标人签订合同[⊖]。

招标投标与拍卖都是竞争性的交易方式，其相似之处颇多，以至于在实践中往往将两者混为一谈。招标投标与拍卖的实质性区别是：① 标的不同。拍卖的标的是物品或者财产权利。招投标则除物品外，主要是行为。② 目的不同。拍卖的目的是多次公开竞价，选择最高竞价者，将拍卖的物品或者财产权利转让给他。拍卖是寻找买者，出售标的，而招投标是一次密封报价，购买标的，寻找卖者，如货物、设计、施工、劳务等工作的提供者，在买卖方向上与拍卖正好相反。③ 串标行为与串通拍卖行为适用的法律不同。前者适用于《招标投标法》第五十三条、《反不正当竞争法》第二十七条，后者适用于《拍卖法》第六十五条。

2. 招投标的特点

招投标是最富有竞争的一种采购方式，能为采购者带来有质量的工程、货物或服务。它主要具备以下几个特点：

（1）程序规范　按照目前各国做法及国际惯例，招标投标的程序和条件由招标机构事先拟定，在招标投标双方之间具有法律效力的规则一般不能随意改变。当事人双方必须严格按既定程序和条件进行招投标活动。招投标程序由固定的招标机构组织实施。

（2）全方位开放，透明度高　招标人在媒体上发布招标公告；为承包商提供就拟招标项目详细说明的招标文件；事先向承包商充分透露评价和比较投标文件以及选定中标者的标准；在投标截止日公开开标；严格禁止招标人与投标人就投标文件的实质性内容单独谈判。这样招标投标活动完全置于公开的社会监督之下，可以防止不正当的交易行为。

（3）公平、客观　招投标全过程自始至终按照事先规定的程序和条件，本着公平竞争的原则进行。在招标公告或投标邀请书发出后，任何有能力或资格的投标者均可参加投标。招标方不得有任何歧视某一个投标者的行为。同样，评标委员会在组织评标时也必须公平客观地对待每一个投标者。

（4）交易双方一次成交　一般交易往往在进行多次谈判之后才能成交。招标采购则不同，禁止交易双方面对面地讨价还价。贸易主动权掌握在招标人手中，投标者只能应邀进行一次性报价，并以合理的价格定标。

基于以上特点，招标投标对于获取最大限度的竞争，使参与投标的供应商和承包商获得公平、公正的待遇，以及提高公共采购的透明度和客观性，促使采购资金的节约和采购效益的最大化，杜绝腐败和滥用职权，都具有很重要的作用。

1.2.2　招投标制的产生与发展

1. 国外的产生与发展

招投标活动起源于英国。18 世纪后期英国政府和公用事业部门实行"公共采购"，形成了公开招标的雏形。19 世纪初英法战争结束后，英国军队需要建造大量军营，采用了竞争

⊖　全国招标师职业水平考试辅导教材指导委员会. 招标采购专业实务. 北京：中国计划出版社，2009，9.

报价方式选择承包商，有效控制了建造费用。这种竞争性的招标方式由此受到重视，其他国家也纷纷效仿。进入20世纪，特别是第二次世界大战之后，招标投标在西方发达国家已成为重要的采购方式，在工程承包、咨询服务及货物采购中被广泛应用。世界银行（WB）及其他国际金融组织为了使其贷款达到最佳经济效益，避免使用上的营私舞弊，规定采取招标投标方式，使其成员国在提供货物和工程建设方面平等地进行竞争。

经过两个多世纪的实践，招标投标作为一种交易方式已经得到广泛应用，并日趋成熟。目前已经形成了一整套体制和实施方法，规范化程度越来越高。国际上一些著名的行业学会如国际咨询工程师联合会（FIDIC）、英国土木工程师协会（ICE）、美国建筑师学会（AIA）等都编制了多种版本的合同条件，适用于不同类型、不同合同的工程招标投标活动，在世界上的许多国家和地区广泛应用。最近几十年来发展中国家日益重视并采用招标投标方式进行工程、服务和货物的采购。许多国家相继制定和颁布了有关招标投标的法律法规。

联合国有关机构和国际组织对于应用招投标方式进行采购，也作出了明确的规定，如联合国贸易法委员会的《关于货物、工程和服务采购示范法》、世界贸易组织的《政府采购协议》、世界银行的《国际复兴发展银行贷款和国际开发协会信贷采购指南》等。可以说，招标投标目前已被公认为一种成熟而可靠的交易方式，在国际经济贸易中被广泛采用。

2. 国内的发展

我国清朝末期已有了关于招标投标活动的文字记载，在1949年以前也普遍运用招标投标方式，新中国建立后曾继续保留一段时间，以后就完全取消了。1980年开始，上海、广东、福建、吉林等省、市又开始试行工程招标投标。1984年国务院决定改革单纯用行政手段分配建设任务的老办法，实行招投标制，并制定和颁布了相应法规，随后便在全国进一步推广。随着经济体制改革，招标投标已逐步成为我国工程、货物和服务采购的主要方式。

早在20世纪80年代初，我国开始利用借贷外资修建工程，提供贷款方主要有世界银行、亚洲开发银行和一些外国政府。这些贷款项目大多要实行国际公开招标投标，采用国际通用合同条件。一些国外大承包商进入我国并通过投标承揽工程。我国首先在世界银行对华贷款项目云南鲁布格水电站引水系统工程进行了招投标。当时，对招投标很陌生的中国人来说，进行招标纯粹是应付差事，是不得已而为之。我国当时已有建设大型水电项目的经验，再加上天时、地利、人和的优势，许多中国人原以为中国投标者中标是不会出什么问题的。可是由于中方企业缺乏投标经验，日本大成公司以仅相当于标底57%的低报价（8463万元人民币）、施工方案合理以及确保工期等优势一举夺标。这使不少人大失所望，有少数人甚至以肥水不流外人田为由否定招标的好处。为了使人们正确认识招标这一新生事物，报纸上展开了一场对布鲁格水电站招标的辩论。不管辩论的结果如何，事实胜于雄辩。日本公司在该项目的管理上采用了先进而严格的科学方法，既保证了合同的执行进度，也保证了项目的质量，创造了国际一流的隧道掘进速度，提前100多天竣工。受到此次国际招标投标的冲击后，我国从1992年通过试点后大力推行招标投标制。

我国政府有关部委为了推行和规范招投标活动，先后发布多项相关法规。1999年8月30日第九届全国人民代表大会常务委员会第十一次会议通过了《中华人民共和国招标投标法》（2000年1月1日起施行）。2002年6月29日第九届全国人民代表大会常务委员会第二十八次会议通过了《中华人民共和国政府采购法》（2003年1月1日起施行），确定招投标方式为政府采购的主要方式。之后招投标的系列地方法规和行政规章相继出台。2011年11

月 30 日国务院第 183 次常务会议通过《中华人民共和国招标投标法实施条例》（2012 年 2 月 1 日起施行，以下简称《招标投标法实施条例》）。至此，较为完善的招投标法律法规体系已逐步建立，这标志着我国招投标活动从此走上法制化的轨道，我国招标投标制进入了全面实施的新阶段。

1.2.3　招投标制的适用条件

采用招投标交易方式必须具备以下三个基本条件：

（1）要有能够开展公平竞争的市场经济运行机制　在计划经济下，产品购销和工程建设任务是按照指令性计划统一安排，企业习惯于"等、靠、要"的生存和发展模式，不具有采用竞争性交易方式的外部环境。从"招投标制本质上是一种竞争采购"来说，需要外在的竞争机制更好。

（2）必须存在招标投标采购项目的买方市场　供过于求的买方市场才能使买方居于主导地位，有条件以招标方式从多家竞争者中选择中标者。

（3）采购行为属于条件型采购[⊖]　针对条件型采购，潜在的供应商或承包商必须满足需求方指定的商务和技术条件，只有需求方的所有条件被满足，报价才被作为选择成交的最后判定条件。所以条件型采购更适合于招标方式，因为它需要专家的参与，对供应商或承包商能否合理的满足所有条件作出判断，这是一个复杂特殊的过程。

1.2.4　招标采购的地位和作用

现在招标投标作为一种采购方式和订立合同的特殊程序，在国内、国际贸易中得到广泛应用，如建设项目的采购、政府采购、科技项目采购、物业管理采购、BOT 项目采购等。从发展趋势看，招标采购的领域还在继续拓宽，规范化程度也正在进一步提高。

招投标制度具有以下几点作用：① 确立了竞争的规范准则，有利于开展公平竞争；② 扩大了竞争范围，可以使招标人更充分地获得市场利益，社会获得更大的利益；③ 有利于引进先进技术和管理经验，提高企业的有效竞争能力；④ 提供正确的市场信息，有利于规范交易双方的市场行为。

《招标投标法》的出台，标志着招投标将成为我国各部门获取合同的主要手段。仅世界银行每年有四万份合同是通过招投标方式授予的。所以企业熟悉和掌握招标投标的规则，对适应竞争环境、提高自身的竞争能力有着重大意义。企业精英掌握新兴学科的专业知识和技巧就成为当务之急。

1.3　合同与合同管理

1.3.1　合同

1. 合同的含义

由于合同这一概念应用的十分广泛，各种不同的书籍中提到的合同可以分为：

⊖　所谓条件型采购，是指尽管需求方在产生购买需求时可能存在着某些参考条件，如标的的品牌、型号、服务、功能和价格等，但这并不能完全满足需求方的实际需求。需求方要根据最后所要达到的目的，参考上述条件，制定出针对本次采购需求所特定的一些技术条件。

（1）广义的合同 广义的合同是指以确立权利、义务为内容的一切协议。包括国际法中的国家合同，行政法中的行政合同，民法中的债权债务合同、劳动法中的劳动合同等各种合同。

（2）狭义的合同 平等民事主体之间设立、变更、终止债权债务关系的协议，受民商法尤其是合同法的调整，如买卖合同、建设工程合同。在多数情况下所称的合同都是指狭义的合同，本书主要指狭义。

另外，本门课程特别强调国际常用合同条件。它是指合同当事人就某一具体项目所签订的具体合同条款，如 FIDIC 合同条件、美国 AIA 合同条件、ICE 施工合同条件、JCT 合同条件等。

2. 合同在工程中的地位和作用

（1）合同作为工程项目实施和管理的手段和工具 业主通过项目结构分解和合同委托，将一个完整的工程项目分解并委托给许多专业单位实施和管理，并依据合同对项目过程进行控制。同样承包商通过分包合同、采购合同和劳务供应合同委托工程分包和供应工作任务，形成项目的实施过程。工程项目的建设过程实质上又是一系列工程合同的签订和履行过程。

（2）合同确定了工程实施和管理的主要目标 工程规模、范围、质量、工期、价格等是项目实施前合同确定的项目主要目标，是合同各方在工程中各种活动的依据。

（3）合同是工程项目组织的纽带 它将工程所涉及的各专业设计和施工的分工合作关系联系起来，协调并统一项目各参与者的行为。

（4）合同使双方结成一定的经济关系 工作任务通过合同委托，业主和承包商通过合同链接，它们之间的经济和法律关系通过合同调整，合同规定了双方在合同实施过程中的经济责任、利益和权利。

（5）合同是工程过程中当事人的行为依据和标准 工程过程中的一切活动都是为了履行合同，双方的行为主要靠合同来约束。

（6）合同是工程过程中双方争执解决的依据 合同争执是经济利益冲突的表现，常起因于双方对合同理解的不一致、合同实施环境的变化、有一方未履行或未正确履行合同等。争执的判定以合同作为法律依据或争执解决方法和解决程序由合同规定。

3. 工程合同的发展

（1）传统合同存在的问题 虽然传统的 DBB 模式起源于 19 世纪，但直到 20 世纪，工程承包的合同关系和形式没有大的变化，主流模式是设计和施工分离的平行承发包，而且在设计和施工领域还有专业化的分工。它存在的问题表现在：

1）设计和施工分离，设计单位对施工成本和方案了解很少，对工程成本不关心。设计单位和施工单位都希望扩大工程范围和工程量。这不仅对工程质量、工期和成本的改善不利，而且对设计方案本身的影响也很大。

2）工程师[⊖]的权力和责任很大，在工程中发出指令，决定给承包商增加费用和延长工期，裁决合同争端。但工程师与工程最终利益无关，业主对其难以控制，承包商又怀疑其公

⊖ 在西方国家，受业主委托承担监理任务的工程咨询公司、工程顾问公司、项目管理公司等，一般统称"工程师"。在我国，此处是指受业主委托的监理公司或其授权委派常驻施工场地对合同履行实施管理的全权负责人——总监理工程师。

正性。

3）承包商不仅对工程设计没有发言权，而且对设计理解需要时间，容易产生偏差。承包商必须按图预算和按图施工。由于是分散平行承包，承包商对整个工程的实施办法、进度和风险无法有统一安排，造成工期拖延和成本增加。

4）早期工程合同由律师起草，他首先注重合同的系列法律问题而非高效率地完成工程目标。在合同中强调制衡措施，注意划清各方面的责任和权益，注意合同语言在法律上的严谨性和严密性。过强的法律色彩和语言风格使工程管理人员无法阅读、理解和执行合同，使项目组织界面管理十分困难，沟通障碍多，争执大，合作气氛不好。最终导致工程实施低效率和高成本。

5）由于人们过多地强调合同双方利益的不一致，导致每一方只关心自己的利益和目标，不关心他人利益和项目的总目标。例如，合同并不激励承包商进行良好的管理和创新，以提高效率和降低成本。承包商的管理和技术创新反而会带来合同、估价和管理方面的困难、带来费用、工期方面的争执。所以传统合同从客观上鼓励承包商索赔和设法让业主多支付工程款。各方研究和了解合同，都将重点放在如何索赔和反索赔。合同争执和索赔较多，很难形成良好的合作气氛。多数工程业主都要追加投资，延长工期，很难实现多赢的目标。合同签订和执行环境恶化，承包商发现工程问题，只有在符合自己利益的情况下才通知业主。

另外，这种合同关系是用于工程参与方少、合同关系简单、施工技术和管理都比较简单的工程，它的支付方式单一、固定、僵化，通常按工程量清单和预订价格（或费率）支付，而且不同的专业领域用不同的合同文本，要求工程管理人员熟悉不同形式、风格、内容的合同文本。这导致工程的合同关系越来越复杂，而合同文本和条款也越来越多。

（2）现代工程合同的特征和发展趋向　由于现代工程项目有许多特殊的融资方式、承包模式和管理模式，不仅使工程项目的合同关系复杂，而且使合同的形式多样化，内容复杂化。由于社会化大生产和专业化分工，工程的参与者与协作者众多，各方责任界限的划分、合同的权利和义务的定义异常复杂，合同文件出错和矛盾的可能性加大。合同在内容上、签订和实施的时间和空间上的衔接和协调极为重要，同时又极为复杂和困难。现代工程合同条件的复杂性不仅表现在合同条款多、所属的合同文件多，而且还表现在与主合同相关的其他合同多。

传统合同存在的问题越来越不适应现代工程的要求。从20世纪70年代开始，对传统的合同关系和合同文本进行改革。近十几年来，逐渐完成由传统合同向现代合同的转变。FID-IC1999年版本被称为第1版，英国NEC合同自称为"新"工程合同，就显示这种转变。

1）力求使合同文本有广泛的适应性，适用于多种合同策略和情况。使合同适用于不同的融资方式、承发包方式和管理模式，不同的计价方式，独立承包和联合承包，不同国家和不同法律基础等。

2）合同反映新的项目管理理念和方法。① 合同应促使项目参与者按照现代项目管理原理和方法管理好自己的工作；② 调动双方的积极性，鼓励合作，促成相互信任，而不是相互制衡；③ 鼓励创新，照顾各方利益，实现双赢；④ 合同应体现工程项目的社会和历史责任，强调对"健康——安全——环境"管理的要求；⑤ 合同应反映工程项目的全生命周期管理和集成化管理；⑥ 合同应反映供应链和虚拟组织在工程项目中的运作。

3）在保证法律的严谨性和严密性的前提下，更趋向注重符合工程高效管理的需要，有助于促进良好的管理。

4）合同同化的趋向。这体现在各国的标准合同趋于 FIDIC 化，FIDIC 合同又在吸收各国合同的特点。

5）合同文本的灵活性。现代合同文本都有尽可能全面又尽可能多的选择性条款，让人们在使用时可选择，以减少专用条款的数量，减少人们的随意性。

1.3.2 合同管理

1. 合同管理的含义

（1）广义的合同管理 广义的合同管理是指为了保障狭义的合同与《合同法》得以顺利实施，保护合同当事人的一切合法权益，维护市场经济秩序，凡是与合同有关的一切部门所进行的一系列的管理活动。包括：工商行政对合同的管理，公证部门、司法部门、仲裁机构对合同的审理，行业主管对合同的审核监督，融资机构对合同的监督管理，银行、保险等部门参与的管理，当事人自身对合同行为的管理。

（2）狭义的合同管理 狭义的合同管理即发包方、承包方、工程师依据法律和行政法规、规章制度，采取一系列宏观或微观的手段对建设工程合同的订立、履行过程进行管理。业主主要对合同进行总体策划和控制，对授标及合同的签订进行决策，为承包商的合同实施提供必要的条件；工程师受业主委托起草合同文件和各种相关文件，解释合同，监督合同的执行，进行合同控制，协调业主、承包商、供应商之间的合同关系；承包商主要从合同实施者的角度进行投标报价、合同谈判、执行合同，圆满地完成合同所规定的义务。

本门课程主要从微观角度以业主、承包商和工程师的角度来谈合同管理。

2. 合同管理理论和实践的发展过程

在工程管理领域，人们对合同和合同管理的认识、研究和应用有一个发展过程。近十几年来，人们越来越重视合同管理工作，它已成为项目管理中与成本（投资）、工期、质量等管理并列的一大管理职能。它将工程项目管理的理论研究和实际应用推向新阶段。

在 20 世纪 80 年代前，由于工程比较简单，合同关系不复杂，合同条款简单，所以人们较多地从法律方面研究合同，关注合同条件在法律方面的严谨性和严密性。合同管理主要属于律师的工作。

在 20 世纪 80 年代初，人们较多的研究合同事务的管理。由于工程合同关系复杂，合同文本复杂以及合同文本的标准化，合同的相关性事务越来越复杂，人们注重合同的文本管理，并开发合同的文本检索软件和相关的事务性管理软件，如 EXP 合同管理软件。对承包企业管理人员注重合同管理意识的培养和加强。合同管理的研究重点放在招投标工作程序和合同条款内容的解释上。

20 世纪 80 年代中后期，我国工程界全面研究 FIDIC 合同条件，研究国际上先进的合同管理方法、程序，研究索赔管理的案例、方法、措施、手段和经验。

随着工程项目管理研究和实践的深入，人们加强了工程项目管理中合同管理的职能，重构工程项目管理系统，具体定义合同管理的地位、职能、工作流程、规章制度，确定合同与成本、工期、质量等管理子系统，将合同管理融于工程项目管理全过程。在计算机应用方面，研究并开发合同管理的信息系统。在许多工程项目管理组织和工程承包企业组织中，建立工程合同管理职能机构，使合同管理专业化。合同管理的研究和应用拥有许多新的内容。

近十几年来，工程合同管理的研究和应用又有许多新的内容，具体表现在：将合同管理作为项目实施策略、承发包模式、管理模式和方法、程序的体现，不仅注重签订和过程管理，而且注重整个工程项目合同体系的策划与协调。工程中新的融资方式、承发包模式、管理模式的应用，许多新的项目管理理念、理论和方法应用，给合同形式、内容、合同管理方法提出许多新的问题。另外，就是开始进行合同管理的集成化研究，即合同管理与工程管理的其他职能之间存在的工作流程和信息流程关系。

3. 合同管理的目标

合同是项目管理的一种工具或手段，合同管理的目标就是使这种手段更先进——合同的作用发挥得更好，对实现项目管理目标的保障程度更好。广义地说，工程项目的实施和管理全部工作都可以纳入合同管理的范围。它作为其他工作的指南，对整个项目的实施起总控制和总保证作用。在现代工程中，没有合同意识，则项目总体目标不明；没有合同管理，则项目管理难以形成系统，难以有高效率。没有有效的合同管理，则不可能有有效的工程项目管理，不可能实现工程项目的目标。合同管理直接为项目总目标和企业总目标服务，保证其顺利实现。具体地说，合同管理目标包括：

1）明确项目目标，确定管理依据。

2）明确权利义务，规范主体行为。

3）合理分担风险，为目标提供保障。

4）完善合作关系，实现目标双赢。

1.4　学习本课程的重要意义和方法

1.4.1　与专业培养目标的关系

开拓和占领国内外工程市场需要实现国内外工程精细化管理，实现工程精细化管理的关键在于高水平人才的培养。我国工程管理专业自1998年由多个专业（或方向）合并正式设立以来，不断发展、壮大，开设工程管理专业的高等院校已由最初的60多所发展到2013年的300多所。许多院校依托工程管理专业成立了工程投资与造价管理专业或方向。

工程管理专业旨在培养适应社会经济发展的需要，专业基础厚、实践能力强、综合素质高、富有创新精神，德智体美全面发展，具备在企业、事业单位和政府相关部门从事工程管理决策和房地产经营管理等理论研究、实践操作及其相邻工作的应用型、复合型、创新性高级专门人才。它培养出来人才的知识结构和专业能力应基本上覆盖工程建设管理的主要方面。工程造价管理专业（方向）强调应具有项目评估、工程造价管理基本能力，具有编制招投标文件和投标书评定，编制和审核工程项目估算、概算、预算和决算的能力。美国国际全面造价管理促进协会（AACE-I）对工程造价的理解："造价工程是涉及造价预算、造价控制和经营规划与管理科学的工程领域，它包括对工程项目和过程的管理、计划、排产和盈利分析。"⊖。

⊖　The association for the advancement of cost engineering international，"total cost management" cost engineering，12，1993.

英国的工程管理（Contraction Management）教育由早期的以施工阶段为主的施工管理、工料测量（工程造价）发展到目前的工程全过程管理。美国的工程造价相关专业的名称多为建筑管理（Construction Management，Building Construction Management），专业设置在工程或技术学院中的居多。美国的工程管理教育对工程技术本身强调得更多，而英国更具国际性，在软的管理方面诸如工料测量、合同、索赔和法律等方面更居国际领先地位。

高等院校的人才培养目标决定了其专业培养目标，进而又决定了各课程目标。本课程作为专业法律平台兼管理平台课程已在项目管理专业（方向）、施工项目管理专业或方向（含国际工程管理）、工程造价管理专业或方向、房地产经营与管理（包括物业管理）等专业或方向开设并成为核心课程。在项目管理专业主要服务于业主，即投资人；在施工项目管理专业服务于承包商（施工单位）；在工程造价管理专业服务于双方及第三方；在房地产经营与管理专业服务于房地产开发商及相应机构；在工程监理专业服务于中介组织及监理公司。

本课程旨在使学生掌握项目投招标与合同管理的基本知识、基本理论、基本方法体系和实务操作，掌握合同管理和索赔的技巧和策略；培养学生参与工程招投标的竞争能力以及合同管理的意识和能力。同时其是造价工程师、建造师、咨询工程师、房地产估价师、监理工程师执业资格考试的重要内容。

1.4.2 与服务领域的关系

掌握本课程的基本理论和综合技能可在各级建设行政主管部门、招投标管理部门、建筑工程交易中心、发改委等政府部门从事相关招投标管理工作；可在大型建筑企业、建设单位和房地产开发公司从事招投标文件、标底、招标控制价和投标报价的编制和合同管理工作；可在招标代理机构和工程造价咨询企业从事招标程序设计、招投标文件编制、工程造价编制、合同签订等委托招标事宜；可在监理单位以监理工程师的身份在工程中发出开工令、停工令、复工令，拥有各阶段工程、设备、材料的检查权，决定给承包商增加费用和延长工期，解释合同和裁决合同争端；可作为工料测量师/造价工程师等专业人士除进行前期工程估价和工程量清单编制外，更多地参与工程建设中的合同管理，如中期进度支付款的结算、竣工决算、工程变更费用计算等，实现真正的动态造价管理；可加入工程造价等行业协会通过行业自律功能，制定技术规范、考核认定专业资格功能，为政府和社会提供专业支持功能等对专业人士进行有效管理。

1.4.3 学习方法

1. 了解工程建设过程及其规律性（环节间的内在联系），**学好相关系列基础课程**

工程招投标是将各个建筑市场主体联系在一起的主要途径，是形成工程管理专业课程之间有机联系的纽带。由于工程合同在工程中的特殊作用和它本身具有的综合性特点，使得本课程对工程管理专业的整个知识体系有决定性的影响。它是工程知识体系的结合点。

2. 掌握课程理论和方法体系，注重实务和案例研究

随着研究和实践的深入，工程招投标与合同管理已由过去单纯的经验型管理状态逐步形成自己的理论和方法体系。应注重系统理论架构的研究和学习，指导实践；今后还应完善、更新和进化学科理论体系的研究和探索。由于招投标与合同管理注重实务，所以在学习中应阅读中外实际工程的招投标文件和标准合同文件。在国际工程中，许多过去典型案例可直接被引用作为合同争执解决和索赔的依据，但有时又要具体问题具体分析，不能照搬；许多相同或相似的索赔事件，有时处理过程，索赔值的计算方法不同，可能得到完全不同甚至相悖的解决结果。所以在合同解释、合同管理和索赔要重视案例研究。在分析研究案例时，应注意项目背景、合同实施和管理过程、合同双方的具体情况等问题。

3. 积极参与实践活动

理论教学是基础，是该门课程知识体系系统的学习过程；课堂实践是理论教学的深化，又是理论知识的消化过程；现场实践过程是学科理论知识的现实应用过程，是学生毕业后真实工作过程的演练；计算机应用环节是利用相关软件实现相应工作的过程，是实现管理手段的科学化和提高工作效率的过程。在课程开始阶段通过去建筑市场实习，对建筑市场有直观认识。中间阶段上机操作招投标和合同管理系列软件，提高投标报价、标书编制、电子评标、合同管理的科学性和高效性。在课程全过程通过分组竞赛式的模拟招投标活动，检验教学过程。

工程建设是对土木建筑工程的建造和线路管道、设备安装及其与之相关的其他建设工作的总称。工程建设周期显示了各环节之间的内在联系以及招投标的位置与作用。业主、承包商、监理人始终围绕依据招投标方式签订的承包合同条款进行合同管理。建设项目的交易方式确定了承发包双方选定项目承接单位或获取合同的形式。

招投标具有程序规范，全方位开放，透明度高，公平、客观，交易双方一次成交的特点。采用招投标交易方式必须具备三个基本条件：要有能够开展公平竞争的市场经济运行机制、必须存在招标投标采购项目的买方市场、采购行为属于条件型采购。

本门课程所研究的是狭义的合同和各类合同条件。主要从微观角度以业主、承包商和工程师的角度来谈合同管理。

合同在工程中的地位和作用凸显，但传统合同存在诸多问题，使得现代工程合同力求使合同文本有广泛的适应性，合同反映新的项目管理理念和方法，注重符合工程高效管理的需要，合同同化的趋向，合同文本更加灵活。工程合同管理的研究和应用又有许多新的内容。

本课程在专业培养目标和社会服务领域均具有重要地位，注意系统学习，理论联系实际，积极参与实践活动。

技能训练

在中国招标投标网（http：//www.cec.gov.cn），中国国际招标网（http：//www.chinabidding.com），中国建设招标网（http：//www.jszhaobiao.com），中国工程建设网（http：//www.chinacem.com.cn），中国政府采购网（http：//www.ccgp.gov.cn），中国建设工程造价信息网（http：//www.cecn.gov.cn）以及各地招投标信息网等网站查阅完成下列两项工作：

1. 浏览各网站板块有关招投标和合同管理相关信息，提升对专业的认识。

2. 查询招投标的违法案例，分析招投标中的违法行为主要有哪些？

第2章
招标投标制度

本章概要

本章主要介绍招投标的基本原则、强制招标范围和规模标准；招标投标的基本特点、方式及各种招标的一般程序；招投标的行政监督和国际组织招标采购的规则。通过本章的教学，使读者熟悉招投标的相关法律法规的规定；掌握招标的主要形式；了解招投标的行政监督和国际组织招标采购的规则。

【引导案例】招标中细节决定成败

2010年10月16日，甲公司在某商报上登出招标公告，宣布自己受集团公司委托，拟修建一栋甲公司总部办公大楼。10月30日，甲公司在公开媒体上发布该工程的资格预审公告。11月4日，乙建筑公司提交资格预审文件。11月18日，乙建筑公司收到该工程的招标文件。11月24日，乙建筑公司提交工程投标文件。此后，该招投标活动的评标委员会对参加竞标的建筑企业进行公开、公平、公正的评标后，确定乙建筑公司为中标人。12月10日，双方签订《建设工程施工合同》及《补充协议》，确定由乙建筑公司承建甲公司的总部大楼工程，资金来源为自筹，工期为310天，12月25日开工。12月13日，该工程的监理单位向乙建筑公司发函，称工期尤为紧张，开工日期提前到12月22日，要求乙建筑公司做好施工准备，并准备好相关资料。12月9日，乙建筑公司项目部及相关人员进场做施工准备，初步定于12月22日开工。为了使项目能顺利进行，乙建筑公司与相关材料供应商签订了"供应合同"等。

数月之后，即2011年3月22日，甲公司致函乙建筑公司，以招标程序不合法为由要求终止合同。乙建筑公司两次致函甲公司，明确表示自己投标程序合法，合同合法有效，应由甲公司先赔偿损失之后退场。乙建筑公司称，5月22日，甲公司未取得乙建筑公司的同意，砸开工地大门，将乙建筑公司已入场的设备用吊车吊走。乙建筑公司立即向所在地派出所报案，并向市中级人民法院提起诉讼，要求判令甲公司向乙建筑公司赔偿临时设施费、人工费、预期利润及其他损失共计335万元。

7月11日，市中级人民法院开庭公开审理了此案。甲公司做了如下答辩：由于本案所涉及的工程招标程序不合法，相关审批手续未办理，故合同无效；乙建筑公司明知招标程序不符合规定，应承担相应过失责任；开工日期应以正式开工日期为准，且合同上没有法定代表人签字，乙建筑公司未按约定在接到中标通知书后交付保证金，出具保函，且损失证据不充分。甲公司认为，终止合同是因为合同无效，合同无效是因为招标程序不合法。因此，甲集团总部大楼工程招标程序合法与否，成为双方纠纷的焦点。

问题：该工程招标程序是否合法完整，若不完整，缺少哪些步骤。

【评析】这个案例的招标投标程序符合招标投标法的规定，进行了招标公告、资格预审、投标、评标、开标等程序，唯一缺少的就是甲公司在办理招标时应报有关部门备案（登记）。根据《招标投标法》第十二条规定："依法必进行招标的项目，招标人自行办理招标事宜的，应当向有关行政监督部门备案。"因此《招标投标法》对此仅规定了"应报备案"，并未规定合同在备案后才生效。根据《最高人民法院关于适用〈中华人民共和国合同法〉若干问题的解释（一）》第九条规定："法律、行政法规规定合同应当办理登记手续，但未规定登记后生效的，当事人未办理登记手续不影响合同的效力。"故招投标程序中未报相关行政管理部门备案并不影响合同关系的建立和生效。所以，本案中，除甲公司自己未将招标事宜报政府备案外，其余程序均符合招投标法规定，不报备案不影响合同关系的建立。因此，本案双方所签合同是合法有效的，据此，本案中甲公司为违法解约，应承担违约责任。

2.1 概述

2.1.1 招投标的基本原则

《招标投标法》第五条规定，"招标投标活动应当遵循公开、公平、公正和诚实信用的原则。"一部法律的基本原则，贯穿于整部法律，统帅该法律的各项制度和各项规范，是该法律立法、执法、守法的指导思想，是解释、补充该法律的准则。《招标投标法》第五条明确规定了该法律的基本原则，即公开、公平、公正和诚实信用的原则，从《招标投标法》中还可以提炼出四项原则，即合法原则、强制与自愿相结合原则、开放性原则和行政监督原则。这些原则本身具有规范作用，当事人必须遵守。

1. 公开、公平、公正和诚实信用的原则

公开、公平、公正和诚实信用是招标投标活动应当遵循的基本原则。

2. 强制与自愿相结合原则

所谓强制与自愿相结合原则，是指法律强制规定范围内的项目必须采取招标方式进行采购，而强制招标范围以外的项目采取何种采购方式（招标或非招标）、何种招标方式（公开招标或邀请招标）都由当事人依法自愿决定。这是我国《招标投标法》的核心内容之一，也是最能体现立法目的的原则之一。

3. 合法原则

所谓合法原则，是指在我国境内进行的一切招标投标活动，必须符合我国的《招标投标法》。凡是在中国境内进行的招标投标活动，不论招标主体的性质、招标采购项目的性质如何，都适用《招标投标法》的有关规定。

4. 开放性原则

《招标投标法》第六条规定："依法必须进行招标的项目，其招标投标活动不受地区或者部门的限制。任何单位和个人不得违法限制或者排斥本地区、本系统以外的法人或者其他组织参加投标，不得以任何方式非法干涉招标投标活动。"

这条规定的实质，是确立了招标投标活动开放性原则——不得进行部门或地方保护，不得非法干涉。

5. 行政监督原则

《招标投标法》第七条中规定:"招标投标活动及其当事人应当接受依法实施的监督。有关行政监督部门依法对招标投标活动实施监督,依法查处招标投标活动中的违法行为。"

由于《招标投标法》规定的强制招标制度,主要针对关系社会公共利益、公众安全的基础设施和公用事业项目,利用国有资金或国际组织、外国政府贷款及援助资金进行的项目等。由于这些项目关系国计民生,政府必须对其进行必要的监控,招标投标活动便是其中重要的一个环节。同时,强制招标制度的建立,使当事人在招标与不招标之间没有自主的权利,也就是说,赋予当事人一项强制性的义务,必须主动、自觉接受监督。

2.1.2 我国招标投标的法律、法规框架

1)《中华人民共和国招标投标法》(全国人民代表大会常务委员会,中华人民共和国主席令第21号,2000年1月1日)。

2)《工程建设项目招标范围和规模标准规定》(国家发展计划委员会,国家计委第3号令,2000年5月1日)。

3)《国务院有关部门实施招标投标活动行政监督的职责分工意见》(国务院办公厅,国办发〔2000〕34号,2000年5月3日)。

4)《招标公告发布暂行办法》(国家发展计划委员会,国家发展计划委员会第4号令,2000年7月1日)。

5)《工程建设项目自行招标试行办法》(国家发展计划委员会,国家发展计划委员会令第5号,2000年7月1日)。

6)《建筑工程设计招标投标管理办法》(建设部,建设部令第82号,2000年10月18日)。

7)《房屋建筑和市政基础设施工程施工招标投标管理办法》(建设部,建设部令第89号,2001年6月1日)。

8)《评标委员会和评标方法暂行规定》(七部委,国家计委令第12号,2001年7月5日)。

9)《国家重大建设项目招标投标监督暂行办法》(国家计委,国家计委令第18号,2002年2月1日)。

10)《关于整顿和规范招标投标收费的通知》(国家计委、财政部,计价格〔2002〕520号,2002年4月2日)。

11)《专家和评标专家库管理暂行办法》(国家发展计划委员会,国家计委令第29号,2003年4月1日)。

12)《工程建设项目施工招标投标办法》(七部委,国家发改委令第30号,2003年5月1日)。

13)《工程建设项目勘察设计招标投标办法》(七部委,国家发改委令第2号,2003年8月1日)。

14)《国家发展改革委办公厅关于招标代理服务收费有关问题的通知》(国家发展改革委办公厅,发改办价格〔2003〕857号,2003年9月15日)。

15）《招标代理服务收费管理暂行办法》（国家发展计划委员会，计价格［2002］1980号，2003年1月1日）。

16）《国务院办公厅关于进一步规范招投标活动的若干意见》（国务院办公厅，国办发［2004］56号，2004年7月12日）。

17）《工程建设项目招标投标活动投诉处理办法》（七部委，国家发改委令第11号，2004年8月1日）。

18）《机电产品国际招标投标实施办法》（商务部，商务部2004年第13号，2004年11月1日）。

19）《工程建设项目货物招标投标办法》（七部委，国家发改委令第27号，2005年3月1日）。

20）《国际金融组织和外国政府贷款投资项目管理暂行办法》（国家发展和改革委员会，国家发改委令第28号，2005年3月1日）。

21）《国家电网公司招标活动管理办法》修订（国家电网公司，国家电网公司［2005］61号文，2005年3月30日）。

22）《工程建设项目招标代理机构资格认定办法》（建设部，建设部令第154号，2007年3月1日）。

23）《关于做好标准施工招标资格预审文件和标准施工招标文件贯彻实施工作的通知》（九部委，发改法规［2007］3419号，2007年12月13日）。

24）《标准施工招标资格预审文件》和《标准施工招标文件》试行规定（九部委，国家发改委令第56号，2008年5月1日）。

25）关于印发《招标投标违法行为记录公告暂行办法》的通知（十部委，发改法规［2008］1531号，2008年6月18日）。

26）《关于做好中央投资项目招标代理资格日常管理工作的通知》（国家发展改革委办公厅，发改办投资［2008］2354号，2008年10月29日）。

27）《中华人民共和国招标投标法实施条例》（中华人民共和国国务院令，第613号，2011年12月20日）。

28）《建设工程工程量清单计价规范》（GB 50500—2013）（住建部与质监总局，公告第1567号，2012年12月25日）。

29）《中华人民共和国简明标准施工招标文件（2012年版）》（九部委，发改法规［2011］3018号，2011年12月20日）。

30）《中华人民共和国标准设计施工总承包招标文件（2012年版)》（九部委，发改法规［2011］3018号，2011年12月20日）。

31）《工程建设项目施工招标投标办法》（七部委30号令，2013年23号令修改）。

2.1.3　招标的适用范围和标准

世界各国和主要国际组织都规定，对某些工程建设项目必须实行招标投标。我国有关的法律、法规和部门规章根据工程建设项目的投资性质、工程规模等因素，也对工程建设招标范围和规模标准进行了界定，在此范围之内的项目，必须通过招标进行发包，而在此范围之外的项目，是否招标业主可以自愿选择。

1. 强制招标的范围和规模标准

（1）强制招标的范围 《招标投标法》第三条规定：在中华人民共和国境内进行下列工程建设项目的勘察、设计、施工、监理以及与工程建设有关的重要设备、材料等的采购，必须进行招标：

1）大型基础设施、公用事业等关系社会公共利益、公众安全的项目。

2）全部或者部分使用国有资金投资或者国家融资的项目。

3）使用国际组织或者外国政府贷款、援助资金的项目。

《招标投标法》中所规定的招标范围，是一个原则性的规定，2000年5月1日施行的原国家计委第3号令《工程建设项目招标范围和规模标准规定》对招标范围和规模标准作了更具体的规定。

（2）强制招标的规模标准 《工程建设项目招标范围和规模标准规定》第七条规定，上述招标范围内的各类工程建设项目，包括项目的勘察、设计、施工、监理以及与工程建设有关的重要设备、材料等的采购，达到下列标准之一的，必须进行招标：

1）施工单项合同估算价在200万元人民币以上的。

2）重要设备、材料等货物的采购，单项合同估算价在100万元人民币以上的。

3）勘察、设计、监理等服务的采购，单项合同估算价在50万元人民币以上的。

4）单项合同估算价低于前三项规定的标准，但项目总投资额在3000万元人民币以上的。

第十条规定："省、自治区、直辖市人民政府根据实际情况可以规定本地区必须进行招标的具体范围和规模标准，但不得缩小本规定确定的必须进行招标的范围。"

2. 依法必须公开招标的项目

《招标投标法实施条例》第八条规定：国有资金占控股或者主导地位的依法必须进行招标的项目，应当公开招标。

3. 应公开招标可进行邀请招标的条件

《招标投标法实施条例》第八条规定：依法必须公开招标的项目有下列情形之一的，可以邀请招标：

1）技术复杂、有特殊要求或者受自然环境限制，只有少量潜在投标人可供选择。

2）采用公开招标方式的费用占项目合同金额的比例过大。

有前款第二项所列情形，属于《招标投标法实施条例》第七条⊖规定的项目，由项目审批、核准部门在审批、核准项目时作出认定；其他项目由招标人申请有关行政监督部门作出认定。

4. 经审批可以不进行招标的项目范围

《招标投标法》第六十六条规定："涉及国家安全、国家秘密、抢险救灾或者属于利用扶贫资金实行以工代赈、需要使用农民工等特殊情况，不适宜进行招标的项目，按照国家有关规定可以不进行招标。"

⊖ 《招标投标法实施条例》第七条规定："按照国家有关规定需要履行项目审批、核准手续的依法必须进行招标的项目，其招标范围、招标方式、招标组织形式应当报项目审批、核准部门审批、核准。项目审批、核准部门应当及时将审批、核准确定的招标范围、招标方式、招标组织形式通报有关行政监督部门。"

《招标投标法实施条例》第九条规定：除《招标投标法》第六十六条规定的可以不进行招标的特殊情况外，有下列情形之一的，可以不进行招标：

1）需要采用不可替代的专利或者专有技术。

2）采购人依法能够自行建设、生产或者提供。

3）已通过招标方式选定的特许经营项目投资人依法能够自行建设、生产或者提供。

4）需要向原中标人采购工程、货物或者服务，否则将影响施工或者功能配套要求。

5）国家规定的其他特殊情形。

招标人为适用前款规定弄虚作假的，属于《招标投标法》第四条规定的规避招标。

2.2　招标采购应具备的条件

2.2.1　招标单位应具备的条件

《工程建设项目自行招标试行办法》规定，招标人是指依照法律规定进行工程建设项目的勘察、设计、施工、监理，以及与工程建设有关的重要设备、材料等招标的法人。招标人若具有编制招标文件和组织评标能力，则可自行办理招标事宜，并向有关行政监督部门备案。工程项目的招标人必须满足下列资质条件和能力时，才可以进行自行施工招标：

1）具有项目法人资格（或法人资格）。

2）有与招标工程规模和复杂程度相适应的工程技术、概预算、财务和工程管理等方面的专业技术力量。

3）有从事同类工程建设项目招标的经验。

4）拥有3名以上取得招标职业资格的专职招标业务人员。

5）熟悉和掌握《招标投标法》及有关法规规章。

招标人自行进行招标的，项目法人或者组建中的项目法人应当在向国家发展改革委上报项目可行性研究报告或者资金申请报告、项目申请报告时，一并报送的书面材料应当至少包括：项目法人营业执照、法人证书或者项目法人组建文件；与招标项目相适应的专业技术力量；取得招标职业资格的专职招标业务人员的基本情况；拟使用的专家库情况；以往编制的同类工程建设项目招标文件和评估报告，业绩的证明材料以及其他材料。

2.2.2　招标代理机构应具备的条件

《招标投标法》规定：招标人有权自行选择招标代理机构，委托其办理招标事宜。任何单位和个人不得以任何方式为招标人指定招标代理机构。招标代理机构是依法设立、从事招标代理业务并提供相关服务的社会中介组织。招标代理机构应当具备下列条件：

1）有从事招标代理业务的营业场所和相应资金。

2）有能够编制招标文件和组织评标的相应专业力量。

3）有符合招投标法规定的条件，可以作为评标委员会成员人选的技术、经济等方面的专家库。

招标代理机构的资格依照法律和国务院的规定由有关部门认定。国务院住房和城乡建设、商务、发展和改革、工业和信息化等部门，按照规定的职责分工对招标代理机构依法实施监督管理。从事工程建设项目招标代理业务的招标代理机构，其资质由国务院或者省、自治区、直辖市人民政府的建设行政主管部门认定。具体办法由国务院建设行政主管部门会同国务院有关部门制定。

招标代理机构应当拥有一定数量的取得招标职业资格的专业人员。取得招标职业资格的具体办法由国务院人力资源社会保障部门会同国务院发展改革部门制定。

招标代理机构与行政机关和其他国家机关不得存在隶属关系或者其他利益关系。为此，建设部于 2000 年 6 月 30 日以第 79 号部令发布了《工程建设项目招标代理机构资格认定办法》，对招标代理机构资质认定进行了详细规定。

2.2.3 招标项目应具备的条件

《工程建设项目施工招标投标办法》规定依法必须招标的工程建设项目，应当具备下列条件才能进行施工招标：

1）招标人已经依法成立。

2）初步设计及概算应当履行审批手续的，已经批准。

3）有相应资金或资金来源已经落实。

4）有招标所需的设计图纸及技术资料。

施工招标可以采用项目的全部工程招标、单位工程招标、特殊专业工程招标等办法，但不得对单位工程的分部、分项工程进行招标。

2.2.4 投标人应具备的条件

根据《招标投标法》第二十六条规定："投标人应当具备承担招标项目的能力；国家有关规定对投标人资格条件或者招标文件对投标人资格有规定的，投标人应当具备规定的资格条件。"

首先，投标人应当具备承担招标项目的能力，即投标人在资金、技术、人员、装备等方面具备与完成招标项目的需要相适应的能力或者条件。

其次，国家有关规定对投标人的资格条件或者招标文件对投标人的资格条件有规定的，投标人应当具备规定的资格条件。例如，按照《建筑法》的规定，从事房屋建筑活动的建筑施工企业、勘察单位、设计单位和工程监理单位，应当具备符合国家规定的注册资本，有与其从事的建筑活动相适应的具有法定执业资格的专业技术人员，有从事相关建筑活动所应有的技术装备以及法律、行政法规规定的其他条件。从事建筑活动的建筑施工企业、勘察单位、设计单位和工程监理单位，按照其拥有的注册资本、专业技术人员，技术装备和已完成的建筑工程业绩等资质条件，划分为不同的资质等级，经资质审查合格并取得相应等级的资质证书后，方可在其资质等级许可的范围内从事建筑活动。

2.3 招标方式及其选择

为了规范招标投标活动，保护国家利益和社会公共利益以及招投标活动当事人的合法权益，《招标投标法》规定招标方式有两种，即公开招标和邀请招标。

2.3.1　公开招标

1. 定义

公开招标又称为无限竞争招标，是由招标单位通过报刊等媒体发布招标公告，有投标意向的承包商均可参加投标资格审查，审查合格的承包商可购买或领取招标文件，参加投标的招标方式。

2. 公开招标的特点

（1）公开招标是最具竞争性的招标方式　公开招标参与竞争的投标人数量较多，且只要通过资格审查便不受限制，只要承包商愿意便可参加投标，在实际生活中，常常少则十几家，多则几十家，甚至上百家，因而竞争程度最为激烈。

（2）公开招标是程序最完整、最规范、最典型的招标方式　公开招标形式严密，步骤完整，运作环节环环相扣。在国际上，谈到招标通常都是指公开招标。在某种程度上，公开招标已成为招标的代名词，因为公开招标是工程招标常用的方式。在我国，公开招标是最常用的招标方式。

（3）公开招标也是所需费用较高、花费时间较长的招标方式　由于竞争激烈，程序复杂，组织招标和参加投标需要做的准备工作和需要处理的实际事务比较多，特别是编制、审查有关招标投标文件的工作量十分繁重。

2.3.2　邀请招标

1. 定义

邀请招标又称为有限竞争性招标，是由招标单位向符合其工程承包资质要求，且工程质量及企业信誉都较好的承包商发出招标邀请书，约请被邀单位参加投标的招标方式。邀请招标的工程通常是有特殊要求或保密的工程。招标单位发出投标邀请书后，被邀请的单位可以不参加投标。招标单位不得以任何借口拒绝被邀请单位参加投标，否则招标单位应当承担由此引起的一切责任。

2. 邀请招标的特点

1）邀请招标的程序上比公开招标简化，如无招标公告及投标人资格审查的环节。

2）邀请招标在竞争程度上不如公开招标强。被邀请的承包商数目在 3 ~ 10 个，不能少于 3 个，也不宜多于 10 个。由于参加人数相对较少，因此其竞争范围没有公开招标大，竞争程度也明显不如公开招标强。

3）邀请招标在时间和费用上都比公开招标节省。邀请招标可以省去发布招标公告费用、资格审查费用和可能发生的更多的评标费用。

3. 邀请招标和公开招标的区别

（1）发布信息的方式不同　公开招标采用公告的形式发布，邀请招标采用投标邀请书的形式发布。

（2）竞争的范围不同　公开招标使所有符合条件的法人或者其他组织都有机会参加投标，竞争的范围较广，竞争性体现得也比较充分，招标人拥有绝对的选择余地，容易获得最佳招标效果；邀请招标中投标人的数目有限，邀请招标参加人数是经过选择限定的，被邀请的承包商数目在 3 ~ 10 个，由于参加人数相对较少，易于控制，因此其竞争范围没有公开招标大，竞争程度也明显不如公开招标强。

（3）公开的程度不同　公开招标中，所有的活动都必须严格按照预先指定并为大家所知的程序和标准公开进行，大大减少了作弊的可能；相比而言，邀请招标的公开程度逊色一些，产生不法行为的机会也就多一些。

（4）时间和费用不同　公开招标的程序比较复杂，从发布招标公告，投标人签订合同，有许多时间上的要求，要准备许多文件，因而耗时较长，费用也比较高。邀请招标可以省去发布招标公告、资格审查和可能发生的更多的评标的时间和费用。

建设项目的施工采用何种方式招标，是由业主决定的。业主根据自身的管理能力、设计进度情况、建设项目本身的特点、外部环境条件、两种招标方式的特点等因素经过充分思考后，在确定分标方式和合同类型的基础上，再来选择合适的招标方式。

2.3.3　其他招标方式

有时通过公开招标或邀请招标都不能获得理想的中标人，可以将两种招标方式组合起来使用，也可以称为两阶段招标。其具体做法是：先按公开招标方式进行招标，经过评标后，再邀请其中报价较低的或者最有资格的 3～4 家承包商进行第二次报价。在第一阶段报价、开标、评标之后，如最低报价超过招标控制价 20%，且经过减价之后仍然不能低于招标控制价时，则可邀请其中数家商谈，再做第二阶段报价。还有一种两阶段招标的做法是先公开招标，第一阶段只对技术标进行评审，只有技术标合格的投标人才有资格报价，第二阶段是邀请技术标合格的若干投标人参加进一步的投标。

两阶段招标方式往往应用于以下三种情况：

1）招标工程内容属高新技术，需在第一阶段招标中博采众议，进行评比，选出最新最优技术方案，然后在第二阶段中邀请被选中方案的投标人进行详细报价。

2）在某些新型的大项目的承发包之前，招标人对此项目的建造方式尚未最后确定，这时可以在第一阶段招标中向投标人提出要求，就其最擅长的建造方式进行报价，或者按招标人提供的建造方案报价。经过评比，选出其中最佳方案的投标人再进行第二阶段的按具体方案的详细报价。

3）一旦招标不成功，只好在现有基础上邀请其中若干家报价相对较低的再次投标报价。

2.4　招投标的类型及其程序

2.4.1　建设工程施工招标投标及其程序

1. 建设工程施工招标投标的性质

我国法学界一般认为，建设工程施工招标是要约邀请，而投标是要约，中标通知书是承诺。我国《合同法》明确规定，招标公告是要约邀请，招标实际上是邀请投标人对其提出要约（即报价），也属于要约邀请。投标则是一种要约，它符合要约的所有条件：具有缔结合同的主观目的；一旦中标，投标人将受投标书的承诺；投标书的内容具有足以合同成立的主要条件等。招标人向中标的投标人发出的中标通知书，则是招标人同意接受中标的投标人的投标条件，即同意接受该投标人的要约的意思表示，属于承诺。

2. 建设工程施工招标与投标的基本程序

建设工程施工招投标一般要经历招标准备阶段、招标投标阶段和决标成交阶段。与邀请招标相比，公开招标程序仅是在招标准备阶段多了发布招标公告、进行资格预审的内容。

（1）招标准备阶段主要工作　招标准备阶段的工作由招标人单独完成，投标人不参与。主要工作包括以下几个方面：① 招标组织工作；② 选择招标方式、范围；③ 申请招标；④ 编制招标有关文件。

（2）招标投标阶段主要工作　公开招标时，从发布招标公告开始，若为邀请招标，则从发出投标邀请函开始，到投标截止日期为止的期间称为招标投标阶段。主要工作包括以下几个方面：① 发布招标公告或者发出投标邀请书；② 资格预审；③ 发售招标文件；④ 组织现场考察；⑤ 标前会议。

（3）决标成交阶段的主要工作　从开标日到签订合同这一期间称为决标成交阶段，是对各投标文件进行评审比较，最终确定中标人的过程。主要工作包括以下几个方面：① 开标；② 评标；③ 定标。

以公开招标为例，建设工程施工招标与投标工作流程如图 2-1 所示。

2.4.2　工程货物采购和招标投标程序

1. 工程货物采购的含义

工程货物采购一般是指工程项目法人（买方）通过招标、询价等形式选择合格的供货商（卖方），购买工程项目建设所需要的物资（设备和材料）的过程。货物采购不仅包括单纯的采购工程设备、材料等货物，还包括按照工程项目的要求进行设备、材料的综合采购、运输、安装、调试等，以及交钥匙工程（即工程设计、土建施工、设备采购、安装调试等实施阶段全过程的工作）的货物采购。总之，工程项目中的货物采购是一项复杂的系统工程，它不但应遵守一定的采购程序，还要求采购人员或机构了解和掌握市场价格情况和供求关系，贸易支付方式、保险、运输等贸易惯例与商务知识，以及与采购有关的法律、法规及规定等。

2. 工程货物采购的方式

货物采购的方式应依据标的物的性质、特点及供货商和供货能力等方面条件来选择，一般采用下列三种方式：

（1）招标采购　采用公开招标或邀请招标方式选择供货商一般适用于购买大宗建筑材料或订购大型设备，且标的金额较大、市场竞争激烈的情况。

（2）询价采购　询价采购是向几个供货商（通常至少 3 家）就采购货物的标的物进行询价，将他们的报价加以比较后，选择其中一家签订供货合同。询价单上应注明货物的说明、数量以及要求的交货时间、地点及交货方式等。报价可以采用电传或传真的形式进行。这种方式类似于议标，其优点是无需经过复杂的招标程序，大大节约了选择供货商的时间。但由于报价的竞争性差，不便于公众监督，容易导致非法交易，一般仅适用于采购价值较小的建筑材料、设备和标准规格产品。

（3）直接订购　直接订购方式由于不进行产品的质量和价格比较，属于非竞争性采购方式。一般适用于如下几种情况：

1）为保证设备或零配件标准化，以便和现有设备相配套，向原供货商增加供货品种或

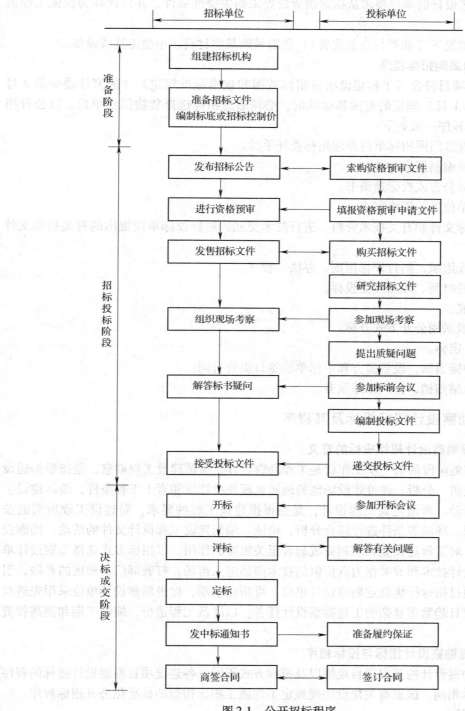

图 2-1　公开招标程序

数量。

2）所需设备或材料具有专卖性，只能从某一家供货商获得。

3）负责工艺设计的单位要求从指定供货商处采购关键性部件，并以此作为保证工程质量的条件。

4）在特殊情况下（如对付自然灾害），急需采购某些材料、小型工具或设备。

3. 工程货物采购招标程序

凡工程建设项目符合《工程建设项目招标范围和规模标准规定》（国家计委令第3号令，2000年5月1日）规定的范围和标准的，必须通过招标选择货物供应单位。以公开招标为例，其招标程序一般如下：

1）工程建设部门同招标单位办理招标委托手续。

2）招标单位编制招标文件。

3）发出招标公告或投标邀请书。

4）对投标单位进行资格审查。

5）发放招标文件和有关技术资料，进行技术交底，解释投标单位提出的有关招标文件疑问。

6）组成评标组织，制订评标原则、办法、程序。

7）在规定的时间、地点接受投标。

8）确定标底。

9）开标一般采用公开方式开标。

10）评标、定标。

11）发出中标通知，设备需方和中标单位签订供货合同。

12）项目总结归档，标后跟踪服务。

2.4.3 工程勘察设计招标投标及其程序

1. 建设工程勘察设计招标投标的意义

建设工程实施阶段的第一项工作就是工程勘察设计。所谓建设工程勘察，是指根据建设工程的要求，查明、分析、评价建设场地的地质地理环境特征和岩土工程条件，编制建设工程勘察文件的活动。所谓建设工程设计，是指根据建设工程的要求，对建设工程所需的技术、经济、资源、环境等条件进行综合分析、论证、编制建设工程设计文件的活动。勘察设计质量的优劣，对工程建设能否顺利完成起着至关重要的作用。以招标方式选择勘察设计单位，是为了使设计技术和成果作为有价值的技术商品进入市场，打破部门、地区的界限，引入竞争机制，通过招标择优确定勘察设计单位，可防止垄断，促进勘察设计单位采用先进技术，更好地完成日趋繁重复杂的工程勘察设计任务，以降低工程造价，缩短工期和提高投资效益。

2. 建设工程勘察设计招标与投标程序

依据委托勘察设计的工程项目规模以及招标方式不同，各建设项目勘察设计招标的程序繁简程度也不尽相同。国家有关建设法规规定了与施工招标相似的标准化公开招标程序，一般有以下几点区别：

（1）招标文件的内容不同 勘察招标的招标文件一般给出任务的数量指标，如地质勘探的孔位、眼数、总钻探进尺长度等。设计招标文件中仅提出设计依据、工程项目应达到的技术指标、项目限定的工作范围、项目所在地地基本资料、要求完成的时间等内容，而无具体的工作量。

（2）对投标文件的编制要求不同　投标人的投标报价不是按规定的工程量清单填报单价后算出总价，而是首先提出勘察的实施方案、设计的构思等，并论述该方案的优点和实施计划，在此基础上进一步提出报价。

（3）开标形式不同　开标时不是由招标单位的主持人宣读投标书并按报价高低排定标价次序，而是由各投标人自己说明完成勘察数据在精度、内容和进度方面对设计的满足程度或其设计方案的基本构思和意图，以及其他实质性内容，而且不按报价高低排定标价次序。

（4）评标原则不同　评标时不过分追求投标价的高低，评标委员会更多关注于所提供方案的技术先进性、所达到的技术指标、方案的合理性，以及对工程项目投资效益的影响。

2.4.4　工程咨询服务招标投标及其程序

1. 工程咨询的含义

咨询的原意为"征求意见"，现代咨询被赋予了更丰富的内容和含义。工程咨询指的是在工程项目实施的各个阶段，咨询人员利用技术、经验、信息等为客户提供的智力服务。换言之，就是咨询专家受客户委托为寻求解决工程实际问题的最佳途径而提供的技术服务。

2. 工程咨询服务的招投标程序

工程咨询服务的采购方式一般可根据服务金额的多少，分为有限竞争选聘、招投标选聘、直接委托等多种方式。选聘工程咨询服务的一种重要方式是招投标方式，招标可以分为公开招标和邀请招标。

（1）公开招标工程咨询服务招投标采购方式的主要程序　主要程序包括：① 组建项目工作小组；② 组建评标委员会；③ 制订资格预审条件；④ 发布招标公告；⑤ 确定通过资格预审的咨询机构；⑥ 制订任务大纲；⑦ 确定技术标和财务标的评审标准；⑧ 准备招标文件（咨询机构须知，包括招标函、任务大纲、招标函附件等）；⑨ 汇总招标文件并报监督部门备案；⑩ 发送招标文件；⑪ 项目实地考察；⑫ 答疑；⑬ 准备投标文件；⑭ 接受投标文件；⑮ 开标；⑯ 技术标评审；⑰ 财务标评审；⑱ 综合排名；⑲ 提交排名结果；⑳ 报监督部门备案；㉑ 宣布中标；㉒ 合同谈判；㉓ 签署合同；㉔ 合同谈判失败的后果处理。

（2）邀请招标实施步骤　成立项目工作小组和评标委员会，公布项目消息和预审资质条件，后续步骤与公开招标基本相同。

（3）直接委托方式的实施步骤　直接委托咨询服务的主要工作是合同谈判。政府机构先将任务大纲发给拟直接委托的咨询机构。合同谈判的主要内容是任务大纲以及咨询机构应完成的工作。咨询机构应提交包括工作计划、人员和进度安排及预算在内的技术建议书以及财务建议书。政府机构应慎重审核其财务建议书，避免非竞争条件下咨询机构的报价过高。

2.4.5　工程建设监理招标投标及其程序

1. 建设工程监理及其范围

建设工程监理是指具有相应资质的监理单位受工程项目建设单位的委托，依据国家有关工程建设的法律、法规，经建设主管部门批准的工程项目建设文件、建设工程委托监理合同及其他建设工程合同，对工程建设实施的专业化监督管理。实行建设工程监理制度，目的在于提高工程建设的经济效益和社会效益。

建设监理制度是我国基本建设领域的一项重要制度，目前属于强制推行阶段。根据建设部颁布的《建设工程监理范围和规模标准规定》，下列工程必须实施建设监理：

（1）国家重点建设工程　国家重点建设工程是指依据《国家重点建设项目管理办法》所确定的对国民经济和社会发展有重大影响的骨干项目。

（2）大中型公用事业工程　大中型公用事业工程指项目总投资额在 3000 万元以上的供水、供电、供气、供热等市政工程项目，科技、教育、文化等项目，体育、旅游、商业等项目，卫生、社会福利等项目，其他公用事业项目。

（3）成片开发建设的住宅小区工程　建筑面积在 5 万 m^2 以上的住宅建设工程必须实行监理，5 万 m^2 以下的住宅建设工程可以实行监理，具体范围和规模标准由建设行政主管部门规定，对高层住宅及地基、结构复杂的多层住宅应当实行监理。

（4）利用外国政府或者国际组织贷款、援助资金的工程　这是指使用世界银行、亚洲开发银行等国际组织贷款资金的项目，或使用国外政府及其机构贷款资金的项目，或使用国际组织或者国外政府援助资金的项目。

（5）国家规定必须实行监理的其他工程　这是指项目总投资额在 3000 万元以上关系社会公共利益、公众安全的基础设施项目和学校、影剧院、体育场馆项目。

《工程建设项目招标范围和规模标准规定》要求，监理单位监理的单项合同估算价在 50 万元人民币以上的，或单项合同估算低于规定的标准，但项目总投资额在 3000 万人民币以上的项目必须进行监理招标。

2. 建设工程监理招投标的主体

建设工程监理招标的主体是承建招标项目的建设单位，又称招标人。招标人可以自行组织监理招标，也可以委托具有相应资质的招标代理机构组织招标。必须进行监理招标的项目，招标人自行办理招标事宜的，应向招标管理部门备案。

参加投标的监理单位首先应当是取得监理资质证书，具有法人资格的监理公司、监理事务所或兼承监理业务的工程设计、科学研究及工程建设咨询的单位，同时必须具有与招标工程规模相适应的资质等级。

资质等级是经各级建设行政主管部门按照监理单位的人员素质、资金数量、专业技能、管理水平及监理业绩的不同而审批核定的。我国工程监理企业资质分为综合资质、专业资质和事务所资质。其中，专业资质按照工程性质和技术特点划分为若干工程类别。综合资质、事务所资质不分级别。专业资质分为甲级、乙级；其中，房屋建筑、水利水电、公路和市政公用专业资质可设立丙级。综合资质可以承担所有专业工程类别建设工程项目的工程监理业务。专业甲级资质可承担相应专业工程类别建设工程项目的工程监理业务；专业乙级资质可承担相应专业工程类别二级以下（含二级）建设工程项目的工程监理业务；专业丙级资质可承担相应专业工程类别三级建设工程项目的工程监理业务。事务所资质可承担三级建设工程项目的工程监理业务，但是，国家规定必须实行强制监理的工程除外。

国务院建设主管部门负责管理全国建设监理招标投标的管理工作，各省、市、自治区及工业、交通部门建设行政管理机构负责本地区、本部门建设监理招标投标管理工作，各地区、各部门建设工程招标投标管理办公室对监理招标与投标活动实施监督管理。

3. 建设工程监理招投标程序

建设工程监理招投标在程序上与施工招投标略有不同，一方面由于其性质属于工程咨询招投标的范畴，所以在招标的范围上，可以包括工程建设过程中的全部工作，如项目建设前期的可行性研究、项目评估等，项目实施阶段的勘察、设计、施工等，较施工招投标在内容上向前进行了延伸。另一方面在评标定标上，综合考虑监理规划（或监理大纲）、人员素质、监理业绩、监理取费、检测手段等因素，但其中最主要的是考虑人员素质。

2.4.6 BOT 项目招投标及其程序

1. BOT 项目的特点

BOT 项目的特点是由本国公司或外国公司作为项目的投资者和经营者组成项目公司，从项目所在国政府获取"特许权协议"作为项目开发和安排融资的基础，筹集资金和建设基础设施项目，并承担风险。在"特许权协议"终止时，政府可以固定价格或无偿收回整个项目。项目公司在特许期限内拥有、运营和维护该项设施，并通过收取使用费或服务费用回收投资并取得合理的利润。特许期满后，这项基础设施的所有权无偿移交给政府。

2. BOT 项目招标与传统的基础设施项目招标的区别

（1）招标文件的详细程度不同 在传统的招标形式中招标文件中详细地列出了拟采购的工程或货物的说明或技术规格，投标人必须按招标文件的具体要求进行报价和响应性说明；而 BOT 形式中招标文件可能只是一些初步的说明，粗略地列出项目应满足的需要或性能标准。在招标时可吸取各投标人提出的满足招标文件需要的专门知识和创新能力，但由于缺乏一个完全统一的标准或规格，所以对投标文件的评审工作要求较高。

（2）财务方面安排要求不同 在传统的招标形式中招标文件中详细地列出了拟采购的工程或货物的说明或技术规格，投标人必须按招标文件的具体要求进行报价和响应性说明；而 BOT 形式中首要的是财务问题而非技术问题。对于招标单位来说，在编制招标文件时说明接受怎样的投资人是至关重要的，而对于投标单位来说能否编制出一揽子具有吸引力的财务安排是竞标成功的关键。

（3）对投标人的选择是不同的 传统的招标形式一般需考虑投标人参与的广泛性和竞争性；而 BOT 形式中确保数量有限的投标人的质量更为重要。

（4）是否需要谈判不同 在传统的招标形式中在评标结束后经有关部门或机构批准后即可授予合同，不需要与投标人进行技术或财务谈判；而 BOT 形式中投标文件评审阶段就应与投标人进行技术、财务安排等方面的谈判，在投标时鼓励投标人提出替代解决办法和创新建议。

（5）是否可以改变招标范围 招标单位在评价不同的 BOT 设想和解决方案时，如果认为有必要，可以改变 BOT 项目的范围，在这种情况下，招标单位可以重新招标或仅与少量最佳的投标人提出，进行谈判项目范围的修改。而这些在传统的招标时一般不采用。

BOT 项目与传统招标形式相比招标文件内容更全面，反映出在 BOT 安排中投标人须承担更广泛的义务。在评标时所用的评价标准更灵活，且更加多变，不仅考虑投标价格或者与项目密切相关的其他标准的组合，而且还需评价投标人的一揽子财务安排、技术方案的吸引力、投标人（包括主办人和联合体）的实力和融资能力、技术转让和建设、运营级别或能力等。BOT 项目在最后授予和签署项目议定书之前与选定的投标人进行最后的谈判。而在传统的招标形式中如选定了一个中标人，则一般不能进行类似的谈判程序。

3. BOT 项目的招投标程序

按照惯例，BOT 项目的招投标程序主要包括：确定项目方案阶段、立项阶段、招标准备阶段、资格预审阶段、准备投标文件阶段、评标与决标阶段、合同谈判阶段、融资与审批阶段、实施阶段（包括设计、建设、运营和移交）。

（1）确定项目方案　这一阶段的主要目标是研究并提出项目建设的必要性、确定项目需要达到的目标。

（2）立项　立项是指计划管理部门对《项目建议书》或《预可行性研究报告》以文件形式进行同意建设的批复。目前，一般来说，外资 BOT 项目需要得到国家发展改革委的批复，内资 BOT 项目可以由地方政府批复。在前期准备工作不足的情况下，计划管理部门也可不批复《项目建议书》或《预可行性研究报告》，而是批复进行同意项目融资招标，这种批复也可作为招标的依据。

（3）招标准备　招标准备的主要工作包括以下几个方面：① 成立招标委员会和招标办公室；② 聘请中介机构，包括专业的投融资咨询公司、律师事务所和设计院；③ 进行项目技术问题研究，明确技术要求；④ 准备资格预审文件，制订资格预审标准；⑤ 设计项目结构，落实项目条件；⑥ 准备招标文件、特许权协议、制订评标标准。

（4）资格预审　邀请对项目有兴趣的公司参加资格预审，如果是公开招标则应该在媒体上刊登招标公告。参加资格预审的公司应提交资格申请文件，包括技术力量、工程经验、财务状况、履约记录等方面的资料。参加资格预审的投标人数量越多，招标人选择的范围就越大。为了在确保充分竞争的前提下尽可能减少招标评标的工作量，通过资格预审的投标人数量不宜过多，一般为 3~5 家比较合适。

（5）准备投标文件　在获得招标委员会的书面邀请后，通过资格预审的投标者，如果决定继续投标，则应按照招标文件的要求，提出详细的建议书（即投标文件）。

（6）评标与决标　投标截至后，招标委员会将组建评标委员会，按照招标文件中规定的评标标准对投标人提交的标书进行评审。评标标准必须在招标文件中作出明确陈述。评标方法的选择将显著地影响到最终的评标结果，因此，一般情况下，招标文件中规定的评标标准不允许更改。

（7）合同谈判　决标后，招标委员会应邀请中标者与政府进行合同谈判。BOT 项目的合同谈判时间较长，而且非常复杂，因为项目牵涉到一系列合同以及相关条件，谈判的结果要使中标人能为项目筹集资金，并保证政府把项目交给最合适的投标人。在"特许权协议"签订之前，政府和中标人都必须准备花费大量的时间和精力进行谈判和修改合同。中标人是否能够顺利地签订上述相关合同，取决于其与政府商定的合同条款。因此，从中标人的角度来看，政府应提供项目所需的一揽子基本的保障体系，政府则希望尽可能地减少这种保障。

（8）融资与审批　谈判结束且草签"特许权协议"以后，中标人应报批《可行性研究报告》，并组建项目公司。项目公司将正式与贷款人、建筑承包商、运营维护承包商和保险公司等签订相关合同，最后，与政府正式签署"特许权协议"。至此，BOT 项目的前期工作全部结束，项目进入设计、建设、运营和移交阶段。

（9）实施阶段　项目公司在签订所有合同之后，开始进入项目的实施阶段，即按照合同规定，聘请设计单位开始工程设计，聘请总承包商开始工程施工，工程竣工后开始正式商业运营，在特许期届满时将项目设施移交给政府或其指定机构。

　　需要强调的是，在实施阶段的任何时间，政府都不能放弃监督和检查的权利。因为项目最终要由政府或其指定机构接管并在相当长的时间内继续运营，所以必须确保项目从设计、建设到运营和维护都完全按照政府和中标人在合同中规定的要求进行。

2.5　招标投标活动的行政监督

　　有关行政监督部门应依法对招标投标活动及其当事人实施监督。并根据监督检查的结果或当事人的投诉，依法查处招标投标活动中的违法行为。当事人有权拒绝行政部门违法实施的监督，或者违法给予的行政处罚，并可依照《行政复议法》《行政诉讼法》和《国家赔偿法》的有关规定获得帮助。

2.5.1　行政监督的具体内容

　　行政监督的具体内容包括：依照《招标投标法》及其他法律、法规规定，必须招标的项目是否进行了招标；是否按照《招标投标法》的规定，选择了有利于竞争的招标方式；在已招标的项目中，是否严格执行了《招标投标法》规定的程序、规则，是否体现了公开、公平、公正和诚实信用原则；招标投标主体资格是否符合规定；必要时可派人监督开标、评标、定标等活动。

　　根据有关法律、法规的规定，招标过程中应当向有关行政监督部门备案或报告的事项主要有：

　　1）依法必须进行招标的项目，招标人自行办理招标事宜的，应当向有关行政监督部门备案。

　　2）依法必须进行招标的工程，招标人应当在招标文件发出的同时，将招标文件报工程所在地的县级以上地方人民政府建设行政主管部门备案。

　　3）招标人对已发出的招标文件进行必要的澄清或修改的，应以书面形式报工程所在地的县级以上地方人民政府建设行政主管部门备案。

　　4）订立书面合同后一定时日内，中标人应当将合同送工程所在地的县级以上地方人民政府建设行政主管部门备案。

　　5）重新招标的，招标人应当将重新招标方案报有关主管部门备案，招标文件有修改的，应当将修改后的招标文件一并备案。

　　6）评标委员会完成评标后，应当将书面评标报告抄送有关行政监督部门。

　　7）依法必须进行招标的项目，招标人应当自确定中标人之日起15日内，向有关行政监督部门提交招标投标情况的书面情况。

2.5.2　各行政部门的职责分工

1. 行政监督体制

　　我国的招投标活动的行政监督实行分级负责制，国务院行政主管部门负责全国工程招投标活动的监督管理，县级以上地方人民政府建设行政主管部门负责本行政区域内工程招投标活动的监督管理，有的地方把具体的监督管理工作委托工程招标投标监督管理机构负责实施。

2. 政府监督部门及职责

国务院发展改革部门指导和协调全国招标投标工作，对国家重大建设项目的工程招标投标活动实施监督检查。国务院工业和信息化、住房和城乡建设、交通运输、水利、商务等部门，按照规定的职责分工对有关招标投标活动实施监督。

县级以上地方人民政府发展改革部门指导和协调本行政区域的招标投标工作。县级以上地方人民政府有关部门按照规定的职责分工，对招标投标活动实施监督，依法查处招标投标活动中的违法行为。县级以上地方人民政府对其所属部门有关招标投标活动的监督职责分工另有规定的，从其规定。

财政部门依法对实行招标投标的政府采购工程建设项目的预算执行情况和政府采购政策执行情况实施监督。

监察机关依法对与招标投标活动有关的监察对象实施监察。

2.5.3 有形建筑市场

1. 建设工程交易中心的性质

建设工程交易中心是服务性机构，不是政府管理部门，也不是政府授权的监督机构，本身并不具备监督管理职能。但建设工程交易中心又不是一般意义上的服务机构，其设立须得到政府或政府授权主管部门的批准，并非任何单位和个人可随意成立；它不以营利为目的，旨在为建立公开、公正、平等竞争的招投标制度服务，只可经批准收取一定的服务费。

按照我国有关规定，所有建设项目都要在建设工程交易中心内报建、发布招标信息、授予合同、申领"施工许可证"。工程交易行为不能在场外发生，招标投标活动都需在场内进行，并接受政府有关管理部门的监督。应该说建设工程交易中心的设立，对建立国有投资的监督制约机制、规范建设工程承发包行为，以及将建筑市场纳入法制管理轨道，都有重要作用，是符合我国特点的一种形式。

建设工程交易中心建立以来，由于实行集中办公、公开办事制度和程序以及"一条龙"的窗口服务，不仅有力地促进了工程招投标制度的推行，而且遏制了违法违规行为，对于防止腐败、提高管理透明度收到了显著的成效。

2. 建设工程交易中心的基本功能

我国的建设工程交易中心是按照三大功能进行构建的。

（1）信息服务功能 信息服务功能包括收集、储存和发布各类工程信息、法律法规、造价信息、建材价格、承包商信息、咨询单位和专业人士信息等。工程建设交易中心一般要定期公布工程造价指数和建筑材料价格、人工费、机械租赁费、工程咨询费以及各类工程指导价等，指导业主、承包商、咨询单位进行投资控制和投标报价。但在市场经济条件下，工程建设交易中心公布的价格指数仅是一种参考，投标最终报价还是需要依靠承包商根据本企业的经验或"企业定额"、企业机械装备和生产效率、管理能力和市场竞争需要来决定。

（2）场所服务功能 对于政府部门、国有企业、事业单位的投资项目，我国明确规定，一般情况下都必须进行公开招标，只有特殊情况下才允许采用邀请招标。所有建设项目进行招投标必须在有形建筑市场内进行，必须由有关管理部门进行监督。按照这个要求，工程建设交易中心必须为工程承发包交易双方，包括建设工程的招标、评标、定标、合同谈判等，提供设施和场所服务。原建设部《建设工程交易中心管理办法》规定，建设工程交易中心应具备信息发布大厅、洽谈室、开标室、会议室及相关设施，以满足业主和承包商、分包商、设备材料供应商之间的交易需要。同时，要为政府有关管理部门进驻集中办公、办理有关手续和依法监督招标投标活动提供场所服务。

（3）集中办公功能　由于众多建设项目要进入有形建筑市场，进行报建、招投标交易和办理有关批准手续，这样就要求政府有关建设管理部门各职能机构进驻工程交易中心，集中办理有关审批手续和进行管理。受理申报的内容一般包括工程报建、招标登记、承包商资质审查、合同登记、质量报监、"施工许可证"发放等。进驻建设工程交易中心的相关管理部门集中办公，要公布各自的办事制度和程序，既能按照各自的职责依法对建设工程交易活动实施有力监督，也方便当事人办事，有利于提高办公效率。按照我国有关法规，每个城市原则上只能设立一个建设工程交易中心，特大城市可增设若干个分中心，但分中心的三项基本功能必须健全。

3. 建设工程交易中心的运作程序

按照有关规定，建设项目进入建设工程交易中心后，一般按下列程序运行，如图 2-2所示。

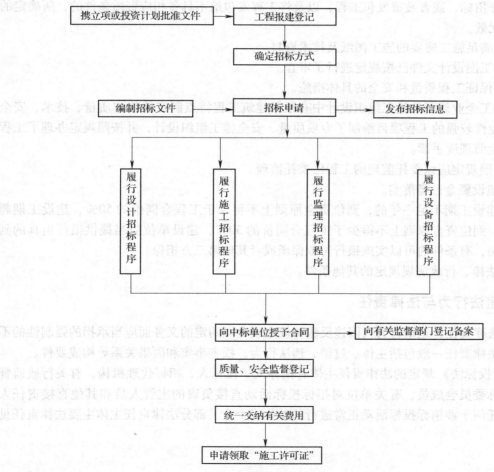

图 2-2　建设工程交易中心运行图

1）拟建工程得到计划管理部门立项（或计划）批准后，到中心办理报建备案手续。工程建设项目的报建内容主要包括工程名称、建设地点、投资规模、资金来源、当年投资额、工程规模、工程筹建情况、计划开工和竣工日期等。

2）报建工程由招标监督部门依据《招标投标法》和有关规定确认招标方式。

3）招标人依据《招标投标法》规定招标投标程序，组织招标活动。

4）自中标之日起30日内，发包单位与中标单位签订合同。

5）按规定进行质量、安全监督登记。

6）统一交纳有关工程前期费用。

7）领取"施工许可证"。

申请领取"施工许可证"，应当按原建设部第71号部令规定，具备以下条件：

1）已经办理该建筑工程用地批准手续。

2）在城市规划区的建筑工程，已经取得规划许可证。

3）施工场地已经基本具备施工条件，需要拆迁的，其拆迁进度符合施工要求。

4）已经确定建筑施工企业，但按照规定应该招标的工程没有招标，应该公开招标的工程没有公开招标，或者肢解发包工程，以及将工程发包给不具备相应资质条件的，所确定的施工企业无效。

5）有满足施工需要的施工图纸及技术资料。

6）施工图设计文件已按规定进行了审查。

7）有保证工程质量和安全的具体措施。

8）施工企业编制的施工组织设计中有根据建筑工程特点制定的相应质量、技术、安全措施，专业性较强的工程项目编制了专项质量、安全施工组织设计，并按照规定办理了工程质量、安全监理度手续。

9）按照规定应该委托监理的工程已委托监理。

10）建设资金已经落实。

11）建设工期不足一年的，到位资金原则上不得少于工程合同价的50%，建设工期超过一年的，到位资金原则上不得少于工程合同价的30%，建设单位应当提供银行出具的到位资金证明，有条件的可以实施银行付款保函或者其他第三方担保。

12）法律、行政法规规定的其他条件。

2.5.4　违法行为与法律责任

所谓法律责任，是指行为人因违反法律规定或合同约定的义务而应当承担的强制性的不利后果。法律责任一般包括主体、过错、违法行为、损害事实和因果关系等构成要件。

《招标投标法》规定的法律责任主体有招标人、投标人、招标代理机构、有关行政监督部门、评标委员会成员、有关单位对招标投标活动直接负责的主管人员和其他直接责任人员，以及任何干涉招标投标活动正常进行的单位或个人。部分法律责任主体主要法律责任见表2-1。

表 2-1　招标投标活动主要参与者的法律责任简表

主　体	违 法 行 为	处　　罚	备　　注
招标人	必须进行招标的项目不招标；将必须进行招标的项目化整为零或者以其他任何方式规避招标	责令限期改正；可以处项目合同金额 5‰以上 10‰以下的罚款；对全部或者部分使用国有资金的项目，可以暂停项目执行或者暂停资金拨付；对单位责任人依法给予处分	1. 强制招标项目违反《招标投标法》规定，中标无效，应当依照规定的中标条件从其余投标人中重新确定中标人或者依照法律重新进行招标。2. 任何单位违反法律规定，限制或者排斥本地区、本系统以外的法人或者其他组织参加投标的，为招标人指定招标代理机构的，强制招标人委托招标代理机构办理招标事宜的，或者以其他方式干涉招标投标活动的，责令改正；对单位责任人依法给予警告、记过、记大过的处分，情节较重的，依法给予降级、撤职、开除的处分。个人利用职权进行前款违法行为的，依照前款规定追究责任。3. 本表中"单位责任人"是指单位直接负责的主管人员和其他直接责任人员
	以不合理的条件限制或者排斥潜在投标人；对潜在投标人实行歧视待遇；强制要求投标人组成联合体共同投标，或者限制投标人之间竞争	责令改正；可以处 1 万元以上 5 万元以下的罚款	
	强制招标项目，招标人向他人透露已获取招标文件的潜在投标人的名称、数量或者可能影响公平竞争的有关招标投标的其他情况，或者泄露标底	给予警告；可以并处 1 万元以上 10 万元以下的罚款；对单位责任人依法给予处分；构成犯罪的，依法追究刑事责任。影响中标结果的，中标无效	
	强制招标项目，招标人与投标人就投标价格、投标方案等实质性内容进行谈判	给予警告；对单位责任人依法给予处分；影响中标结果的，中标无效	
	在依法推荐的中标候选人以外确定中标人的；强制招标项目在所有投标被否决后自行确定中标人	责令改正；可以处中标项目金额 5‰以上 10‰以下的罚款；对单位责任人依法给予处分；影响中标结果的，中标无效	
	不按招标文件和中标人的投标文件订立合同的；与中标人订立背离合同实质性内容的协议	责令改正；可以处中标项目金额 5‰以上 10‰以下的罚款	
评标委员会委员	收受投标人的好处；向他人透露对投标文件的评审和比较、中标候选人的推荐以及与评标有关的其他情况	给予警告；没收收受的财物，可以并处 3000 元以上 5 万元以下的罚款；取消担任评标委员会成员的资格，不得再参加任何强制招标项目的评标；构成犯罪的，依法追究刑事责任	
招标代理机构	泄露应当保密的与招标投标活动有关的情况和资料；与招标人、投标人串通损害国家利益、社会公共利益或者他人合法权益	处 5 万元以上 25 万元以下的罚款；对单位责任人处单位罚款数额 5%以上 10%以下的罚款；没收违法所得；情节严重的，暂停直至取消招标代理资格；构成犯罪的，依法追究刑事责任。给他人造成损失的，负赔偿责任。影响中标结果的，中标无效	
投标人	相互串通投标或者与招标人串通投标的；以向招标人或者评标委员会成员行贿的手段谋取中标；以他人名义投标或者以其他方式弄虚作假，骗取中标	中标无效；处中标项目金额 5‰以上 10‰以下的罚款；对单位责任人处单位罚款数额 5%以上 10%以下的罚款；并处没收违法所得；情节严重的，取消其 1~3 年内参加强制招标项目的投标资格，直至吊销营业执照；构成犯罪的，依法追究刑事责任。给招标人造成损失的，负赔偿责任	

（续）

主　体	违法行为	处　罚	备　注
投标人	将中标项目转让；将中标项目肢解后分别转让；将中标项目的部分主体、关键性工作分包；分包人再次分包	转让、分包无效；处转让、分包项目金额 5‰以上 10‰以下的罚款；并处没收违法所得；可以责令停业整顿；情节严重的，吊销营业执照	
	不履行与招标人订立的合同	履约保证金不予退还，还应当对损失予以赔偿；情节严重的，取消其 2~6 年内参加强制招标项目的投标资格，直至吊销营业执照	
监管人	徇私舞弊、滥用职权或者玩忽职守	构成犯罪的，依法追究刑事责任；不构成犯罪的，依法给予行政处分	

2.6　国际工程项目招标投标制度概述

　　国际工程招投标是指发包方通过国内外的新闻媒体发布招标信息，所有有兴趣的投标人均可参与投标竞争，通过评标比较确定中标人的法律活动。在我国境内的工程建设项目，也有采用国际工程招投标方式的。一般有以下两种情况：① 使用我国自有资金的工程建设项目，但是希望工程项目达到目前国际的先进水平，如国家大剧院的设计招标和奥运会相关项目的招标；② 由于工程项目建设的资金使用国际金融组织或外国政府贷款，必须遵循贷款协议中采用国际工程招投标方式选择中标人的规定。

2.6.1　国内和国际工程招投标的区别和联系

　　在经济全球化的大趋势下，建筑工程的涉外性已经不足为奇，许多国内的公司也逐步参与到国际工程招投标的活动中。因此，了解国际工程招投标与国内工程招投标的区别与联系也是十分必要的。下面从不同角度对此进行简单介绍。

1. 适用范围上的区别与联系

　　国际工程招投标与国内工程招投标在适用范围上的区别，主要体现在招标投标制度与政府采购的关系不同。

（1）国内招标投标制度的适用范围　国内的招标投标立法与政府采购立法是相互独立的，现在我国已经先后颁布了《中华人民共和国招标投标法》《中华人民共和国政府采购法》。在国内进行的招标投标活动，都应该依据《中华人民共和国招标投标法》。国内的《招标投标法》与《政府采购法》既相互区别，也密切联系，两者的联系和区别主要表现在以下几个方面：

1）"两法"具有不同的调整范围。《招标投标法》要调整所有的招标采购活动，包括强制招标与自愿招标；《政府采购法》则要规范所有的政府采购活动，包括通过直接采购、通过招标以及参与拍卖等方式的所进行的政府采购。

2）两者在强制招标问题上有一定的交叉。《政府采购法》规定政府采购达到一定资金数额时必须进行招标，《招标投标法》规定强制招标的范围应包括政府采购中的强制招标，在这一点上两者具有一定的交叉。

3）"两法"具有一定的互补性。《政府采购法》规范政府采购所需的资金来源渠道和程序，以及资金使用的正常监督，同时要求达到规定限额的政府采购要依据《招标投标法》进行招标；而《招标投标法》规范通过招标所进行的政府采购，使这部分采购活动更加公开、公平、公正。"两法"对于通过招标进行采购活动的规范具有互补性。

（2）国际招标投标制度的适用范围　目前国际上，世界银行和亚洲开发银行基本相同，没有独立的招标和投标制度，只有政府采购方面的强制性规定，要求政府采购一般情况下必须采用招标投标。因此，从一般意义上说，《政府采购法》就是《招标投标法》，国际强制性招标投标只适用于政府采购。国际的采购政策，是以公开、公平、清楚明确和一视同仁的招标制度采购货品和服务的，目的是确保投标者受到平等的对待，并使政府能取得价廉物美的货品和服务。

2. 标底的区别与联系

长期以来，国内的建设工程的招标投标中都是设置标底的。标底是招标工程的预期价格，是招标者对招标工程所需费用的自我测算和控制，并被作为判断投标报价合理性的依据。由于标底的编制依据是政府发布的定额标准，定额不但有单位工程的标准消耗量，也含有材料、机械和人工的单价，实际是一种"量价合一"的单价。因此，从理论上说，任何单位或者个人编制的标底都应当是一样的。标底编制完成后，将成为判断投标人报价是否合理的重要依据。我国在 2003 年 5 月 1 日起施行的《工程建设项目施工招标投标办法》规定招标项目可以不设标底，进行无标底招标。

目前，国际建设工程招标并无实际意义上的标底。当然，招标人（业主）一般在招标前会对拟建项目的造价进行估算，这是其决定是否进行建设和筹措资金的基础。这种事先估算的价格和国内的标底类似，一般是由工料测量师完成的。工料测量师的造价估算一般不会对投标报价产生约束力，不会因为投标报价高于或者低于这一估算一定的幅度就导致废标的结果。

3. 中标原则的区别与联系

《招标投标法》规定，"中标人的投标应当符合下列条件之一：① 能够最大限度地满足招标文件中规定的各项综合评价标准；② 能够满足招标文件的实质性要求，并且经评审的投标报价最低，但是投标价格低于成本的除外。"这样的规定体现了国内建设项目的中标原则有两种：综合评价最优中标原则和最低评标价中标原则。

在国际上，建设项目招标实行的是最低报价中标原则，即应当由报价最低的投标人（承包商）中标。当然，实行这样的中标原则应当具备相应的环境条件，主要是要有严格的合同管理制度（特别是违约责任追究制度）和担保、保险制度等。

4. 评标组织的区别与联系

《招标投标法》对评标的组织作出了明确的规定，评标由招标人依法组建的评标委员会负责，评标委员会成员由招标人从国务院有关部门或者省、自治区、直辖市人民政府有关部门提供的专家名册或者招标代理机构的专家库内的相关专业的专家名单中确定。

而在国际上，政府对非政府投资项目的招标是不进行干预的，对非政府投资项目的评标组织的组成也是不进行干预的。对于非政府投资项目只有当招标人在评标组织的组成上违反招标文件的规定，才可能受到司法部门的干预。也就是说，在国际上政府是被动地介入非政府投资项目的招标的。

5. 评标程序的区别与联系

国内评标实践中采用的评标程序一般包括投标文件的符合性鉴定、技术评估、商务评估、投标文件澄清、综合评价与比较、编制评标报告等几个步骤。符合性鉴定是检查投标文件是否实质上响应招标文件的要求。技术评估的目的是确认和比较投标人完成本工程的技术能力，以及他们的施工方案的可靠性。商务评估的目的是从工程成本、财务和经验分析等方面评审投标报价的准确性、合理性、经济效益和风险等，比较授标给不同的投标人产生的不同后果。投标文件澄清是在为了有助于投标文件的审查、评价和比较时，评标委员会可以要求投标人对其投标文件予以澄清，投标人以书面形式正式答复。澄清和确认的问题必须由授权人员正式签字，并声明将其作为投标文件的组成部分；但澄清问题的文件不允许投标文件进行实质性修改。综合评价与比较是在以上工作的基础上，根据招标文件中规定的评标标准，将价格以外的其他评价指标全部折算成价格累加到投标报价上或人中扣除，最后得到一个评标价。将各个标书的评价按由低到高的顺序进行排序，然后在符合"合理"范围内的投标文件中选出评标价最低的作为中标人。

国际建设项目的评标重点是集中在最低报价的三份投标文件上。除了审核投标文件在计算上有没有错误，主要的分析工作一般集中于小项的单价是否合理。特别是审核那些有可能增加或减少数量的小项及投标的策略是否正常。例如是否将大部分费用集中在早期施工的项目，如地基及混凝土结构上。除上述价格、数量与投标策略的审核外，还要注意前三标承包商的以往工程表现、财务与信用状况、以往工程现场的安全表现、以往违法记录（如聘用非法劳工、触犯劳工法等行为）。

2.6.2　国际工程招标方式

国际工程招标方式可归纳为四种类型，即国际公开招标（国际竞争性招标）、限制性招标、两阶段招标和议标。

1. 国际公开招标

公开招标的主要含义是，招标活动处于公共监督之下进行。一般来说，它将遵守"国际竞争性投标（International Competitive Bidding, ICB）"的程序和条件。国际竞争性招标是指在国际范围内，采用公平竞争方式，定标时按事先规定的原则，对所有具备要求资格的投标人一视同仁，根据其投标报价及评标的所有依据，如工期要求，可兑换外汇比例（指按可兑换和不可兑换两种货币付款的工程项目），投标人的人力、财力和物力及其拟用于工程的机构设备等，进行评标、定标。采用这种方式可以最大限度地挑起竞争，形成买方市场，使招标人有最充分的挑选余地，取得最有利的成交条件。

国际竞争性招标是目前世界上最普通采取的成交方式。采用这种方式，业主可以在国际市场上找到最有利于自己的承包商，无论在价格和质量方面，还是在工期及施工技术方面都可以满足自己的要求。按照国际竞争性招标方式，招标的条件由业主（或招标人）决定，因此，订立最有利于业主，有时甚至对承包商很苛刻的合同是理所当然的。国际竞争性招标较之其他方式更能使投标人信服。尽管在评标、定标工作中可能不能排除某种不光明正大行为，但比起其他方式，国际竞争性招标毕竟因为影响大、涉及面广，当事人不得不有所收敛等原因而显得比较公平、合理。

国际竞争性招标的适用范围如下：

1）国际竞争性招标按资金来源划分适用于由世界银行及其附属组织国际开发协会和国际金融公司提供优惠贷款的工程项目；由联合国多边援助机构和国际开发组织地区性金融机构如亚洲开发银行提供援助性贷款的工程项目；由某些国家的基金会（如科威特基金会）和一些政府（如日本）提供资助的工程项目；由国际财团或多家金融机构投资的工程项目；两国或两国以上合资的工程项目；需要承包商提供资金即带资承包或延期付款的工程项目；以实物偿付（如石油、矿产或其他实物）的工程项目；发包国拥有足够的自有资金，而自己无力实施的工程项目。

2）按工程性质划分为大型土木工程，如水坝、电站和高速公路等；施工难度大，发包国在技术或人力方面均无实施能力的工程，如工业综合设施、海底工程等；跨越国境的国际工程，如非洲公路、连接欧亚两大洲的陆上贸易通道；极其巨大的现代工程，如英法海峡过海隧道、日本的海下工程等。

2. 限制性招标

限制性招标（Limited Bidding）主要是对于参加该项工程投标者有某些范围限制的招标。由于项目的不同特点，特别是建设资金的来源不一，有各种各样的限制性招标。

（1）排他性招标　某些援助国或者贷款国给予贷款的建设项目，可能只限于向援款国或援款国的承包商招标；有的可能允许受援国或接受贷款国家的承包商与援助商或贷款国的承包商联合投标，但完全排除第三国的承包商，甚至受援国的承包商与第三国承包商联合投标也在排除之列。

（2）指定性招标或邀请招标　采用这种方式时，一般不在报刊上刊登广告，而是根据招标人自己积累的经验和资料或由咨询公司提供的承包商名单，由招标人在征得世界银行或其他项目资助机构的同意后对某些承包商发出邀请，经过对应邀人进行资格预审后，再行通知其提出报价，递交投标文件。

（3）地区性招标　由于资金来源属于某一地区性组织，如阿拉伯基金、沙特发展基金、地区性金融机构贷款等，虽然这些贷款项目的招标是国际性的，但限制属于该组织的成员国的承包商才能投标。

（4）保留性招标　某些国家为了照顾本国公司的利益，对于一些面向国际的招标，保留一些限制条件。例如，规定外国承包商只有同当地承包商组成联合体或者合资才能参加该项目投标；或者规定外国公司必须接受将部分工程分包给当地承包商的条件，才允许参加投标等。

所有各种形式的限制性招标的操作，可以参照公开招标的办法和规则进行，也可以自行规定某些专门条款，要求参加投标的承包商共同遵守。国际限制性招标通常适用于以下情况：

1) 工程量不大，投标人数目有限或考虑其他不宜国际竞争性招标的正当理由，如对工程有特殊要求等。

2) 某些大而复杂的且专业性很强的工程项目，如石油化工项目。可能的投标者很少，准备招标的成本很高。为了节省时间，又能节省费用，还能取得较好的报价，招标可以限制在少数几家合格企业的范围内。以使每家企业都有争取合同的较好机会。

3) 由于工程性质特殊，要求有专门经验的技术队伍和熟练的技工及专门技术设备，只有少数承包商能够胜任。

4) 工程规模太大，中小型公司不能胜任，只好邀请若干家大公司投标。

5) 工程项目招标通知发出后无人投标，或投标人数目不足法定人数（如至少 3 家），招标人可再邀请少数公司投标。

6) 由于工期紧迫，或由于保密要求或由于其他原因不宜公开招标的工程。

3. 两阶段招标

两阶段招标实质上是国际竞争性招标与国际限制性招标相结合的方式。第一阶段按公开招标方式招标，经过开标和评标后，再邀请其中报价较低的或较合适的 3 家或 4 家投标人进行第二次投标报价。具体适用情况同国内二阶段招标，在此不再赘述。

4. 议标

议标是一种非竞争性招标。严格来讲，议标不算一种招标方式，最初，议标的习惯做法是由发包人物色一家承包商直接进行合同谈判。只是在某些工程项目的造价过低，不值得组织招标，或由于其专业为某一家或几家垄断，或因工期紧迫不宜采用竞争性招标，或者招标内容是关于咨询、设计和指导性服务或属保密工程等情况下，才采用议标方式。

随着承包活动的广泛开展，议标的含义和做法也不断发展和改变。目前，在国际承包实践中，发包单位已不再仅仅是同一家承包商议标，而是同时与多家承包商进行谈判，最后无任何约束地将合同授予其中的一家，无须优先授予报价最优惠者。议标给承包商带来较多好处：① 承包商不用出具投标保函。② 议标毕竟竞争性弱，竞争对手不多，因而缔约的可能性较大。议标对发包单位也不无好处：可以充分利用参加议标的承包商的弱点，以此压彼；利用其担心其他对手抢标、成交心切的心理迫使其降价或降低其他要求条件从而达到理想的成交目的。

议标在国际上的应用非常广泛，近十年来，国际上 225 家最大承包商中的每年成交额约占世界总成交额的 40%，而他们的合同竟有 90% 是通过议标取得的，由此可见议标在国际承发包工程中所占的重要地位。

议标通常在以下情况下采用：① 由于技术的需要或重大投资原因只能委托给特定的承包商或制造商实施的合同；② 属于研究、试验或实验及有待在施工中完善的项目承包合同；③ 经过招标，没有中标者，这种情况下，业主可以通过议标另行委托承包商；④ 出于紧急情况或急迫需求的项目；⑤ 秘密工程；⑥ 属于国防需要的工程；⑦ 为业主实施过项目且获得业主满意的承包商再次承担基本技术相同的工程项目。

2.6.3 国际工程招标投标程序

国际工程招投标程序主要是指我国建筑施工企业参与投标竞争国外工程所适用的程序，同时也包括在我国境内建设而需要采用国际招标的建设项目招投标时所适用的程序。随着我国改革开放的不断深化和现代化建设的迅速发展，建设工程项目吸收世界银行、亚洲开发银行、外国政府、外国财团和基金会的贷款作为建设资金来源的情况越来越多。所以，这些建设工程项目的招标与投标，必须符合世界银行的有关规定或遵从国际惯例，采用国际工程项目招投标方式进行招投标。国际工程项目招标投标程序，如图 2-3 所示。

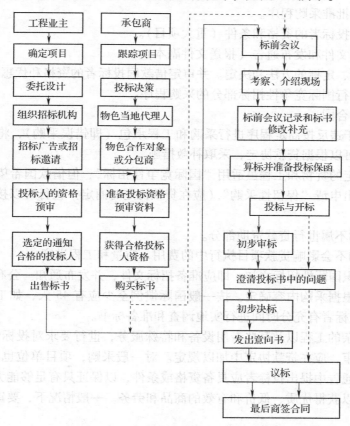

图 2-3 国际工程项目招标投标程序图

2.6.4 世界银行对招标采购活动的有关规定

1. 国际竞争性招标的一般程序

世界银行对贷款项目的设备、物资采购和建筑安装工程承包，一般都要求通过国际竞争性招标，向合格的投标商提供公平、平等的投标机会，使项目实施能获得成本最低效果最好的商品和劳务。同时，为了鼓励和促使借款国的制造和建筑业的发展，在同等条件下，借款国投标商可以享受一定的优惠条件。

在谈判和签订贷款协定时，借款国应将拟采取的招标办法《国际竞争性招标或其他采购办法》列入协定条款。然后借款国（项目单位）可以根据《世界银行贷款和国际开发协会信贷的采购指南》的程序，组织招标。在某些情况下，为了更加迅速和有效地执行项目起见，在同世界银行签订贷款协定以前，借款人与厂商已签订了采购合同时，如采购程序符合世行准则，可以追认，但应由借款人自己承担风险。

如上所述，世行只资助该项目的一部分费用，但《世界银行贷款和国际开发协会信贷的采购指南》规定的程序都适用于全部或部分使用贷款的采购。对于货物采购和工程招标工作，全部由借款人负责（也可以委托专门的招标机构承办），但世行要实行监督。其步骤如下：

1）由世行先批准采购程序。

2）审定参加投标者的资格和条件（重大项目）。

3）审查招标文件和发布通告（报送文件副本）。

4）审查评标、定标的方法和决定。并审定借款国投标者的资格和优惠条件。

5）审定不进行国际竞争性招标部分的采购程序。

6）审查采购合同。

世界银行对于违反按商定程序进行采购和工程承包（即错误采购），将不予付款或予以扣还，不过世行可以根据贷款协定，采取补救措施。

对于某些特定的货物和工程虽适用"国际竞争性招标"，但借款国希望能为本国厂商保留这些采购而提出申请"保留性采购"（应在贷款协定时商定）世行可以接受。但必须符合以下条件：

1）此项采购不属世行贷款资助部分。

2）此项采购不会影响贷款项目执行中的费用、质量和工程进度。

借款国在组织国际性招标之初，即应准备招标文件，并发布通知。公布招标文件到正式投标的时间，应根据采购内容确定。按一般国际惯例至少应有45天，如工程较大，则至少应有90天。使投标者有充分时间进行实地调查和准备标书。

对大型或复杂的工程以及某些专用设备和特殊服务，世行要求对投标者进行资格预审。哪些合同需要预审，应在贷款协定中加以规定。对一般采购，项目单位也要进行资格审查，必要时可在招标通告中提出投标者应具备资格或条件，以保证只有足够能力和财力的投标商才能参加投标，以获得优质、低价和有效的商品和劳务。一般情况下，要审查投标者下列的基本条件：

1）过去履行类似性质的合同的经验和完成情况。

2）人事、管理、装备水平和技术能力状况。

3）财务状况和信用情况。

另外，对借款国的投标者也要作资格审查，以便确定他们是否可以享受一定程度的优先权利。

世界银行的国际竞争性采购过程概括起来可按下列步骤进行：

准备招标文件和投标须知→投标前资格预审→颁布招标文件→开标前会议→现场踏勘、标书澄清→开标→评标→投标后资格审定→合同谈判→签订合同。

至于国内对世行借款项目的采购程序，现以通过中国机械进出口（集团）有限公司所属的中机国际招标公司的代理采购（设备、物资）为例介绍一下，以供参考：

项目部分根据贷款协定提出计划和申请→项目办公室或建设单位提出采购清单（符合协定采购项目）→国家发改委或财政部批准→中机国际招标公司和相关设计院编制详细的招标文件→商务部（国家机电产品进出口办公室）和主管部门批准招标文件→报送世界银行审查同意→中机国际招标公司刊登招标通告→出售标书→资格预审（如需要）→投标开标→评标小组初评→评标委员会评标→草拟评标报告→国内有关部门审查并报世行复审→世行批准评标报告→中机国际招标公司发出中标通知书→合同谈判→签订合同→编制合同清单报国内有关部门审查备案→报世行审查备案→办理提款申请和支付手续（开始合同执行）。

其中出售标书、资格预审、投标开标为 60～120 天；评标小组初评、评标委员会评标、草拟评标报告为 60～120 天；国内有关部门审查并送世行复查、世行批准评标报告为 30～45 天。

2. 世界银行采购指南

为了使招标采购工作标准化、规范化，世界银行于 1951 年公布了《国际竞争性招标的采购规则》。之后，为适应采购工作发展的需要，世界银行先后对其采购政策进行了 12 次修订。现在正在使用的是 1997 年 9 月世界银行发布的《采购指南》最新修订版，其主要内容包括四个主要部分：指南概述、国际竞争性招标、其他采购方式及指南附录。详细内容可查阅国际复兴开发银行贷款和国际开发协会信贷采购指南目录。

2.6.5 亚洲开发银行对招标采购活动的有关规定

1. 亚洲开发银行有关招标的规定

亚洲开发银行（下简称亚行）对亚太地区各国的经济建设，发挥了很大的促进作用。与世界银行一样，亚行对于其贷款项目的工程招标，也提出了一系列的规定性文件，要求借款国遵照执行。

亚行发布的《采购指南》和《招标采购文件范本》，内容基本上与世界银行发布的有关文件相同。尤其对于土建合同，两大金融机构都全文引用 FIDIC 合同条款蓝本的"通用条款"部分，其合同特殊条款的编制方法也与世界银行项目相类似。

亚行对项目使用贷款情况，进行定期的监督检查，其检查方法主要是：

1）审查批准借款人的资格预审文件。

2）审查批准借款人的资格预审的评审标准。

3）审查批准借款人的资格预审评审报告。

4）审查批准借款人的招标采购文件。

5）审查批准借款人的评标报告。

6）确定派出检查团到项目实地考察。

7）必要时派出专门贷款使用检查团。

在项目准备过程中，借款人在与亚行项目官员进行广泛的磋商之后，提出每种工程、货物、设备的采购方式。一般说来，亚行贷款项目采购中，凡属亚行支付的部分，尤其中、大型基础设施的土建工程采购均要求采用国际竞争性招标方式进行。除国际竞争性招标以外，亚行还提供了其他几种采购方式供借款人在项目采购时使用。

2. 亚洲开发银行的资金来源

亚行自身开展业务的资金分为三部分：一是普通资金，用于亚行的硬贷款业务；二是亚洲开发基金，用于亚行的软贷款业务；三是技术援助特别基金，用于以赠款形式进行的技术援助。除此之外，亚行还从亚行以外的其他资金渠道为项目安排联合融资，还建立了日本特别基金。

（1）普通资金 亚行的普通资金主要来源于：① 股本；② 借款，主要从国际资本市场上发行债券的形式对外借款；③ 普通储备金。亚行普通资金用于硬贷款，硬贷款利率为浮动利率，每6个月调整一次，贷款期限为10~30年，宽限期为2~7年。

（2）亚洲开发基金 亚洲开发基金主要来源于亚行发达成员国的捐赠，用于给亚太地区贫困成员发放优惠贷款，即软贷款，仅提供给国民收入低于670美元而且还债能力有限的亚行成员，贷款期限为40年，含10年宽限期，不收取利息，仅收1%的手续费。

（3）技术援助特别基金 该特别基金主要来源于成员的捐款和亚行业务收入的一部分，用于资助发展中成员聘请咨询专家，培训人员，购置设备，进行项目准备、项目执行，制定发展战略，加强机构建设，加强技术力量，从事部门研究并制定有关国家和部门的计划和规划等。

小 结

工程招标投标是一种具有自身特色的市场交易方式，它具有以下基本特征：竞争的激烈性、组织的严密性、信息的公开性、报价的一次性、价格的合理性、管理的法治性、过程的公正性、程序的规范性。

招标投标的程序大致可以分为招标阶段、投标阶段、评标与决标阶段、签约与履约阶段。在招投标过程中各方当事人都必须严格按照《招标投标法》的有关规定进行操作，否则将要承担罚款、行政处分或者追究刑事责任等相应的法律责任。工程招投标的类型是多种多样的，按照不同的标准可以进行不同的分类。在《工程建设项目招标范围和规模标准规定》中，对必须招标的范围作出了进一步细化的规定。各级行政主管部门会对是否招标、采用哪种招标方式、招投标过程中的每个环节进行监督管理。

推行工程招标投标制度，具有重要的经济和社会意义，表现为：优化社会资源配置，提高固定资产投资效益；合理确定工程价格，降低工程建设成本；创造公平竞争的市场环境，促进企业间的平等竞争；克服不正当竞争，防止和杜绝腐败行为；提升管理水平，提高工程建设质量；改进生产工艺，促进企业技术进步；保护国家利益、社会公共利益和招标投标活动当事人的利益；推进国际合作，促进经济发展。

技能训练

训练任务1：招标方式训练

选取某拟招标工程，对该工程招标方式的选择进行论证分析，分别从该工程的规模、性质、业主的风险、投标人面对的潜在风险等角度分析选择怎么样的工程招标方式为最优。全班同学可成若干小组，几个小组从选择公开招标的角度论述，几个小组从选择邀请招标的角度论述，其他小组尝试讨论使用两阶段招标的可行性，最后由老师点评。

训练任务2：制订招标计划

选定某工程项目，招标方式为公开招标，资格审查方式为资格预审。学生分组讨论，依据国家标准规定的关键时间点最合理时间编制成Excel表格招标计划，各组提交各自招标计划，老师进行审核、评定。实训要求：掌握招投标业务全过程的主要工作都有哪些；掌握各阶段关键工作之间的时间要求；根据要求编制出合理的招标计划。

第 3 章

工程项目招标

本章概要

　　编制科学规范的招标文件、资格预审文件、标底和招标控制价是工程项目招标的关键。本章重点介绍了合同的计价方式、分标方案的选择、招标文件和资格预审文件的编制、建设工程标底和招标控制价的编制方法。通过本章学习，可以熟悉招标前的准备工作，明确有关招标文件的编制原则、招标文件的内容；掌握工程标底和招标控制价编制的理论与实践，掌握国内外资格预审的系列内容。

　　【引导案例】 某事业单位工程项目施工招标的教训

　　某事业单位（以下称招标单位）建设某工程项目，该项目投资估算约1000万元。受自然地域环境限制，拟采用公开招标的方式进行招标。要求投标单位资质等级为房屋建筑施工总承包二级以上，项目经理资质等级为二级以上建造师。考虑到参加投标的施工企业来自各地，招标单位委托咨询单位编制了两个标底，分别用于对本市和外省市施工企业的评标。

　　招标公告发布后，有10家施工企业作出响应。在资格预审阶段，招标单位对投标单位与机构和企业概况、近2年完成工程情况、目前正在履行的合同情况、资源方面的情况等进行了审查。

　　某投标单位收到招标文件后，分别于第5天和第10天对招标文件中的几处疑问以书面形式向招标单位提出。招标单位以提出疑问不及时为由拒绝作出说明。

　　投标过程中，因了解到招标单位对本市和外省市的投标单位区别对待，6家投标单位退出了投标。招标单位经研究决定，招标继续进行。

　　在开标会上评标委员会按照招标文件规定的评标办法对各投标文件进行评审并按规定向招标单位推荐了三名中标候选人。在公示期间，该市招投标办收到关于第一、第二中标候选人在投标过程中提供虚假业绩材料骗取中标的投诉。该市招投标办立即向招标单位下达了行政监督意见书，要求招标单位暂停向第一中标候选人发中标通知书。后经该县纪委派驻监察、招投标办、招标单位联合调查，投诉属实，取消第一、第二投标人的中标候选人资格，确定排名第三的为中标人。

　　该项目招标过程中存在以下问题：

　　1）招标单位采用的招标方式不妥，受自然地域环境限制的工程项目，宜采用邀请招标的方式进行招标。

2）招标单位编制两个标底不妥，一个工程只能编制一个标底。

3）资格预审的内容存在不妥，招标单位应对投标单位近 3 年完成工程情况进行审查。

4）招标单位以提出疑问不及时为由拒绝作出说明不妥，投标单位对招标文件中的疑问，应在收到招标文件后的 7 日内以书面形式向招标单位提出，对于投标单位第 10 天提出的书面疑问，招标单位有权拒绝说明。

5）招标文件中的部分条款与有关规定相违背。首先投标保证金数额较大，高达 18 万元，其违反了《招标投标法实施条例》第二十六条规定的投标保证金不得超过招标项目估算价的 2% 的规定。其次，招标文件中的评审方法与《招标投标法实施条例》规定的"标底只能作为评标的参考，不得以投标报价是否接近标底作为中标条件"的规定相违背。

6）对业绩的欺诈行为，资格预审和评标中的资质审查相应的对策不够。第一中标候选人将过去施工的砖混结构工程改为框架结构充当类似工程业绩，第二中标候选人将该公司其他项目经理的业绩充当此项目经理的业绩，并且顺利通过评标。最终导致招标效果削弱、招标进度拖延，甚至可能导致重新招标。

【评析】招标单位或招标代理机构除了应熟悉招投标法律制度和规则外，还需编制科学的招标文件、资格预审文件、标底，以高效地实现资格预审等招标系列工作。招标单位也可委托招标代理机构办理招投标事宜。

3.1　编制招标文件前的准备工作

在对外招标之前，招标单位首先要做一系列工作，也就是说要有一个招标准备过程。这一过程的主要工作有：成立招标机构，编制标底或招标控制价，编制招标文件等。其中编制招标文件前的准备工作很多，如收集资料、熟悉情况、确定招标发包承包方式、划分标段与选择分标方案等。其中，确定招标承发包方式、确定合同的计价方式和选择分标方案，是编制招标文件前最重要的三项准备工作。

3.1.1　确定招标承发包方式

招标承发包方式是指招标人（发包人）与投标人（承包人）双方之间的经济关系形式。在编制招标文件前，招标人必须综合考虑招标项目的性质、类型和发包策略，招标发包的范围，招标工作的条件、具体环境和准备程度，项目的设计深度、计价方式和管理模式，以及便利发包人、承包人等因素，适当地选择拟在招标文件中采用的招标发包承包方式。在第 1 章中已作详细阐述，在此不再赘述。

3.1.2　确定合同的计价方式

在实际工程中，合同计价方式丰富多彩。目前国内外通常采用的合同方式主要有单价合同、总价合同、成本加酬金合同三大类。建设工程施工合同（示范文本）（GF—2013—0201）第 12.1 条提出，发包人和承包人应当在合同协议书中选择单价合同、总价合同和其他价格形式中的一种。其中成本加酬金与定额计价等合同类型列入其他价格形式中。

1. 单价合同

单价合同（Unit Price Contract，Schedule of Rate Contract）是指合同当事人约定以工程量

清单及其综合单价进行合同价格计算、调整和确认的建设工程合同，在约定的范围内合同单价不作调整。单价合同发包人要承担工程量变化的风险，承包人要承担报价的风险。合同当事人应在专用合同条款中约定综合单价包含的风险范围和风险费用的计算方法，并约定风险范围以外的合同价格的调整方法。目前，单价合同形式国际上采用最为普遍，如 FIDIC 工程施工合同和我国的建设工程施工合同示范文本。实行工程量清单计价的工程，应采用单价合同。

（1）优缺点　由于风险分配比较合理，能调动承包商和业主双方的管理积极性。对发包人来说，可以减少招标准备工作，缩短招标准备时间，减少招标准备阶段的投入，可鼓励承包商通过提高工效等手段从节约成本中提高利润。业主只按工程量表的项目开支，可减少意外开支，只需对少量遗漏的项目在执行合同过程中再报价，结算程序比较简单。对承包商而言，这种合同避免了总价合同中的许多风险因素，比总价合同风险小。但由于项目总造价直到项目结束前始终是未知数，这给项目费用控制造成一定困难。另外，如果工程分项在工程量表中已经被定义，只有在该工程分项完成后承包人才能得到相应付款，则工程量表的划分与工程的施工阶段相对应，必须与施工进度一致，否则会带来付款困难。

（2）类型　一般分为以下三类：

1）按分部分项工程单价承包。由发包人开列分部分项工程名称和计量单位，由承包人投标时逐项填报单价，或由发包人先提出单价，再由承包人认可或提出修改意见后作为正式报价，经双方磋商确定承包单价，然后签订合同，并根据实际完成的工程数量，按此单价结算工程价款。这种承包方式，主要适用于没有施工图、工程量不明就要开工的工程。

2）按最终产品单价承包。按每一平方米住宅、每一平方米道路等最终产品的单价承包。其报价方式与按分部分项工程单价承包相同。这种承包方式，通常适用于采用标准设计的住宅、校舍和通用厂房等房屋建筑工程。但对其中因条件不同而造价变化较大的基础工程，则大多采用按分部分项工程单价承包的方式。投标人自报的单价可按国家预算定额或加调价系数，根据自身的情况作出，报价一次包定；也可商定允许随工资和材料价格指数的变化而调整，具体调整办法在合同中约定。

3）按总价投标和定标，按单价结算工程价款。这种承包方式适用于能比较精确地根据设计文件估算出分部分项工程数量的近似值，但仍可能因某些情况不完全清楚而在实际工作中出现较大变化的工程。如在水电或铁路建设中的隧洞开挖，就可能因反常的地质条件而使土石方数量产生较大变化。为使发包人、承包人双方都能避免由此而来的风险，承包人可以按估算的工程量和一定的单价提出总报价，发包人（建设单位）也以总价和单价为评标、定标的主要依据，并签订单价承包合同。随后，双方即按实际完成的工程量和合同单价结算工程价款。

（3）合同计价风险和价格调整　《建设工程工程量清单计价规范》（GB 50500—2013）（以下简称2013《清单规范》）第3.4.1条规定，"建设工程发承包，必须在招标文件、合同中明确计价中的风险内容及其范围，不得采用无限风险、所有风险或类似语句规定计价中的风险内容及其范围。"

根据我国目前工程建设的实际情况，各省、自治区、直辖市建设行政主管部门均根据当地人力资源和社会保障行政主管部门的有关规定发布人工成本信息或人工费调整，对关系职工切身利益的人工费不应纳入风险，材料价格的风险宜控制在5%以内，施工机械使用费的风险可控制在 10% 以内，超过者予以调整，管理费和利润的风险由投标人全部承担。由于承包人使用机械设备、施工技术以及组织管理水平等自身原因造成施工费用增加的，应由承包人全部承担。

合同当事人应在专用条款中约定综合单价包含的风险范围和风险费用的计算方法，并约定风险范围以外的合同价格的调整方法，其中因市场价格波动影响合同价款的，应由发承包双方合理分摊，填写《承包人提供主要材料和工程设备一览表》作为合同附件。合同当事人可以在专用条款中约定选择价格指数、造价信息以及其他形式、方式对合同价格进行调整。具体内容讲解见 6.3.5 建设工程施工合同经济条款里的价格调整部分。

2. 总价合同

总价合同（Lump Sum Contract）有时称为约定总价合同（Stipulated Sum Contracts），或称为包干合同，是指合同当事人约定以施工图、已标价的工程量清单或预算书及有关条件进行合同价格计算、调整和确认的合同，在约定范围内合同总价不作调整。投标人按照已经确定的承包范围和图纸确定报价，一旦签订合同，除了设计有重大变更以及合同约定的价格调整外，一般不允许调整这部分价格。

（1）应用范围 在以前很长时间固定总价合同的应用范围很小，通常适用于工程设计较细，图纸完整、详细、清楚，工程范围清楚明确，工程规模较小、风险不大、工期短，技术不太复杂、合同条件完备的工程。2013《清单规范》第 7.1.3 条规定，建设规模较小、工期较短，且施工图设计已审查批准的建设工程可采用总价合同。但近年来在国内外工程中，总价合同的适用范围有扩大的趋势，用得比较多。甚至一些大型的设计——建造或 EPC 总承包合同项目也使用总价合同形式。有些工程中业主只用初步设计资料招标，却要求承包商以固定总价合同承包，风险非常大。

（2）优缺点 这种合同形式，承发包双方结算方式较为简单，合同管理相对容易些，合同执行中承包人的索赔机会较少。但这种合同如果是采用经审定批准的施工图纸及其预算方式发包形成的总价合同，由于承包人自行对施工图纸进行计量，因此，除按照工程变更规定引起的工程量增减外，总价合同各项目的工程量是承包人用于结算的最终工程量，那么承包商就承担工程量计算错误和报价计算错误和漏报项目的风险。这是与单价合同最本质的区别。当未知数比较多，或者遇到材料突然涨价、地质条件和气候条件恶劣等意外情况，承包人就难以据此比较精确地估算造价，承担的风险就会增大。报价中不可预见风险费用较高导致要价较高，不利于降低工程造价，最终对发包人也不利。

在此特别需要强调的是过去一直强调总价合同中承包商承担了报量和报价的双重风险，这点在 2013《清单规范》有所变化。其规定，采用工程量清单方式招标形成的总价合同，由于工程量由招标人提供，按照 2013《清单规范》第 4.1.2 条、第 8.1.1 条规定，工程量与合同工程实施中的差异应予调整，因此，应按第 8.2 节的规定计量⊖。也就是说这种形式的总价合同和单价合同的计量是一样的，工程量必须以承包人完成合同工程应予计量的工程量确定。承包商也就不会承担工程量计算错误的风险了。

（3）合同计价风险和价格调整 合同当事人应在专用条款中约定总价包含的风险范围

⊖ 2013《清单规范》第 4.1.2 条规定："招标工程量清单必须作为招标文件的组成部分，其准确性和完整性应由招标人负责。"第 8.1.1 条规定："工程量必须按照工程现行国家计量规范规定的工程量计算规则计算。"

和风险费用的计算方法，并约定风险范围以外的合同价格的调整方法，其中因市场价格波动引起的调整同单价合同市场价格调整的方法；因法律变化引起的调整按合同约定执行。

招标工程以投标截止日期前 28 天，非招标工程以合同签订前 28 天为基准日，其后因国家的法律、法规、规章和政策变化引起工程造价增减变化的，发承包双方应按省级或行业建设主管部门或其授权的工程造价管理机构据此发布的规定调整合同价款。

基准日期后，法律变化导致承包人在合同履行过程中所需要的费用发生除市场价格波动引起的调整约定以外的增加时，由发包人承担由此增加的费用；减少时，应从合同价格中予以扣减。基准日期后，因法律变化造成工期延误时，工期应予以顺延。

因法律变化引起的合同价格和工期调整，合同当事人无法达成一致时，由总监理工程师按合同条款有关商定或确定的约定处理。

因承包人原因造成工期延误，在工期延误期间出现法律变化的，因此增加的费用和（或）延误的工期由承包人承担。

【案例 3-1】 工程价款的确定方式与计价方法案例
【基本案情】
2005 年 5 月 31 日某能源有限公司（以下简称甲方）与中标单位某一建筑工程有限公司（以下简称施工单位）签订了《锅炉工程施工总承包合同》。承包范围为：锅炉房（3646.9m²）、煤棚（一层钢结构，1478.8m²）、80m 高矩形烟囱、水处理间（一层钢结构，475.6m²）、酸碱存储罐区（48.8m²）。新建筑四周设消防环通道路，混凝土路面。质量标准为合格，工期为 2005 年 6 月 20 日开工，2005 年 12 月 20 日竣工，计划工期 180 天（日历天）。采用工程量清单计价，固定单价合同。

合同签订后，施工单位按时保质地完成了建设工程，甲方也按时足额支付了进度款，在进行竣工结算过程中，施工单位向甲方发出《关于锅炉工程材料补贴及延期付款利息函件》的律师函，提出由于材料涨价及实际工程内容变化导致材料成本增加，并以《中华人民共和国合同法》第一百一十三条作为法律依据，要求甲方给予赔偿。此外施工单位要求甲方支付这部分工程款的利息，否则将提起诉讼，请求司法鉴定。

【争议焦点】
1）如果施工承包合同约定按固定单价计价，在施工过程中材料出现涨价时，承包人提出要求给予补偿是否有法律依据。
2）如果发包人不予补偿，而承包人提起诉讼并要求法院进行司法鉴定，一般情况下，法院是否会支持承包人的要求。
3）承包人要求支付工程款利息是否有法律依据。
【评析】
1）1999 版施工合同规定的 3 种合同价款方式为固定价格合同、可调价格合同、成本加酬金合同，由于实践中出现一些问题，在 2013 版施工合同将合同价格形式修改为 3 类：单价合同、总价合同、其他价格形式合同。其中单价合同的含义是单价相对固定，仅在约定的范围内合同单价不作调整。依据意思自治原则，依据原有合同范本签订的合同是当事人意思的真实表示，是解决合同纠纷的主要依据。
2）施工承包合同约定以固定单价计价的，要求材料补差无法律依据。固定单价是指双方在合同中约定的单价，在未出现合同约定的调价情况下不作调整。竣工结算价是在单价不变的前提下，计算承包单位按实际完成的工程量而计算的工程造价。

试想在工程承建期间，若合同固定单价小于采购期市场单价时，则发包人少支付一笔工程款；反之若合同固定单价大于采购期市场单价时，则发包人多付了一笔工程款。对发承包双方既可能存在商业风险，也可能存在超额利润，严格来说是公平合理的。

《最高人民法院关于审理建设工程施工合同纠纷案件适用法律问题的解释》第十六条第一款规定："当事人对建设工程的计价标准或者计价方法有约定的，按照约定结算工程价款。"因此，施工单位承包合同若约定以固定单价计价的，要求额外增加材料补差是没有法律依据的（但显失公平的条款或者超出约定风险范围的除外）。

3）施工承包合同中约定按固定价结算工程价款，一方当事人要求造价鉴定的，法院不予支持。当事人在施工承包合同中约定按固定价结算价款的，如果在履行合同过程中，没有发生合同修改或者变更等情况，就应按照合同约定的固定价进行结算工程款。

《最高人民法院关于审理建设工程施工合同纠纷案件适用法律问题的解释》第二十二条规定，如果一方当事人在上述条件下提出对工程造价进行鉴定申请的，不管什么理由，都不应予以支持。但是，对于因设计变更等原因导致工程款数额发生增减变化而无法确定，当事人申请法院鉴定，应该予以同意。

4）只有在违约或侵权行为发生，当事人主张损失赔偿时，才有利息赔偿主张。此时利息是静态损失的"法定孳息"。工程款本身无利息可言，只有工程欠款才有利息。一般工程价款包括工程预付款、工程进度款和工程竣工结算余款。

（资料来源：张正勤 .《一起因材料涨价而要求调整的司法鉴定——对固定总价合同可否作司法鉴定的解释》，上海建筑工程咨询网，http：//www. scca. sh. cn/magarticle. aspx？id = 78，注：节选，评析加入了自己的观点）

3. 成本加酬金合同

成本加酬金合同（Cost Reimbursement Contract，Cost Plus Fee Contract）又称成本补偿合同，简称 CPF 合同，即业主向承包商支付实际工程成本中的直接费，并按事先商定好的方式支付管理费和利润的一种合同方式。这种合同主要适用于对工程内容及其技术经济指标尚未完全确定而又急于上马的工程，如遭受自然灾害、战争等破坏后需修复的工程，边设计边施工的紧急工程等；或是完全崭新的工程以及施工风险很大的复杂工程。还用于 D/B、EPC 交钥匙等项目管理模式工程项目。

这种合同简便易行，且承包商基本上不承担工程风险，而业主承担了全部工程量和价格风险。这种合同发包人不易控制工程总价，而由于承包商是按成本的一定比例提取管理费和利润，承包人不仅不会注意对成本的精打细算，反而会希望提高成本以提高自己的效益。为了克服成本加酬金合同的缺点，人们对合同形式做了许多改进。优化过程如下：

（1）成本加固定百分数酬金合同　这种承包方式，对发包人不利，因为工程总造价 C 随工程成本 C_d 增大而相应增大，不能有效地鼓励承包商降低成本、缩短工期。现在这种承包方式已很少被采用。

（2）成本加固定酬金合同　采取事先商定一个固定数目的办法，通常是按估算的工程成本的一定百分比确定，数额固定不变。这种承包方式克服了酬金随成本水涨船高的现象，它虽不能鼓励承包商关心降低成本，但可鼓励承包商为尽快取得酬金而关心缩短工期。有时，为鼓励承包人更好地完成任务，也可在固定酬金之外，再根据工程质量、工期和降低成本情况另加奖金，且奖金所占比例的上限可以大于固定酬金。

（3）成本加浮动酬金合同　通常是由双方事先商定工程成本和酬金的预期水平，然后将 C_d 与 C_0 相比较，如 $C_d = C_0$，则 $C = C_d + F$；如 $C_d < C_0$，则 $C = C_d + F + \Delta F_1$；如 $C_d > C_0$，则 $C = C_d + F - \Delta F_2$（C：工程总造价；C_d：实际发生的工程成本；C_0：预期成本；F：固定酬金；ΔF_1，ΔF_2：酬金增减部分）。采用这种承包方式，通常要限定减少酬金的最高限度为原定的固定酬金数额。其优点是对发包人、承包人双方都没有太大风险，同时也能促使承包商关心降低成本和缩短工期；缺点是在实践中估算预期成本比较困难，预期成本估算要达到70% 以上的精度才较为理想，而这对发包人、承包人双方的经验要求已相当高了。

（4）目标成本加奖罚价格合同　这种方法可以促进承包人降低成本和缩短工期，而且目标成本是随设计的进展而加以调整才确定下来的，减少了双方的风险，另签订合同时只需谈判 P_1、P_2 即可。此方法下工程总造价的计算公式如下：

$$C = C_d + P_1 C_0 + P_2 (C_0 - C_d)$$

式中　C_0——目标成本；

C_d——实际成本；

P_1——基本酬金百分数；

P_2——奖罚百分数。

以上四种成本加酬金合同中，有关酬金的计算应在合同的专用条款中具体约定。

不同计价方式合同类型比较见表 3-1。

表 3-1　不同计价方式合同类型比较

合同类型	总价合同	单价合同	成本加酬金			
			成本加固定百分数酬金	成本加固定酬金	成本加浮动酬金	目标成本加奖罚
应用范围	广泛	广泛	有局限性			酌情
招标人对投资控制	易	较易	最难	难	不易	有可能
承包人风险	风险大	风险小		基本无风险	风险不大	有风险

【案例 3-2】　定额计价方式和计价风险约定不明确导致的合同结算纠纷

【工程概况】

某工程二期扩建项目，工程扩建内容为：在场地内已建厂房、动力站等建筑物基础上经改建而成为一组建筑，包括数据中心机房、办公楼、动力中心、配套附属用房等，总建筑面积2.4 万 m²。主要协议条款：

1）工程工期：开工日期为 2008 年 5 月 8 日，竣工日期为 2008 年 9 月 30 日。

2）工程质量：合格。

3）工程取费：计价方式为定额计价。

由于扩建工程工期要求紧，工程采用费率投标，按本协议第六条第一款规定执行，其中：总包服务费：甲方分包总价的 1.5%；工程利润：4%；临时设施费：1.6%；企业管理费：按北京市 2001 年建设工程取费标准费率下调 10%，如乙方按期完成本工程（包括甲方确认的顺延工期），乙方可按合同总价（扣除甲方设备费）1% 计取赶工措施费；执行北京市

2001 年建设工程预算定额及其相关配套取费文件和 2008 年 6 月北京工程造价信息。

4）合同价款风险约定。风险包干系数按 2% 计取。施工过程中经过甲方、设计人和监理人共同签字确认的设计变更或工程洽商。若单份洽商中单项变更导致每个单项子目工程造价增减在 ±3000 元（含）范围之外，可以进行价款调整；若单份洽商中单项变更导致每个单项子目工程造价增减在 ±3000 元（含）范围之内的，只进行技术洽商，不进行价款调整。

【结算争议】

由于工程施工过程中多方面原因，本工程实际竣工时间为 2010 年 4 月，在竣工结算时主要产生了如下争议：

1）本工程因增加工程内容、设计变更、工程洽商等原因，工程较签订合同当时发生了较大变化，工程基本竣工时间为 2010 年 4 月，涉及 2008、2009、2010 三个年份，其间主材设备市场价格波动也较大。合同中约定："执行 2001 年建设工程预算定额及其相关配套取费文件和 2008 年 6 月造价信息……"是否总包承包范围的工程全程均固定执行 2008 年 6 月造价信息？

京造定 [2008] 4 号文："关于加强建设工程施工合同中人工、材料等市场价格风险防范与控制的指导意见"中规定：钢材、木材、水泥、预拌混凝土、钢筋预拌混凝土预制构件、沥青混凝土、电线、电缆等对工程造价影响较大的主要材料应约定风险范围。

2）施工单位提出临时设施费：1.6% 不符合北京市住建委对工程造价的有关规定，要求按造价管理处发布的临时设施费取费进行结算（其中土建 2.97%，装饰按人工费的 15%；安装工程按人工费的 18% 计取）。

3）本工程 2009 年 5 月进行电缆招标，招标后实际用量超过招标工程量，其中有甲方增加工程、招标时由于乙方提供的工程量少算量、乙方电缆规格统计漏项等原因；又因在采购期电缆市场价格高于招标价格，甲乙双方约定增加的电缆及工程量价格执行 2009 年 9 月北京市造价信息单价，这一项增加工程造价约 140 万元；工程量如何确定？

4）总承包服务费协议中约定："甲方分包总价的 1.5%"，北京市造价管理规定，总承包服务费应按分包专业造价（不含设备）及投标费率结算。

【补充协议】

因合同协议约定不清造成结算的极大争议，经多次协商，甲乙双方签订了补充协议，约定：

1）鉴于本工程实际的施工工期与原合同约定存在较大差异，本着实事求是、风险共担的原则，参照"京造定 [2008] 4 号文"的精神，甲乙双方同意将本工程的土建工程价格执行 2008 年 6 月造价信息，安装工程价格执行 2008 年 10 月至 2009 年 9 月期间造价信息的平均价格。

2）针对原施工协议"临时设施费"的计取约定未分专业，属约定不清，并按北京市有关规定，此项费用基本划归于安全文明施工费的范畴，属于不可竞争费用。结合本工程实际情况，进一步明确为临时设施费按照国家及地方有关规定计取。

3）电缆增加工程量问题比较复杂，还需要咨询公司更深入的测算，由于实际用量超过招标工程量的原因很多，其中有甲方增加工程、乙方招标工程量计算少量、乙方电缆规格统计漏项等原因。甲乙双方风险和责任分清，属于工程变更增加的，甲方承担（执行采购期 2009 年 9 月信息价），属于乙方错误遗漏的，乙方承担（即执行招标价格，招标价没有的参考招标期的信息价）。

4）针对原施工协议约定总承包服务费，总包单位按"甲方分包总价的 1.5%"中所指的甲方分包总价，依据国家有关规定，现明确为不包含设备费的甲方分包合同总价。甲乙双方按照以上明确后的概念执行原施工协议的此条款，对总包服务费进行结算（依据京造定 [2005] 3 号文，京造定 [2009] 7 号文）。

　　（资料来源：2013 年 7 月中国城市建设协会举办的《 "2013 工程量清单计价规范、招投标政策法规暨监督管理研讨班"》培训讲师讲义。）

3.1.3　选择分标方案

　　工程是可以进行分标的。因为一个建设项目投资额很大，所涉及的各个项目技术复杂，工程量也巨大，往往一个承包商难以完成。为了加快工程进度，发挥各承包商的优势，降低工程造价，对一个建设项目进行合理分标，是非常必要的。所以，编制招标文件前，应适当划分标段，选择分标方案。这是一项十分重要而又棘手的准备工作。确定好分标方案后，要根据分标的特点编制招标文件。

1. 划分原则

　　分标时必须坚持不肢解工程的原则，保持工程的整体性和专业性。

　　分标时要防止和克服肢解工程的现象，关键是要弄清工程建设项目的一般划分和禁止肢解工程的最小单位。在我国，工程建设项目一般被划分为五个层次：建设项目、单项工程、单位工程、分部工程、分项工程。勘察设计招标发包的最小分标标的，为单项工程。施工招标发包的最小分标标的，为单位工程。对不能分标发包的工程而进行分标发包的，即构成肢解工程。

2. 标段划分主要考虑的因素

　　（1）工程的特点　如工程建设场地面积大、工程量大、有特殊技术要求、管理不便的，可以考虑对工程进行分标。如工程建设场地比较集中、工程量不大、技术上不复杂、便于管理的，可以不进行分标。

　　（2）对工程造价的影响　大型、复杂的工程项目，一般工期长，投资大，技术难题多，因而对承包商在能力、经验等方面的要求很高。对这类工程，如果不分标，可能会使有资格参加投标的承包商数量大为减少，竞争对手少必然会导致投标报价提高，招标人就不容易得到满意的报价。如果对这类工程进行分标，就会避免这种情况，对招标人、投标人都有利。

　　（3）工程资金的安排情况　建设资金的安排，对工程进度有重要影响。有时，根据资金筹措、到位情况和工程建设的次序，在不同时间进行分段招标，就十分必要。如对国际工程，当外汇不足时，可以按国内承包商有资格投标的原则进行分标。

　　（4）对工程管理上的要求　现场管理和工程各部分的衔接，也是分标时应考虑的一个因素。分标要有利于现场的管理，尽量避免各承包商之间在现场分配、生活营地、附属厂房、材料堆放场地、交通运输、弃渣场地等方面的相互干扰，在关键线路上的项目一定要注意相互衔接，防止因一个承包商在工期、质量上的问题而影响其他承包商的工作。

3.2　编制招标文件

　　招标文件是招标人单方面阐述自己的招标条件和具体要求的意思表示，是招标人确定、修改和解释有关招标事项的各种书面表达形式的统称。招标文件告知投标人所有的要约邀请要件；阐明需要采购的货物、工程、服务项目的性质，并说明采购项目的技术要求、标准和规范；告知评标办法及中标条件；编制投标文件的要求；指导投标者送交投标书的程序等。凡不满足招标文件要求的投标书，将被招标人拒绝。

3.2.1　招标文件编制的意义

招标文件具有十分重要的意义。具体主要体现在以下三个方面：

1. 招标文件是投标的主要依据和信息源

招标文件是提供给投标人的投标依据，是投标人获取招标人意图和工程招标各方面信息的主要途径。投标人只有认真研读招标文件，领会其精神实质，掌握其各项具体要求和界限，才能保证投标文件对招标文件的实质性响应，顺利通过对投标文件的符合性鉴定。

2. 招标文件是合同签订的基础

招标文件是一种要约邀请，其目的在于引出潜在投标人的要约（即投标文件），并据以对要约进行比较、评价（即评标），作出承诺（即定标）。因而，招标文件是工程招标中要约和承诺的基础。在招标投标过程中，无论是招标人还是投标人，都可能对招标文件提出这样那样的修改和补充的意见或建议，但不管怎样修改和补充，其基本的内容和要求通常是不会变的，也是不能变的，所以，招标文件的绝大部分内容，事实上都将会变成合同的内容。招标文件是招标人与中标人签订合同的基础。

3. 招标文件是政府监督的对象

招标文件既是招标投标管理机构的审查对象，同时也是招标投标管理机构对招标投标活动进行监管的一个重要依据。换句话说，政府招标投标管理机构对招标投标活动的监督，在很大程度上就是监督招标投标活动是否符合已经审定的招标文件的规定。

3.2.2　招标文件编制的原则

1）遵守与招标有关的各项法律法规，如《建筑法》《招标投标法》《合同法》，以及国务院有关部门制定的与招标投标有关的规章和规范性文件。

2）如果项目的资金来源于世界银行、亚洲开发银行、OECF 等，还要满足该国际组织的各项规定和要求。

3）制定的技术规格和合同条件不应造成对有资格投标的任何承包者的歧视。

4）评标的标准公开而合理，对偏离招标文件另行提出的技术规格（可能更先进）的标书的评审标准，更应切合实际，力求公平。

5）所需采购的货物、服务或工程的内容，必须客观详细地一一说明，以使投标人的投标能建立在可靠的基础上，这样也可以减少履约过程中产生的争议。

6）内容应协调、统一，避免前后矛盾或不一致，用语应力求严谨、明确，以便在产生争议时宜于根据合同条件解决。

7）客观反映项目的情况，合理分担风险。使承包商能在可靠的基础上投标，并使其获得合理的利润，以避免将过多的风险转移给承包商，迫使其抬高报价，最终使招标人吃亏，并在合同履行过程中产生争议。

3.2.3　招标文件的组成

建设工程招标文件是由一系列有关招标方面的说明性文件资料组成的，包括各种旨在阐释招标人意志的书面文字、图表、电报、传真、电传等材料。一般来说，招标文件在形式上的构成，主要包括正式文本、对正式文本的澄清和对正式文本的修改三个部分。

1. 招标文件正式文本

招标文件正式文本一般在国家招标文件范本的基础上编制而成。2007 年 12 月发布的《标准施工招标文件》是国务院九部委在总结现有行业施工招标文件范本实施经验，针对实践中存在的问题，并借鉴世界银行、亚洲开发银行做法的基础上编制的。之后各部委陆续出台的房屋建筑及市政工程、公路工程等行业标准施工招标文件均沿用了其体例。它共分为四卷八章，其形式结构分卷、章、条目，格式见表 3-2。其中第一章的"招标公告"仅用于未进行资格预审的公开招标，第一章的"投标邀请书"又细化了代资格预审的邀请招标情况；第三章"评标办法"分别规定了经评审的最低投标价法和综合评估法两种评标方法，供招标人根据招标项目具体特点和实际情况选择使用。除八章内容外，还附上"投标人须知前附表"规定的其他材料。

表 3-2　《标准施工招标文件》结构表

卷　　数	章　　节
	第一章　招标公告（未进行资格预审）
	第一章　投标邀请书（适用于邀请招标）
	第一章　投标邀请书（代资格预审通过通知书）
	第二章　投标人须知
第一卷	第三章　评标办法（经评审的最低投标报价法）
	第三章　评标办法（综合评估法）
	第四章　合同条款及格式
	第五章　工程量清单
第二卷	第六章　图纸
第三卷	第七章　技术标准和要求
第四卷	第八章　投标文件格式

2. 对招标文件正式文本的澄清

其形式主要是书面答复、投标预备会记录等。投标人如果认为招标文件有问题需要澄清，应在收到招标文件后以文字、电传、传真或电报等书面形式向招标人提出，招标人将以文字、电传、传真或电报等书面形式或以投标预备会的方式给予解答。解答包括对询问的解释，但不说明询问的来源。解答意见经招标投标管理机构核准，在投标截止时间 15 天前，由招标人送给所有获得招标文件的投标人。

3. 对招标文件正式文本的修改

其形式主要是补充通知、修改书等。在投标截止时间 15 天前，招标人可以自己主动对招标文件进行修改，或为解答投标人要求澄清的问题而对招标文件进行修改。修改意见经招标投标管理机构核准，由招标人以文字、电传、传真或电报等书面形式发给所有获得招标文件的投标人。对招标文件的修改，也是招标文件的组成部分，对投标人起约束作用。投标人收到修改意见后应立即以书面形式（回执）通知招标人，确认已收到修改意见。不足 15 日的，招标人应当顺延提交投标文件的截止时间。

3.2.4 招标文件范本及其使用

1. 招标文件范本

为规范招标文件的内容和格式，节约招标文件编写的时间，提高招标文件的质量，国家有关部门多年来编制了各种招标文件范本，如财政部《世界银行贷款项目招标文件范本》、原建设部《建设工程施工招标文件范本》、原交通部《公路工程国际招标文件范本》《公路工程国内招标文件范本》、原国家电力公司《电力工程招标程序及招标文件范本》等。

2007年12月，国家发改委、财政部、建设部等九部委（56号令）颁布了《标准施工招标文件》和《标准施工招标资格预审文件》范本，它自2008年5月1日起在依法必须招标的工程建设项目中实行主要适用于一定规模以上，且设计和施工不是由同一承包商承担的工程施工招标。它规范了招标公告和投标邀请书的格式、统一信息内容和发布媒体，使招标信息更加透明和公开；在编制该项目招标文件中提供了资格审查文件编制的固定格式，从而尽可能减少投标人因资格审查文件编制的错误和提供资料的不准确而造成资格审查不合格情况的出现；范本妥善处理了与行业招标文件范本的通用性关系，如招标公告的内容、投标人须知、评标办法、通用合同条款等，同时兼顾了不同行业、不同项目在技术上、合同专用条款上的差异。

依据56号令第三条规定，国务院有关行业主管部门可根据《标准施工招标文件》并结合本行业施工招标特点和管理需要，编制行业标准施工招标文件。交通运输部《公路工程标准施工招标文件》（2009年版）、水利部《水利水电工程标准施工招标文件》（2009年版）和住房和城乡建设部《房屋建筑和市政工程标准施工招标文件》（2010年版）（简称"行业标准施工招标文件"）是《标准施工招标文件》的配套文件，分别适用于各等级公路、桥梁、隧道、水利水电、房屋建筑和市政工程的建设工程施工招标。这些系列行业标准施工招标文件重点对"专用合同条款""工程量清单""图纸""技术标准和要求"作出具体规定。

依法必须招标的工程建设项目，工期不超过12个月，技术相对简单，且设计和施工不是由同一承包商承担的小型项目，其施工招标文件应当依据《中华人民共和国简明标准施工招标文件》（2012年版）进行编制；设计施工一体化的总承包项目，其招标文件应依据《中华人民共和国标准设计施工总承包招标文件》（2012年版）进行编制。这两个范本自2012年5月1号起实施。

2. 招标文件范本的使用

这些"范本"在推进我国招标投标工作中起了重要作用。但需强调的是这些示范文本主要是"示范性"的规范招标人行为，而非必须"强制性"使用。在使用"范本"编制具体项目的招标文件时，范本体例结构不能变，不允许修改的地方不得修改，允许细化和补充的内容不得与范本原文相抵触。其中，通用文件和标准条款不需做任何改动，例如"投标人须知"（投标人须知前附表和其他附表除外）、"评标办法"（评标办法前附表除外）、"通用合同条款"应当不加修改地加以引用。只需根据招标项目的具体情况，对投标人须知资料表（或前附表）、专用条款、协议条款以及技术规范、工程量清单、投标文件附表等部分中的具体内容重新进行编写，加上招标图纸即构成一套完整的招标文件。

3.2.5 招标文件的编制

招标文件涉及商务和技术两大方面。项目性质不同、招标范围不同，招标文件的内容和格式有所区别。工程施工招标文件的编制是一项比较复杂的工作，编制质量的好坏直接影响招标活动的成败和工程项目后期的实施，对业主影响较大。在依法必须招标的工程建设项目招标时，招标文件中必须按照2007年版《标准施工招标文件》中"投标人须知"（"投标人须知前附表"和其他附表除外）、"评标办法"（评标办法前附表除外）、"通用合同条款"编写，不允许修改。《标准施工招标文件》中其他内容仅作为引导，供招标人参考，由行业管理部门、招标人依据项目特点和实际情况进行完善。注意，补充完善的内容不得与上述不加修改引用的内容相抵触，否则抵触内容无效。《行业标准施工招标文件》还强调第四章第二节"专用合同条款"（除以空格标示的由招标人填空的内容和选择性内容外），也应不加修改地直接引用。第五章"工程量清单"是示范性内容，提倡招标人不加修改地直接引用。现说明如何利用《行业标准施工招标文件》来进行招标文件的编制。

1. 招标公告与投标邀请书

招标人按照《行业标准施工招标文件》第一章的格式编写并发布招标公告或发出投标邀请书后，将实际发布的招标公告或实际发出的投标邀请书编入出售的招标文件中，作为投标邀请。其中，招标公告应同时注明发布所在的所有媒介名称。

2. 投标人须知

投标者在投标时必须仔细阅读和理解"投标人须知"，按须知中的要求进行投标。其内容包括总则、招标文件、投标文件、投标、开标、评标、合同授予、重新招标和不再招标、纪律和监督、需要补充的其他内容等十项内容。在投标须知前有一张"投标人须知前附表"，其将投标须知中重要条款规定的内容用一个表格的形式列出，以使投标者在整个投标过程中严格遵守和深入考虑。

（1）总则 投标须知的总则通常要说明以下内容：项目概况、资金来源和落实情况、招标范围、计划工期和质量要求、投标人资格要求、费用承担、保密、语言文字、计量单位、踏勘现场、投标预备会、分包、偏离13项。前附表中1~18项已注明相关内容。

（2）招标文件 除了在投标须知写明招标文件的组成外，对招标文件的澄清和修改内容也是招标文件的组成部分。招标文件的澄清或修改必须在"投标人须知前附表"规定的投标截止时间15天前以书面形式发给所有购买招标文件的投标人，但不指明澄清问题的来源。如果澄清或修改发出的时间距投标截止时间不足15天，相应延长投标截止时间。投标人应在投标须知前附表规定的时间内以书面形式通知招标人，确认已收到该澄清或修改。

（3）投标文件 这是投标须知中对投标文件各项要求的阐述，主要包括：投标文件的组成、投标报价、投标有效期⊖、投标保证金⊜、资格审查资料、备选投标方案、投标文件的编制等。

⊖ 投标有效期是以递交投标文件的截止时间为起点计算，至少以中标通知书发出之日起30天签订承包合同为终点。在这段时间内，投标人必须对其递交的投标文件负责，受其约束。

⊜ 投标保证金是指投标人按照招标文件的要求向投标人出具的，以一定金额表示的投标责任担保。《招标投标法实施条例》第二十六条规定，招标人在招标文件中要求投标人提交投标保证金的，投标保证金不得超过招标项目估算价的2%。投标保证金有效期应当与投标有效期一致。依法必须进行招标的项目的境内投标单位，以现金或者支票形式提交的投标保证金应当从其基本账户转出。招标人不得挪用投标保证金。第三十五条规定，投标保证金应当自收到投标人书面撤回通知之日起5日内退还。投标截止后投标人撤销投标文件的，招标人可以不退还投标保证金。

（4）投标 投标须知要详细说明"投标文件的密封和标记""投标文件的递交""投标文件的修改与撤回"等方面的规定。

（5）开标 投标须知中要对开标时间、地点和开标程序作出说明。

（6）评标 这是投标须知中对评标的阐释，包括三层意思：一是关于评标委员会的权利、组成和成员回避情况的规定；二是评标活动应遵循公平、公正、科学和择优的原则；三是评标委员会应按照第三章"评标办法"规定的方法、评审因素、标准和程序对投标文件进行评审。第三章"评标办法"没有规定的方法、评审因素和标准，不作为评标依据。

（7）合同授予 这是投标须知中对授予合同问题的阐释，主要有定标方式、中标通知、履约担保、签订合同四方面的说明。

（8）重新招标与不再招标 投标须知中应规定重新招标与不再招标的条件和情况。

（9）纪律和监督 通过列举法分别从对招标人的纪律要求、对投标人的纪律要求、对评标委员会成员的纪律要求、对与评标活动有关的工作人员的纪律要求等四方面作出禁止性规定，明示招投标活动的各参与方应依法办事。另外，说明投标人和其他利害关系人享有向行政监督部门投诉的权利。

（10）需要补充的其他内容 见"投标人须知前附表"。

3. 评标办法

第三章"评标办法"分别规定经评审的最低投标价法和综合评估法两种评标方法，供招标人根据招标项目具体特点和实际需要选择适用。招标人选择适用综合评估法的，各评审因素的评审标准、分值和权重等由招标人自主确定。国务院有关部门对各评审因素的评审标准、分值和权重等有规定的，从其规定。招标文件中应从评标方法、评标标准、评标程序方面展开叙述，相关内容详见本书第五章，在此不做赘述。

同投标人须知前附表一样，在第三章"评标办法"最前面针对两种方法分别有评标办法前附表，提示投标者注意和深入考虑这些重要内容。评标办法前附表应按试行规定要求列明全部评审因素和评审标准，并在本章（前附表及正文）标明投标人不满足其要求即导致废标的全部条款。评标办法前附表的格式和内容见表3-3、表3-4。

表3-3 评标办法（经评审的最低投标价法）前附表

条 款 号	评 审 因 素	评 审 标 准
2.1.1	形式评审标准	投标人名称	与营业执照、资质证书、安全生产许可证一致
		投标函签字盖章	有法定代表人或其委托代理人签字并加盖单位章
		投标文件格式	符合第八章"投标文件格式"的要求
		联合体投标人	提交联合体协议书，并明确联合体牵头人（如有）
		报价唯一	只能有一个有效报价
		…	…
2.1.2	资格评审标准	营业执照	具备有效的营业执照
		安全生产许可证	具备有效的安全生产许可证
		资质等级	符合第二章"投标人须知"第1.4.1项规定
		财务状况	符合第二章"投标人须知"第1.4.1项规定
		类似项目业绩	符合第二章"投标人须知"第1.4.1项规定

（续）

条 款 号	评审因素	评审标准
2.1.2	资格评审标准	
	信誉	符合第二章"投标人须知"第1.4.1项规定
	项目经理	符合第二章"投标人须知"第1.4.1项规定
	其他要求	符合第二章"投标人须知"第1.4.1项规定
	联合体投标人（如有）	符合第二章"投标人须知"第1.4.2项规定
	…	…
2.1.3	响应性评审标准	
	投标内容	符合第二章"投标人须知"第1.3.1项规定
	工期	符合第二章"投标人须知"第1.3.2项规定
	工程质量	符合第二章"投标人须知"第1.3.3项规定
	投标有效期	符合第二章"投标人须知"第3.3.1项规定
	投标保证金	符合第二章"投标人须知"第3.4.1项规定
	权利义务	符合第四章"合同条款及格式"规定
	已标价工程量清单	符合第五章"工程量清单"给出的子目编码、子目名称、子目特征、计量单位和工程量
	技术标准和要求	符合第七章"技术标准和要求"规定
	投标价格	□ 低于（含等于）拦标价， 拦标价 ＝ 标底价×（1 ＋ _____ ％） □ 低于（含等于）第二章"投标人须知前附表"第10.2款载明的招标控制价
	分包计划	符合第二章"投标人须知"第1.11款规定
	…	…
2.1.4	施工组织设计和项目管理机构评审标准	
	施工方案与技术措施	…
	质量管理体系与措施	…
	安全管理体系与措施	…
	环境保护管理体系与措施	…
	工程进度计划与措施	…
	资源配备计划	…
	技术负责人	…
	其他主要人员	…
	施工设备	…
	试验、检测仪器设备	…
	…	

条 款 号	评审因素	评审方法
2.2	详细评审标准	
	单价遗漏	…
	不平衡报价	…
	…	…

（续）

条 款 号		编 列 内 容
3	评标程序	详见本章附件 A：评标详细程序
3.1.2	废标条件	详见本章附件 B：废标条件
3.2.1	价格折算	详见本章附件 C：评标价计算方法
3.2.2	判断投标报价是否低于其成本	详见本章附件 D：投标人成本评审办法
补 1	备选投标方案的评审	详见本章附件 E：备选投标方案的评审和比较办法
补 2	计算机辅助评标	详见本章附件 F：计算机辅助评标方法

表 3-4 评标办法（综合评估法）前附表

条 款 号		评 审 因 素	评 审 标 准
2.1.1	形式评审标准		
2.1.2	资格评审标准	同表 3-3	同表 3-3
2.1.3	响应性评审标准		
条 款 号		**条 款 内 容**	**编 列 内 容**
2.2.1		分值构成 （总分 100 分）	施工组织设计：_____分 项目管理机构：_____分 投标报价：_____分 其他评分因素：_____分
2.2.2		评标基准价计算方法	
2.2.3		投标报价的偏差率计算公式	偏差率 = 100% ×（投标人报价 − 评标基准价）/评标基准价
条 款 号		**评 分 因 素**	**评 分 标 准**
2.2.4（1）	施工组织设计评分标准	内容完整性和编制水平	…
		施工方案与技术措施	…
		质量管理体系与措施	…
		安全管理体系与措施	…
		环境保护管理体系与措施	…
		工程进度计划与措施	…
		资源配备计划	…
		…	…
2.2.4（2）	项目管理机构评分标准	项目经理任职资格与业绩	…
		技术负责人任职资格与业绩	…
		其他主要人员	…
		…	…

(续)

条 款 号		评分因素	评分标准
2.2.4 (3)	投标报价评分标准	偏差率	…
		…	…
2.2.4 (4)	其他因素评分标准		

条 款 号		编列内容
3	评标程序	详见本章附件A：评标详细程序
3.1.2	废标条件	详见本章附件B：废标条件
3.2.2	判断投标报价是否低于其成本	详见本章附件C：投标人成本评审办法
补1	备选投标方案的评审	详见本章附件D：备选投标方案的评审和比较办法
补2	计算机辅助评标	详见本章附件E：计算机辅助评标方法

4. 合同条款及格式

原建设部1996年颁布的《建设工程施工招标文件范本》中，对招标文件的合同条件采用1991年由国家工商行政管理局和建设部颁发的《建设工程施工合同》（GF—1991—0201）。对于《建设工程施工合同》，在总结实施经验的基础上作出了进一步的修改且形成《建设工程施工合同（示范文本）》（GF—1999—0201）。

2007年版《标准施工招标文件》中的合同系借鉴工程合同管理经验，以FIDIC合同条件为主，参照英国ICE和世界银行推荐的合同文本等，依据国内相关法律法规进行编写，可以适用于单价合同、总价合同或两种合同并存的合同形式。《标准施工招标文件》中合同条件由《通用条款》《专用条款》《合同附件格式》三部分组成。其中合同格式有《合同协议书格式》、《履约担保格式》和《预付款担保格式》三种。《行业标准施工招标文件》的通用合同条款与《标准施工招标文件》中的通用合同条款内容一致。附件除包含了《合同协议书格式》、《履约担保格式》和《预付款担保格式》外，还有《支付担保格式》《承包人提供的材料和工程设备一览表》《发包人提供的材料和工程设备一览表》《质量保修书格式》《廉政责任书格式》等共八个附件。

2013年4月3日，住房和城乡建设部、国家工商行政管理总局联合印发了《建设工程施工合同（示范文本）》（GF—2013—0201）（以下简称"2013年版施工合同"），1999年版本同时废止。与1999年版施工合同相比，2013年版施工合同增加了双向担保、合理调价、缺陷责任期、工程系列保险、索赔期限、双倍赔偿、争议评审等八项新的制度，使合同结构体系更加完善。此范本很好地将《标准施工招标文件》、2013《清单规范》关于合同的部分进行衔接。其主要包括：《合同协议书》《通用合同条款》《专用合同条款》三部分，并附有《承包人承揽工程项目一览表》《发包人供应材料设备一览表》《工程质量保修书》《主要建设工程文件目录》《承包人用于本工程施工的机械设备表》《承包人主要管理人员表》《履约担保格式》《预付款担保格式》《支付担保格式》《暂估价一览表》等11个附件。

合同条款是招标文件的重要内容。施工招标文件中载明的合同主要条件是双方签合同的依据，一般不允许更改。招标文件中的合同条款是招标人单方面订立的，由要约人（投标人或合同中的承包人）向受要约人（招标人或合同中的发包人）发出要约，而一旦选定中标人，招标文件里的合同条件就成为受要约人的"承诺"，具有了法律约束力。由于招标文件中的通用条款是已经制定的，不允许更改，那么合同专用条款的编制必须公平、合理，不得含有霸王条款和（或）一边倒的条件，专用条款中不得再制定与通用条款抵触的内容。

合同条件中比较重要的内容有：合同文件及解释顺序，发包人和承包人的义务，工期延误，验收方法和标准，质量、安全、环保、节能，计量与支付，材料、设备的供应，违约与索赔等。

合同附件格式一：合同协议书

合同协议书

编号：

发包人（全称）：＿＿＿＿＿＿＿＿＿＿＿＿＿＿＿＿＿＿＿＿＿＿＿＿＿

法定代表人：＿＿＿＿＿＿＿＿＿＿＿＿＿＿＿＿＿＿＿＿＿＿＿＿＿＿＿

法定注册地址：＿＿＿＿＿＿＿＿＿＿＿＿＿＿＿＿＿＿＿＿＿＿＿＿＿＿

承包人（全称）：＿＿＿＿＿＿＿＿＿＿＿＿＿＿＿＿＿＿＿＿＿＿＿＿＿

法定代表人：＿＿＿＿＿＿＿＿＿＿＿＿＿＿＿＿＿＿＿＿＿＿＿＿＿＿＿

法定注册地址：＿＿＿＿＿＿＿＿＿＿＿＿＿＿＿＿＿＿＿＿＿＿＿＿＿＿

发包人为建设＿＿＿＿＿＿＿＿＿＿＿＿＿＿＿＿＿＿＿（以下简称"本工程"），已接受承包人提出的承担本工程的施工、竣工、交付并维修其任何缺陷的投标。依照《中华人民共和国招标投标法》《中华人民共和国合同法》《中华人民共和国建筑法》及其他有关法律、行政法规，遵循平等、自愿、公平和诚实信用的原则，双方共同达成并订立如下协议。

一、工程概况

工程名称：＿＿＿＿＿＿＿＿＿（项目名称）＿＿＿＿＿＿＿＿＿标段

工程地点：＿＿＿＿＿＿＿＿＿＿＿＿＿＿＿＿＿＿＿＿＿

工程内容：＿＿＿＿＿＿＿＿＿＿＿＿＿＿＿＿＿＿＿＿＿

群体工程应附"承包人承揽工程项目一览表"（附件1）

工程立项批准文号：＿＿＿＿＿＿＿＿＿＿＿＿＿＿＿＿＿

资金来源：＿＿＿＿＿＿＿＿＿＿＿＿＿＿＿＿＿＿＿＿＿

二、工程承包范围

承包范围：＿＿＿＿＿＿＿＿＿＿＿＿＿＿＿＿＿＿＿＿＿

详细承包范围见2007年版《标准施工招标文件》第七章"技术标准和要求"。

三、合同工期

计划开工日期：＿＿＿＿＿年＿＿＿月＿＿＿日

计划竣工日期：＿＿＿＿＿年＿＿＿月＿＿＿日

工期总日历天数＿＿＿＿＿＿＿＿＿＿＿天，自监理人发出的开工通知中载明的开工日期起算。

四、质量标准

工程质量标准：＿＿＿＿＿＿＿＿＿＿＿＿＿＿＿＿＿＿＿＿＿＿＿＿＿

五、合同形式

本合同采用＿＿＿＿＿＿＿＿＿＿＿＿＿＿＿＿＿＿＿＿＿＿＿＿＿＿合同形式。

六、签约合同价

金额（大写）：＿＿＿＿＿＿＿＿＿＿＿＿＿＿＿＿＿＿＿＿元（人民币）

（小写）￥：＿＿＿＿＿＿＿＿＿＿＿＿＿＿＿＿＿＿＿＿＿＿＿＿元

其中：安全文明施工费：＿＿＿＿＿＿＿＿＿＿＿＿＿＿＿＿元

　　　暂列金额：＿＿＿＿＿＿＿元（其中计日工金额＿＿＿＿元）

　　　材料和工程设备暂估价：＿＿＿＿＿＿＿＿＿＿＿＿＿元

　　　专业工程暂估价：＿＿＿＿＿＿＿＿＿＿＿＿＿＿元

七、承包人项目经理：

姓名：＿＿＿＿＿＿＿＿＿；　　职称：＿＿＿＿＿＿＿＿＿＿＿；

身份证号：＿＿＿＿＿＿＿＿＿；　建造师执业资格证书号：＿＿＿＿＿＿；

建造师注册证书号：＿＿＿＿＿＿＿＿＿＿＿＿＿＿＿＿＿＿＿＿＿。

建造师执业印章号：＿＿＿＿＿＿＿＿＿＿＿＿＿＿＿＿＿＿＿＿＿。

安全生产考核合格证书号：＿＿＿＿＿＿＿＿＿＿＿＿＿＿＿＿＿。

八、合同文件的组成

下列文件共同构成合同文件：

1. 本协议书；

2. 中标通知书；

3. 投标函及投标函附录；

4. 专用合同条款；

5. 通用合同条款；

6. 技术标准和要求；

7. 图纸；

8. 已标价工程量清单；

9. 其他合同文件。

上述文件互相补充和解释，如有不明确或不一致之处，以合同约定次序在先者为准。

九、本协议书中有关词语定义与合同条款中的定义相同。

十、承包人承诺按照合同约定进行施工、竣工、交付并在缺陷责任期内对工程缺陷承担维修责任。

十一、发包人承诺按照合同约定的条件、期限和方式向承包人支付合同价款。

十二、本协议书连同其他合同文件正本一式两份，合同双方各执一份；副本一式＿＿＿＿份，其中一份在合同报送建设行政主管部门备案时留存。

十三、合同未尽事宜，双方另行签订补充协议，但不得背离本协议第八条所约定的合同文件的实质性内容。补充协议是合同文件的组成部分。

发包人：＿＿＿＿＿＿＿＿（盖单位章）　　承包人：＿＿＿＿＿＿＿＿（盖单位章）

法定代表人或其　　　　　　　　　　　　法定代表人或其

委托代理人：＿＿＿＿＿＿＿（签字）　　委托代理人：＿＿＿＿＿＿＿（签字）

_____年_____月_____日　　　_____年_____月_____日

签约地点：_____

合同附件格式二：履约担保格式

<h3 style="text-align:center">承包人履约保函</h3>

_____（发包人名称）：

鉴于你方作为发包人已经与_____（承包人名称）（以下称"承包人"）于_____年___月___日签订了_____（工程名称）施工承包合同（以下称"主合同"），应承包人申请，我方愿就承包人履行主合同约定的义务以保证的方式向你方提供如下担保：

一、保证的范围及保证金额

我方的保证范围是承包人未按照主合同的约定履行义务，给你方造成的实际损失。

我方保证的金额是主合同约定的合同总价款_____%，数额最高不超过人民币____元（大写）。

二、保证的方式及保证期间

我方保证的方式为：连带责任保证。

我方保证的期间为：自本合同生效之日起至主合同约定的工程竣工日期后_____日内。

你方与承包人协议变更工程竣工日期的，经我方书面同意后，保证期间按照变更后的竣工日期做相应调整。

三、承担保证责任的形式

我方按照你方的要求以下列方式之一承担保证责任：

（1）由我方提供资金及技术援助，使承包人继续履行主合同义务，支付金额不超过本保函第一条规定的保证金额。

（2）由我方在本保函第一条规定的保证金额内赔偿你方的损失。

四、代偿的安排

你方要求我方承担保证责任的，应向我方发出书面索赔通知及承包人未履行主合同约定义务的证明材料。索赔通知应写明要求索赔的金额，支付款项应到达的账号，并附有说明承包人违反主合同造成你方损失情况的证明材料。

你方以工程质量不符合主合同约定标准为由，向我方提出违约索赔的，还需同时提供符合相应条件要求的工程质量检测部门出具的质量说明材料。

我方收到你方的书面索赔通知及相应证明材料后，在____工作日内进行核定后按照本保函的承诺承担保证责任。

五、保证责任的解除

1. 在本保函承诺的保证期间内，你方未书面向我方主张保证责任的，自保证期间届满次日起，我方保证责任解除。

2. 承包人按主合同约定履行了义务的，自本保函承诺的保证期间届满次日起，我方保证责任解除。

3. 我方按照本保函向你方履行保证责任所支付的金额达到本保函保证金额时，自我方向你方支付（支付款项从我方账户划出）之日起，保证责任即解除。

4. 按照法律法规的规定或出现应解除我方保证责任的其他情形的，我方在本保函项下的保证责任亦解除。

我方解除保证责任后，你方应自我方保证责任解除之日起_____个工作日内，将本保函原件返还我方。

六、免责条款

1. 因你方违约致使承包人不能履行义务的，我方不承担保证责任。

2. 依照法律法规的规定或你方与承包人的另行约定，免除承包人部分或全部义务的，我方亦免除其相应的保证责任。

3. 你方与承包人协议变更主合同（符合主合同合同条款第 15 条约定的变更除外），如加重承包人责任致使我方保证责任加重的，需征得我方书面同意，否则我方不再承担因此而加重部分的保证责任。

4. 因不可抗力造成承包人不能履行义务的，我方不承担保证责任。

七、争议的解决

因本保函发生的纠纷，由贵我双方协商解决，协商不成的，任何一方均可提请_____仲裁委员会仲裁。

八、保函的生效

本保函自我方法定代表人（或其授权代理人）签字或加盖公章并交付你方之日起生效。

本条所称交付是指：_____。

担保人：_____（盖单位章）

法定代表人或其委托代理人：_____（签字）

地　　址：_____

邮政编码：_____

电　　话：_____

传　　真：_____

_____年____月____日

备注：本履约担保格式可以采用经发包人同意的其他格式，但相关内容不得违背合同约定的实质性内容。

合同附件格式三：预付款担保格式

预付款担保

保函编号：

_____（发包人名称）：

鉴于你方作为发包人已经与_____（承包人名称）（以下称"承包人"）于_____年____月____日签订了_____（工程名称）施工承包合同（以下称"主合同"）。

鉴于该主合同规定，你方将支付承包人一笔金额为_____（大写：_____）的预付款（以下称"预付款"），而承包人须向你方提供与预付款等额的不可撤销和无条件兑现的预付款保函。

我方受承包人委托，为承包人履行主合同规定的义务作出如下不可撤销的保证：

我方将在收到你方提出要求收回上述预付款金额的部分或全部的索偿通知时，无须你方提出任何证明或证据，立即无条件地向你方支付不超过_____
（大写：_____）或根据本保函约定递减后的其他金额的任何你方要求的金额，并放弃向你方追索的权力。

我方特此确认并同意：我方受本保函制约的责任是连续的，主合同的任何修改、变更、中止、终止或失效都不能削弱或影响我方受本保函制约的责任。

在收到你方的书面通知后，本保函的担保金额将根据你方依主合同签认的进度付款证书中累计扣回的预付款金额作等额调减。

本保函自预付款支付给承包人起生效，至你方签发的进度付款证书说明已抵扣完毕止。除非你方提前终止或解除本保函。本保函失效后请将本保函退回我方注销。

本保函项下所有权利和义务均受中华人民共和国法律管辖和制约。

> 担保人：_____（盖单位章）
> 法定代表人或其委托代理人：_____（签字）
> 地　　址：_____
> 邮政编码：_____
> 电　　话：_____
> 传　　真：_____
> _____年_____月_____日

备注：本预付款担保格式可采用经发包人认可的其他格式，但相关内容不得违背合同文件约定的实质性内容。

合同附件格式四：支付担保格式

发包人支付保函

_____（承包人）：

鉴于你方作为承包人已经与_____包_____（发包人名称）（以下称"发包人"）于_____年_____月_____日签订了_____（工程名称）施工承包合同（以下称"主合同"），应发包人的申请，我方愿就发包人履行主合同约定的工程款支付义务以保证的方式向你方提供如下担保：

一、保证的范围及保证金额

我方的保证范围是主合同约定的工程款。

本保函所称主合同约定的工程款是指主合同约定的除工程质量保证金以外的合同价款。

我方保证的金额是主合同约定的工程款的_____%，数额最高不超过人民币元（大写：_____）。

二、保证的方式及保证期间

我方保证的方式为：连带责任保证。

我方保证的期间为：自本合同生效之日起至主合同约定的工程款支付之日后_____日内。

你方与发包人协议变更工程款支付日期的，经我方书面同意后，保证期间按照变更后的支付日期做相应调整。

三、承担保证责任的形式

我方承担保证责任的形式是代为支付。发包人未按主合同约定向你方支付工程款的，由我方在保证金额内代为支付。

四、代偿的安排

你方要求我方承担保证责任的，应向我方发出书面索赔通知及发包人未支付主合同约定工程款的证明材料。索赔通知应写明要求索赔的金额，支付款项应到达的账号。

在出现你方与发包人因工程质量发生争议，发包人拒绝向你方支付工程款的情形时，你方要求我方履行保证责任代为支付的，还需提供项目总监理工程师、监理人或符合相应条件要求的工程质量检测机构出具的质量说明材料。

我方收到你方的书面索赔通知及相应证明材料后，在____个工作日内进行核定后按照本保函的承诺承担保证责任。

五、保证责任的解除

1. 在本保函承诺的保证期间内，你方未书面向我方主张保证责任的，自保证期间届满次日起，我方保证责任解除。

2. 发包人按主合同约定履行了工程款的全部支付义务的，自本保函承诺的保证期间届满次日起，我方保证责任解除。

3. 我方按照本保函向你方履行保证责任所支付金额达到本保函保证金额时，自我方向你方支付（支付款项从我方账户划出）之日起，保证责任即解除。

4. 按照法律法规的规定或出现应解除我方保证责任的其他情形的，我方在本保函项下的保证责任亦解除。

我方解除保证责任后，你方应自我方保证责任解除之日起____个工作日内，将本保函原件返还我方。

六、免责条款

1. 因你方违约致使发包人不能履行义务的，我方不承担保证责任。

2. 依照法律法规的规定或你方与发包人的另行约定，免除发包人部分或全部义务的，我方亦免除其相应的保证责任。

3. 你方与发包人协议变更主合同的（符合主合同合同条款第15条约定的变更除外），如加重发包人责任致使我方保证责任加重的，需征得我方书面同意，否则我方不再承担因此而加重部分的保证责任。

4. 因不可抗力造成发包人不能履行义务的，我方不承担保证责任。

七、争议的解决

因本保函发生的纠纷，由贵我双方协商解决，协商不成的，任何一方均可提请_____仲裁委员会仲裁。

八、保函的生效

本保函自我方法定代表人（或其授权代理人）签字或加盖公章并交付你方之日起生效。

本条所称交付是指：_____。

担保人：_____（盖单位章）

法定代表人或其委托代理人：_____（签字）

地　　址：＿＿＿＿＿＿＿＿＿＿＿＿＿＿＿＿＿＿

邮政编码：＿＿＿＿＿＿＿＿＿＿＿＿＿＿＿＿＿＿

电　　话：＿＿＿＿＿＿＿＿＿＿＿＿＿＿＿＿＿＿

传　　真：＿＿＿＿＿＿＿＿＿＿＿＿＿＿＿＿＿＿

＿＿＿＿年＿＿月＿＿日

备注：本支付担保格式可采用经承包人同意的其他格式，但相关约定应当与履约担保对等。

5. 工程量清单

工程量清单是指载明建设工程的分部分项工程项目、措施项目、其他项目的名称和相应数量以及规费、税金项目等内容的明细清单。分为招标工程量清单和已标价工程量清单两种[⊖]。在采用工程量清单方式进行招标时，招标工程量清单必须作为招标文件的组成部分，其准确性和完整性应由招标人负责。如招标人委托工程造价咨询人编制，责任仍应由招标人承担，工程造价咨询人应承担的具体责任则应由二者通过合同约定或协商解决。招标人要对照施工图纸认真核对，投标人要依据图纸认真复核工程量，如发现有错误，应以书面形式及时通知招标人，由招标人书面更正并在法定的时间内通知所有合格潜在投标人。2013清单规范第4.1.3条规定，"招标工程量清单是工程量清单计价的基础，应作为编制招标控制价、投标报价、计算或调整工程量、索赔等的依据之一。"招标工程量清单报价说明应写详细，并表述完整、清楚，如暂估金额、暂估价、计日工等，还应考虑规范中不含的特殊项目、招标人特殊要求以及计价方法等。工程量清单表如表3-5所示。

表3-5　工程量清单表

＿＿＿＿＿＿＿（项目名称）＿＿＿＿＿＿＿标段

序　号	编　码	子目名称	内　容　描　述	单　　位	数　　量	单　　价	合　　价

本页报价合计：＿＿＿＿＿＿＿

6. 设计图纸

招标文件中的设计图纸，不仅是投标人拟定施工方案、确定施工方法、提出替代方案、计算投标报价必不可少的资料，也是工程合同的组成部分。一般来说，图纸的详细程度取决于设计的深度和发包承包方式。图纸中所提供的地质钻孔柱状图、探坑展视图及水文气象资料等，均为投标人的参考资料。招标人应对这些资料的正确性负责，而投标人根据这些资料作出的分析与判断，招标人则不负责任。图纸由招标人根据行业标准施工招标文件（如有）、招标项目具体特点和实际需要编制，并与"投标人须知""通用合同条款""专用合

⊖ 招标工程量清单是指招标人依据国家标准、招标文件、设计文件以及施工现场实际情况编制的，随招标文件发布供投标报价的工程量清单，包括其说明和表格。已标价工程量清单是指构成合同文件组成部分的投标文件中已标明价格，经算术性错误修正（如有）且承包人已确认的工程量清单，包括对其的说明和表格。

同条款""技术标准和要求"相衔接。通常招标时的图纸并不是工程所需要的全部图纸，在投标人中标后还会陆续颁发新的图纸以及对招标时图纸的修改。因此，在招标文件中，除了附上招标图纸外，还应列明图纸目录。图纸目录一般包括：序号、图名、图号、版本、出图日期等。

7. 技术标准和要求

技术标准和要求是针对工程现场的自然条件、施工条件及本工程施工技术而言的。技术标准的内容主要包括各项工艺指标、施工要求、材料检验标准以及各分部、分项工程施工成型后的检验手段和检验标准等。技术标准和要求由招标人根据行业标准施工招标文件（如有）、招标项目具体特点和实际需要编制。"技术标准和要求"中的各项技术标准应符合国家强制性标准，不得要求或标明某一特定的专利、商标、名称、设计、原产地或生产供应者，不得含有倾向或者排斥潜在投标人的其他内容。如果必须引用某一生产供应者的技术标准才能准确或清楚地说明拟招标项目的技术标准时，则应当在参照后面加上"或相当于"字样。

8. 投标文件的格式

投标文件的格式有投标函及投标函附录、法定代表人身份证明、授权委托书、联合体协议书、投标保证金、已标价工程量清单、施工组织设计、项目管理机构、拟分包项目情况表、资格审查资料、其他材料等 11 项。

3.3 建设工程招标标底和招标控制价的编制

随着建筑市场的日臻完善，广大业主和承包商观念的更新，工程招投标必然不断向国际惯例靠近，其发展趋势一定是从有标底招标向无标底招标靠近。根据《中华人民共和国招标投标法》的规定，招标人可以设标底。但当招标人进行无标底招标时，为客观、合理地评审投标报价和避免哄抬标价而造成国有资产流失，招标人应编制招标控制价。标底和招标控制价均是工程造价的表现形式。

3.3.1 标底和招标控制价概述

1. 概念

标底是指业主为某一具体建设项目根据施工图、当地建设定额及材料价编制出来的代表该具体建设项目的工程造价，是招标人为了实现发包而提出的招标价格。

招标控制价，有的地方也称拦标价、预算控制价，是具有编制能力的招标人或受招标人委托的具有相应资质的工程造价咨询人根据国家或省级、行业建设主管部门颁发的有关计价依据和办法，以及拟定的招标文件和招标工程量清单，结合工程具体情况编制的招标工程的最高投标限价。

2. 招标控制价的产生

招标控制价是伴随我国招投标实践，为解决在实践操作标底招标和无标底招标的问题而产生的。

（1）标底招标存在的问题

1）设标底时易发生泄露标底及暗箱操作的问题，失去招标的公平、公正性。

2）编制的标底一般为预算价，科学合理性差，较难考虑施工方案、技术措施对造价的影响，容易与市场造价水平脱节。

3）将标底作为衡量投标人报价的基准，导致投标人尽力去迎合标底，往往招投标过程反映的不是投标人实力的竞争，而是投标人编制预算文件能力的竞争，或者合法或非法"投标策略"的竞争。

2003 年工程量清单计价推出后，各地基本取消了中标价不得低于标底多少的规定，及出现了"无标底招标"。

（2）无标底招标存在的问题

1）容易出现围标、串标现象，各投标人哄抬价格，给招标人带来投资失控的风险。

2）容易出现低价中标后偷工减料，不顾工程质量，以此降低工程成本；或先低价中标然后高价索赔等不良后果。

3）评标时，招标人对投标人的报价没有参考依据和评判标准。

（3）招标控制价的产生　针对无标底招标的众多弊端，我国多个省、市相继出台了控制最高限价的规定，但在名称上有所不同，包括拦标价、最高限价、预算控制价等，并要求在招标文件中将其公布，并规定投标报价超过它按废标处理。2008 年《工程量清单计价规范》中，为了解决上述有标底和无标底招标中的问题，也促使我国各地关于控制最高限价规定的统一，规定国有资金投资的建设工程项目，招标人必须编制"招标控制价"。目的是为了控制投资，避免投标人串标、哄抬标价，避免造成国有资产流失。

3. 标底和招标控制价的区别

有业界同行认为无论是在哪种计价形式下，把招标人做的这一份工程造价都叫做标底，但不同的模式标底起的作用也是不一样的。而像什么最高限价、拦标价等都是在工程量清单计价模式下对标底的一个变化称谓⊖。编者认为二者除称谓外，还是有如下几点区别：

（1）适用范围不同　一般来说，标底适用于有标底招标，招标控制价适用于无标底招标。根据我国法律规定，招标人可根据项目特点决定是否编制标底，任何单位和个人不得强制招标人编制或报审标底，或干预其确定标底，即招标人编制标底是任意性规定；而国有资金投资的工程建设项目应实行工程量清单招标，应编制招标控制价，属于强制性规定。随着与国际惯例的接轨和我国清单计价模式招投标的完善，有标底招标将会逐渐淡出工程领域，但这还需要时间。

（2）作用不同　标底价格是拟招标项目的预期价格和拟控制价格，是给上级主管部门提供核实建设规模的依据，是评标定标时分析投标报价合理性、平衡性、偏差性，分析各投标报价差异情况，作为防止投标人恶意投标的参考依据，对评标的过程和结果具有影响。有效投标价和中标价可能高于标底。但是，标底不能作为评定投标报价有效性和合理性的唯一和直接依据。《招标投标法实施条例》第五十条规定，标底只能作为评标的参考，不得以投标报价是否接近标底作为中标条件，也不得以投标报价超过标底上下浮动范围作为否决投标

⊖　定额计价模式时，也就是最早的费率招标，那么这个时候的标底是参与评分，俗成 A + B 模式。也就是说定额计价模式时的标底，在评标过程中占有权重，所以说这个模式下的标底能影响哪个投标人中标。清单计价模式时的标底一般情况下只起到一个最高限价，也就是通常所说的最高拦标价的作用，而投标人的报价都要低于该价，而且这个标底是不参与评分，也不在评标中占有什么权重，只是作为具体建设项目工程造价的参考。

的条件。招标控制价的作用主要是起拦标线作用，即招标控制价是招标人在工程招标时能接受投标人报价的最高限价。

（3）审查内容和机构不同 工程招标的标底价格按照规定应该报招标管理机构审查，未经审查的标底一律无效。对于国有资金投资的工程建设项目，招标人则应将招标控制价报工程所在地或有该工程管辖权的行业管理部门工程造价管理机构备查，是否报送不影响开标。两者是事前审查和事后备查的关系。当编制的招标控制价超过批准的概算时，招标人应将超过概算的招标控制价报原概算审批部门进行审核。另外，2013《清单规范》第5.3.1条规定，投标人经复核认为招标人公布的招标控制价未按照规范的规定进行编制的，应在招标控制价公布后5天内向招投标监督机构和工程造价管理机构投诉。第5.3.8条规定，当招标控制价复查结论与原公布的招标控制价误差大于±3%时，应当责成招标人改正。

（4）公开与否不同 设置标底的，标底编制过程和标底必须保密，即标底是密封的，开标时公布；而2013《清单规范》第5.1.4条和第5.1.6条规定，招标控制价应在发布招标文件时公布，不应上调或下浮。

4. 工程招标标底和招标控制价文件的组成

工程招标控制价文件应按照2013《清单规范》附录中给出的规范格式进行编写，主要包括：

1）招标控制价封面和扉页。

2）工程计价总说明。

3）工程计价汇总表，包括：建设工程招标控制价汇总表、单项工程招标控制价汇总表、单位工程招标控制价汇总表、建设项目竣工结算汇总表、单项工程竣工结算汇总表、单位工程竣工结算汇总表等。

4）分部分项工程和措施项目计价表，包括：分部分项工程和单价措施项目清单与计价表、综合单价分析表、综合单价调整表、总价措施项目清单与计价表等。

5）其他项目计价表，包括：其他项目清单与计价汇总表、暂列金额明细表、材料（工程设备）暂估单价及调整表、专业工程暂估价及结算价表、计日工表、总承包服务费计价表、索赔与现场签证计价汇总表、费用索赔申请（核准）表、现场签证表等。

6）规费、税金项目计价表。

7）主要材料、工程设备一览表，分为发包人主要材料、工程设备一览表、承包人主要材料、工程设备一览表。

工程招标标底文件是对一系列反映招标人对招标工程交易预期控制要求的文字说明、数据、指标、图表的统称，是有关标底的定性要求和定量要求的各种书面表达形式。其核心内容是一系列数据指标。其可参照招标控制价文件编写，主要有以下几点：

1）标底的综合编制说明。

2）标底价格审定表、标底价格计算书、带有价格的工程量清单，现场因素、各种施工措施费的测算明细以及采用固定价格时的风险系数测算明细等。

3）主要材料用量。

4）标底附件，如各项交底纪要、各种材料及设备的价格来源，现场地质、水文、地上情况的有关材料、编制标底所依据的施工方案或施工组织设计。

3.3.2 编制依据和编制原则

1. 编制依据

（1）编制标底的依据[⊖] 具体如下：

1）招标文件的商务条款。

2）工程施工图纸、工程量计算规则。

3）施工现场地质、水文、地上情况的有关资料。

4）施工方案或施工组织设计。

5）现场工程预算定额、工期定额、工程项目计价类别及取费标准、国家或地方有关价格调整文件的规定。

6）招标时，建筑安装材料及设备的市场价格。

（2）编制和复核招标控制价的依据[⊜] 具体如下：

1）《建设工程工程量清单计价规范》（GB 50500—2013）。

2）国家或省级、行业建设主管部门颁发的计价定额和计价办法。

3）建设工程设计文件及相关资料。

4）拟定的招标文件及招标工程量清单。

5）与建设项目有关的标准、规范、技术资料。

6）施工现场情况、工程特点及常规施工方案。

7）工程造价管理机构发布的工程造价信息；当工程造价信息没有发布时，参照市场价。

8）其他相关资料。

2. 编制原则

编制原则与编制的依据密切相关。从有关建设工程招标标底和招标控制价编制的规定和实践来看，编制原则主要有：

1）要遵循计价规范项目编码唯一性原则、项目设置简明适用原则、项目特征满足组价原则、计量单位方便计量原则、工程量计算规则统一原则。

2）标底价格和招标控制价应尽量与市场的实际变化相吻合。编制实践中，把握这一原则，须注意以下几点：

a. 要根据设计图纸及有关资料、招标文件，参照政府或政府有关部门规定的技术、经济标准、定额及规范，确定工程量和编制标底。如使用新材料、新技术、新工艺的分项工程，没有定额和价格规定的，可参照相应定额或由招标人提供统一的暂定价或参考价，也可以由甲乙双方按市场价格行情确定价格的计算。

b. 标底和招标控制价格一般应控制在批准的总概算或修正、调整概算及投资包干的限额内。

c. 标底价格应考虑人工、材料、设备、机械台班等价格变动因素，还应包括不可预见费（特殊情况）、预算包干费、赶工措施费、施工技术措施费、现场因素费用、保险以及采

⊖ 1996 年《建设工程施工招标文件范本》。

⊜ 2013 年《建设工程工程量清单计价规范》第 5.2.1 条。

用固定价格的工程的风险金等，工程要求优良的还应增加相应的优质价的费用。

3）一个招标项目只编制一个标底或招标控制价。

4）编审分离和回避。承接标底和招标控制价编制业务的单位及其编制人员，不得参与其审定工作；负责审定标底和招标控制价的单位及其人员，也不得参与其编制业务。工程造价咨询人不得同时接受招标人和投标人对同一工程的招标控制价（或标底）和投标报价的编制。

3.3.3　编制方法和步骤

1. 工程招标标底的编制方法和步骤

标底的编制方法与一般的概算或预算编制方法较为相似，但标底的要求要比概算或预算的要求具体确切得多。在实践中，编制标底时，一般不考虑概算、预算中包括的其他费用和不可预见费用，但要根据工程具体情况考虑相应的包干系数及风险系数，必要的技术措施费，甲方提供的和暂估的但可按实际调整的设备、材料数量和价格清单，以及钢筋定额用量的调整等因素。而这些因素在编制概算或预算时由于条件不够等原因，一般是不予考虑的。工程招标标底编制的方法多种多样，常见的主要是按概算定额或概算指标方法进行编制、按施工图预算方法进行编制和综合单价即工程量清单方法进行编制。

（1）按概算定额或概算指标方法编制标底　按概算定额或概算指标方法编制标底包括按初步设计和技术设计为基础的编制方法，具体做法可按实物法即工料单价法进行。实物法是指通过工料分析，以招标工程的实物消耗量计算所需的工程直接成本，在此基础上计算间接成本等其他成本额及利润，估算工程标底的方法。

1）初步设计编制标底的一般步骤：① 确定采用概算定额或概算指标；② 计算概算定额规定的分部分项的工程量；③ 确定采用材料预算价格和各项取费标准；④ 编制概算定额单价或指标单价；⑤ 计算直接费（工程量×概算定额单价）；⑥ 计算各项取费，编制单位工程概算造价；⑦ 将单位工程归纳综合成为单项工程概算造价；⑧ 计算其他工程费用及确定工程建设不可预见费；⑨ 将单项工程概算造价、其他工程费和不可预见费汇总成为总概算造价；⑩ 根据概算实物工程量，套概算定额用量，分析钢材、木材、水泥、砖或砌块四大材料和墙地砖、玻璃、沥青、防水及涂料等其他主要材料消耗量。

2）技术设计是为解决某些在初步设计阶段无法解决的技术问题而进行的，实际上是初步设计的深化阶段。由于技术设计计算的实物工程量比初步设计详细，计算所得出的造价接近设计预算造价，所以，根据技术设计编制标底，要比根据初步设计编制标底准确。根据技术设计编制标底的一般步骤，与根据初步设计编制标底相同。

（2）按施工图预算为基础编制标底　根据施工图设计编制标底，准确性最高，是目前建设工程招标投标实践中比较流行的做法。根据施工图设计编制标底，一般步骤是：

1）采用预算定额、地区材料预算单价、单位估价表和各项取费标准。

2）据预算定额的工程量计算规则和设计图计算设计图实物工程量。

3）将工程量汇总后套预算定额单价。

4）算总价、各项取费，汇总得出总造价。

5）单位每平方米造价（总造价÷建筑面积）。

6）主要材料需用量。

（3）按综合单价方法编制标底　其各分部分项工程的单价应包括人工费、材料费、机械费、间接费、有关文件规定的调价、利润、税金以及采用固定价格的风险金等全部费用。综合单价确定后，再与各分部分项工程量相乘汇总，即可得到标底价格。一般步骤是：

1）确定标底价格计价内容及计价方法；编制总说明、施工方案或施工组织设计。

2）确定材料设备的市场价格。

3）采用固定价格的工程在测算的施工周期内人工、材料、设备、机械台班价格波动的风险系数。

4）确定施工方案或施工组织设计中的计费内容。

2. 工程招标控制价的编制方法和步骤

依据2013《清单规范》第3.1.4条规定的工程量清单应采用综合单价计价可得出其编制方法只能是综合单价法。其编制方法和步骤参上，其编制程序如表3-6所示。在编制中应注意以下几点：

表3-6　建设单位工程招标控制价计价程序

工程名称：　　　　　　　　　　　　　标段：

序　号	内　　容	计 算 方 法	金额/元	其中：暂估价/元
1	分部分项工程费	按计价规定计算		
1.1				
1.2				
1.3				
1.4				
1.5				
...				
2	措施项目费	按计价规定计算		
2.1	其中：安全文明施工费	按规定标准计算		
3	其他项目费			
3.1	其中：暂列金额	按计价规定估算		
3.2	其中：专业工程暂估价	按计价规定估算		
3.3	其中：计日工	按计价规定估算		
3.4	其中：总承包服务费	按计价规定估算		
4	规费	按规定标准计算		
5	税金（扣除不列入计税范围的工程设备金额）	（1＋2＋3＋4）×规定税率		
招标控制价合计＝1＋2＋3＋4＋5				

1）其分部分项工程费应根据招标文件中的分部分项工程量清单项目的特征描述及有关要求，按2013《清单规范》第5.2.1条的规定确定综合单价。综合单价中应包括招标文件中划分的应由投标人承担的风险范围及费用。招标文件中提供了暂估单价的材料，按暂估单价计入综合单价。

2）措施项目费应根据招标文件中的措施项目清单按2013《清单规范》第3.1.5、

4.3.1、4.3.2、5.2.4 条的规定计价 [⊖]。招标人不得要求投标人对其中安全文明施工费进行优惠或参与市场竞争。在编制措施项目清单时，因工程情况不同，出现计量规范附录中未列的措施项目，可根据工程的具体情况对措施项目清单作补充。计量规范将措施项目划分为两类：一类是不能计算工程量的项目，如文明施工和安全防护、临时设施等，就以"项"计价，称为"总价项目"；另一类是可以计算工程量的项目，如脚手架、降水工程等，就以"量"计价，更有利于措施费的确定和调整，称为"单价项目"。

3）其他项目费应按下列规定计价：

a. 暂列金额应按招标工程量清单中列出的金额填写；由招标人根据工程特点、工期长短，按有关计价规定进行估算确定，一般可以分部分项工程费的 10% ~15% 为参考。

b. 暂估价中的材料、工程设备单价应按招标工程量清单中列出的单价计入综合单价。材料单价应按照工程造价管理机构发布的工程造价信息或参考市场价格确定。

c. 暂估价中的专业工程金额应按招标工程量清单中列出的金额填写；应分不同专业，按有关计价规定估算。

d. 计日工应按招标工程量清单中列出的项目根据工程特点和有关计价依据确定综合单价计算。

e. 总承包服务费招标人应根据招标文件中列出的内容和向总承包人提出的要求参照下列标准计算：① 招标人仅要求对分包的专业工程进行总承包管理和协调时，按分包的专业工程估算造价的 1.5% 计算；② 招标人要求对分包的专业工程进行总承包管理和协调并同时要求提供配合服务时，根据招标文件中列出的配合服务内容和提出的要求按分包的专业工程估算造价的 3% ~5% 计算；③ 招标人自行供应材料的，按招标人供应材料价值的 1% 计算。

4）规费和税金应按国家或省级、行业建设主管部门的规定计算，不得作为竞争性费用。

3.3.4　审定和备案

1. 工程标底的审定

工程标底送审时间通常在投标文件递交截止日至开标之前，以避免标底在审查过程中泄露。机构不太复杂的中小型工程 7 天以内，结构复杂的大型工程 14 天以内。标底审查时应提交工程施工图纸、方案或施工组织设计、填有单价和合价的工程量清单、标底计算书、标底汇总表、标底审定书、采用固定价格的工程的风险系数测算明细，以及现场因素、各种施工措施费测算明细、主要材料用量、设备清单等各类文件。招标投标管理机构审定标底时，主要审查以下内容：

（1）一般内容的审定

1）工程范围是否符合招标文件规定的发包承包范围。

2）工程量计算是否符合计算规则，有无错算、漏算和重复计算。

⊖　2013《清单规范》第 3.1.5 条："措施项目清单中的安全文明施工费应按照国家或省级、行业建设主管部门的规定计价，不得作为竞争性费用。"第 4.3.1 条："措施项目清单必须根据相关工程现行国家计量规范的规定编制。"第 4.3.2 条："措施项目清单应根据拟建工程的实际情况列项。"第 5.2.4 条："措施项目中的总价项目应根据拟定的招标文件和常规施工方案按本规范第 3.1.4 和 3.1.5 条的规定计价。"

3）使用定额、选用单价是否准确，有无错选、错算和换算的错误。

4）各项费用、费率使用及计算基础是否准确，有无使用错误，多算、漏算和计算错误。

5）标底总价计算程序是否准确，有无计算错误。

6）标底总价是否突破概算或批准的投资计划数。

7）主要设备、材料和特种材料数量是否准确，有无多算或少算。

（2）工料单价的标底价格的审定 在采用不同的计价方法时，审定的内容也有所不同。对采用工料单价的标底价格的审定内容，主要包括：标底价格计价内容、预算内容、预算外费用等。

（3）对采用综合单价的标底价格的审定 审定内容主要包括：标底价格计价内容、工程量清单单价组成分析、设备市场供应价格、措施费（赶工措施费、施工技术措施费）、现场因素费用等。

2. 招标控制价的备案和审定

与标底的事前审查不同，招标控制价是由招标人报工程所在地的工程造价管理机构事后备查。只有当国有资金投资的工程在招标过程中，当招标人编制的招标控制价超过批准的概算时，招标人应将超过概算的招标控制价报原概算审批部门进行审核。审核内容类似综合单价法的标底审定。在此不做赘述。

3.4 资格预审

资格审查是招标投标程序中的一个重要步骤，特别是大型的或复杂的招标采购项目。资格审查分为资格预审和资格后审两种方式。资格预审是在招标前对潜在投标人进行的资格审查，资格预审不合格的潜在投标人不得参加投标。资格后审是在投标后（一般是开标后）对投标人进行的资格审查。资格预审方法比较适合技术难度大或投标文件编制费用较高，且潜在投标人数量较多的招标项目。不采用资格预审的公开招标和邀请招标多采用资格后审。资格后审一般在招标文件中加入资格审查的内容，投标人在投标文件中按要求填报留待评标前审查，经资格后审不合格的投标人应作废标处理。资格后审方法比较适合于潜在投标人数量不多的招标项目。资格预审与资格后审的内容大致相同。基于资格预审的独立性、复杂性，本节单独介绍。

3.4.1 资格预审的目的

1）了解投标人的财务状况、技术力量以及对类似本工程的施工经验，为招标人选择优秀的承包人创造条件。

2）事先淘汰不合格的投标人，排除因其中标给自己带来的风险。

3）减少评标阶段的工作量，缩短时间，节约费用。

4）使不合格的投标人减少了购买招标文件、现场考察和投标的费用。

3.4.2 资格预审的程序

一般来说，资格预审包括以下步骤：

1）招标人编制资格预审文件，并报招标监督管理部门审查。

2）发布资格预审公告。

3）在资格预审公告规定的时间、地点出售资格预审文件，其发售期不得少于 5 日。

4）资格预审文件的澄清和修改。

澄清或者修改的内容可能影响资格预审申请文件编制的，招标人应当在提交资格预审申请文件截止时间至少 3 日前，以书面形式通知所有获取资格预审文件的潜在投标人；不足 3 日的，招标人应当顺延提交资格预审申请文件的截止时间。

5）投标人在截止日期前递交资格预审申请文件。依法必须进行招标的项目，其提交时间为自其停止发售之日起不得少于 5 日。

6）招标人组成资格审查委员会，对资格预审申请文件进行评审，编写资格审查报告。

7）招标人审核资格审查报告，确定资格预审合格申请人，通过资格预审的申请人少于 3 个的，应当重新招标。

8）向通过资格预审的申请人发出投标邀请书（代资格预审合格通知书），并向未通过资格预审的申请人发出资格预审结果的书面通知。

3.4.3　资格预审的内容

1. 资格预审的具体内容

资格预审的内容包括基本资格预审和专业资格预审。具体包括：验证注册手续和营业执照，验证安全生产许可证，验证资质等级、财务状况、类似项目业绩、信誉、项目经理资格、其他条件以及联合体申请人等情况材料。欲审查潜在投标人符合以下条件：

1）具有独立订立合同的权利。

2）具有圆满履行合同的能力，包括专业、技术资格和能力，资金、设备和其他物质设施状况，管理能力，经验、信誉和相应的工作人员。

3）已完成承担类似项目的业绩情况。

4）没有处于被责令停业，财产被接管、冻结、破产状态。

5）在最近几年内没有与骗取合同有关的犯罪或其他严重违约、违法行为。

6）国家、省或者招标文件对投标人资格预审条件规定的其他情况。

2. 联合体资格预审的附加内容

1）联合体各方必须按资格预审文件提供的格式签订联合体协议书，明确联合体牵头人和各方的权利义务。

2）联合体各方不得又以自己名义单独或加入其他联合体在同一标段中参加资格预审。

3.4.4　资格预审文件的内容与编制

1. 资格预审文件的内容

根据 2007 版《中华人民共和国标准施工招标资格预审文件》（以下简称《标准资格预审文件》）和 2010 年版《中华人民共和国房屋建筑和市政工程标准施工招标资格预审文件》（以下简称《行业标准施工资格预审文件》）的内容，资格预审文件主要包括：资格预审公告、申请人须知、资格审查办法、资格预审申请文件格式、项目建设概况五部分。其中的"申请人须知""资格审查办法"不允许修改，其前附表除外。

（1）资格预审公告　发出资格预审公告通常有两种做法，一是在招标公告中写明将进行投标资格预审，并通知领取或购买投标资格预审文件的时间地点。二是在媒体上刊登资格预审公告，不再公开发布招标公告。招标人按照《标准资格预审文件》第一章"资格预审公告"的格式发布资格预审公告后，将实际发布的资格预审公告编入出售的资格预审文件中，作为资格预审邀请。资格预审公告应同时注明发布所在的所有媒介名称。房屋建筑和市政工程标准施工招标资格预审公告格式如下：

＿＿＿＿＿（项目名称）＿＿＿＿＿标段施工招标
资格预审公告（代招标公告）

1. 招标条件

本招标项目＿＿＿＿＿（项目名称）已由＿＿＿＿＿（项目审批、核准或备案机关名称）以＿＿＿＿＿（批文名称及编号）批准建设，项目业主为＿＿＿＿，建设资金来自＿＿＿＿＿（资金来源），项目出资比例为＿＿＿＿，招标人为＿＿＿＿，招标代理机构为＿＿＿＿。项目已具备招标条件，现进行公开招标，特邀请有兴趣的潜在投标人（以下简称申请人）提出资格预审申请。

2. 项目概况与招标范围

＿＿＿＿＿（说明本次招标项目的建设地点、规模、计划工期、合同估算价、招标范围、标段划分（如果有）等）。

3. 申请人资格要求

3.1　本次资格预审要求申请人具备＿＿＿＿资质，＿＿＿＿＿（类似项目描述）业绩，并在人员、设备、资金等方面具备相应的施工能力，其中，申请人拟派项目经理须具备专业＿＿＿＿级注册建造师执业资格和有效的安全生产考核合格证书，且未担任其他在施建设工程项目的项目经理。

3.2　本次资格预审＿＿＿＿＿（接受或不接受）联合体资格预审申请。联合体申请资格预审的，应满足下列要求：＿＿＿＿＿。

3.3　各申请人可就本项目上述标段中的＿＿＿（具体数量）个标段提出资格预审申请，但最多允许中标＿＿＿＿（具体数量）个标段（适用于分标段的招标项目）。

4. 资格预审方法

本次资格预审采用＿＿＿＿＿（合格制/有限数量制）。采用有限数量制的，当通过详细审查的申请人多于＿＿＿＿家时，通过资格预审的申请人限定为＿＿＿家。

5. 申请报名

凡有意申请资格预审者，请于＿＿＿年＿＿月＿＿日至＿＿年＿＿月＿＿日（法定公休日，法定节假日除外），每日上午＿＿＿时至＿＿＿时，下午＿＿＿时至＿＿＿时（北京时间，下同），在＿＿＿＿＿（有形建筑市场/交易中心名称及地址）报名。

6. 资格预审文件的获取

6.1　凡通过上述报名者，请于＿＿＿年＿＿月＿＿日至＿＿年＿＿月＿＿日（法定公休日、法定节假日除外），每日上午＿＿＿时至＿＿时，下午＿＿＿时至＿＿时，在（详细地址）持单位介绍信购买资格预审文件。

6.2　资格预审文件每套售价＿＿＿＿元，售后不退。

6.3　邮购资格预审文件的，需另加手续费（含邮费）＿＿＿＿＿元。招标人在收到单位介绍信和邮购款（含手续费）后__日内寄送。

7. 资格预审申请文件的递交

7.1 递交资格预审申请文件截止时间（申请截止时间，下同）为__年__月__日____时____分，地点为_____（有形建筑市场/交易中心名称及地址）。

7.2 逾期送达或者未送达指定地点的资格预审申请文件，招件人不予受理。

8. 发布公告的媒介

本次资格预审公告同时在_____（发布公告的媒介名称）上发布。

9. 联系方式

招 标 人：_____ 　招标代理机构_____
地　　址：_____ 　地　　址：_____
邮　　编：_____ 　邮　　编：_____
联 系 人：_____ 　联 系 人：_____
电　　话：_____ 　电　　话：_____
传　　真：_____ 　传　　真：_____
电子邮件：_____ 　电子邮件：_____
网　　址：_____ 　网　　址：_____
开户银行：_____ 　开户银行：_____
账　　号：_____ 　账　　号：_____

____年__月__日

（2）申请人预审须知　申请人预审须知包括总则、资格预审文件、资格预审申请文件的编制、资格预审申请文件的递交、资格预审申请文件的审查、通知和确认、申请人的资格改变、纪律与监督、需要补充的其他内容等 9 部分。其中"总则"应说明项目概况、资金来源和落实情况、招标范围、计划工期和质量要求、申请人资格要求、语言文字、费用承担等内容。前附表中已注明相关重要内容。

（3）资格审查办法　《标准资格预审文件》第三章"资格审查办法"分别规定合格制和有限数量制两种资格审查方法，供招标人根据招标项目具体特点和实际需要选择适用。如无特殊情况，鼓励招标人采用合格制。前附表应按规定要求列明全部审查因素和审查标准，并在前附表及正文中标明申请人不满足其要求即不能通过资格预审的全部条款。《行业标准施工资格预审文件》在《标准资格预审文件》基础上针对专业特点主要增加资格审查详细程序的内容，使实践中更具有操作性，更好地规范资格预审的评审工作。资格审查详细程序主要包括：总则、基本程序、审查准备工作、初步审查、详细审查、评分、确定通过资格预审的申请人、特殊情况的处置程序、补充条款等内容。并在其后附有审查委员会签到表、初步审查记录表、详细审查记录表、评分记录表、评分汇总记录表、通过详细审查的申请人排序表、通过资格预审的申请人（正选）名单、通过资格预审的申请人（候补）名单等 8 张附表。

（4）资格预审申请文件格式　资格预审申请文件格式包括资格预审申请函、法定代表人身份证明、授权委托书、联合体协议书、申请人基本情况表、近年财务状况表、近年完成的类似项目情况表、正在施工的和新承接的项目情况表、近年发生的诉讼及仲裁情况、其他材料（包括其他企业信誉情况表、拟投入主要施工机械设备情况表、拟投入项目管理人员情况表等）格式。

（5）项目建设概况　项目建设概况包括项目说明、建设条件、建设要求、其他需要说明的情况。

《FIDIC 招标程序》建议：资格预审文件应给出关于项目的信息、招标程序、资格预审程序以及要求进行资格预审的承包商提供的材料；资格预审程序应以调查表为基础；使用推荐的标准资格预审格式。

联合国国际贸易法委员会《货物、工程和服务采购示范法》第六条中规定：资格预审文件最低限度应包含：① 编写和提交资格预审申请书的说明；② 合同条件概要；③ 供应商或承包商为表明其具备资格而必须提交的任何书面证据或其他材料；④ 提交资格预审申请书的方式和地点及提交的截止日期；⑤ 采购实体的名称和地址；⑥ 所需标的的性质、数量和地点；⑦ 希望或要求的时间表；⑧ 将用以评审供应商或承包商的资格的标准和程序；⑨ 支付招标文件费用的货币和方式；⑩ 提交投标书的地点和截止日期。

2. 资格预审文件的编制

根据项目的具体要求和限制，招标人可利用一个国家或组织制定的标准资格预审文件范本编制资格预审文件。编制依法必须进行招标的项目的资格预审文件，应当使用国务院发改委会同有关行政监督部门制定的标准文本。资格预审文件可以由采购实体编写，也可以由采购实体委托的研究、设计或咨询机构协助编写。一般情况下，以业主或招标单位为主，组成编写资格预审文件工作小组，要邀请具有丰富实际经验的财务管理专家、工程技术人员参加。业主只能通过资格预审文件了解投标者的各方面的情况，不向投标者当面了解情况，所以资格预审文件在编写时内容要全，不能有遗漏。

3.4.5　资格预审文件的评审

资格预审申请书的开启不必公开招标，开启后由招标机构组织专家进行评审。

1. 资格预审文件的评审方法

资格评审方法分为合格制和有限数量制，采用定量评审法、定性评审法或者法律法规规章允许的其他评审方法。合格制是指凡符合审查标准的申请人均通过资格审查，有限数量制是指当投标申请人数量较多时，要求对通过资格审查的投标人数量加以限制。确定投标人的方法原则上采取随机抽取法，如招标工程技术、内容复杂，实施难度大等特殊情况，对投标人有特殊要求的，可采取综合评分法⊖。

各招标单位可以根据自己的要求来确定评审投标资格的方法。世行贷款项目采用"强制性标准法"，亚行贷款项目采用"定项打分法"。现在中国的基础设施项目资格预审比较流行的方法是"打分法"，而且常常采用比较简单的百分制计分。这种方法的好处是，把对承包商的各项资格的评价转换为数字概念，数值的高低是具体的和客观的，便于审查和选择。

2. 资格预审文件的审查因素和审查标准

评审的关键是掌握合适的评判标准。为此，投标单位通常把影响投标资格的因素分为若

⊖　审查委员会依据规定的审查标准和程序，对通过初步审查和详细审查的资格预审申请文件进行量化打分，按得分由高到低的顺序确定通过资格预审的申请人。通过资格预审的申请人不超过资格审查办法前附表规定的数量。量化评分标准参考评标办法制定，可根据工程实际情况作相应调整，评分标准应报厅招标办审查备案。

干组，而后根据项目的特点和各种因素的重要程度分配得分比例。分组情况和分数分配比例往往因项目性质或特点以及招标人的要求而定。下面可参考《行业标准施工资格预审文件》有限数量制评审方法评判标准的制定，见表 3-7。合格制评审方法仅去掉表中"通过资格预审的人数"这行和"评分标准"的相关内容。

表 3-7　有限数量制评审方法前附表

条　款　号			条 款 名 称	编 列 内 容
1			通过资格预审的人数	当通过详细审查的申请人多于____家时，通过资格预审的申请人限定为____家
2			审查因素	审查标准
2.1	初步审查标准		申请人名称	与营业执照、资质证书、安全生产许可证一致
			申请函签字盖章	有法定代表人或其委找代理人签字并加盖单位章
			申请文件格式	符合第四章"资格预审申请文件格"的要求
			联合体申请人（如有）	提交联合体协议书，并明确联合体牵头人
			…	…
2.2	详细审查标准		营业执照	具备有效的营业执照 是否需要核验原件：□是 □否
			安全生产许可证	具备有效的安全生产许可证 是否需要核验原件：□是 □否
			资质等级	符合第二章"申请人须知"第 1.4.1 项规定 是否需要核验原件：□是 □否
			财务状况	符合第二章"申请人须知"第 1.4.1 项规定 是否需要核验原件：□是 □否
			类似项目业绩	符合第二章"申请人须知"第 1.4.1 项规定 是否需要核验原件：□是 □否
			信誉	符合第二章"申请人须知"第 1.4.1 项规定 是否需要核验原件：□是 □否
			项目经理资格	符合第二章"申请人须知"第 1.4.1 项规定 是否需要核验原件：□是 □否
	其他要求	（1）	拟投入主要施工机械设备	
		（2）	拟设入项目管理人员	符合第二章"申请人须知"第 1.4.1 项规定
			…	
			联合体申请人（如有）	符合第二章"申请人须知"第 1.4.2 项规定
			…	…
2.3	评分标准		评 分 因 素	评 分 标 准
			财务状况	…
			项目经理	…
			类似项目业绩	…
			认证体系	…
			信誉	…
			生产资源	…
			…	…

(续)

条 款 号	条 款 名 称	编列内容
3.1.2	核验原件的具体要求	
条 款 号		编列内容
3	审查程序	详见第三章附件A：资格审查详细程序

亚行贷款项目的资格预审评分分组方法是分为三组进行评分，具体是：对财务能力进行评分；对技术资格和实力进行评分；对施工经验进行评分。为了使评分准确，还需要把各组因素划分得更细一些。

（1）财务能力 有些评审办法是从年营业额（仅包括工程收入）、财务投标能力、可获得的信贷资金三个方面来评价财务能力；也有些评审方法是从公司的财务能力和经营情况，如贴现率、盈利性率、资本结合率、资产收益率、运营资本收益率、速动比率等几个指标来考核。下面对现在比较流行的评价因素作简要解释。

1）年营业额，这是指承包商的年总收入减去其他非工程承包收入，从这个指标可以看出承包商从事工程承包运营规模。如果承包商近若干年内的承包收入大大地低于该项招标工程的估算价格，说明该承包商可能难以承担这一招标项目的任务。

2）财务投标能力，这是指承包商在合同执行期间任意三个月现金流量要求是否达到从事工程承包必要的财务能力。这是一个评审承包人财务能力的间接指标，主要是测试承包人为了满足现金流量要求，通过商业举债增强资产实力的可能性。其计算方法如下：

$$财务投标能力 = （能力系数 \times 资产净值） - [（0.2 \sim 0.4） \times 未完工程价值]$$

一般地，能力系数的取值范围为 $2 \sim 10$，普通路基或路面的能力系数为5，隧道和大桥的能力系数为6；未完工程比例的范围为 $0.2 \sim 0.4$，通常为0.35。计算实际投标能力时，减去了在建项目的未完工程价值，这是因为未完工程同样也需要流动资金才能继续运转。

3）可获得的信贷，这是表明公司的信誉和可动员的财务能力。如果承包商在资格预审表格中填报的往来银行都是大型一流银行，甚至还补充提供了这些银行开出的资信证明信，那么，即使他暂时无法提出可获得的信贷资金具体数额，他也可以取得评审小组的信赖。

（2）技术资格和实力 评审技术资格和实力是为了判别公司在承包此项工程时的潜在技术能力。一般来说，影响技术资格和实力的因素有：

1）现场管理。总部管理固然重要，但对于某项具体工程而言，现场管理能力往往是保证该工程实施的最重要的因素。可以用现场管理机构安排是否适宜、现场管理人员的素质（包括文化程度、本人经历和经验等）、现场管理机构的授权大小来衡量。

2）主要技术人员和项目经理，可以从拟派到现场的关键岗位上的人员数量、专业组成、胜任能力和有关技术及管理经验来鉴别和评价。项目经理必须具备类似项目的管理经验，且知识丰富、身体健康、有较强的协调能力。

3）分包工程，从承包商本身承担招标工程中的份额和向外分包或转包份额的比例来分析。如果总承包商得标后，打算大量向外分包或转包，将会增加管理的复杂性。

4）拟用于本工程的设备，从承包商设备能力，特别是可用于本工程项目的大型机具设备制造商名称、型号及额定功率、能力、制造年代等来评判。

（3）施工经验 在于考核承包商是否承担过与工程性质和规模类似的项目，以及类似气候和地质条件的施工经验。另外，以往的工程业主对验收该承包商承担的工程项目时的评价或工程验收合格证书也是评审的重要参考资料。

3. 资格预审评审报告

资格预审评审委员会对评审结果写出书面报告，评审报告的主要内容包括：工程项目概要；资格预审简介；资格预审评审标准；资格预审评审程序；资格预审评审结果；资格预审评审委员会名单及附件；资格预审评分汇总表；资格预审分项评分表；资格预审详细评审标准等。

【案例3-3】 资格预审评审程序和方法

【背景】

某市政协的综合办公楼进行施工招标，要求投标企业为房屋建筑施工总承包一级及以上资质。资格预审公告后，有15家单位报名参加。

资格预审文件中规定资格审查采用合格制，评审过程中招标人发现合格的投标申请人达到12家之多，因此要求对他们进行综合评价和比较。在详细评审过程中，资格审查委员会首先采取了去掉3个评审最差的申请人方法。有的评委提出不能使用民营企业，应选择国有大中型企业，其中一家民营企业应该首先淘汰；有一个申请人为区县级施工企业，有评委认为其实力差；还有一个申请人据说爱打官司，合同履约信誉差；审查委员会一致同意将这三个申请人判为不通过资格审查。剩下9家申请人采用投票方式优选出5家作为最终的资格预审合格投标人。

【问题】

1）工程施工招标资格审查方法有哪两种？合格制的资格审查办法的优缺点是什么？

2）上述程序中，有哪些不妥之处？试说明理由。

【评析】

1）资格审查有资格预审和资格后审两种方法。合格制的优点是设置一个门槛，达到要求就通过，投标竞争力强，比较客观公平，有利于获得更多、更好的投标人和投标方案。缺点是，条件设置不当容易造成投标人过多，增加评标成本或投标人不足三人。

2）不妥之处有：① 资格预审文件中规定资格审查采用合格制，评审过程中招标人发现合格的投标申请人众多，因此要求对他们进行综合评价和比较，并采用淘汰法和投票方式优选出5家作为最终的资格预审合格投标人。这样做改变了在资格预审公告载明资格预审办法，是错误的。② 审查的依据不符合法律法规规定。本案在详细审查过程中，审查委员会没有依据资格预审文件中确定的资格审查标准和办法进行审查，在没有证据的情况下，采信了某个申请人"爱打官司，合同履约信誉差"的说法等。③ 对申请人实行了歧视性待遇，如"不能使用民营企业""应选择国有大中型企业"以及区县级施工企业"实力差"的说法。

（资料来源：王艳艳，黄伟典．工程招投标与合同管理［M］．北京：中国建筑工业出版社，2011：47-48．）

小 结

确定招标发包承包方式、确定合同的计价方式和选择分标方案，是编制招标文件前最重要的三项准备工作。其中，目前国内外通常采用的合同方式主要有总价合同、单价合同、成本加酬金合同三大类，各有利弊。分标时必须坚持不肢解工程的原则，保持工程的整体性和专业性，勘察设计招标发包的最小分标标的单位为单项工程，施工招标发包的最小分标标的单位为单位工程。

在编制招标文件和资格预审文件时要注意编制原则、组成形式、内容和范本利用。注意《标准施工招标文件》和《标准资格预审文件》的适用范围、创新和新变化。

虽然随着国际化走向和清单计价模式完善，标底的作用在淡化，但在中国国情下，它还会在一段时间内存在并发挥其不可忽视的作用。注意正确认识标底和招标控制价的区别和联系。编制标底的方法有按概算定额或概算指标法、按施工图预算法和综合单价法三种，编制招标控制价的方法只有工程量清单模式下的综合单价法。

资格审查分为资格预审和资格后审两种方式。资格评审方法分为合格制和有限数量制，采用定量评审法、定性评审法或者法律法规规章允许的其他评审方法。审查因素和审查标准的正确划分和制定决定定量评审的科学性。我国《标准资格预审文件》和亚行贷款项目的做法值得借鉴。

技能训练

选取某工程案例作为第三、四章技能训练的样本，要求有比较详细的图纸和项目概况，并将学生分成几个团队。

训练任务1：编制资格预审文件

将《中华人民共和国标准施工招标资格预审文件（2007）》或《中华人民共和国房屋建筑与市政工程标准施工招标资格预审文件（2010）》的内容分割为几部分或节选重要的3~4部分（如要求编制资格预审公告、资格预审须知、评审办法三部分的内容），形成资格预审文件学生编制模板，文件模板中以填空的形式列出了要求填写的内容，另外收集相关的素材库和资格预审文件案例文件。

将以上文件的电子版一同发放给各团队，学生通过素材、上网等方式寻找答案，学生自由发挥，小组成员可根据所学知识、素材库，以及各种信息渠道来搜集、获取资源，完成各自任务。

训练任务2：编制招标文件

将《中华人民共和国标准施工招标文件（2007）》或《中华人民共和国房屋建筑与市政工程标准施工招标文件（2010）》的内容分割为几部分或节选重要的3~4部分（如投标人须知、合同协议书及投标文件格式、评标办法三部分的内容），形成招标文件学生编制模板，文件模板中以填空的形式列出了要求填写的内容，另外收集相关的素材库和招标文件案例文件。

将以上文件的电子版一同发放给各团队，学生通过素材、上网等方式寻找答案，学生自由发挥，小组成员可根据所学知识、素材库，以及各种信息渠道来搜集、获取资源，完成各自任务。

第 **4** 章

工程项目投标

📖 本章概要

　　本章重点介绍了投标前的准备工作、国内外工程投标报价的组成与计算、投标策略与决策、投标文件的编制与递交、施工组织与设计等内容，通过本章理论和案例讲解，可以使读者进一步了解国内外工程投标报价的实际运算，能熟练运用多种量化分析方法进行投标报价、投标风险、投标项目与方案优选等系列投标决策，掌握各种投标技巧，会编写投标文件。

　　【引导案例】 投标技巧的运用是否得当

　　某办公楼施工项目，通过资格预审参加投标的共有 A、B、C、D、E 等 5 家施工单位。项目施工招标文件的合同条款中规定：预付款数额为合同价的 30%，开工后 3 天内支付，上部结构工程完成一半时一次性全额扣回，工程款按季度支付。

　　A 单位经造价工程师估算，总价为 9000 万元，总工期为 24 个月，其中基础工程估价为 1200 万元，工期为 6 个月；结构工程估价为 4800 万元，工期为 12 个月；装饰和安装工程估价为 3000 万元，工期为 6 个月。该承包商为了既不影响中标，又能在中标后取得较好的收益，决定采用不平衡报价法对造价工程师的原估价作适当调整，基础工程调整为 1300 万元，结构工程调整为 5000 万元，装饰和安装工程调整为 2700 万元。

　　D 单位考虑到，该工程虽然有预付款，但平时工程款按季度支付不利于资金周转，决定除按上述调整后的数额报价外，还建议业主将支付条件改为：预付款为合同价的 5%，工程款按月支付，其余条款不变。

　　E 单位首先对原招标文件进行了报价，又在认真分析原招标文件的设计和施工方案的基础上提出了一种新方案（缩短了工期，且可操作性好），并进行了相应报价。

　　【评析】 在工程投标竞争中，除了依据于科学的运算外，正确的投标技巧也是决标的关键。本案例 A、D、E 三家施工单位分别利用了不平衡报价法、多方案报价法和增加建议方案法。首先，在不平衡报价法的运用中，因为 A 单位是将属于前期工程的基础工程和主体结构工程的报价调高，而将属于后期工程的装饰和安装工程的报价调低，可以在施工的早期阶段收到较多的工程款，从而可以提高承包商所得工程款的现值；而且，这三类工程单价的调整幅度均在 ±10% 以内，属于合理范围。其次，D 单位运用了多方案报价法，该报价技巧运用恰当，因为承包商的报价既适用于原付款条件也适用于建议的付款条件，并且降低了工程风险。最后，E单位很好地利用了招标人允许提供建议方案的机会，使自己的投标不但具有价格上和技术上的竞争优势，而且增加了赢得合同的概率。

4.1 投标前的准备工作

工程投标的程序是：取得招标信息→准备资料报名参加→组建投标工作班子→提交资格预审资料→通过预审得到招标文件→研究招标文件→准备与投标有关的所有资料→参加现场考察和标前会议→投标决策→编制施工组织设计及施工方案→计算施工方案的工作量→采用多种方法进行询价→确定工程项目的成本价→运用报价策略和决策调整并确定最终报价→编制投标文件→递交投标文件→参加开标会议→等候中标通知书→收到中标通知书并提交履约保证金保函→签订承包合同。

对于投标人而言，做好投标前的准备工作，是参加投标竞争非常重要的一个方面。准备工作做得扎实细致与否，直接关系到对招标项目进行的分析研究是否深入，提出的投标策略和投标报价是否更趋于合理，对整个投标过程可能发生的问题是否有充分的思想准备，从而直接影响到投标工作是否能达到预期的效果。因此，每个投标单位都必须充分重视这项工作。投标前的准备工作主要包括：取得招标信息、参加资格审查、组建投标工作班子、研究招标文件、准备投标资料、参加现场考察和标前会议等。

4.1.1 取得招标信息并进行分析

目前市场竞争日趋激烈，谁先迅速、准确地获得第一手信息，谁就最可能成为竞争的优胜者。虽然企业可以随时到建设工程交易中心和国家指定的公共媒介查阅公开招标的信息，但是对于一些大型或复杂的工程项目，待看到招标公告后再做投标准备可能将非常仓促，尤其是对于邀请招标信息的获得，就更加有必要提前介入，对项目进行跟踪，并根据自身的技术优势和经验为招标人提出合理化建议，获得招标人的信任。

1. 获得招标信息

1）通过招标广告或公告来发现投标目标，这是获得公开招标信息的方式。

2）搞好公共关系，经常派业务人员深入各个建设单位和部门，广泛联系，收集信息。

3）通过政府有关部门，如发改委、建委、行业协会等单位获得信息。

4）通过咨询公司、监理公司、科研设计单位等代理机构获得信息。

5）取得老客户的信任，从而承接后续工程或接受邀请而获得信息。

6）与总承包商建立广泛的联系。

7）利用有形的建筑交易市场及各种报刊、网站的信息。

8）通过业务往来的单位和人员以及社会知名人士的介绍得到信息。

2. 分析收集的有关信息

在得到有关招标信息后，必须经过仔细的分析、筛选，力争提高所选投标项目的中标概率并降低中标后实现利润的风险。投标人应从以下几方面对信息进行查证和分析：

（1）招标项目和业主情况的查证 第一，需查证项目投资资金是否已经落实和到位，以避免承担过多的资金风险；查证工程项目是否已经批准，提防搞虚假招标。第二，还需查证如下问题：招标人或委托的代理人是否有明显的授标倾向？是否对某些公司有特殊的优惠或特殊的限制？招标人有无相应的工程管理能力，合同管理经验和履约的状况如何？以往是否长期拖欠工程款？委托的监理的资质、经验、能力和信誉等情况如何？

（2）投标项目的技术特点分析　分析项目规模、类型是否适合投标人；气候条件、水文地质和自然资源等是否为投标人技术专长的项目；是否存在明显的技术难度；工期是否过于紧迫；预计应采取何种重大技术措施。

（3）投标项目的经济特点分析　分析项目款支付方式、外资项目外汇比例；预付款的比例；允许调价的因素、规费及税金信息；金融和保险的有关情况。

（4）投标竞争形势分析　根据投标项目的性质，预测投标竞争形势；预计参与投标的竞争对手的优势分析和其投标的动向；预测竞争对手的投标积极性。

（5）投标条件及迫切性分析　分析可利用的资源和其他有利条件；投标人当前的经营状况、财务状况和投标的积极性。

（6）本企业对投标项目的优势分析　分析是否需要较少的前期费用；是否具有技术专长及价格优势；类似项目承包的经验及信誉；资金、劳务、物资供应、设备、管理等方面的优势；项目的社会效益；与招标人的关系是否良好；投标资源是否充足；是否有理想的合作伙伴联合投标，是否有良好的分包人。

（7）投标项目风险分析　分析民情风俗、社会秩序、地方法规、政治局势；社会经济发展形势及稳定性、物价形势；与项目实施有关的自然风险；招标人的履约风险以及误期损害赔偿费额度大小；投标项目本身可能造成的风险。

根据上述各项信息的分析结果，作出包括经济效益预测在内的可行性研究报告，供投标决策者据以进行科学、合理的投标决策。

4.1.2　参加资格审查

投标人得到信息后，应及时表明自己的意愿，报名参加，并编制资格预审申请文件或资格审查资料在规定的时间向招标人提交。为了有效参加资格审查，应注意以下几点：

首先，应注意平时对一般资格审查的有关资料的积累和存储工作。各类项目应及早制成散页或电子文档，需要时根据项目的具体情况整理、补充完善。例如，类似工程业绩，应该按工程类别和项目经理归类，按工程整理中标通知书、合同和验收报告原件和复印件。

其次，认真研读资格预审文件或招标文件中资格审查的内容，针对评审标准报送资格审查文件。在实践中，经常有投标单位由于没仔细研究资格审查条款漏放项目经理或技术负责人的安全生产考核合格证或职称证、安全生产许可证或规费证过期、营业执照要求副本复印件错放成正本复印件、投标保证金不是从投标人基本账户转出、签字和盖章的问题等细节问题而没通过资格审查。除了按照招标单位的要求填写资料外，公司应当根据该项目的特点，对可能占评分比例较高的重点内容，有针对性地多报送资料，并在报送资料的致函时，用恰当的材料来突出本公司的优势，可以获得资格审查评审工作小组对本公司的良好印象。

再次，在投标决策阶段，研究并确定今后本单位发展的地区和项目时，注意收集信息，如果有合适的项目，及早动手进行资格预审的申请准备。如果发现某方面的缺陷（如资金、技术水平、经验年限等）不是本单位可以解决的，则考虑寻找适宜的伙伴，组成联营体来参加资格审查。

最后，申请书所有表格均由欲申请的公司的法定代表人或经其授权的委托代理人签字，同时附正式的书面授权书。申请书一般应递交一份原件和三份副本（通常在资格预审文件中已作出规定），并分别密封，还应写明申请人的名称和地址，以便今后联系。

4.1.3 组建投标工作班子

为了在投标竞争中获胜，企业平时就应该设置投标工作机构，掌握市场动态和积累有关资料。取得招标文件后，则立即组织投标工作人员研究招标文件、决定投标策略和正确决策、编制项目实施方案、编制标书、计算报价、研究报价技巧、投送投标文件、回答招标答辩提问，高效解决投标过程中的一系列问题等。实践证明，投标人能够建立一个强有力的、内行的、有工作效率的投标班子，是投标获得成功的重要保证条件之一。投标机构的人员不宜过多，特别是最后决策阶段，参与的人数应严格控制，以确保投标报价的机密。

4.1.4 研究招标文件

参加投标的企业通过资格预审取得投标资格，并决定参加该项投标后，就必须按照招标公告中规定的时间、地点向招标单位购买招标文件。获得招标文件后就应着手详细分析招标文件。

1. 通读招标文件

在研究招标文件时，必须对招标文件进行逐字逐句的阅读和研究，要对招标文件中的各项要求有充分了解，因为投标时要对招标文件的全部内容有实质性的响应，如误解招标文件的内容，会造成不必要的损失。因此，对其中含糊不清或相互矛盾的地方，可在投标截止日之前以口头或书面形式向招标人提出澄清要求。一般来说，需特别注意以下几点：

1）研究工程项目的综合说明，熟悉工程全貌。

2）熟悉并仔细研究工程的规划设计、设计图纸和技术说明书，为制定施工方案和报价提供确切的依据。

3）弄清中标后的责任和报价范围，以免发生遗漏。

4）注意有关时间方面的要求，如投标截止日期、投标有效期、开标日期、合同签订日期等。

5）招标文件中有关保函或担保的规定，如担保的种类、额度、有效期、归还方法等。

6）关于投标单位资质方面的要求，如是否必须具备以前承接过类似工程的经验。

7）明确投标单位在投标过程中应遵守的程序、原则和有关事项，如投标书的格式、签署方式、密封方法等，避免造成废标。

8）工期、质量、分包条件等要求。

2. 研究评标方法

评标办法是招标文件的组成部分，投标人中标与否是按评标办法的要求进行评定的。目前，招投标一般采用评标的办法有：最低投标价法、综合评估法和两阶段评标法。

采用最低报价法时，投标人只需做到质量标准达到合格，工期满足招标文件的要求即可，应重点考虑如何使报价最低，利润相对最高，不注意这一点，有可能造成中标项目越多亏损越多。采用综合评估法时，投标人的策略就是如何做到综合得分最高，这就要求投标人在诸多得分因素之间平衡考虑最优方案。例如可以稍稍提高报价，以换得更高的质量标准和更短的工期。但是这种方法对投标人来说，必须要有丰富的投标经验，并能对全局很好地分析才能做到综合得分最高。如果一味追求报价，而使综合得分降低就失去了意义，是不可取的。采用两阶段评标法时，投标人必须先追求技术标达到一定水平，再追求商务标的高分，否则在第一阶段必然被淘汰。

3. 研究合同条款

合同条款是招标文件的组成部分，双方的最终法律制约作用就在合同上，履约价格的体现形式主要是依靠合同。要研究合同首先得知道合同的构成及主要条款，主要从以下几个方面进行分析：

1）掌握合同的形式是总价合同还是单价合同，价格是否可以调整，如何调整。

2）要分析工期及工期拖延罚款、维修期的长短和维修保证金的额度。

3）研究付款方式（支付时间、支付方法、支付保证）、货币种类、违约责任等条款。

4）研究不可抗力、合同有效期、工程变更、合同终止、保险、争议解决方式等条款。

另外，要查清合同条款中是否有不合理的制约条件，并研究提出如何改善自己地位的措施。一般来说，投标单位对于那些不合理的方面在招标文件允许的情况下，投标时可以递交一份致函，提出不同的处理方案和相应的价格调整（即选择性方案和选择性报价）。在致函中最常见的商务修改要求是对仲裁条款和有关技术规范中的引用标准所作的修改要求。

4. 研究招标工程量清单

招标工程量清单是招标文件的重要组成部分，是招标人提供的投标人用以报价的工程量，也是编制招标控制价、投标报价、计算或调整工程量、索赔等的依据之一。所以必须分析招标工程量清单包括的具体内容并核对其工程量，研究各工程量在施工过程中及最终结算时是否会变更等情况。只有这样，投标人才能准确把握每一清单项目的内容范围，并作出正确的报价。不然会由于分析不到位、误解或错解而造成报价不全导致损失。

由于种种原因，招标工程量清单中的工程数量有时会和图纸中的数量存在不一致的现象。虽然单价合同中工程量错误的风险由招标人承担，但核实工程量有利于精确投标报价，提高中标概率，并运用不平衡报价法等报价技巧提高企业利润。尤其是采用合理低价中标的招标方式时，报价显得更加重要。

4.2 工程投标报价的计算

投标报价是投标书的核心组成部分，招标人往往将投标人的报价作为标准来选择中标人，同时也是招标人与中标人就工程标价进行谈判的基础。

4.2.1 投标报价计算的依据

1）《建设工程工程量清单计价规范》（GB 50500—2013）。

2）国家或省级、行业建设主管部门颁发的计价办法。

3）企业定额，国家或省级、行业建设主管部门颁发的计价定额和计价方法。

4）招标文件、招标工程量清单及其补充通知、答疑纪要。

5）建设工程设计文件及相关资料。

6）施工现场情况、工程特点及投标时拟定的投标施工组织设计或施工方案。

7）与建设项目相关的标准、规范等技术资料。

8）市场价格信息或工程造价管理机构发布的工程造价信息。

9）其他相关资料。

4.2.2　工程投标价的计算步骤

1）熟悉招标文件，对工程项目进行调查与现场考察。

2）结合工程项目的特点、竞争对手的实力和本企业的自身状况、经验、习惯，制定投标策略。

3）编制施工组织设计。

4）核算招标项目实际工程量。

5）考虑工程承包市场的行情，以及人工、机械及材料供应的费用，计算分项工程直接费。

6）用工料单价法或综合单价法计算投标基础价，工程量清单计价的要编制单价分析表。

7）根据企业的管理水平、工程经验与信誉、技术能力与机械装备能力、财务应变能力、抵御风险的能力、降低工程成本增加经济效益的能力等，进行盈亏分析和获胜分析。

8）提出备选投标报价方案。

9）编制合理的报价，以争取中标。

4.2.3　国内工程投标价的组成和计算

1. 工程投标价的组成

（1）按费用构成要素划分　按费用构成要素划分，投标价主要由人工费、材料（包含工程设备，下同）费、施工机具使用费、企业管理费、利润、规费和税金组成。如图 4-1 所示[⊖]。

人工费是指按工资总额构成规定，支付给从事工程施工的生产工人和附属生产单位工人的各项费用。材料费是指施工过程中耗费的原材料、辅助材料、构配件、零件、半成品或成品、工程设备的费用。施工机具使用费是指施工作业所发生的施工机械、仪器仪表使用费或其租赁费。企业管理费是指施工企业组织施工生产和经营管理所需的费用。规费是指按国家法律、法规规定，由省级政府和省级有关权力部门规定必须缴纳或计取的费用。

利润和税金是指按照国家有关部门的规定，工程施工企业在承担施工任务时应计取的利润，以及按规定应计入工程造价内的营业税（3%）、城市维护建设税（7%、5%、1%）、教育费附加及地方教育附加[⊖]。

（2）按工程造价形成顺序划分　按工程造价形成顺序划分也是在工程量清单模式下工程投标价的组成形式，由分部分项工程费、措施项目费、其他项目费、规费和税金组成，如图 4-2 所示。其中，分部分项工程费、措施项目费、其他项目费均包含人工费、材料费、施工机具使用费、企业管理费和利润。

⊖　《住房和城乡建设部　财政部关于印发 < 建筑安装工程费用项目组成 > 的通知》（建标 [2013] 44 号）。

⊖　根据《财政部关于统一地方教育附加政策有关问题的通知》（财综 [2010] 98 号）第一条规定统一开征地方教育附加，因此，在税金中增加了此项目。在 2013《清单规范》中，特别增加了此项税收。

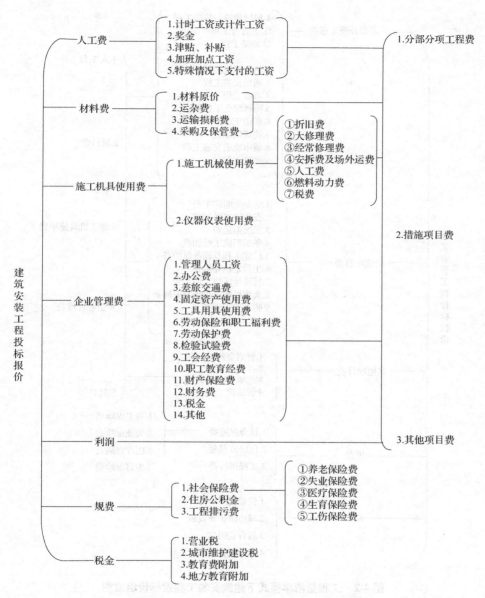

图4-1 建筑安装工程投标报价组成图（按费用要素划分）

1）分部分项工程费是指各专业工程的分部分项工程应予列支的各项费用，即完成"分部分项工程量清单"项目所需的工程费用。分部分项工程量清单为不可调整的闭口清单，投标人对招标文件提供的分部分项工程量清单必须逐一计价，对清单所列内容不允许作任何变动。

2）措施项目费用是指为完成建设工程施工，发生于该工程施工前和施工过程中的技术、生活、安全、环境保护等方面的费用。措施项目清单必须根据相关工程现行国家计量规范的规定编制。措施项目清单的编制需考虑多种因素，除工程本身的因素外，还涉及水文、

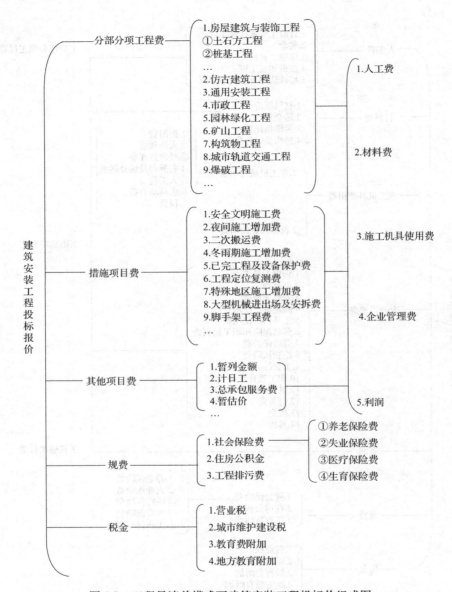

图4-2 工程量清单模式下建筑安装工程投标价组成图

气象、环境、安全等因素。由于影响措施项目设置的因素太多，计量规范不可能将施工中可能出现的措施项目一一列出。它是典型的可竞争费用，且受材料价格变化的影响很小，可以较大幅度让利。措施项目清单为可调清单，投标人对招标文件中所列项目，可根据拟建工程的实际情况和企业自身特点作适当的变更增减。其金额应根据拟建工程施工方案或施工组织设计及其综合单价确定。2013《清单规范》第3.1.5条规定："措施费用清单中的安全文明施工费应按照国家或省级、行业建设主管部门的规定计价，不得作为竞争性费用。"

3）其他项目费是指分部分项工程费和措施项目费以外的在工程项目施工过程中可能发生的其他费用。其他项目清单包括暂列金额、暂估价（包括材料、工程设备暂估价，专业工程暂估价)、总承包服务费、计日工等内容⊖。其中，材料、工程设备暂估价进入清单项目综合单价中了，其他项目清单中不汇总。暂列金额应按照其他项目清单中列出的金额填写，不得变动。暂估价不得变动和更改。暂估价中的材料、工程设备必须按照暂估单价计入综合单价；专业工程暂估价必须按照其他项目清单中列出的金额填写。计日工应按照其他项目清单列出的项目和估算的数量，自主确定各项综合单价并计算费用。总承包服务费应依据招标人在招标文件中列出的分包专业工程内容和供应材料、设备情况，按照招标人提出协调、配合与服务要求和施工现场管理需要自主确定。

4）规费和税金。2013《清单规范》规定使用国有资金投资的工程建设项目，必须采用工程量清单计价。非国有资金投资的工程建设项目，宜采用工程量清单计价。规费⊜和税金必须按国家或省级、行业建设主管部门的规定计算，不得作为竞争性费用。企业规费计算时严格按照国家颁发的规费证上的各比率计算，不得修改。

2. 工程投标价的计算

（1）计价方法　计价方法包括工料单价法和综合单价法。工料单价法是指分部分项工程量单价由人工费、材料费、施工机械使用费组成，施工组织措施费、企业管理费、利润、规费、税金等按规定程序另行计算的一种计价方法。实行定额计价的，投标价应采用工料单价法。综合单价法是指分部分项工程量的单价采用全费用单价或部分费用单价的一种计价方法⊜。工程量清单计价应采用综合单价法。2013《清单规范》第2.0.8条对工程量清单计价中综合单价的组成内容作出了规定：“综合单价指完成一个规定清单项目所需的人工费、材料和工程设备费、施工机械使用费和企业管理费、利润以及一定范围内的风险费用”。显然，在我国综合单价是属于部分费用单价。

（2）综合单价法计价程序　工程量清单计价时，投标价按照企业定额或政府消耗量定额中的人工、材料、机械的消耗量标准及预算价格确定人工费、材料费、机械费，并以此为基础确定管理费、利润，由此计算出分部分项工程的综合单价，根据现场因素及工程量清单规定的措施项目费以实物量或以分部分项工程费为基数按费率的方法确定；其他项目费按工程量清单规定的人工、材料、机械的预算价格为依据确定；规费和税金应按照国家或省级、行业建设主管部门的规定计算，不得作为竞争性费用。分部分项工程费、措施项目费、其他项目费、规费、税金合计汇总得到初步的投标报价，计价程序见表4-1。根据分析、判断、调整得到投标报价。为便于理解下附2013《清单规范》中的单位工程竣工结算汇总表、分

⊖ 暂列金额是招标人在工程量清单中暂定并包括在合同价款中的一笔款项，是“03 规范”预留金的更名，用于工程合同签订时尚未确定或者不可预见的所需材料、工程设备、服务的采购，施工中可能发生的工程变更、合同约定调整因素出现时的合同价款调整以及发生的索赔、现场签证确认等的费用。暂估价是招标人在工程量清单中提供的用于支付必然发生但暂时不能确定价格的材料、工程设备的单价以及专业工程的金额。总承包服务费是指总承包人为配合协调发包人进行的专业工程分包，对发包人自行采购的设备、材料等进行保管以及施工现场管理、竣工资料汇总整理等服务所需的费用。

⊜ 2008 版的《建设工程工程量清单计价规范》中规费项目清单包括工程排污费、工程定额测定费社会保障费（包括养老保险费、失业保险费、医疗保险费）、住房公积金、危险作业意外伤害保险。2013《清单规范》已改为：社会保险费（包括养老保险费、失业保险费、医疗保险费、工伤保险费、生育保险费）、住房公积金、工程排污费三大类。

⊜ 综合单价分为全费用综合单价和部分费用综合单价。全费用综合单价其单价内容包括直接工程费、措施费、间接费、利润和税金，国际惯例中运用。部分综合单价仅包括直接工程费、间接费、利润和税金。

部分项工程和单价措施项目清单与计价表、总价措施项目清单与计价表、综合单价分析表，见表4-2～表4-5。

表4-1 施工企业工程投标报价计价程序

工程名称： 标段：

序 号	内 容	计 算 方 法	金额/元
1	分部分项工程费	自主报价	
1.1			
1.2			
…			
2	措施项目费	自主报价	
2.1	其中：安全文明施工费	按规定标准计算	
3	其他项目费		
3.1	其中：暂列金额	按招标文件提供金额计列	
3.2	其中：专业工程暂估价	按招标文件提供金额计列	
3.3	其中：计日工	自主报价	
3.4	其中：总承包服务费	自主报价	
4	规费	按规定标准计算	
5	税金（扣除不列入计税范围的工程设备金额）	（1＋2＋3＋4）×规定税率	
投标报价合计＝1＋2＋3＋4＋5			

表4-2 单位工程竣工结算汇总表

工程名称： 标段： 第 页 共 页

序 号	汇总内容	金额/元
1	分部分项工程	
1.1		
1.2		
…		
2	措施项目	
2.1	其中：安全文明施工费	
3	其他项目	
3.1	其中：专业工程结算价	
3.2	其中：计日工	
3.3	其中：总承包服务费	
3.4	其中：索赔与现场签证	
4	规费	
5	税金	
竣工结算总价合计＝1＋2＋3＋4＋5		

注：如无单位工程划分，单项工程也使用本表汇总。

表 4-3 分部分项工程和单价措施项目清单与计价表

工程名称： 标段： 第 页 共 页

序　号	项目编号	项目名称	项目特征描述	计量单位	工　程　量	金额/元		
						综合单价	合计	其中：暂估价
本页小计								
合计								

注：为计取规费等的使用，可在表中增设其中："定额人工费"。

表 4-4 总价措施项目清单与计价表

工程名称 标段： 第 页 共 页

序　号	项目编码	项目名称	计算基础	费率（%）	金额/元	调整费率（%）	调整后金额/元	备　注
		安全文明施工费						
		夜间施工增加费						
		二次搬运费						
		冬雨期施工增加费						
		已完工程及设备保护费						
合计								

编制人（造价人员）： 复核人（造价工程师）：

注：1."计算基础"中安全文明施工费可为"定额基价""定额人工费"或"定额人工费＋定额机械费"，其他项目可为"定额人工费"或"定额人工费＋定额机械费"。

2. 按施工方案计算的措施费，若无"计算基础"和"费率"的数值，也可只填"金额"数值，但应在备注栏说明施工方案出处或计算方法。

表 4-5 综合单价分析表

工程名称： 标段： 第 页 共 页

项目编码		项目名称		计量单位		工　程　量	

清单综合单价组成明细

定额编号	定额项目名称	定额单位	数量	单　价				合　价			
				人工费	材料费	机械费	管理费和利润	人工费	材料费	机械费	管理费和利润
人工单价				小计							
元/工日				未计价材料费							
清单项目综合单价											

（续）

	主要材料名称、规格、型号	单位	数量	单价/元	合价/元	暂估单价/元	暂估合价/元
材料费明细							
	其他材料费					—	—
	材料费小计					—	—

注：1. 如不使用省级或行业建设主管部门发布的计价依据，可不填定额编号、名称等。
　　2. 招标文件提供了暂估单价的材料，按暂估的单价填入表内"暂估单价"栏及"暂估合价"栏。

4.2.4　国际工程投标价的组成和计算

1. 工程投标价的组成和各费用计算

国际工程投标价确定要经过工程成本测算和标价确定两个阶段。工程成本包括的费用内容和测算方式与国内工程差异较大，工程投标报价由各单项工程费用、要求单列的分包费用、暂定金额三部分组成，其组成如图 4-3 所示。

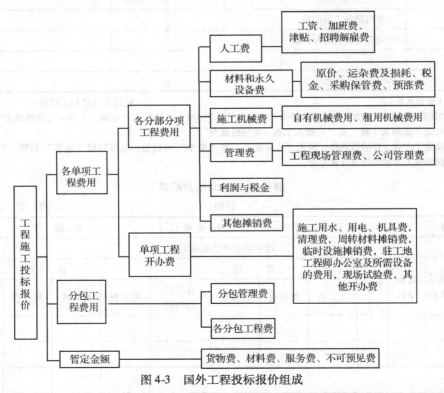

图 4-3　国外工程投标报价组成

（1）各单项工程费用　各单项工程费用由各分部分项工程费用和各单项工程的开办费组成。

在许多国家，开办费一般是在各分部分项工程造价的前面按单项工程分别单独列出。一般开办费约占工程价格 10%～20%，单项工程建筑安装工程量越大，开办在工程价格中所占的比重越小。开办费包括的内容因国家和工程的不同而异，大致包括：施工用水、用电费，工程清理费及完工后清理费，周转材料费，临时设施费，驻工地工程师的现场办公室及所需设备的费用，现场道路及进出场道路修筑及维护费等其他费用。开办费是否单独列项按招标文件来定，如果不要求单独列项直接分摊入各分部分项工程费用中。

各分部分项工程费用分为人工费、施工机械费、材料和永久设备费、管理费、利润、税金、其他待摊费用等构成。

1）人工费。人工费单价的计算就是指国内派出工人和当地雇佣工人（包括第三国工人）平均工资单价的计算。在分别计算出这两类工人的工资单价后，再考虑工效和其他一些因素，就可以原则上确定在工程总用工量中这两类工人完成工日所占的比重，进而加权平均算出平均工资单价。考虑到当地雇佣工人的功效可能较低，而当地政府又规定承包商必须雇用部分当地工人，则计算工资单价时还需考虑工效。根据已掌握的两类工人的工效确定一个大致的工效比。当地雇佣工人的工资单价一般直接按工程所在地各类工人的日工资标准的平均值计算。其计算公式如下：

$$考虑工效的平均工资单价 = 国内派出工人工资单价 \times 国内派出工人工日占总工日的百分比 + 当地雇佣工人工资单价 \times \frac{当地工人工日占总工日的百分比}{工效比}$$

$$国内派出工人工资单价 = \frac{一个工人出国期间的全部费用}{一个工人参加施工年限 \times 年工作日}$$

若所算得的国内派出工人工资单价和当地雇佣工人工资单价相差甚远，还应当进行综合考虑和调整。当前者低于后者时，固然是竞争的有利因素，但若采用较低的工资单价，就会减少收益，从长远考虑更不利，应予向上调整，调整后的工资单价的工资单价以略低于当地工人工资单价的 5% ~ 10% 为宜。当前者高于后者时，如在考虑了当地工人的工效、技术水平后，派出工人工资单价有竞争力，就不需调整；反之应下调。若下调后的工资单价仍不理想，就得考虑不派或基本不派国内工人。

2）施工机械费。其主要施工机械费以台时费为单位，包括施工机械折旧费、施工机械海洋运保费、施工机械陆地运保费、施工机械进口税、施工机械安装拆卸费、施工机械修理费、施工机械燃料费和操作人工费八项。台时费用单价可按台班费用组成自行计算，也可采用市场租赁价。辅助施工机械费则只计算总费用，类似于国内工程概预算中的小型机具使用费。

3）材料和永久设备费。为了准确确定材料、设备的预算价格，可分别制作当地市场材料、永久设备价格统计表和国内及第三国采购材料、永久设备价格统计表，通过比较分析进行材料、设备的采用选择。计算时各材料、永久设备的单价一定要由交货价换算为抵达施工现场的预算价格。必要时考虑预涨费。材料消耗定额可根据招标文件中有关技术规范要求，结合工程条件、机械化施工程度，参照国内定额确定。材料的运输损耗和加工损耗计入材料用量，不增加单价。

4）管理费。管理费是指除直接费用以外的经营性费用，包括工程现场管理费（约占整个管理费 20% ~ 30%）和公司管理费（约占整个管理费 70% ~ 75%）。管理费除了包括与我国施工管理费构成相似的工作人员工资、工作人员辅助工资、差旅交通费、固定资产使用费、生活设施使用费、工具用具使用费、劳动保护费、检验实验费以外，还包含业务经营费。业务经营费包括：

● 广告宣传费。

- 交际费，如日常接待饮料、宴请及礼品费等。
- 业务资料费，如购买招标文件、文件及资料复印费等。
- 保函手续费。保函手续费是指投标保函、预付款保函、履约保函（或履约担保）、保留金保函等缴纳的手续费。例如，中国银行一般收取保函金额的 0.4% ~ 0.6% 作为年手续费，外国银行一般收取保函金额的 1 % 作为年手续费。
- 保险费。承包工程中材料和永久设备运输保险、施工机械运输保险已记入人工、材料、永久设备、施工机械单价中，仅工程保险、施工机械保险、第三者责任险、发包人和监理工程师人身意外保险费用计入管理费，一般为合同总价的 0.5% ~ 1.0% 。
- 代理人的费用和佣金。施工企业为了中标或为加强收取工程款，寻找代理人或签订代理合同而付出的佣金和费用。
- 贷款利息。贷款利息有两种情况：一是承包商本身资金不足，要用银行贷款组织施工；二是承包商垫付部分或全部工程款。第二种情况是指银行贷款利息与业主支付利息的差额。

5）利润 具体工程的利润率企业要根据具体情况，如工程难易、现场条件、工期长短、竞争态势等自主确定。

6）税金 税金应按招标文件规定及工程所在国的法律计算。各国情况不同，税种也不同。

7）其他摊销费。其他摊销费主要包括未单独列项的开办费、流动资金利息、上级单位管理费、物价上涨系数、风险费和降价系数等费用。有的招标项目工程量表中有开办费一项，有的报价要求中没有这个分项，要根据招标文件的要求把未单独列项和没包含在管理费中的各项费用，以摊销费的形式摊销。

（2）分包工程费用 在投标报价时，有的投标人将分包商的报价直接列入分部分项工程费用中，有的将分包工程费用和分部分项工程费用、开办费平行，单列一项。分包工程费用包括支付给各分包工程的费用和分包管理费。

（3）暂定金额 暂定金额也称备用金，它是业主在招标文件中明确规定了数额的一笔金额。暂定金额可用于工程施工、提供物料、购买设备、技术服务、指定增加的子项以及其他以外开支等，均需按照工程师的指令决定。投标人的投标报价中只能把暂定金额列入工程总报价，不能以间接费的方式分摊入各项目单价中。

2. 工程投标价的计算

（1）组成形式 上述组成报价的各项费用体现在报价中有三种形式：组成分部分项工程单价、单独列项、分摊进单价。人工费、材料和永久设备费、机械费组成分部分项工程单价；开办费中的项目有临时设施、为业主提供的办公和生活设施、脚手架等费用，经常在工程量清单的开办费部分单独分项报价；承包商总部管理费、利润和税金，以及开办费中的项目，经常以一定的比例摊销进单价。开办费项目是单独列项还是分摊进单价，要根据招标文件和计算规则的要求而定。

（2）分摊比例 分摊比例包括固定比例、浮动比例和测算比例三种。税金和政府收取的各项管理费用的比率是工程所在地政府规定的费率，承包商不得随意变动；总部管理费和利润的比例属于浮动比例，承包商根据自身经营状况、工程具体情况等考虑投标策略；开办费的比例需要详细测算，是分摊金额与分部分项工程价格的比例。

（3）计价方法 分部分项工程综合单价参考下列公式计算：

$$A = a(1 + K_1)(1 + K_2)(1 + K_3)$$

式中　A——分摊后的分部分项工程单价；

　　　a——分摊前的分部分项工程单价；

　　　K_1——开办项目的分摊比例；

　　　K_2——总部管理费和利润的分摊比例；

　　　K_3——税率。

（4）标价汇总　将各报价分项的工程量与该分项综合单价相乘及得出该分项工程的费用，将所有各分项工程费用汇总再加上暂定金额和单独列项的开办费即可得到该项目投标价。

4.3　投标策略与决策

实践证明，投标的成功与否，不仅仅是建立在科学严谨的数学运算上，更多依赖于贯穿于投标始终的精明的投标决策与投标策略。它将使企业更好地运用自己的实力，在决定投标成功的各项关键因素上发挥相对于竞争对手的优势，从而取得投标的成功，最终夺标并盈利。

4.3.1　投标策略和投标决策的概念

策略，顾名思义是指计策谋略，即人们根据形势的发展而制定的行动方针和方式。所谓投标策略，是指企业在投标竞争中的指导思想、系统工作部署及其参加投标竞争的方式和手段。其中，指导思想就是投标单位从自身的经营条件和优势出发，结合现阶段的业务状况，决定在何种方针的指引下参加投标，通过竞争所力求达到的利益目标。指导思想是投标策略的核心要素和选择竞争对策、报价技巧的依据。系统工作部署主要是指精心安排，制定实施计划；落实责任，强化监控；随时准备因情况的突变而采取应急措施。参加投标竞争的方式和手段的范围比较广泛。例如，面对世界银行采购指南中对联合体给予 7.5% 的报价优惠的规定，采用联合体的投标方式以及各种报价技巧的运用。

决策是决策科学的基本概念，赫伯特·西蒙（Herbert Simon）认为决策工作主要由四部分组成：一是寻找决策的时机；二是确定可能的行动方案；三是评价每个方案的收入和成本；四是从中选择最能满足企业目标（企业价值最大）的方案作为最优方案。所以说，决策是寻求并实现某种最优化目标即选择最佳的目标和行动方案而进行的活动，是一种有约束条件的最优化。投标决策是投标人选择和确定投标项目和制定投标行动方案的过程。

投标策略与投标决策经常容易被混为一谈，其实这是两个相互联系的不同的范畴。投标策略贯穿在投标决策之中；投标决策包含着投标策略的选择确定。在投标与否的决策、投标项目选择的决策、投标积极性的决策、投标报价、投标取胜等方方面面，都无不包含着投标策略。投标策略作为投标取胜的方式、手段和艺术，贯穿投标决策的始终。

4.3.2　投标策略和投标决策的意义

目前，国内外建筑市场多是买方市场，竞争十分激烈。在这种情况下，制定正确的投标决策和投标策略便显得尤为重要。这主要表现在以下三个方面：

1. 获胜的依据

投标策略是承包人在投标竞争中成败的关键。正确的投标策略，能够扬长避短，发挥自身优势，在竞争中立于不败之地。

2. 实现经营目标的保证

正确的投标决策和投标策略，能够保证承包人实现发展战略，提高市场占有率，实现规模经济。

3. 获取利润的前提

投标决策和投标策略是影响承包人经济效益的重要因素。承包人需要据此找出一个既能中标又能获得利润的报价集，就是能够中标的报价集与能够获得利润的报价集的交集。理论上分析，既能中标又能获得利润的报价集中，一定存在一个最优的元素，这个最优的元素应为最理想的报价。

4.3.3　投标决策的内容

投标决策是企业经营决策的组成部分，指导投标全过程。一般根据时间的先后，可以将投标决策分为投标决策的前期阶段和投标决策的后期阶段。其中，投标决策的前期阶段在购买资格预审资料前（后）完成，其主要根据招标公告（或投标邀请书），以及本公司的实力、精力与经验，和本公司对招标项目、业主情况的调研和了解程度，决定是否投标。如果决定投标，就进入投标决策的后期阶段，具体是指从申报资格预审至封送投标文件前完成的决策研究阶段。这个阶段主要决定投什么性质的标，是风险标、保险标？是盈利标、保本标还是亏损标？对报价方案作出分析，在投标竞争中采用何种对策等。影响投标决策的因素十分复杂，加之投标决策与投标企业的经济效益紧密相关，所以投标决策必须在"知己知彼"的基础上，及时、迅速、果断。投标决策包括以下内容：

1. 投标项目的选择

目前大多数市场是买方市场，投标报价的竞争异常激烈，公司选择投标与否的余地非常小，都或多或少地存在着经营状况不饱和的情况。一般情况下，只要接到业主的投标邀请，企业都积极响应参加投标。这主要是基于四种考虑：① 参加投标项目多，中标的机会也多；② 经常参加投标，在公众面前出现的机会也多，能起到广告宣传的作用；③ 通过参加投标，可积累经验，掌握市场行情，收集信息，了解竞争对手的惯用策略；④ 承包人拒绝发包人的投标邀请，有可能会破坏自身的信誉，从而失去以后收到投标邀请的机会。

但是，这是否意味着企业面对投标机会就饥不择食，毫无选择呢？一般来说，承包人要决定是否参加某个项目的投标，首先要考虑当前经营状况和长远经营目标，其次要明确参加投标的目的，最后分析影响中标可能性的因素。表4-6给出了一个好的投标/不投标的例子。本章第四节还将着重介绍几种投标项目和报价方案选择的定量分析方法。

表4-6　好的投标/不投标的例子

投标/不投标决策结果	例　子	备　注
好	因为知道有竞争对手使用倾销价，决定不投标。招标方（客户）将合同售给准备尽量通过索赔捞回钱的竞争对手。作为结果，承包商和招标方（客户）在以后的十年内将陷入诉讼。则不投标这个项目没有损失	预见将来会成功

（续）

投标/不投标决策结果	例　子	备　注
中	决定与未合作过的联盟伙伴合作。一旦赢得合同，通常可能会发现合作伙伴会令人失望，常常会发生工作落后于计划的情形。即使对合作伙伴和工作作出较大的改变与调整，往往也只能得到很小的收益	预测将来不会成功，但幸运的是可在一定范围内采取补救措施
差	决定用非常低的分包方折扣价格策略投标。可以赢得合同，但分包方将不可能在如此低的价格下为承包商提供设备与服务。这项工作中承包商可能将损失利益	采用错误的投标决策，可以预见该项目将来不会成功，同时也没有补救措施

2. 判断投标资源的投入量

前面已讨论过，承包人在收到投标邀请后，一般不采取拒绝投标的态度。但有时承包人同时收到多个投标邀请，而投标报价资源有限，若不分轻重缓急把投标资源平均分配，则每一个项目中标的概率很低。这时承包人应针对各个项目的特点进行分析，合理分配投标资源（一般可以理解为投标人员和计算机等工具以及其他资源）。不同的项目需要的资源投入量不同，同样资源在不同时期不同项目中价值也不同，例如同一投标人员在框架结构工程的投标中价值较高，但在钢结构工程投标中可能价值就较低，这是由每个人的业务专长和投标经验等因素所决定的。承包人必须积累大量的经验资料，通过归纳总结和动态分析，才能判断不同工程的最小最优投标资源投入量。图4-4是依据经验数据绘出中标概率P和投标资源投入量Q之间存在的函数关系，然后用定量方法作出投标资源投入量的决策。

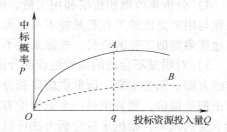

图4-4　中标概率与投标资源投入量的关系

曲线OA上，上升缓慢的转折点A所对应的q，即为最优的投标资源投入量。通过最小最优投标资源投入量，还可以取舍项目。如曲线OB所示，尽管投入大量的资源，但中标概率仍极低，应当及时舍弃，以免投标资源的浪费。

3. 报价的分析与决策

初步报价估算出来后，还需对初步报价进行分析。分析的目的是探讨这个初步报价的盈利和风险，从而作出最终报价的决策。分析的方法可以从静态分析和动态分析两个方面进行。

（1）报价的静态分析　假定初步报价是合理的，应分析报价的各项组成和其合理性。其分析步骤如下：

1）分项统计计算书中的汇总数字，并计算其比例指标。以一般房屋建筑工程为例：① 统计总建筑面积及各单项建筑物面积。② 统计材料费总价及各主要材料数量和分类总价，计算单位面积的总材料费用指标和各主要材料消耗指标和费用指标，计算材料费占报价的比重。③ 统计劳务费总价及主要工人、辅助工人和管理人员的数量，按报价、工期、建筑面积及统计的工日总数算出单位面积的用工数（生产用工和全员用工数）、单位面积的劳务费。并算出按规定工期完成工程时，生产工人和全员的平均人月产值和人年产值。计算劳务费占总报价的比重。④ 统计临时工程费用、机械设备使用费、机械设备购置费及模板、脚手架和工具等费用，计算它们占总报价的比重，以及分别占购置费的比例（即拟摊入本工程的价值比例）。⑤ 统计各类管理费汇总数，计算它们占总报价的比重。⑥ 计算利润、贷款利息的总数和所占比例；如果标价人有意地分别增加了某些风险系数，可以列为潜在利润或隐匿利润提出，以便研讨。⑦ 统计分包工程的总价及各分包商的分包价，计算其占总报价和承包人自己施工的直接费的比例，计算各分包价的直接费、间接费和利润。

2）从宏观方面分析报价结构的合理性。通过分析各部分报价的比例关系，判断报价的构成是否基本合理。如果发现有不够合理的部分，应该初步探索其原因。首先是研究本工程与其他类似工程是否存在某些不可比因素；如果扣掉不可比因素的影响后，仍然存在报价结构不合理的情况，就应当深入探索其原因，并考虑适当调整某些基价、定额或分摊系数的可能性。

3）探讨工期与报价的关系。根据进度计划与报价，计算出月产值、年产值。如果从承包人的实践经验角度判断这一指标过高或者过低，就应当考虑工期的合理性。从而调整各项报价。

4）分析单位面积价格和用工量、用料量的合理性。参照实施同类工程的经验，如果本工程与用来类比的工程有某些不可比因素，可以扣除不可比因素后进行分析比较；还可以在当地搜索类似工程的资料，排除某些不可比因素后进行分析对比，并探讨本报价的合理性。

5）对明显不合理的报价组成部分进行微观方面的分析检查。重点是从提高工效、改变实施方案、调整工期、压低供应商和分包商的价格、节约管理费用等方面提出可行措施，并修正初步报价，测算出另一个低报价方案。再结合计算利润和各种潜在利润以及投标企业所能承受的风险，根据定量分析方法可以测算出基础最优报价。

6）将原初步报价方案、低报价方案、基础最优报价方案整理成对比分析资料，提交内部的报价决策人或决策小组研讨。

（2）报价的动态分析 它是指通过假定某些因素的变化，来测算报价的变化幅度，特别是这些变化对计划利润的影响。通过动态分析，向决策人员提供准确的动态分析资料，以便使决策人员了解某些因素的变化所造成的影响。诸如物价和工资上涨以及利率变化对报价和利润的影响。很多种风险都可能导致工期延误：管理不善、材料设备交货延误、质量返工、监理工程师的刁难、其他承包人的干扰等而造成工期延误，不但不能索赔，还可能招致罚款。由于工期延长可能使占用的流动资金增加，管理费相应增大，工资开支也增多，机具设备使用费增大。这种增大的开支部分只能用报价利润来弥补。通过多次测算可以得知工期拖延多久利润将全部丧失。

（3）报价决策 报价决策是指报价决策人召集算标的有关经济、财会人员共同研究，就上述报价计算结果和报价的静态、动态风险进行讨论，作出有关估算报价的最后决定。在报价决策中应当注意以下问题：

1）作为决策的主要资料依据应当是自己的估价人员的估算书和分析指标。至于其他途径获得的所谓招标人的"标底价格"或竞争对手的"报价情报"等，只能作为一般参考。没有经验的报价决策人往往主次颠倒，过于相信来自各种渠道的情报，结果一不小心就会落入招标人或竞争对手的陷阱，从而高价中标或失标落败。投标人希望自己中标的同时，要切记中标价格应当基本合理，不应导致亏损。要以自己的报价估算为依据进行科学分析，而后作出恰当的投标报价决策。

2）探究报价差异原因，发挥比较优势。一般来说，各投标人对投标报价的计算方法是大同小异的，估价目标项目时所获得的基础价格资料也是相似的。因此，从理论上分析，各投标人的投标报价同标底价格都应当相差不远。为什么在实际投标中却出现许多差异呢？除了明显的计算错误（如漏项、误解招标文件内容等）和有意放弃竞争而报高价外，出现投标价格差异的基本原因大致是：追逐利润的高低不一，各自拥有不同的优势，管理费用的差别，选择的技术方案不同。这些差异正是实行工程量清单计价后体现低报价原因的重要因素。因此投标企业应根据竞争态势，发挥比较优势，降低管理费用，选取优良的技术方案，包括管理进度的合理安排、机械化程度的正确选择、工程管理的优化等，降低报价。

3）决策人员应当懂得：除非招标书明确规定"本标仅给最低报价者"，报价并不是得标的唯一因素。在投标报价决策过程中，如果认为自己不可能在报价方面战胜某些竞争对手，还可以在其他方面发挥优势，争取获得业主青睐，以求列入议标者行列。如可以提出某些合理的建议，使业主能够降低成本；如可能，还可提出某些能被业主接受的支付条件，如愿意接受实物支付、延期支付、出口信贷，或增加支付当地货币的支付等。

4. 确定报价策略

投标时，根据投标人经营状况和经营目标，既要考虑投标人自身的优势和劣势，也要考虑竞争的激烈程度，还要分析投标项目的整体特点，按照项目的类别、管理条件等确定报价策略。

（1）生存型报价策略　投标报价以克服生存危机为目标，争取中标可以不考虑各种利益。社会、政治、经济环境的变化和公司自身经营管理不善，都可能造成承包人的生存危机。这种危机首先表现在由于经济原因，投标项目减少，所有的承包人都将面临生存危机；其次，政府调整基建投资方向，使公司擅长的项目减少，这种危机常常是危害到营业范围单一的专业工程承包人；最后，如果承包人经营管理不善，便有投标邀请越来越少的危机，这时承包人应以生存为重，采取不盈利甚至赔本也要夺标的态度，只要能暂时维持生存渡过难关，就会有东山再起的希望。

（2）竞争型报价策略　投标报价以竞争为手段，以开拓市场、低盈利为目标，在精确计算成本的基础上，充分估计各竞争对手的报价目标，以有竞争力的报价达到中标的目的。承包人出于以下几种情况下，应采取竞争性报价策略：① 经营状况不景气，近期接受到的投标邀请较少；② 竞争对手有威胁性；③ 试图打入新的地区；④ 开拓新的工程类型；⑤ 投标项目风险小、技术要求不复杂、工程量大、社会效益好的项目；⑥ 附近有本企业其他正在施工的项目。

（3）盈利型报价策略　投标报价充分发挥自身优势，以实现最佳盈利为目标，对效益较小的项目热情不高，对盈利大的项目充满自信。如果承包人在该地区已经打开局面，管理能力饱和，美誉度高，竞争对手少，具有技术优势并对招标人有较强的名牌效益，投标目标主要是扩大影响，或者施工条件差、难度高、资金支付条件不好、工期质量等要求苛刻，为联合伙伴陪标的项目投标企业则应采用盈利型报价策略。

5. 风险决策

所谓风险是指某一特定策略所带来的结果的变动性的大小。其中，策略是指承包人为了获得利润所做出的若干可供选择的计划或行动方案。如果一个决策只有一个可能结果，就说它没有什么风险；如果有许多个可能结果，且这些结果回报的收益差别很大，就说它风险较大。当作决策时，为了补偿风险，最常见的方法是在对将来的利润进行折现的贴现率上加上一个风险补偿率，风险补偿率随决策风险的增加而增加。任何决策都反映决策者对风险的态度（偏好）。

风险和利润并存于企业投标中，当前企业面对投标中的风险有如下几种不良的处理方式："雨伞式"——考虑所有可能出现的情况，然后在报价中加入一笔高额的风险费用；"鸵鸟式"——把头埋进沙堆中，自以为一切会顺利，总能应付过去；"直觉式"——不相信任何对将来的分析，只相信自己的自觉；"蛮干式"——把精力花在对付不可控制的风险上，以为自己能控制一切，但实际上这是不可能的。2013《清单规范》第3.4.1条规定："建设工程发承包，必须在招标文件合同中明确计价中的风险及其范围，不得采用无限风险、所有风险或者类似语句规定计价中的风险内容及范围。"根据我国工程建设的特点，投标人应完全承担的风险是技术风险，如管理费和利润；应有限度承担的是市场风险，如材料价格（宜控制在5%以内）、施工机械使用费（宜控制在10%以内）等；应完全不承担的是法律、法规、规章和政策变化的风险。

承包人在招投标中应该做的是对风险做全面的分析和预测，并尽可能采取避免较大风险的措施转移、防范风险，决策者应从全面的高度来考虑期望的利润和承担风险的能力，在风险和利润之间进行权衡并作出选择。下面主要说明承包人如何进行风险的防范。

投标决策中的风险防范主要有回避、降低、转移和自留四种基本方式。

（1）风险回避　风险回避就是拒绝承担风险。在投标决策中，对于经核算明显亏损或业主执行条件不好难以继续合作的工程项目，有时不惜以放弃投标和拒签合约来解决。但风险回避更多是针对那些可以回避的特定风险而言。

（2）风险降低　所谓的风险降低就是采取有效的措施减轻预期风险发生的概率。人们可以采取多元化、获得更多的决策信息等措施来降低风险。著名的田忌赛马为正例。为此投标企业应该在投标前加强各种信息收集和调研，包括目标项目、业主的资信、宏观的政治、经济和市场环境等各个方面。另外投标中风险减低的措施主要有：① 提高报价中的不可预见费；② 采用开口升级报价、多方案报价等报价策略；③ 在报价单中，建议将一些花费大、风险大的分项工程按成本加酬金的方式结算；④ 在法律和招标文件允许的条件下，在投标书中使用保留条件，附加或补充说明，这样可以给合同谈判和索赔留下伏笔；⑤ 采取技术的、经济的和组织的措施等。

（3）风险转移　风险转移就是将某些风险因素采取一定的措施转移给第三方。工程投标中常见的转移风险的形式主要是分包和保险。

分包除了可以弥补总包人技术、人力、设备、资金方面的不足，扩大总包人的经营范围外，对于有些分包项目，如果总承包人自己承担会亏本，可以考虑将它分包出去，让报价低同时又有能力的分包商承担，总承包人既能取得一定的经济效益，同时还可转嫁或减少风险。保险是最普遍的转移风险的方式。保险市场的存在就是因为人们厌恶风险，企业如果属于风险厌恶者就可以放弃一部分收入来规避风险。

（4）风险自留　合同双方当事人签订合同的一项基本原则就是利润共享、风险共担，所以说自留一部分风险也是合理的。另外，风险并非都是可以转移的，而且有些风险转移是不经济的。

1）几种可以利用的风险有：① 政局不稳、内乱与骚乱及对外关系紧张；② 法制不健全和缺乏惯例意识；③ 货币贬值；④ 合同条款不严谨等。

2）风险利用的基本操作：① 分析风险利用的可能和价值；② 计算利用风险的代价；③ 判断自己的承受能力；④ 制定政策和实施方案；⑤ 灵活应变，因势利导。

4.3.4 投标技巧

投标技巧是指在投标报价中采用什么手段使发包人可以接受，而中标后能获得更好的利润。承包人在工程投标时，主要应该在先进合理的技术方案和较低的投标报价上下工夫，以争取中标。但是还有一些手段对中标有辅助性的作用。现介绍如下。

1. 不平衡报价法

不平衡报价法是国际投标报价常见的一种方法。它是指一个工程项目的投标报价，在总价基本确定后，如何调整内部各个项目的单价，以期既不提高总价，不影响中标，又能在结算时得到更理想的积极效益。总的来讲，要保证"早收钱"和"多收钱"两个原则。下面举例说明。

【案例4-1】 某国际发包工程，有两个分部工程，其中之一（通常挖土方）的实际工程量为 20 万 m³，但估价师估算为 15 万 m³，承包商预测和判断出这一失误后，采用了不平衡报价，使承包商在实际承包工程时多赚取了 2.5 万美元（见表4-7 和表4-8）。

表 4-7 平衡和不平衡报价表（未执行前）

报 价 项 目	工程师的估算/m³	平衡报价/元		不平衡报价/元	
		单 价	合 计	单 价	合 计
通常挖土方	150 000	1.00	150 000	1.5	225 000
选择挖土方	100 000	3.10	310 000	2.35	235 000
总计	250 000	460 000		460 000	

表 4-8 平衡和不平衡报价表（实际执行后）

报 价 项 目	实际工程量/m³	平衡报价/元		不平衡报价/元	
		单 价	合 计	单 价	合 计
通常挖土方	200 000	1.00	200 000	1.5	300 000
选择挖土方	100 000	3.10	310 000	2.35	235 000
总计	300 000	510 000		535 000	

国际上通常采用的不平衡报价法有下列几种：

1）能够早日结账的项目（如开办费、基础工程、土方开挖桩基等）可以报得高些，以利于资金周转，后期工程项目（如机电设备安装、零散附属工程、装饰等）的报价可适当降低。

2）经过工程量核算，预计今后工程量会增加的项目，单价适当提高，这样在最终结账时可多赚钱，而将工程量完不成的项目单价降低，工程结算时损失不大。

但是上述两种情况要统筹考虑，即对于工程量有错误的早期工程，如果不可能完成工程量表中的数量，则不能盲目抬高单价，要具体分析后再定。

3）设计图纸不明确，估计修改后工程量要增加的，可以提高单价，而工程内容说不清楚的，则可以降低一些单价。

4）在单价包干混合制合同中，发包人要求采用包干报价时，宜报高价。一则这类项目多半有风险，二则这类项目在完成后可全部按报价结账，即可以全部结算回来。而其余单价项目则可适当降低。

5）有的招标文件要求投标者对工程量大的项目报"单位分析表"，投标时可将单价分析表中的人工费及机械设备费报得较高，而材料费报得较低。这主要是在今后补充项目报价时可以参考选用"单位分析表"中较高的人工费及机械设备费，而材料则往往采用市场价，因而可获得较高的收益。

6）在议标时，承包商一般要压低标价。这时应该首先压低那些工程量小的单价，这样即使是压低了很多个单价，总的标价也不会降低很多，而发包人的感觉却是工程量清单上的单价大幅度下降，承包人很有让利的诚意。

7）如果是单纯报计日工或计台班机械单价，可以高些，以便在日后发包人用工或使用机械时可多盈利。但如果计日工表中有一个假定的"名义工程量"时，这需要具体分析是否报高价，以免抬高总报价。总之，要分析发包人在开工后可能使用的计日工数量，然后确定报价技巧。

常用的不平衡报价法见表4-9。

表4-9　常见的不平衡报价法

序　号	信息类型	变动趋势	不平衡结果
1	资金收入的时间	早	单价高
		晚	单价低
2	工程量估算不准确	增加	单价高
		减少	单价低
3	报价图纸不明确	增加工程量	单价高
		减少工程量	单价低
4	单价和包干混合制的项目	固定包干价格项目	单价高
		单价项目	单价低
5	单价组成分析表	人工费和机械费	单价高
		材料费	单价低
6	议标时业主要求压低单价	工程量大的项目	单价小幅度降低
		工程量小的项目	单价较大幅度降低
7	报单价的项目	有假定的工程量	单价适中
		没有工程量	单价高

采用不平衡报价一定要建立在对工程量风险仔细核对的基础上，特别是对于报低单价的项目，如工程量一旦增多，将造成承包人的重大损失，同时一定要控制在合理幅度内（一

般可在 10% 左右），以免引起发包人反对，甚至导致废标。如果不注意这一点，有时发包人会挑选出报价过高的项目，要投标者进行单价分析，而围绕单价分析中过高的内容压价，以致承包商得不偿失。

2. 多方案报价法

多方案报价法是利用工程说明书或合同条款不够明确之处，以争取达到修改工程说明书和合同为目的的一种报价方法。当工程说明书或合同条款有某些不够明确之处时，往往承包商承担着很大风险，为了减少风险就需扩大工程单价，增加"不可预见费"，这样又会因报价过高而增加了被淘汰的可能性。多方案报价法就是为了应付这种两难的局面而出现的。其具体做法是在标书上报两个单价，一是按原工程说明书或合同条款报一个价；二是加以解释："如工程说明书或合同条款可作某些改变时"，则可降低多少的费用，使报价成为最低的，以吸引业主修改工程说明书或合同条款。还有一种办法是对工程中一部分没有把握的工作，注明按成本加若干酬金结算的方法。但如果有些国家规定政府工程合同的文字是不准改动的，经过改动的报价单无效时，这个办法就不能用。

3. 增加建议方案法

有时招标文件中规定，可以提出建议方案（Alternatives），即是可以修改原设计方案，提出投标者的方案。投标者这时应组织一批有经验的设计和施工工程师，对原招标文件的设计和施工方案仔细研究，提出更合理的方案以吸引业主，促成自己方案中标。这种新的建议方案可以降低总造价或提前竣工或使工程运用更合理。但要注意的是对原招标方案一定要标价，以供业主比较。增加建议方案时，不要将方案写得太具体，保留方案的技术关键，防止业主将此方案交给其他承包商，同时要强调的是，建议方案一定要比较成熟，或过去有这方面的经验。因为投标时间不长，如果仅为中标而匆忙提出一些没有把握的建议方案，可能引起很多后患。

4. 突然降价法

报价是一件保密性很强的工作，但是对手往往会通过各种渠道、手段来刺探情报，因此在报价时可以采用迷惑对手的手法。即先按一般情况报价或表现出自己对该工程兴趣不大，到快要投标截止时，才突然降价。例如我国第一个国际招投标项目——鲁布革水电站工程招标时，日本大成公司知道主要竞争对手是前田，因而在临近投标前把报价降低 8.04%，取得最低报价，为以后中标打下基础。

采用这种方法时，一定要在准备投标报价的过程中考虑好降价的幅度，在临近投标截止日期前，根据情报信息与分析判断，再做出最后决策。采用突然降价法而中标，因为开标只降低总价，在签订合同后可采用不平衡报价的思想调整管理收支预算表内的各项单价或价格，以期取得更高的效益。

5. 用降价系数调整最后总价

在填写报价单时，每一分项的报价都增加一定的降价系数，而在最后撰写投标致函中，根据最终决策，提出某一降价指标。例如先确定降价系数为 10%，填写报价单时可将原标价除以（1 − 10%），得出填写价格，填入报价单并按此计算总价和编制投标文件。直至投标前数小时，才作出降价最终决定，并在投标致函内声明："出于友好的目的，本投标人决定将计算标价降低×%，即本投标报价的总价降为×××元，随同本投标文件递交的投标函的有效金额相应地降低为×××元。投标人愿意按本致函中的报价代替报价单中汇总的价格签订合同。"

采用这种办法的好处是：

1）可以在递交投标文件的最后时刻之前，根据最后的情报信息和决心，确定最终的竞争价格，而用不着全部修改报价单。

2）在最后审查已编好的投标文件时，如发现某些个别失误或计算错误，可以调整降低系数来进行弥补，而不必全部重新计算和修改。

3）由于最终的降价由少数人在最后时刻决定，可以避免真实报价向外泄露。

6. 开口升级报价法

这种方法是将报价看成是协商的开始。首先对工程的图纸或说明书进行分析，把工程中的一些难题抛开作为活口，将标价降至无法与之竞争的数额（在报价单中应加以说明）。利用这种"最低标价"来吸引业主，从而取得与业主商谈的机会，利用活口进行升级加价，以达到最后盈利的目的。

7. 先亏后盈法

先亏后盈法也叫做拼命报价法。采用这种方法必须要有十分雄厚的实力或有国家或大财团作后盾，即为了想占领某一市场或想在某一地区打开局面，为以后的公司发展打下基础而采取的一种不惜代价、只求中标的手段。应用这种方法的承包商必须有较好的资信条件，并且提出的施工方案也先进可行，同时要加强对公司情况的宣传，否则即使标价低，业主也不一定选中。

采用此种报价法可通过分包一部分难度大、报价低的项目转嫁或减少风险。应当注意，分包企业在投标前可能同意接受总包商压低其报价的要求，但等到企业得标后，他们常以种种理由提高分包价格，这使投标企业常常处于十分被动的地位。解决的办法是，企业在投标前找两三家分包企业分别报价，而后选择其中一家信誉较好、实力较强和报价合理的分包企业签订协议，同意该分包商作为本分包项目的唯一合作者，并将分包商的名称列入投标文件中，并要求该分包商提交相应的投标保函。这种分包企业的利益同投标人捆在一起的做法，不但可以防止分包商事后反悔和涨价，还可能迫使分包商报出较合理的价格，以便共同争取中标。

8. 暂定工程量的报价

暂定工程量有三种情况：第一种是业主规定了暂定工程量的分项内容和暂定总价款，并规定所有投标人都必须在总报价中加入这笔固定金额，但由于分项量不很准确，允许将来按投标人所报的单价和实际完成的工程量付款。第二种是业主列出了暂定工程量的项目和数量，但并没有限制这些工程量的估计总价款，要求投标人既列出单价，也按暂定项目的数量计算总价，当然将来结算付款可按实际完成的工程量和所报单价支付。第三种是指由暂定工程的一笔固定总金额，将来这笔金额做什么用，由业主确定。

对于第一种情况，由于暂定总价款是固定的，对各投标人的总报价水平竞争力没有任何影响，因此，投标时应当对暂定工程量的单价适当提高。这样既不会因今后工程量变更吃亏，也不会削弱投标报价的竞争力。

对于第二种情况，投标人必须慎重考虑。如果单价定得高了，同其他工程量计价一样，将会增大总报价，影响投标报价的竞争力；如果定得低了，将来这类工程量增大，将会影响收益。一般来说，这类工程量可以采用正常价格。如果估计今后实际工程量增大的可能性较大，则可适当提高单价，使将来可增加额外收益。

第三种情况对投标竞争没有实际意义，按招标文件要求将现定的暂定款列入总报价即可。

9. 许诺优惠条件

投标报价带优惠条件是行之有效的一种手段。招标者评标时，除了考虑报价和技术方案外，还要分析别的条件，如工期、支付条件等。所以在投标时主动提出提前竣工、低息贷款、赠给施工设备，免费转让新技术或某种技术专利、免费技术协作、代为培训人员等，均是吸引发包人、利于中标的辅助手段。

10. 争取评标奖励

有时招标文件规定，对于某些技术规格指标的评标，投标人提供优于规定指标值时，给予适当的评标奖励，如评标加分或减去一定百分比的评标价格。投标人应该使业主比较注重的指标适当地优于规定标准，可以获得适当的评标奖励，有利于在竞争取胜。但要注意技术性能优于招标规定，将导致报价相应上涨，如果投标报价过高，即使获得评标奖励，也难以与报价上涨的部分相抵，这样评标奖励也就失去了意义。

11. 联合保标法

联合保标法即在竞争对手众多的情况下，由几家实力雄厚的承包商联合起来控制标价，大家保一家先中标；随后在第二次、第三次招标中，在用同样的办法保第二家、第三家中标；也可以由中标者将部分工程分包给参加联合的其他公司。不过这种做法在我国属于串标行为，法律明文禁止使用，如被发现将取消投标资格。

4.4　投标项目与投标方案优选的定量分析

4.4.1　投标项目的选择方法

1. 评分法

拟投标企业在投标前首先应该对自己企业的客观条件进行认真的分析，列出若干项需要考虑的指标，在每次投标前都围绕这些指标进行分析，以便客观地作出决策。这种定量的方法叫做评分法，常用的有单纯评分方法和加权评分方法两种，这两种评分法的区别在于价值系数的确定方法上。

（1）单纯评分比较法　承包商需要考虑判断的指标一般有表 4-10 所示的十个方面，然后按如下步骤分析：

1）按照指标对承包人完成该项目的相对重要性，分别为其确定权数。

2）用指标对投标项目进行衡量，按照模糊数学概念，将各项指标分为好、较好、一般、较差、差五个等级，给各等级赋予定量数值，如以 1.0、0.6、0.8、0.4、0.2 打分。例如承包人的管理条件足以满足项目需要，则将标准条件打为 1.0 分；若管理条件几乎超负荷，则将标准打为 0.2 分。

3）将各项指标权数与等级相乘，求出该指标得分。

4）将总得分与过去投标情况比较或和承包人事先确定的准备接受最低分数线比较。

表 4-10 单纯评分比较法选择投标项目表

投标考虑的指标	权数 ω	等级 c					指标得分 ωc
		好	较 好	一 般	较 差	差	
		1.0	0.8	0.6	0.4	0.2	
技术水平	0.15	√					0.15
机械设备实力	0.05	√					0.05
对风险的控制能力	0.15			√			0.09
实现工期的可能性	0.10			√			0.06
资金支付条件	0.10		√				0.08
与竞争对手实力比较	0.10				√		0.04
与对手投标积极性比较	0.10		√				0.08
今后的机会	0.05				√		0.02
劳务和材料条件	0.05	√					0.05
管理的条件	0.15		√				0.12
$\sum \omega c$							0.74

【案例4-2】是一个应用的例子，它有两个作用：一是对某一个招标项目投标机会作出评价，即利用本企业过去的经验，确定一个 $\sum \omega c$ 值，例如0.70以上即可投标；二是可用以比较若干个同时可以考虑投标的项目，选择 $\sum \omega c$ 值较高的一个或几个项目作为重点，投入足够的投标资源。

在选择投标项目时应注意不能单纯看 $\sum \omega c$ 值，还要分析一下权数大的几个项目，也就是要分析重要指标的等级，如果太低，也不宜投标。

（2）加权评分比较法 以表4-11说明加权评分法，其分析步骤如下：

首先，设10条标准的理论总价值为100，按照10条标准各自对于承包商的相对重要性，分4级确定权数 R_i；即5、10、15、20，总和为100。

其次，根据承包商现状和可能采取的措施，对照招标项目，看承包商能达到10条评价标准的水平，确定出各条标准的价值系数（P_i），使其值 $0 \leqslant P_i \leqslant 1$：

$$V_i = P_i R_i \qquad V = \sum V_i = \sum P_i R_i$$

最后，依据事先决定的承包商可以参加投标的价值标准，若投标机会价值大于可投标价值标准，则可以参加投标，对该工程投标的实际价值（74.5）大于可投标价值标准（70.0），可以参加投标。

表 4-11 加权评分比较法选择投标项目表

投标考虑的指标	权数 R_i	价值系数 P_i	实际价值 $V_i = P_i R_i$
技术水平	15	1.0	15.0
机械设备实力	5	0.9	4.5
对风险的控制能力	15	0.7	10.5

（续）

投标考虑的指标	权数 R_i	价值系数 P_i	实际价值 $V_i = P_i R_i$
实现工期的可能性	10	0.6	6.0
资金支付条件	10	0.8	8.0
与竞争对手实力比较	10	0.3	3.0
与对手投标积极性比较	10	0.8	8.0
今后的机会	5	0.5	2.5
劳务和材料条件	5	1.0	5.0
管理的条件	15	0.8	12.0
$\sum V_i = P_i R_i$			74.5

2. 决策树法

决策树（Decision Tree）是模仿树木生枝成长过程，以方框和圆圈为节点，并由直线连接而成的一种树枝形状的结构，其中方框代表决策点，圆圈代表机会点；从决策点画出的每条直线代表一个方案，叫做方案枝，从机会点画出的每条直线代表一种自然状态，叫做概率枝。决策树的画法如图4-5所示。

决策树法是适用于风险型决策分析的一种简便易行的适用方法，其特点是用一种树状图表示决策的过程，通过事件出现的概率和损益期望值的计算比较，可帮助决策者对行动方案

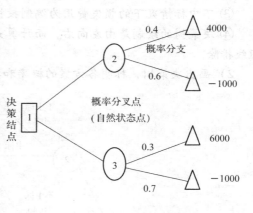

图4-5 决策树原理图

做出选择。当投标人不考虑竞争对手的情况，仅根据自己的实力决定某些招标工程是否投标及如何报价时，则适用于决策树法进行分析[⊖]。

下面举例说明决策树方法在投标决策中的应用。

【**案例4-2**】 某公司面临 A、B 两工程项目投标，因受本单位资源条件的限制，只能选择其中一个项目投标，或者两个项目均不投标。根据过去类似项目投标的经验数据，A 工程投高标的中标概率为0.3，投低标的中标概率为0.6，编制投标文件的费用为3万元；B 工程投高标的中标概率为0.4，投低标的中标概率为0.7，编制投标文件的费用为2万元。各方案管理的效果、概率及损益情况见表4-12。问题：试运用决策树法进行投标决策。

⊖ 决策树法应具备风险型决策的五个条件：① 存在着决策者希望达到的目标（利润最大或亏损最小）；② 存在着可供决策者选择的2个或2个以上的行动方案，如投标、不投标；③ 存在着2个或2个以上不以人的意志为转移的自然状态，如效益的好、中、差；④ 不同的行动方案在不同的自然状态下的相应损益值可以计算出来；⑤ 各种自然状态出现的概率，决策者可以预先估算或计算出来。

表4-12 各投标方案概率及损益表

方 案	效 果	概 率	损益值/万元	方 案	效 果	概 率	损益值/万元
A高	好	0.3	150	A低	好	0.2	110
	中	0.5	100		中	0.7	60
	差	0.2	50		差	0.1	0
B高	好	0.4	110	B低	好	0.2	70
	中	0.5	70		中	0.5	30
	差	0.1	30		差	0.3	−10
不投			0				

解答:

1）从以下要点进行分析:

① 要求熟悉决策树法的适用条件，能根据给定条件正确画出决策树;

② 能正确计算各机会点的数值，进而作出决策;

③ 不中标情况下的损失费用为编制投标文件的费用;

④ 决策树的绘制是由左向右，而计算是自右向左，最后将决策方案以外的方案枝用两短线排除。

2）画出决策树，标明各方案的概率和损益值，如图4-6所示。

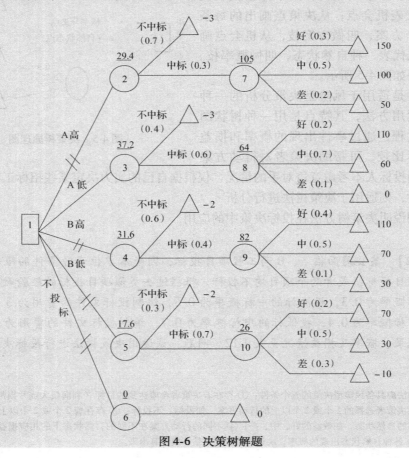

图4-6 决策树解题

3）计算图中各机会点的期望值（将计算结果标在各机会点上方）。

点7：$(150 \times 0.3 + 100 \times 0.5 + 50 \times 0.2)$ 万元 = 105 万元

点2：$(105 \times 0.3 - 3 \times 0.7)$ 万元 = 29.4 万元

点8：$(110 \times 0.2 + 60 \times 0.7 + 0 \times 0.1)$ 万元 = 64 万元

点3：$(64 \times 0.6 - 3 \times 0.4)$ 万元 = 37.2 万元

点9：$(110 \times 0.4 + 70 \times 0.5 + 30 \times 0.1)$ 万元 = 82 万元

点4：$(82 \times 0.4 - 2 \times 0.6)$ 万元 = 31.6 万元

点10：$(70 \times 0.2 + 30 \times 0.5 - 10 \times 0.3)$ 万元 = 26 万元

点5：$(26 \times 0.7 - 2 \times 0.3)$ 万元 = 17.6 万元

点6：0

4）选择最优方案。

因为点3的期望值最大，故应投A工程投低标。

4.4.2 投标方案的选择方法

1. 概率分析法的基本原理

投标方案的选择中概率分析法是比较科学的一种优选方法。概率分析法适用于考虑了竞争对手的存在，而且研究了某些重要对手的报价行为和中标概率后的报价决策分析。概率分析法主要解决报价时，如何才能确定低于竞争对手又有利可图的报价。

一般来说，投标人在投标竞争中会遇到以下几种情况：一是知道对手是谁，也知道对手有多少；二是知道对手有多少，但不清楚他们是谁；三是既不知道对手是谁；又不知道对手有多少。上述情况可按只有一个对手和多个竞争对手两种情况来分析。只要我们依据一些以往积累的资料和竞争对手的一些情况，认真地加以分析和研究，就能作出具有竞争力的报价。

2. 概率分析法的具体适用

（1）只有一个竞争对手的情况　如果投标人在投标竞争中，已经知道潜在的对手只有一个，这时就要仔细分析平时掌握到的关于这个对手的各种信息，以便准确作出报价决策。首先，平时在各种工程项目开标时，注意收集各竞争对手的报价资料，用以与自己的标价或估价进行比较，以便为今后的投标提供信息。其次，从自身直接和他人间接的历史经验数据收集各类工程的成本资料。最后，投标人还应了解竞争对手投标时的承揽工程的缓急等情况。投标人掌握的资料越准确，其策略成功的机会也会越多。

如果已经知道一个确定的对手，并且掌握了其足够的投标报价信息，那么根据这些信息，就可求出其在历次投标中的报价与估算成本的比值及其出现的概率，并据以算出概率。而后，可计算出本单位不同报价低于对手的不同报价的概率，随后即可通过计算和比较预期利润，来选择最为可取的报价方案。下面举例说明概率分析法的应用。

【案例4-3】 某工程招标，甲单位打算投标，估算工程成本为400万元。假设报价最低者为中标单位。在不考虑竞争对手时，考虑四个报价方案。计算结果见表4-13。

表 4-13 不考虑竞争对手的报价方案

报价方案/万元	估计成本/万元	可能利润 I/万元	中标概率 P	预期利润 PI
A 550		150	0.1	15
B 500	400	100	0.3	30
C 480		80	0.6	48
D 450		50	0.8	40

甲单位积累的对手乙的投标报价情况见表 4-14。

表 4-14 对手乙的投标报价信息

乙的报价 B/估计成本 C	频率 f	概率 $P_b = f/\sum f$
0.8	1	0.01
0.9	2	0.03
1.0	8	0.10
1.1	14	0.19
1.2	22	0.30
1.3	19	0.26
1.4	6	0.08
1.5	2	0.03
合计	74	1.00

计算甲的不同报价 A_i 低于乙的不同报价 B_i 的概率,列于表 4-15 中。

表 4-15 报价概率计算

甲的报价 B/估计成本 C	$A_i < B_i$ 的概率 P	备 注
0.75	1.00	
0.85	0.99	
0.95	0.96	
1.05	0.86	概率 P 为大于 A/C 值的 B/C 值的概率 P_b 之和。即 A/C 值均小于 B/C 值的
1.15	0.67	情况,概率 P_b 之和为中标概率
1.25	0.37	A/C < 1 的报价,都会亏本
1.35	0.11	
1.45	0.03	
1.55	0.00	

计算和比较预期利润,选择最可取的报价方案,计算结果见表 4-16。

表 4-16 预期利润计算表

报价方案 A/C	可能利润 I	中标概率 P	预期利润 PI	选择报价方案
1.05C	0.05C	0.86	0.04C	报价为估计成本 1.15 倍的方案预期利润最高,应该是最可取的报价方案
1.15C	0.15C	0.67	0.10C	
1.25C	0.25C	0.37	0.09C	
1.35C	0.35C	0.11	0.04C	本例估计成本为 400 万元,投标可报价 60 万元,中标概率 0.67,预期利润 40 万元
1.45C	0.45C	0.03	0.01C	
1.55C	0.55C	0.00	0.00C	

(2) 有多(n)个具体对手竞争的情况 承包商在投标时知道具体的竞争对手,并掌握了这些对手过去的投标规律。那么它可以把竞争对手看作单独存在的对手,根据已经掌握的资料,用上述只有一个对手情况下的分析方法,分别求出自己的报价低于每个对手报价的概率。由于每个对手的投标报价是互不相干的独立时间,根据概率论,它们同时发生的概率等于他们各自概率的乘积,用公式表示为:

$$P = P_1 P_2 P_3 \cdots P_n = \Pi P_i$$

求出 P 之后,按只有一个对手的情况分析就行了。

【案例 4-4】 甲承包商在一个工程项目投标中,要与乙、丙、丁三个对手竞争($n=3$)。根据所掌握的资料,分析得出对三个对手单独投标取胜的概率,见表 4-17。

表 4-17 三个对手单独投标取胜的概率计算

A/C	投标单位对其对手投标取胜的概率		
	$P_乙$	$P_丙$	$P_丁$
0.75	1.00	1.00	1.00
0.85	0.99	0.99	1.00
0.95	0.96	0.96	0.98
1.05	0.86	0.86	0.80
1.15	0.67	0.69	0.70
1.25	0.37	0.36	0.60
1.35	0.11	0.16	0.27
1.45	0.03	0.03	0.09
1.55	0.00	0.00	0.00

预期利润计算和报价方案选择见表 4-18。

表 4-18 与三个对手竞争的预期利润

报价方案	可能利润 I	$p = \Pi P_i$	PI	选择报价方案
1.05C	0.05C	0.59	0.03C	报价为估计成本 1.15 倍的方案预期利润最高,应该是最可取的报价方案
1.15C	0.15C	0.32	0.05C	
1.25C	0.25C	0.08	0.02C	
1.35C	0.35C	0.01	0.004C	由于竞争对手的增加,中标概率和预期利润都会降低
1.45C	0.45C	0.00	0.00C	
1.55C	0.55C	0.00	0.00C	

（3）有多（n）个不具体对手竞争的情况 如果投标人知道竞争者的数量，但不知道对手是谁时，就必须将其投标策略做一些调整。在这种情况下，投标人最好的办法是假设在这些竞争者中有一个平均值，先从这些对手那里收集他们的信息，并且将这些信息汇集起来，得出想象的"平均对手"的概率。也可以利用已收集到的具有一定代表性单位的资料，不论这个单位是否参加投标，只要它能代表"平均对手"，均可以拿来分析研究。因为它对这些对手来说具备代表性。这样，投标人就可以按照前述的方法求出报价能击败这个平均对手的概率，然后再计算出战胜所有对手的概率和预期利润利并最终求得最佳报价。此法称为"平均对手法"。由于 n 个具体的对手，变成了 n 个平均竞争对手，则报价低于 n 个对手的概率 P 等于 n 个平均对手的概率 P_0 的乘积，即：

$$P = (P_0)^n$$

求出了 P，就可以按不同报价方案分析、确定最佳的投标策略。

（4）既不知道对手数量，也不知对手是谁的情况 在投标竞争中，投标人如果既不知道对手的数量，也不知道对手是谁时，就会处于很被动的位置。为了尽可能掌握主动，这种情况下必须预先估计对手的数量，还要顾及每个对手可能参加投标的概率，然后按照平均对手法，计算参加投标的最佳报价。

在此需特别强调的是，用定量分析方法时，必须结合实际情况，根据主观判断，做一些必要的调整。因为数量分析的基础大多是建立在过去的统计数据之上，且影响投标的许多主观因素并非数量分析所能包括的，而投标市场并非千篇一律，经常受到当时具体情况的影响。这就客观上要求投标企业在运用量化分析时，借助因经验形成的科学的主观判断。

4.5 投标文件的编制与递交

4.5.1 投标文件的主要内容

投标文件（标书）是投标人根据招标文件的要求对其所提供的货物、工程或服务作出的价格和其他责任的承诺，它体现了投标方对该项目的兴趣和对该项目执行的能力和计划，是招标人选择和衡量投标方的重要依据。在传统的合同管理模式中，依"镜子反射原则"投标人发出的要约文件（投标文件）必须与招标人制定的要约邀请文件（招标文件）相一致，也就是说，投标文件必须全面、充分地反映招标文件中关于法律、商务、技术的条件、条款。通常在投标人须知中规定投标文件必须具备：完整性、符合性、响应性，否则将导致其投标被拒绝。工程建设项目的投标文件根据《行业标准施工招标文件》（2010）的规定，一般由下列内容组成：

1）投标函及投标函附录。
2）法定代表人身份证明或附有法定代表人身份证明的授权委托书。
3）联合体协议书。
4）投标保证金。
5）已标价的工程量清单与报价表。
6）施工组织设计。
7）项目管理机构。
8）拟分包计划表。

9）资格审查资料（资格预审的不采用）。

10）"投标人须知前附表"规定的其他材料。

投标人必须使用招标文件提供的投标文件表格格式，但表格可以按同样格式扩展。下面参考几个主要格式。

（1）投标函及投标函附录　具体如下：

投标函

致：_____（招标人名称）

在考察现场并充分研究_____（项目名称）_____标段（以下简称"本工程"）施工招标文件的全部内容后，我方兹以：

人民币(大写)：_____元

RMB ￥：_____元

的投标价格和按合同约定有权得到的其他金额，并严格按照合同约定，施工、竣工和交付本工程并维修其中的任何缺陷。

在我方的上述投标报价中，包括：

安全文明施工费 RMB ￥：_____元

暂列金额(不包括计日工部分)RMB ￥：_____元

专业工程暂估价 RMB ￥：_____元

如果我方中标，我方保证在_____年_____月_____日或按照合同约定的开工日期开始本工程的施工，_____天（日历日）内竣工，并确保工程质量达到_____标准。我方同意本投标函在招标文件规定的提交投标文件截止时间后，在招标文件规定的投标有效期期满前对我方具有约束力，且随时准备接受你方发出的中标通知书。

随本投标函递交的投标函附录是本投标函的组成部分，对我方构成约束力。

随同本投标函递交投标保证金一份，金额为人民币（大写）：_____元（￥：元）。

在签署协议书之前，你方的中标通知书连同本投标函，包括投标函附录，对双方具有约束力。

投标人（盖章）：

法人代表或委托代理人（签字或盖章）：

日期：_____年_____月_____日

备注：采用综合评估法评标，且采用分项报价方法对投标报价进行评分的，应当在投标函中增加分项报价的填报。

投标函附录

工程名称：_____（项目名称）____标段

序　号	条款 内容	合同条款号	约定 内容	备　注
1	项目经理	1.1.2.4	姓名：_____	
2	工期	1.1.4.3	_____日历天	
3	缺陷责任期	1.1.4.5		
4	承包人履约担保金额	4.2		

（续）

序 号	条 款 内 容	合同条款号	约 定 内 容	备 注
5	分包	4.3.4	见分包项目情况表	
6	逾期竣工违约金	11.5	_____元/天	
7	逾期竣工违约金最高限额	11.5	_____	
8	质量标准	13.1		
9	价格调整的差额计算	16.1.1	见价格指数权重表	
10	预付款额度	17.2.1		
11	预付款保函金额	17.2.2		
12	质量保证金扣留百分比	17.4.1		
	质量保证金额度	17.4.1		
…	…			

备注：投标人在响应招标文件中规定的实质性要求和条件的基础上，可做出其他有利于招标人的承诺。此类承诺可在本表中予以补充填写。

投标人（盖章）：

法人代表或委托代理人（签字或盖章）：

日期：____年____月____日

价格指数权重表

名 称		基本价格指数		权 重			价格指数来源
		代 号	指 数 值	代 号	允 许 范 围	投标人建议值	
定值部分				A			
变值部分	人工费	F_{01}		B_1	____至____		
	钢材	F_{02}		B_2	____至____		
	水泥	F_{03}		B_3	____至____		
	…	…		…	…		
合计						1.00	

备注：在专用合同条款 16.1 款约定采用价格指数法进行价格调整时适用本表。表中除"投标人建议值"由投标人结合其投标报价情况选择填写外，其余均由招标人在招标文件发出前填写。

（2）联合体协议书 具体格式如下：

联合体协议书

牵头人名称：_____

法定代表人：_____

法定住所：_____

成员二名称：_____

法定代表人：_____

法定住所：_____

...

鉴于上述各成员单位经过友好协商，自愿组成_____（联合体名称）联合体，共同参加_____（招标人名称）（以下简称招标人）_____（项目名称）_____标段（以下简称本工程）的施工投标并争取赢得本工程施工承包合同（以下简称合同）。现就联合体投标事宜订立如下协议：

1. _____（某成员单位名称）为_____（联合体名称）牵头人。

2. 在本工程投标阶段，联合体牵头人合法代表联合体各成员负责本工程投标文件编制活动，代表联合体提交和接收相关的资料、信息及指示，并处理与投标和中标有关的一切事务；联合体中标后，联合体牵头人负责合同订立和合同实施阶段的主办、组织和协调工作。

3. 联合体将严格按照招标文件的各项要求，递交投标文件，履行投标义务和中标后的合同，共同承担合同规定的一切义务和责任，联合体各成员单位按照内部职责的部分，承担各自所负的责任和风险，并向招标人承担连带责任。

4. 联合体各成员单位内部的职责分工如下：_____。按照本条上述分工，联合体成员单位各自所承担的合同工作量比例如下：_____。

5. 投标工作和联合体在中标后工程实施过程中的有关费用按各自承担的工作量分摊。

6. 联合体中标后，本联合体协议是合同的附件，对联合体各成员单位有合同约束力。

7. 本协议书自签署之日起生效，联合体未中标或者中标时合同履行完毕后自动失效。

8. 本协议书一式_____份，联合体成员和招标人各执一份。

牵头人名称：_____（盖单位章）

法定代表人或其委托代理人：_____（签字）

成员二名称：_____（盖单位章）

法定代表人或其委托代理人：_____（签字）

...

_____年_____月_____日

备注：本协议书由委托代理人签字的，应附法定代表人签字的授权委托书。

（3）投标保证金　具体格式如下：

投标保证金

保函编号：_____

_____（招标人名称）：

鉴于_____（投标人名称）（以下简称"投标人"）参加你方_____（项目名称）____标段的施工投标，_____（担保人名称）（以下简称"我方"）受该投标人委托，在此无条件地、不可撤销地保证：一旦收到你方提出的下述任何一种事实的书面通知，在7日内无条件地向你方支付总额不超过_____（投标保函额度）的任何你方要求的金额：

1. 投标人在规定的投标有效期内撤销或者修改其投标文件。

2. 投标人在收到中标通知书后无正当理由而未在规定期限内与贵方签署合同。

3. 投标人在收到中标通知书后未能在招标文件规定期限内向贵方提交招标文件所要求的履约担保。

本保函在投标有效期内保持有效，除非你方提前终止或解除本保函。要求我方承担保证责任的通知应在投标有效期内送达我方。保函失效后请将本保函交投标人退回我方注销。

本保函项下所有权利和义务均受中华人民共和国法律管辖和制约。

　　　　　担保人名称：_____（盖单位章）
　　　　　法定代表人或其委托代理人：_____（签字）
　　　　　地　　　址：_____
　　　　　邮政编码：_____
　　　　　电　　　话：_____
　　　　　传　　　真：_____

　　　　　　　　　　　　　　　　　_____年_____月_____日

备注：经过招标人事先的书面同意，投标人可采用招标人认可的投标保函格式，但相关内容不得背离招标文件约定的实质性内容。

一份真实和完整的投标文件一般包括封面、投标函及投标函附录、正文、附件等四部分。其中正文部分可以划分为商务部分（Commercial Proposal）与技术部分（Technical Proposal），标书的附件是对标书正文重要内容的补充和细化。此部分主要以图表、需单列的演算过程、从业资格和企业获奖证书复印件、保函、报价单、资信证明文件、解释说明等形式出现。

表4-19是一个总承包商投标的典型内容，在工程投标中，可以根据实际情况，对内容和长度进行调整。编写全新的文件往往是费时费力，但在已有的文本上进行修改情况会好得多。全新文本是针对该项目重新编写的部分，通常由投标经理来编写，其特点是必须具有相当的说服力；有部分改动的标准文本是以投标人原有的文件资料为基础，根据当前投标项目的特点进行改写而成；标准文本没有改动是指一些标准的投标人文本，可以直接加入标书中。这类文件主要是指一些经常更新的投标人的资质资料、投标人的资源设施和过去的业绩等。

表4-19　典型的总承包项目投标文件结构与篇幅设计

投标要求	指导思想	提供文件的种类	文件数量	文本类型
1. 招标方要求的服务	认真阅读投标邀请（Invitation to Bid），了解招标方的要求和项目细节	标书的封面信函（表明对招标方的感谢和对核心内容的确认）	1页	全新文本
2. 全面分析和理解招标方的要求	列出项目的所有参数、问题和困难所在，从一开始就应该让招标方清楚他们只有接受你的标书才能获得最大的好处。而不能指望招标方花时间来判断标书的质量	（1）分析招标方的要求 （2）简略地描述解决问题的方针和策略	3~4页	全新文本

（续）

投标要求	指导思想	提供文件的种类	文件数量	文本类型
3. 说明将如何具体来执行项目和解决问题	给出项目管理、设计服务、技术工艺技术、总图布置、设备表、项目进度、采购计划和施工方案等项目执行的细节，即一个完整的项目描述。 注意：不要提供与解决问题无关的一些投标方介绍资料，真正有说服力的是投标方能够执行项目的能力	（1）项目组织机构 （2）项目进度 （3）项目执行计划 （4）人员安排 （5）工艺技术 （6）装置描述 （7）设计标准 （8）服务分工 （9）设备材料采购分工 （10）项目施工方案	50～100 页	采用75%的标准文本和25%的微小改动
4. 说明过去解决类似问题的经历和经验	提供过去执行过的与当前项目相类似的项目的细节和经验	（1）相似装置的描述 （2）过去的管理方式 （3）最近的工程项目业绩	3～4 页	标准文本
5. 说明能支持该项目的资源	提供所具有的设备装置的情况、人员水平、技术支持软件、特殊的工程技术、标准的工程设计程序、质量管理程序等	（1）投标方的人员简历 （2）软硬件情况 （3）办公设施 （4）管理体制和程序	50 页	标准文本
6. 其他有用的参考	把一些介绍性的信息和文件放到标书的后面	（1）投标方的介绍 （2）投标方的年报 （3）质量手册 （4）程序文件 （5）其他的资质说明	100 页	标准文本
7. 执行该项目招标方将支付的费用	尽可能使价格处于普通价位，本部分一般单独列为商务标书	（1）价格 （2）支付时间表 （3）装置交付 （4）技术保证 （5）责任和义务 （6）一般的合同条款 （7）执行条件 （8）投标保函 （9）法律仲裁 （10）银行证明 （11）融资计划 （12）其他商务条款	5～15 页	1/3 的新文本，1/3 的标准文本并有改动，1/3 的标准文本没有改变

4.5.2　投标文件的编写技巧

由于投标文件既要体现投标方本身的技术能力，又要说明投标方对该项目的技术方案和执行计划，这就使得标书内容十分繁杂。内容杂乱、层次不清的标书会使招标方对投标方的影响大打折扣，导致投标失败。因此，掌握标书编写的技巧是必要的。

1. 投标文件编写中存在的问题

投标工作的独特性主要体现在每本标书的内容构成上，通常在标书编写中存在以下几方面的问题：

1）通篇是平淡乏味的技术描述。

2）对任何项目或招标方都反复使用投标方的一些标准文本，没有针对招标方的问题，充分满足招标方的需要。

3）过分拘泥于招标方的招标要求。

4）缺乏具体的执行方案，没有实质性的内容，仅有一些投标方的夸大性词语。

5）过分强调一些责任条款。

2. 标书编写技巧

投标文件不是一份技术报告，而是投标单位向招标方推销自己的一份文件。其目的是让业主来认可你，选择你。因此，承约企业的投标文件应突出以下几点：

1）表明已完全理解招标方的要求，并能够按照招标文件的要求执行项目。

2）告诉招标方过去解决与此类似问题的经验。

3）表明能为业主提供更大的价值或能够更好地解决问题。

4）告诉招标方具体解决问题的方案和资源。

5）针对目标项目，体现企业的优势。

6）力求简明扼要。

7）切勿脱离实际。

4.5.3 投标文件的编制要求

1. 一般要求

1）投标文件中的每一空白都须填写。如有空缺，则被认为放弃意见，如果因此被认为是对招标文件的非实质性响应，将会导致废标；如果是报价中的某一项或几项重要数据未填写，一般认为，此项费用已包含在其他项单价和合价中，从而此项费用将得不到支付，投标人不得以此为由提出修改投标、调整报价或提出补偿等要求。

2）填报文件应当反复校对，保证分项、汇总、大写数字计算均无错误。

3）递交的全部文件每页均须签字，如填写中有错误而不得不改，应在修改处签字。

4）最好是用打字方式填写投标文件，或者用钢笔或碳素笔用正楷字填写。

5）不得改变标书的格式，如原有格式不能表达投标意图，可另附补充说明。

6）投标文件应当保持整洁，纸张统一，字迹清楚，装订美观大方，使评标专家从侧面认可投标企业的实力。

7）投标人在投标文件中应明确标明"投标文件正本"和"投标文件副本"及其份数，若投标文件的正本与副本不一致时，以正本为准。投标文件应加盖投标单位法人公章和法定代表人或其委托代理人的印鉴。

8）应当按规定对投标文件进行分装和密封，按规定的日期和时间检查投标文件后一次递交。

2. 技术标编制的要求

由于技术标要求能让评标委员会的专家们在较短的时间内，发现标书的价值和独到之处，从而给予较高的评价，因此技术标编制应注意以下问题：

（1）针对性 实践中，许多标书为了"上规模"，将技术标做得很厚，而其内容多为对规范标准的成篇引用或对其他项目标书的成篇抄袭，因而使标书毫无针对性，该有的内容没有，无需的内容却充斥标书。这样的标书常常引起评标专家的反感，因而导致技术标严重失分。

（2）全面性　评标办法中对技术标的评分标准一般都分为许多项目，并分别被赋予一定的评分分值。技术标内容不能发生缺项，否则缺项部分被评为零分会大大降低中标概率。另外，对一般项目而言，评标专家往往没有时间对技术标进行深入的分析。因此，只要有关内容齐全，且无明显的低级错误或理论错误，技术标不会多扣分。

（3）先进性　没有技术亮点，没有特别吸引招标人的技术方案，是不可能获得高分的。因此，标书编制时，投标人应仔细分析招标人的关注点，在这些点上采用先进的技术、设备、材料或工艺，使标书对招标人和评标专家产生更强的吸引力。

（4）可行性　为了凸显技术标的先进性，切勿盲目提出不切实际的施工方案、设备计划。这都会给日后的具体实施带来困难，甚至导致建设单位或监理工程师提出违约指控。

（5）经济性　施工方案的经济性，直接关系到承包商的效益。另外，经济合理的施工方案，能降低投标报价，使报价更有竞争力。

4.5.4　投标文件的递交

1. 投标文件的密封与标志

1）投标单位应将投标文件的正本和副本分别密封在内层包封内，再密封在一个外层包封内，并在内包封上注明"投标文件正本"或"投标文件副本"；在内层包封和外层包封口，加封条密封，并在齐缝处加盖法人印章。

2）外层和内层包封上都应写明招标单位和地址，合同名称、投标编号并注明开标时间以前不得开封。在内层包封上还应写明投标单位的邮政编码、地址和名称，以便投标出现逾期送达时能原封退回。

3）对于银行出具的投标保函，要按招标文件中所附的格式由公司业务银行开出，银行保函可用单独的信封密封，在投标致函内也可以附一份复印件，并在复印件上注明"原件密封在专用信封内，与本投标文件一并递交"。

2. 投标文件递交

投标单位应在招标文件中规定的投标截止日期之前递交投标文件。因补充通知、修改招标文件而酌情延长投标截止日期的，招标和投标单位截止日期方面的全部权利、责任和义务，将适用延长后新的投标截止日期。在递交投标文件后到投标截止时间之前，投标人可以对所提交的投标文件进行修改或撤回，但所递交的修改或撤回通知必须按招标文件的规定进行编制、密封和标志。递交投标文件不宜过早，以防市场和竞争对手的变化。

4.6　施工组织设计

4.6.1　施工组织设计的概念

施工组织设计是指导拟建工程施工全过程各项活动的技术、经济和组织的综合性文件。它分为招投标阶段编制的施工组织设计和接到施工任务后编制的施工组织设计。前者其深度和范围都比不上后者，是初步的施工组织设计。如中标再编制详细而全面的施工组织设计。初步的施工组织设计一般包括进度计划和施工方案等。也有学者认为前者仅能称之为施工规划，其深度和广度都比不上施工组织设计[一]。

招标人将根据施工组织设计的内容评价投标人是否采取了充分和合理的措施，保证按期完成工程施工任务。另外，编制一个进度安排合理、施工方案选择恰当的施工组织设计可以大大降低标价，提高竞争力。

4.6.2 编制原则和编制依据

1. 编制原则

1）认真贯彻国家对工程建设的各项方针和政策，严格执行建设程序。

2）科学地编制进度计划，严格遵守招标文件中要求的工程竣工及交付使用期限。

3）遵循建筑施工工艺和技术规律，合理安排工程施工程序和施工顺序。

4）在选择施工方案时，要积极采用新材料、新设备、新工艺和新技术，努力为新结构的推行创造条件；要注意结合工程特点和现场条件，使技术的先进适用性和经济合理性相结合；要符合施工验收规范、操作规程的要求和遵守有关防火、保安及环卫等规定，确保工程质量和施工安全。

5）对于那些必须进入冬、雨期施工的工程项目，应落实季节性施工措施，保证全年的施工生产的连续性和均衡性。

6）尽量利用正式工程、已有设施，减少各种临时设施；尽量利用当地资源，合理安排运输、装卸与储存作业，减少物资运输量，避免二次搬运；精心进行场地规划布置，节约施工用地，不占或少占农田。

7）必须注意根据构件的种类、运输和安装条件以及加工生产的水平等因素，通过技术经济比较，恰当地选择预制方案或现场浇注方案。确定预制方案时，应贯彻工厂预制与现场预制相结合的方针，取得最佳的经济效果。

8）充分利用现有机械设备，扩大机械化施工范围，提高机械化程度。

9）要贯彻"百年大计、质量第一"和预防为主的方针，制定质量保证的措施，预防和控制影响工程质量的各种因素。

10）要贯彻安全生产的方针，制定安全保证措施。

2. 编制依据

施工组织设计应以工程对象的类型和性质、建设地区的自然条件和技术经济条件及企业收集的其他资料等作为编制依据。主要应包括：

1）工程施工招标文件、复核了的工程量清单及开工、竣工的日期要求。

2）施工组织总设计对所投标工程的有关规定和安排。

3）施工图纸及设计单位对施工的要求。

4）建设单位可能提供的条件和水、电等的供应情况。

5）各种资源的配备情况如机械设备来源、劳动力来源等。

6）施工现场的自然条件、现场施工条件和技术经济条件资料。

7）有关现行规范、规程等资料。

㊀ 陈正，涂群岚. 建筑工程招投标与合同管理实务. 北京：电子工业出版社，2006，83.

4.6.3　编制程序

施工组织设计是施工企业控制和指导施工的文件，必须结合工程实体，内容要科学合理。在编制前应会同各有关部门及人员，共同讨论和研究施工的主要技术措施和组织措施。施工组织设计的编制程序如图 4-7 所示。

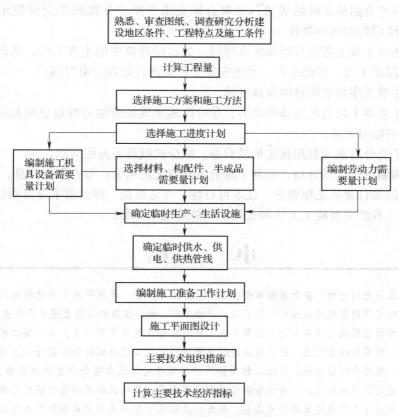

图 4-7　施工组织设计的编制程序

4.6.4　施工组织设计的主要内容

投标文件中施工组织设计一般应包括：综合说明；施工方案及技术措施；施工现场平面平面布置图（投标人应递交一份施工总平面图，绘出现场临时设施布置图表并附文字说明，说明临时设施、加工车间、现场办公、设备及仓储、供电、供水、卫生、生活、道路、消防等设置的情况和布置）；质量保证体系及措施；施工进度计划和保证措施（包括网络进度计划、保障进度计划），施工机械设备的选用；劳动力及材料供应计划；安全生产、文明施工措施；环境保护、成本控制措施等主要内容。另外还可根据招标项目情况列出承包人自行施工范围内拟分包的非主体和非关键性工作的材料计划和劳动力计划；成品保护和工程保修工作的管理措施和承诺；任何可能的紧急情况的处理措施、预案以及抵御风险的措施，对总包管理的认识以及对专业分包工程的配合、协调、管理、服务方案；与发包人、监理及设计人的配合；采用新技术新工艺专利技术等内容。具体所写内容要看招标文件的具体要求。

4.6.5 技术标中的施工组织设计要点

在投标阶段编制的进度计划不是施工阶段的工程施工计划，可以粗略一些。一般用横道图表示即可，除招标文件专门规定必须用网络图以外，不一定采用网络计划。在编制进度计划时要考虑和满足以下要求：

1）总工期符合招标文件的要求；如果合同要求分期、分批竣工交付使用，应标明分期、分批交付使用的时间和数量。

2）表示各项主要工程的开始和结束时间。如房屋建筑中的土方工程、基础工程、混凝土结构工程、屋面工程、装修工程、水电安装工程等的开始和结束时间。

3）体现主要工序相互衔接的合理安排。

4）有利于基本上均衡地安排劳动力，尽可能避免现场劳动力数量急剧起落，这样可以提高工效和节省临时设施。

5）有利于充分有效地利用施工机械设备，减少机械设备占用周期。

6）便于编制资金流动计划，有利于降低流动资金占用量，节省资金利息。

施工方案的制订要从工期要求、技术可行性、保证质量、降低成本等方面综合考虑，选择和确定各项工程的主要施工方法和适用、经济的施工方案。

小　结

取得招标信息并进行分析、参加资格审查、组建投标工作班子、研究招标文件是投标前重要的几项工作。其中研究招标文件时着重通读招标文件条款、评标方法、合同条款和工程量清单等内容。

我国工程投标价按费用构成要素划分主要由人工费、材料（包含工程设备）费、施工机具使用费、企业管理费、利润、规费和税金组成。按工程造价形成顺序划分，工程投标价由分部分项工程费、措施项目费、其他项目费、规费和税金组成，国际工程投标价的各项费用体现在报价中有组成分部分项工程单价、单独列项、分摊进单价三种形式。三者包含内容并无实质差异，但组成形式和投标报价方法存在差异。本章将综合单价法对应于工程量清单计价来讲解。另外，虽然我国综合单价法是国际化的体现，但它不同于国际工程综合单价法的全费用综合单价，是部分费用综合单价。

投标策略与投标决策是两个相互联系的不同的范畴。投标决策包括投标与否、投标项目选择、判断投标资源的投入量、确定报价策略、报价决策、风险决策等内容。投标策略中的不平衡报价法、突然降价法、增加建议方案法等多种投标技巧的有效利用可辅助中标。评分法、决策树法、概率分析法等量化分析法有助于优选投标项目与投标方案。

编制投标文件应做到内容的完整性、符合性、响应性，还应注重编写技巧和编写要求。

招投标阶段的施工组织设计是施工企业控制和指导施工的文件，内容要科学合理。其深度和范围不及施工阶段的，是初步的施工组织设计。

技能训练

选取某工程案例作为第三、四章技能训练的样本，要求有比较详细的图纸和项目概况，并将学生分成几个团队。

训练任务1：编制资格预审申请文件并评审

　　将第三章编制好的资格预审文件发给各投标小组，学生根据素材库、案例文件编写资格预审申请文件，学生编制资格预审申请文件时不要求按照实际业务编制全部内容，但必须包括资格预审文件中主要表格部分的内容。

　　团队内部推选 5~7 名代表组成资格审查委员会，团队之间互相进行资格审查，按照资格预审文件的要求和程序对资格预审申请文件进行审查。

　　训练任务 2：编制投标文件

　　按照第三章招标文件中有关投标文件的相关要求编写投标文件。将每个投标小组成员进行任务分解，分别完成核实工程量、组价、技术标编制、标书汇总等各项任务。实际操作中可运用相关的工程造价软件进行工程量核算和组价，并打印系列报表，形成纸质版和电子版投标文件。

第5章

开标、评标与定标

本章概要

　　开标、评标是决定中标人的关键环节，不同的评标方法推荐（确定）的中标候选人（中标人）可能截然不同。本章主要介绍了开标程序、评标原则、评标方法、定标和授标的程序、中标人的条件和义务等内容。通过本章教学，使读者熟悉开标的程序与相关规定，掌握评标的方法与程序，中标人的条件与法定义务；熟知开标时无效标书和评标时的各种特殊情况。

　　【引导案例】某办公楼施工招标、开标与评标

　　某办公楼的招标人于 2002 年 10 月 11 日向具备承担该项目能力的 A、B、C、D、E 共 5 家投标单位发出投标邀请书。其中说明：10 月 17～18 日 9：00～16：00 在该招标人总工程师室领取招标文件，11 月 8 日 14：00 为投标截止时间。5 家投标单位均接受邀请，并按规定时间提交了投标文件。但投标单位 A 在送出投标文件后发现报价估算有较严重的失误，遂赶在投标截止时间前 10 分钟递交了一份书面申明，撤回已提交的投标文件。

　　开标时，由招标人委托的市公证处人员检查投标文件的密封情况，确认无误后由工作人员当众拆封。由于投标单位 A 已撤回投标文件，故招标人宣布有 B、C、D、E 共 4 家投标单位投标，并宣读该 4 家投标单位的投标价格、工期和其他主要内容。评标委员会委员由招标人直接确定，共由 7 人组成，其中招标人代表 2 人，本系统技术专家 2 人、经济专家 1 人，外系统技术专家 1 人、经济专家 1 人。

　　在评标过程中，评标委员会要求 B、D 两投标人分别对其施工方案作详细说明，并对若干技术要点和难点提出问题，要求其提出具体、可靠的实施措施。作为评标委员会的招标人代表希望投标单位 B 再适当考虑一下降低报价的可能性。按照招标文件中确定的综合评标标准，4 个投标人综合得分从高到低的依次顺序为 B、D、C、E，故评标委员会确定投标单位 B 为中标人。由于投标单位 B 为外地企业，招标人于 11 月 10 日将中标通知书以挂号信方式寄出，投标单位 B 于 11 月 14 日收到中标通知书。

　　由于从报价情况来看，4 个投标人的报价从低到高的依次顺序为 D、C、B、E，因此，从 11 月 16 日至 12 月 11 日招标人又与投标单位 B 就合同价格进行了多次谈判，结果投标单位 B 将价格降到略低于投标单位 C 的报价水平，最终双方于 12 月 12 日签订了书面合同。

　　【评析】从背景资料来看，在该项目的开标评标程序中，有以下几个问题值得思考：

1）投标单位 A 在投标截止时间前已撤回投标文件，在开标时是否还需宣读其名称？

2）评标委员会如何组成的问题，是否可以全部由招标人直接确定？

3）招标人是否可要求投标单位 B 考虑降价并就合同价格进行了多次谈判？

4）中标通知书发出后，能不能就价格等实质性问题进行谈判？

5）本案例订立书面合同的时间为 32 天，是否合适？我国的招投标制度对此是否有详细的要求？

5.1 开标

开标，就是招标人在招标文件规定的时间和地点，开启投标人提交的投标文件，公开宣布投标人的名称、投标价格和投标文件中的其他主要内容。开标方式的方式一般有三种：① 公开开标，即通知所有的投标者参加揭标仪式，其他愿意参加者也不限制，当众公开开标；② 有限开标，即邀请所有的投标者或有关人员参加仪式，其他无关人员不得参加开标会议；③ 秘密开标，只有组织招标的成员参加开标，不允许投标者参加开标，然后只将开标的名次结果通知投标人，不公开报价。采用何种开标方式应由招标机构和评标小组决定。我国《招标投标法》要求采用的是公开开标。

5.1.1 开标时间、地点和参与人员

投标截止日后，招标人应在投标有效期内开标、评标和授予合同。我国《招标投标法》规定，开标应当在招标文件确定的提交投标文件截止时间的同一时间公开进行；开标地点应当为招标文件中预先确定的地点。已建立建设工程交易中心的地方，开标应在建设工程交易中心进行。若变更开标日期和地点，应提前 3 天通知投标企业和有关单位。

投标人少于 3 个的，不得开标；招标人应当重新招标。

开标由招标单位或其委托的招标代理机构主持，并邀请所有投标单位的法定代表人或其代理人参加，也可以邀请公证机关代表和上级主管部门参加。主持人按照规定的程序负责开标的全过程，建设行政主管部门和工程招投标监督机构依法实施监督，开标会议可邀请公证部门对开标全过程进行公证。开标过程应当记录，并存档备查。

投标人对开标有异议的，应当在开标现场提出，招标人应当场作出答复，并制作记录。投标人若未派法定代表人或委托代理人出席开标活动，或未在开标记录上签字，视为该投标人默认开标结果。

5.1.2 开标程序

1. 一般程序⊖

1）宣布开标纪律。

2）公布在投标截止时间前递交投标文件的投标人名称，并点名确认投标人是否派人到场。

⊖ 《简明标准施工招标文件》（2012 版），《中华人民共和国标准施工招标文件》（2007 版），以下简称《标准施工招标文件》。

3）宣布开标人、唱标人、记录人、监标人等有关人员姓名。

4）按照"投标人须知前附表"规定检查投标文件的密封情况。

5）按照"投标人须知前附表"规定确定并宣布投标文件开标顺序。

6）设有标底的，公布标底（即标底在开标前应当保密）。

7）按照宣布的开标顺序当众开标，公布投标人名称、投标保证金的递交情况、投标报价、质量目标、工期及其他内容，并记录在案。

8）规定最高投标限价计算方法的，计算并公布最高投标限价[⊖]。

9）投标人代表、招标人代表、监标人、记录人等有关人员在开标记录上签字确认。

10）开标结束。

若采用双信封形式，第一信封（商务及技术文件）的开标程序与上述的一般程序相同。投标文件第二信封（报价清单）不予开封，并交监标人密封保存。招标人将按照规定的时间和地点对投标文件第二信封（报价清单）进行开标。按下列程序进行：

1）宣布开标纪律。

2）当众拆开投标文件第一信封（商务及技术文件）评审结果的密封袋，宣布通过投标文件第一信封（商务及技术文件）评审的投标人名单，并点名确认投标人是否派人到场。

3）宣布开标人、唱标人、记录人、监标人等有关人员姓名。

4）按照"投标人须知前附表"规定检查投标文件的密封情况。

5）按照"投标人须知前附表"规定确定并宣布投标文件开标顺序。

6）按照宣布的开标顺序对通过投标文件第一信封（商务及技术文件）评审的投标文件第二信封（报价清单）当众开标，公布投标文件第二信封（报价清单）的投标人名称、标段名称、投标报价，并记录在案。

7）投标人代表、招标人代表、监标人、记录人等有关人员在开标记录上签字确认。

8）开标会议结束。

第二信封（报价清单）开标过程中，若招标人发现投标人未在报价清单汇总表上填写投标总价，招标人应如实记录并经监标人签字确认后提交给评标委员会。

若招标人宣读的内容与投标文件不符时，投标人有权在开标现场提出异议，经监标人当场核查确认之后，可重新宣读其投标文件。若投标人现场未提出异议，则认为投标人已确认招标人宣读的内容。

2. 密封情况检查

由投标人或其推选的代表检查投标文件的密封情况；招标人委托公证机关的，可由公证机关检查并公证。投标文件如果没有密封或发现曾被打开过的痕迹，应被认定为无效的投标，不予宣读。一般情况下，投标文件是以书面形式，加具签字并装入密封信袋内提交的。所以，无论是邮寄还是直接送达开标地点，所有投标文件都应该是密封的。检查密封情况，就是为了防止投标文件在未密封的状况下失密，从而导致相互串标、更改投标报价等违法行为的发生。招标人在招标文件要求提交投标文件的截止时间前收到的所有投标文件（形式上合格的投标文件），开标时都应当当众予以拆封宣读。投标文件的密封性经确认无误后，

⊖ 为了确保项目预算或建设成本，招标文件明确规定投标价格最高不得超过一定具体的金额，否则将导致废标。最高限价与招标控制价应概念一致，但具体看招标文件规定。有时招标控制价不公开。

按照招标文件规定的开标顺序进行开标，如按标书送达时间或以抽签方式等。

3. 开标记录

开标记录一般应记载案号（有案号的）、招标项目的名称及数量摘要、投标人的名称、投标报价、开标日期、其他必要的事项等内容，并由主持人和其他有关人员签字确认。开标记录表参考格式见表5-1。

表5-1 开标记录表参考格式

_____（项目名称）_____标段施工开标记录表

开标时间_____年_____月_____日_____时_____分

序　号	投标人	密 封 情 况	投标保证金	投标报价/元	质量目标	工期	备注	签　名
招标人编制的标底/招标控制价								

招标人代表：_____ 记录人：_____ 监标人：_____

_____年_____月_____日

5.2 评标

开标后进入评标阶段。评标即按照招标文件事先确定的时间和地点，由评标委员会对投标文件按照招标文件规定的标准和方法进行评比，最后选出中标候选人或中标人。评标是招投标活动的重要环节，是招标能否成功的关键，是确定最佳中标人的必要前提。

5.2.1 评标委员会的组建

1. 评标委员会的组建

我国《招标投标法》第三十七条规定，评标由招标人依法组建的评标委员会负责。评标委员会成员名单在中标结果确定前应当保密。依法必须进行招标的项目，其评标委员会的成员由招标人的代表或其委托的招标代理机构熟悉有相关业务的代表，以及相关的技术、经济等方面的专家组成，成员人数为 5 人以上的单数，其中技术、经济等方面的专家不得少于成员总数的 2/3[⊖]。

依法必须进行招标的项目，为防止招标人在选定评标专家时的主观随意性，（评标委员会的专家成员应当从依法组建的专家库内的相关专家名单中确定）。确定评标专家，可以采取随机抽取或者直接确定的方式。一般项目，可以采取随机抽取的方式；技术复杂、专业性强或者国家有特殊要求的招标项目，采取随机抽取方式确定的专家难以保证胜任的，可以由招标人直接确定。任何单位和个人不得以明示、暗示等任何方式指定或者变相指定参加评标

⊖ 《评标委员会和评标方法暂行规定》第九条规定（计委等七部委 12 号令，2001 年）。

委员会的专家成员。依法必须进行招标的项目，招标人非因《招标投标法》和《招标投标法实施条例》规定的事由，不得更换依法确定的评标委员会成员。更换评标委员会的专家成员应当依照有关规定进行。

有关行政监督部门应当按照规定的职责分工，对评标委员会成员的确定方式、评标专家的抽取过程和评标活动进行监督。行政监督部门的工作人员不得担任本部门负责监督项目的评标委员会成员。

招标人应当根据项目规模和技术复杂程度等因素合理确定评标时间。超过 1/3 的评标委员会成员认为评标时间不够的，招标人应当适当延长。

评标过程中，评标委员会成员有回避事由、擅离职守或者因健康等原因不能继续评标的，应当及时更换。被更换的评标委员会成员作出的评审结论无效，由更换后的评标委员会成员重新进行评审。

2. 评标专家的要求

评标专家应符合下列条件：

1）从事相关专业领域工作满八年并具有高级职称或者同等专业水平。

2）熟悉有关招标投标的法律法规，并具有与招标项目相关的实践经验。

3）能够认真、公正、诚实、廉洁地履行职责。

有下列情形之一的，不得担任评标委员会成员：投标人或者投标人主要负责人的近亲属；项目主管部门或者行政监督部门的人员；与投标人有经济利益关系，可能影响对投标公正评审的；曾因在招标、评标以及其他与招标投标有关活动中从事违法行为而受过行政处分或刑事处罚的。评标委员会成员有以上情形之一的，应当主动提出回避。

评标委员会成员不得与任何投标人或者与招标结果有利害关系的人进行私下接触；不得收受投标人、中介人、其他利害关系的财物或者其他好处，不得向招标人征询确定中标人的意向，不得接受任何单位或者个人明示或者暗示提出的倾向或者排斥特定投标人的要求，不得有其他不客观、不公正履行职务的行为。

5.2.2 评标原则

1. 公平原则

公平原则是指评标委员会要严格按照招标文件规定的要求和条件，对投标文件进行评审时，不带任何主观意愿，不以任何理由排斥和歧视任何一方，对所有投标人一视同仁，无歧视、无差别对待所有的投标人，保证投标人在平等的基础上竞争。

2. 公正原则

公正原则是指评标委员会成员具有公正之心，评标客观全面，一把尺子，一套标准，不倾向或排斥某一特定的投标。

3. 科学原则

科学原则是指评标工作要依据科学的方案，要运用科学的手段，要采取科学的方法，对于每个项目的评价要有可靠的依据，只有这样才能作出科学合理的综合评价。

4. 择优原则

择优原则就是用科学的方法、科学的手段，从众多投标文件中选择最佳的方案。评标时，评标委员会应全面分析、审查、澄清、评价和比较投标文件，防止重价格、轻技术，重技术、轻价格的现象，对商务和技术不可偏一，要综合考虑。

另外，评标过程中还应注意保密原则且评标过程和结果不受外界干扰。评标应该在封闭状态下进行，评标委员会不得与外界有任何接触，有关检查、评审和授标的建议等情况，均不得向投标人透露。

5.2.3　评标程序

施工招标、货物采购与服务招标的评标程序略有不同，限于篇幅，本书仅以施工项目为基础介绍评标的程序以及投标文件的澄清和补正。评标活动将按以下五个步骤进行：评标准备；初步评审；详细评审；澄清、说明或补正；推荐中标候选人或者直接确定中标人及提交评标报告。最后一步后面章节会有详细介绍，这里就不作叙述了。

1. 评标的准备工作

1）评标委员会成员签到，评标委员会成员到达评标现场时应在签到表上签到以证明其出席。

2）评标委员会的分工一般由评标委员会首先推选一名评标委员会主任，招标人也可以直接指定评标委员会主任。评标委员会主任负责评标活动的组织领导工作。评标委员会主任在与其他评标委员会成员协商的基础上，可以将评标委员会划分为技术组和商务组。

3）评标委员会成员应当编制提供评标使用的相应表格，认真研究招标文件，至少应了解和熟悉的内容包括：招标的目标；招标项目的范围和性质；招标文件中规定的主要技术要求、标准和商务条款；招标文件规定的评标标准、评标方法和在评标过程中考虑的相关因素。

4）招标人或招标代理机构应向评标委员会提供评标所需的重要信息和数据，但不得带有明示或者暗示倾向或者排斥特定投标人的信息。

5）评标委员会应当根据招标文件规定的评标标准和方法，对投标文件进行系统的评审和比较。招标文件中没有规定的标准和方法不得作为评标的依据。招标文件中规定的评标标准和评标方法应当合理，不得含有倾向或者排斥潜在投标人的内容，不得妨碍或者限制投标人之间的竞争。

6）评标委员会应当按照投标报价的高低或者招标文件规定的其他方法对投标文件排序。以多种货币报价的，应当按照中国银行在开标日公布的汇率中间价换算成人民币。招标文件应当对汇率标准和汇率风险作出规定。未作规定的，汇率风险由投标人承担。

7）对投标文件进行基础性数据分析和整理工作，在不改变投标人投标文件实质性内容的前提下，评标委员会应当对投标文件进行基础性数据分析和整理（简称为"清标"），从而发现并提取其中可能存在的对招标范围理解的偏差、投标报价的算术性错误、错漏项、投标报价构成不合理、不平衡报价等存在明显异常的问题，并就这些问题整理形成清标成果。评标委员会对清标成果审议后，决定需要投标人进行书面澄清、说明或补正的问题，形成质疑问卷，向投标人发出问题澄清通知（包括质疑问卷）。

在不影响评标委员会成员的法定权利的前提下，评标委员会可委托由招标人专门成立的清标工作小组完成清标工作。在这种情况下，清标工作可以在评标工作开始之前完成，也可以与评标工作平行进行。清标工作小组成员应为具备相应执业资格的专业人员，且应当符合有关法律法规对评标专家的回避规定和要求，不得与任何投标人有利益、上下级等关系，不得代行依法应当由评标委员会及其成员行使的权利。清标成果应当经过评标委员会的审核确认，经过评标委员会审核确认的清标成果视同是评标委员会的工作成果，并由评标委员会以书面方式追加对清标工作小组的授权，书面授权委托书必须由评标委员会全体成员签名。

8）评标委员会可以以书面的方式要求投标人对投标文件中含义不明确、对同类问题表述不一致或者有明显文字和计算错误的内容作必要的澄清、说明或者纠正。澄清、说明或者纠正应以书面方式进行，并不得超出投标文件的范围或者改变投标文件的实质性内容。招标文件中的大写金额和小写金额不一致的，以大写金额为准；文字与数字不一致的，以文字为准；总价金额与单价金额不一致的，以单价金额为准，但单价金额小数点有明显错误的除外；对不同文字文体投标文件的解释发生异议的，以主导语言文本为准。评标委员会不得暗示或者诱导投标人作出澄清、说明，不得接受投标人主动提出的澄清、说明。

投标人接到评标委员会发出的问题澄清通知后，应按评标委员会的要求提供书面澄清资料并按要求进行密封，在规定的时间递交到指定地点。投标人递交的书面澄清资料由评标委员会开启。

9）评标委员会应当根据招标文件，审查并逐项列出投标文件的全部偏差。投标偏差分为重大偏差和细微偏差。下列情况属于重大偏差[⊖]：

- 没有按照招标文件要求提供投标担保或者所提供的投标担保有瑕疵；
- 投标文件没有投标人或其授权的代理人签字和加盖单位公章；
- 投标文件载明的招标项目完成期限超过招标文件规定的期限；
- 明显不符合技术规格、技术标准的要求；
- 投标文件载明的货物包装方式、检验标准和方法等不符合招标文件的要求；
- 投标文件附有招标人不能接受的条件；
- 不符合招标文件中规定的其他实质性要求。

招标文件有上述情形之一的，为未能对招标文件作出实质性响应，应该作否决投标处理。招标文件对重大偏差另有规定的，从其规定。

细微偏差是指投标文件在实质上响应招标文件要求，但在个别地方存在漏项或者提供了不完整的技术信息和数据等情况，并且补正这些遗漏或者不完整不会对其他投标人造成不公平的结果。细微偏差不影响投标文件的有效性。

评标委员会应当书面要求存在细微偏差的投标人在评标结束前予以补正。拒不补正的，评标委员会在详细评审时可以对细微偏差作不利于该投标人的量化，量化标准应当在招标文件中规定。

2. 初步评审

初步评审主要审查投标人资格，投标保证的有效性，投标文件的完整性，代理人的法律地位的有效性，有无实质性内容的偏离，有无重大偏差，有无借用他人名义，有无串标等。有一项不符合初步评审标准的标书均否决其投标。

初步评审标准有：形式评审标准、资格评审标准、响应性评审标准、施工组织设计和项目管理机构的评审标准。

（1）形式评审标准　其主要包括：投标人名称、投标函签字盖章、投标文件格式、联

⊖ 七部委12号令第二十五条规定。

合体投标人和报价的唯一性等。

1）投标人名称，与营业执照、资质证书、安全生产许可证一致。

2）投标函签字盖章，有法定代表人或其委托代理人签字并加盖单位章。

3）投标文件格式，符合第八章"投标文件格式"的要求。

4）联合体投标人（如有），提交联合体协议书，并明确联合体牵头人。

5）报价唯一，只能有一个有效报价。

（2）资格评审标准　其主要有：营业执照、安全生产许可证、资质等级、财务状况、类似项目业绩、信誉、项目经理、联合体投标人和其他要求。

1）营业执照，具备有效的营业执照。

2）安全生产许可证，具备有效的安全生产许可证。

3）资质等级、财务状况、类似项目业绩、信誉、项目经理、联合体投标人（如有）和其他要求应符合"投标人须知"的有关规定。

资格评审主要是要求投标人应具备本标段施工的资质条件、能力和信誉。其中联合体投标人除了符合"投标人须知"的有关规定，还应遵守以下规定：

1）联合体各方应按招标文件提供的格式签订联合体协议书，明确联合体牵头人和各方权利义务。

2）由同一专业的单位组成的联合体，按照资质等级较低的单位确定资质等级。

3）联合体各方不得再以自己名义单独或参加其他联合体在同一标段中投标。

当投标人资格预审申请文件的内容发生重大变化时，评标委员会依据资格预审文件中规定的标准和方法，对照投标人在资格预审阶段递交的资格预审文件中的资料以及在投标文件中更新的资料，对其更新的资料进行评审（适用于已进行资格预审的）。其中：

1）资格预审采用"合格制"的，投标文件中更新的资料应当符合资格预审文件中规定的审查标准，否则按否决其投标处理。

2）资格预审采用"有限数量制"的，投标文件中更新的资料应当符合资格预审文件中规定的审查标准，其中以评分方式进行审查的，其更新的资料按照资格预审文件中规定的评分标准评分后，其得分应当保证即便在资格预审阶段仍然能够获得投标资格且没有对未通过资格预审的其他资格预审申请人构成不公平，否则按否决其投标处理。

（3）响应性评审标准　其主要包括：投标内容、工期、工程质量、投标有效期、投标保证金、权利义务、已标价的工程量清单、技术标准和要求、分包计划和投标价格等。

1）投标内容、工期、工程质量、投标有效期、投标保证金分保计划应符合"投标人须知"的有关规定。

2）权利义务，符合"合同条款及格式"规定。

3）已标价工程量清单，符合"工程量清单。给出的子目编码、子目名称、子目特征、计量单位和工程量。

4）投标价格，可以用拦标价或招标控制价来控制。

评标委员会根据评标办法前附表中规定的评审因素和评审标准，对投标人的投标文件进行响应性评审，并记录评审结果。投标人投标价格不得超出（不含等于）"投标人须知"前附表规定计算的"拦标价"或"招标控制价"，凡投标人的投标价格超出"拦标价"或"招标控制价"的，该投标人的投标文件不能通过响应性评审（适用于设立拦标价或招标控制价的情形）。

（4）施工组织设计和项目管理机构的评审标准 施工组织设计评审的内容主要包括：施工方案与技术措施、质量管理体系与措施、安全管理体系与措施、环境保护管理体系与措施、工程进度计划与措施、资源配备计划、技术负责人、施工设备和试验、检测仪器设备、内容完整性和编制水平等。项目管理机构的评审标准主要包括：项目经理资格与业绩、技术负责人资格与业绩和其他主要人员等。

3. 详细评审

通过初步评审的标书才能进入详细评审。因为采购项目不同，详细评审标准也不尽相同。一般而言，详细评审的标准主要包括：合同条件审查标准、技术评估标准、商务评估标准和价格折算。

（1）合同条件审查 合同条件按以下方面进行

1）投标人接受招标文件的风险划分原则。

2）投标人未增加业主的责任范围，也未减少投标人的义务。

3）投标人未提出不同的工程验收、计量支付办法。

4）投标人未对合同纠纷、事故处理办法提出异议。

5）投标人在投标活动中没有欺诈行为。

6）投标人对合同条款没有重大的变动等。

（2）技术评估 技术评估的目的是确认和比较投标人完成本工程的技术能力，以及他们的施工方案的可靠性。技术评估的主要内容包括：

1）技术文件及说明的响应性。投标文件是否包括了招标文件要求提交的各项技术文件，是否同招标文件中的技术说明或图纸一致。

2）分包商的技术能力和施工经验。如果投标人拟在中标后将中标项目的部分工作分包给他人完成，应当在投标文件中载明。应审查拟分包的工作必须是非主体、非关键性工作；审查分包人应当具备的资格条件，完成相应工作的能力和经验。

3）对投标文件中按照招标文件规定提交的建议方案的技术评审。如果招标文件中规定可以提交建议方案，则应对投标文件中的建议方案的技术可能性与优缺点进行评估，并与原招标方案进行对比分析。

（3）商务评估 商务评估的目的是从工程成本、财务和经验分析等方面评审投标报价的准确性、合理性、经济效益和风险等；以及保函接受情况、财务实力、资信程度、财务和付款方面建议的合理性等问题。商务评估在整个评标工作中通常占有重要地位。从工程成本、财务和经验等方面分析，主要考虑内容如下：

1）分析报价构成的合理性。分析工程报价中的直接费、间接费、利润和其他费用的比例关系、主体工程各专业工程的比例关系等。如有标底，用标底与投标书中的各项内容进行对比分析，对差异较大之处找出原因，并评定是否合理。

2）分析前期工程价格提高幅度。虽然投标人为了解决前期施工中资金流通的困难，可以采用不平衡报价法投标，但不允许有严重的不平衡报价。过分提高前期工程的支付要求，会影响到项目的资金筹措计划。

3）分析标书中所附资金流量表的合理性。它包括审查各阶段的资金需求计划是否与施工进度计划相一致，对预付款的要求是否合理，调价时取用的基价和调价系数的合理性等内容。

在《标准施工招标文件》中，详细评审标准的量化因素包含两个：单价遗漏和付款条件。单价遗漏的处理方法应在投标须知中载明，不同项目的处理方法不尽相同。付款问题是承包商最为关心也是最为棘手的问题。业主和承包商之间发生的争议，有很多与付款相关。关于付款主要涉及如下问题：合同类型选择、支付问题和货币问题。限于篇幅，相关内容请参阅其他章节，在此不再一一赘述。

4. 价格折算

评标委员会根据评标办法前附表、本章附件中规定的程序、标准和方法，以及算术错误修正结果，对投标报价进行价格折算，计算出评标价，并记录评标价折算结果。

判断投标报价是否低于成本，评标委员会根据招标文件规定的程序、标准和方法，判断投标报价是否低于其成本。由评标委员会认定投标人以低于成本竞标的，按否决其投标处理。

5. 投标文件的澄清与补正

投标文件的澄清与补正的内容包括：

（1）投标人对投标文件的澄清 提交投标文件截止时间以后，投标文件就不得被补充、修改，这是招标投标的基本规定。但评标时，若发现投标文件的内容有含义不明确、不一致或者明显打字（书写）错误或纯属计算上的错误的情形，评标委员会则应通知投标人作出澄清或说明，以确认其正确的内容。对明显的打字（书写）错误或纯属计算上的错误，评标委员会应允许投标人补正。澄清的要求和投标人的答复均应采取书面的形式。投标人的答复必须经法定代表人或授权代理人签字，作为投标文件的组成部分。

但是，投标人的澄清或说明，仅仅是对上述情形的解释和补正，不得有下列行为：

1）超出投标文件的范围。如投标文件没有规定的内容，澄清时加以补充；投标文件规定的是某一特定条件作为某一承诺的前提，但解释为另一条件等。

2）改变或谋求、提议改变投标文件中的实质性内容。所谓改变实质性内容，是指改变投标文件中的报价、技术规格（参数）、主要合同条款等内容，或者是竞争力较差的投标文件变成竞争力较强的投标文件。

如果需要澄清的投标文件较多，则可以召开澄清会。澄清会应当在招标投标管理机构的监督下进行。在澄清会上由评标委员会分别单独对投标人进行质询，先以口头形式询问并解答，随后在规定的时间内投标人以书面形式予以确认，作出正式书面答复。

另外，投标人借澄清的机会提出的任何修正声明或优惠条件不得作为评标定标的依据。投标人也不得借澄清机会提出招标文件内容之外的附加要求。

（2）禁止招标人与投标人进行实质性内容的谈判 《招标投标法》第四十三条规定："招标人不得与投标人就投标价格、投标方案等实质性内容进行谈判。"我国《招标投标法》之所以有这样的规定其目的是为了防止出现所谓的"拍卖"方式，即招标人利用一个投标人提交的投标对另一个投标人施加压力，迫使其降价或使其他方面变为更有利的投标。许多投标人都避免参加采用这种方法的投标，即使参加，他们也会在谈判过程中提高其投标报价或把不利合同条款变为有利合同条款等。另外，招标人和中标人订立书面合同后，也不得再行订立背离合同实质性内容的其他协议。

评标完成后，评标委员会应当向招标人提交书面评标报告和中标候选人名单。中标候选人应当不超过3个，并标明排序。评标报告应当由评标委员会全体成员签字。对评标结果有不同意见的评标委员会成员应当以书面形式说明其不同意见和理由，评标报告应当注明该不同意见。评标委员会成员拒绝在评标报告上签字又不书面说明其不同意见和理由的，视为同意评标结果。

依法必须进行招标的项目，招标人应当自收到评标报告之日起3日内公示中标候选人，公示期不得少于3日。

投标人或者其他利害关系人对依法必须进行招标的项目的评标结果有异议的，应当在中标候选人公示期间提出。招标人应当自收到异议之日起3日内作出答复；作出答复前，应当暂停招标投标活动。

5.2.4　评标方法

评标方法的科学性对于实施平等的竞争、公正合理地选择中标人是极端重要的。货物和服务采购的评标方法主要有：最低评标价法、综合评分法、性价比法、经评审的最低投标价法和打分法等。而建设施工的评标方法较多，主要有经评审的最低投标价法、综合评议法、模糊综合评价法、层次分析法、人工神经网络法、熵权决策法、双信封评标法、两阶段评标法或者法律、法规允许的其他评标方法。具体的评标方法由招标单位决定，并在招标文件中注明。限于篇幅，在此仅介绍几种现行常用的评标方法。

1. 最低评标价法

应用这种评标办法时，应在招标文件中规定明确的评标依据。评标依据除否决投标的重要商务和重要技术条款（参数）外，还应包括：一般商务和技术条款（参数）中允许偏离的最大范围、最高项数，以及在允许偏离范围和条款数内进行评标价格调整的计算方法。适用最低评标价法进行评标的前提条件是投标人全部满足招标文件的实质性要求。再根据招标文件规定的价格要素评定出各投标人的"评标价"。再剔除低于成本的报价和明显不合理的报价，以提出"最低评标价"的投标人作为中标候选人。

根据投标人应响应招标文件中商务、技术等要求情况调整评标价。投标响应高于标准的，不考虑降低评标价；低于招标文件要求的，每偏离招标文件要求一项，其评标价将在投标价的基础上增加规定比例（一般为1%）。

评标委员会按评标价由低到高顺序对投标文件进行初步评审和详细评审，推荐通过初步评审和详细评审且评标价最低的前三个投标人为中标候选人。若评标委员会发现投标人的评标价或主要单项工程报价明显低于其他投标人报价或者在设有标底时明显低于标底（一般为15%以下）时，应要求该投标人作出书面说明并提供相关证明材料。如果投标人不能提供相关证明材料证明该报价能够按招标文件规定的质量标准和工期完成招标工程，评标委员会应当认定该投标人以低于成本价竞标，作否决投标处理。

如果投标人提供了证明材料，评标委员会也没有充分的证据证明投标人低于成本价竞标，为减少招标人风险，招标人有权要求投标人增加履约保证金。一般在确定中标候选人之前，要求投标人作出书面承诺，在收到中标通知书14天内，按照招标文件规定的额度和方式提交履约担保。履约担保增加幅度建议如下：

当$(A-B)/A \leqslant 15\%$时，履约担保为10%合同价的银行保函；当$15\% < (A-B)/A \leqslant 20\%$时，履约担保为10%合同价的银行保函加5%合同价的银行汇票；当$20\% < (A-B)/$

$A \leqslant 25\%$ 时，履约担保为 10% 合同价的银行保函加 10% 合同价的银行汇票；当 $(A-B)/A >$ 25% 时，履约担保为 10% 合同价的银行保函加 15% 合同价的银行汇票。其中：B 为中标候选人的评标价；A 为招标人标底或所有投标人评标价的平均值。

若投标人未作出书面承诺或虽承诺但未按规定的时间和额度提交履约担保，招标人可取消其中标资格或宣布其中标无效，并没收其投标担保。

适用范围：在我国对于技术简单且工程规模小的工程，可采用此方法。世界银行、亚洲开发银行等国际金融组织贷款的项目也采用最低评标价法进行评标。

最低评标价法是我国《政府采购货物和服务招标投标管理办法》明文规定的评标方法之一。根据《政府采购货物和服务招标投标管理办法》第五十一条的规定，最低评标价法，是指以价格为主要因素确定中标供应商的评标方法，即在全部满足招标文件实质性要求前提下，依据统一的价格要素评定最低报价，以提出最低报价的投标人作为中标候选供应商或者中标供应商的评标方法。最低评标价法适用于标准定制商品及通用服务项目。

最低评标价法的优点主要在于操作简单，目标明了，对招标、投标的导向性都比较强，特别有利于造价控制。其缺点就是评标过程不量化，主观因素比较强，评标容易唯价格论。一旦招标文件对标书技术参数表述不全，或评标专家对技术细节察看得不细，就容易导致投标方以低价中标，然后通过降标准、换材料等方式将风险最终转嫁到业主身上。

2. 经评审的最低投标价法

经评审的最低投标价法简称最低投标价法，是指能够满足招标文件的实质性要求，并经评审的投标价格最低（低于成本的除外）应推荐为中标人的方法。所谓的最低投标价，它既不是投标人中的最低投标价，也不是中标价，它是将报价以外的商务因素折算为价格，与报价一起计算，形成评标价[⊖]，然后以此价格评定标书的次序，能够满足招标文件的实质性要求，评标价最低的投标人确定为中标候选人。

经评审的最低投标价法一般适用于具有通用技术、性能标准或对其技术、性能无特殊要求的招标项目。主要适用于施工招标和设备材料采购类招标，不适用于服务类招标。该办法的优点是能最大限度地降低工程造价，节约建设投资；有利于促使施工企业加强管理，注重技术进步和淘汰落后技术；可以遏制腐败现象，减少人为因素干扰，规范市场行为。

评审比较的操作程序如下：

（1）审核投标文件　审核投标文件是否作出了实质性响应，是否满足招标文件规定的技术要求和标准。

（2）调整价格　根据招标文件中规定的评标价格调整方法，对通过（1）的投标文件的投标报价和商务部分作必要的价格调整。

（3）折算价格　不再对投标文件的技术部分进行价格折算，仅以商务部分折算的调整值作为比较基础。

（4）推荐中标候选人　经评审的最低投标价的投标人，应当推荐为中标候选人。

经评审的最低投标价法一直以来都是 FIDIC 条款和世界银行等国际金融组织贷款项目的首选评标方法。要求一能实质性响应招标文件的要求，二能提供最低的经评审的最低投标价

⊖　评标价是按照招标文件的规定，对投标价进行修正、调整后计算的标价。评标价仅是为投标文件评审时比较投标人能力高低的折算值，与中标人签订合同时，仍以中标人投标价格为准。

格的投标人，才能被推荐为中标候选人。这种方法在国外以及我国香港已经得到很广泛的应用。

(5) 其他需要注意的问题

1) 启动成本评审工作的前提条件。在满足下列两项条件的前提下，评标委员会应当启动并进行评标办法所规定的评审，以判别投标人的投标报价是否低于其成本：① 投标人的投标文件已经通过"评标办法"中规定的"初步评审"，不存在应当否决投标的情形。② 投标人的投标报价低于（不含）以下限度的：一是设有标底或者招标控制价时以标底或者招标控制价为基准设立下浮限度。二是既不设招标控制价又不设标底的，可以有效投标报价的算术平均值为基准设立下浮限度。具体限度视工程所在地和招标项目具体情况规定。但此处的下限仅作为启动成本评审工作的警戒线，不得直接否决其投标。

2) 对投标价格的合理性进行评审。评标委员会结合清标成果，对各个投标价格和影响投标价格合理性的以下因素逐一进行分析，并修正其中任何可能存在的错误和不合理内容：① 算术性错误分析和修正；② 错漏项分析和修正；③ 分部分项工程量清单部分价格合理性分析和修正；④ 措施项目清单和其他项目清单部分价格合理性分析和修正；⑤ 企业管理费合理性分析和修正；⑥ 利润水平合理性分析和修正；⑦ 法定税金和规费的完整性分析和修正；⑧ 不平衡报价分析和修正等。

3) 判断投标报价是否低于其成本。评标委员会根据投标人澄清和说明的结果，计算出对投标人投标报价进行合理化修正后所产生的最终差额，判断投标人的投标报价是否低于其成本。

评标委员会判断投标人的投标报价是否低于其成本，所参考的评审依据包括：招标文件；标底或招标控制价（如果有）；施工组织设计；投标人已标价的工程量清单；工程所在地工程造价管理部门颁布的工程造价信息（如果有）；工程所在地市场价格水平；工程所在地工程造价管理部门颁布的定额或投标人企业定额；经审计的企业近 3 年财务报表；投标人所附其他证明资料；法律法规允许的和招标文件规定的参考依据等。

4) 错漏项分析和修正的原则。评标委员会分析投标人已标价工程量清单，列出其中错报或漏报的子目，并按以下原则进行修正：① 如果评标委员会认为投标人递交的投标文件中有相同的并且投标人已经给出合适报价的子目，则按该相同子目的价格对错漏项报价进行修正；② 如果评标委员会认为投标人递交的投标文件中有相似的并且投标人已经给出合适报价的子目，则按该相似子目的报价为基础，考虑该相似子目与错漏项之间的差异而进行适当调整后的价格对错漏项报价进行修正；③ 如果做不到以上两点，则按标底（如果有）中的相应价格为基础对错漏项报价进行修正；④ 如果没有标底或者标底中也没有相同或相似价格作为参考，评标委员会可以要求投标人在澄清和说明时给出相应的修正价格，而评标委员会应对此类价格的合理性进行分析，可以在分析的基础上要求投标人进一步澄清和说明，也可以按不利于该投标人的原则，以其他有效投标报价中该项最高报价作为修正价格；⑤ 对超出招标范围报价的子目，则直接删除该子目的价格。

5) 分部分项工程量清单部分价格分析和修正的原则。① 如果评标委员会认为投标人递交的投标文件中有相同的并且投标人已经给出合适报价的子目，则按该相同子目的价格对评标委员会认为不合理报价子目的报价进行修正。② 如果评标委员会认为投标人递交的投标文件中有相似的并且投标人已经给出合适报价的子目，则按该相似子目的报价为基础，考虑该相似子目与不合理子目之间的差异而进行适当调整后的价格对评标委员会认为不合理报价子目的报价进行修正。③ 如果做不到以上两点，则按标底（如果有）中的相应价格为基础对评标委员会认为不合理报价子目的报价进行修正。④ 如果没有标底或者标底中也没有相同或相似价格作为参考，评标委员会可以要求投标人在澄清和说明时给出相应的修正价格。此时评标委员会应对此类价格的合理性进行分析，并在分析的基础上要求投标人进一步澄清和说明（如果评标委员会认为需要）。

6）措施项目清单和其他项目清单部分分析和修正的原则。① 措施项目清单报价中的资源投入数量不正确或不合理的，按照投标人递交的施工组织设计中明确的或者可以通过施工组织设计中给出的相关数据计算出来的计划投入的资源数量（如临时设施、拟派现场管理人员流量计划、施工机械设备投入计划等）修正措施项目清单报价中不合理的资源投入数量。② 措施项目清单报价中的资源和生产要素价格不合理的，如果评标委员会认为投标人递交的投标文件中有相似的并且投标人已经给出合适报价的子目，则按该相似子目的报价为基础，考虑该相似子目与不合理报价子目之间的差异而进行适当调整后的价格对不合理报价子目的资源或生产要素的价格进行修正。③ 其他情况下，按标底（如果有）中的相应价格为基础对措施项目和其他项目清单中的不合理报价进行修正。④ 如果没有标底或者标底中也没有相同或相似价格作为参考，评标委员会可以要求投标人在澄清和说明时给出相应的修正价格。此时评标委员会应对此类价格的合理性进行分析，并在分析的基础上要求投标人进一步澄清和说明（如果评标委员会认为需要）。⑤ 对于按照招标文件不应当报价的子目，则直接删除该子目的价格。

7）不平衡报价分析和修正。评审各项单价的合理性以及是否存在不平衡报价的情况，对明显过高或过低的价格进行分析。按汇总的分析结果，修正明显过高的价格产生的差额，首先用于填补修正过低的价格产生的差额，两者的余额记为 H 值，整理需要投标人澄清和说明的事项。根据澄清和说明的结果，对于投标人已经有效澄清和说明的问题和子目应从计算中剔除或修正。最后判断投标报价是否低于成本，如果低于成本，则否决其投标。

8）备选投标方案的评审和比较办法。规定允许投标人递交备选投标方案时，评标委员会应当按照评标办法对排名第一的中标候选人或者根据招标人授权直接确定的中标人所递交的备选投标方案进行评审和比较：① 按照"投标人须知"规定投递备选投标方案的投标人，必须按照招标文件中规定的要求和条件编制并投递了正选投标方案，否则否决其投标。② 只有中标人或中标候选人的备选投标方案才会被评标委员会评审。③ 备选投标方案的评审程序、方法和标准：评标委员会应当根据备选投标方案的内容，找出评标办法中适用的程序、方法、标准对备选投标方案进行综合定性评审。如果没有适用的程序、方法、标准，则由评标委员会成员分别独立对备选投标方案进行综合定性评审。评审结论通过表决方式作出。只有超过半数的评标委员会成员所作出的结论，方可以作为评标委员会的结论。

对备选投标方案的评审，按以下程序和方法进行：

第一，找出备选投标方案改变了招标文件中规定的哪些要求或条件，判断这种改变是否可能被招标人所接受。如果评标委员会认为备选投标方案所改变的招标要求和条件是不能被招标人所接受的，则应当宣布备选投标方案不被接受。

第二，判断备选投标方案的可行性，不可行的备选投标方案应当被宣布为不被接受。

第三，对比中标人或中标候选人的正选投标方案和备选投标方案，找出两者之间的偏差，并对偏差对招标人的有利和不利程度做出评估。只有备选投标方案与正选投标方案的偏差对招标人的有利程度明显大于不利程度时，备选投标方案方可以被接受。

评标委员会应当出具备选投标方案评审报告，备选投标方案评审报告中应当包括：

第一，备选投标方案与正选投标方案的主要偏差。

第二，备选投标方案的科学性与合理性分析。

第三，备选投标方案对招标人的有利性分析。

第四，备选投标方案是否可以被采纳。

通过评审，评标委员会只作出备选投标方案是否可以被采纳的决定，但不作出中标人应当按正选投标方案或备选投标方案中标的决定。中标人是否按备选投标方案中标的决定，由招标人依据评标委员会的评审报告作出。

3. 综合评议（评估）法

综合评议法又称综合评估法，即对价格、施工方案（或施工组织设计）、项目经理的资质与业绩、质量、工期、企业信誉与业绩等因素进行综合评价加以确定中标人的评标定标方法，它是国内应用最广泛的评标方法。采用此方法时，需要先确定评审的因素。根据国内实践，一般采用标价、施工方案或施工组织设计、工程质量、工期、信誉和业绩等作为评审的因素。综合评议法又依据其分析方法分为定性和定量两种。

（1）定性综合评议法　一般做法是评标小组对各投标书依据既定的评审因素，分项进行定性比较和综合评审。评议后可用记名或无记名投票表决方式确定各方面都优越的投标人为中标人。此方法的优点在于评标小组成员之间可直接对话与交流，交换意见和讨论比较深入，简便易行。但当小组成员之间评标意见太悬殊时，定标较困难。

（2）定量综合评议法　定量综合评议法又称打分法，其做法是先在评标办法中确定若干评价因素，并确定各评价因素在百分之内所占的比例和评分标准。开标后每位评标小组成员，采用无记名打分方式打分，最后统计各投标人的得分。总分最高者为中标候选人。有时最高得分与次高得分的总得分相差不大（如相差不到1.5分或2.0分），且次高得分者的报价比最高得分者的报价低到一定程度时（如低2%以上），则可以选择次高得分者为中标候选人。根据国内实践，对于建设工程施工项目，不同评价因素的分值大致范围是：价格30~70分；工期0~10分；质量5~25分；施工方案5~20分；企业信誉和业绩5~20分。而对于建设监理招标项目，考虑的因素及其分值大致为：监理单位工作经验（经历）15~20分；人员素质及配备情况40~50分；监理方案及计划20~30分；监理单位的报价5~10分。

根据招标项目的不同特点，可采用有标底招标和无标底招标两种形式：

1）有标底方式。标底应在开标时公布，在评标过程中仅作为参考，不能作为否决投标的直接依据。评标价计算方法如下：

计算所有通过初步评审和详细评审的投标文件的投标价的平均值，将标底同投标价的平均值进行复合，得到复合标底；将复合标底下降若干百分点（现场随机确定）作为评标基准价，投标人的评标价等于评标基准价得满分，高于或低于评标基准价按不同比例扣分。

2）无标底方式。评标价得分计算方法如下：

计算所有通过初步评审和详细评审的投标文件的投标价的平均值，将该平均值下降若干百分点（现场随机确定）作为评标基准价，投标人的投标价等于评标基准价得满分，高于或低于评标基准价按不同比例扣分。

综合评估法的优点就是定标过程所参照的因素比较综合，评标结果量化，说服力比较强。缺点就是以最终得分来排列评标结果而言，会出现几家投标单位得分很接近，可能差零点几分，但名次却相差好几名的现象，也会出现尽管技术上比较靠后，但投标报价较低而商务标得分较高，总得分反而排在技术比较可靠的投标方之前的情况。

（3）评标过程中其他需要注意的问题

1）详细评审的程序：

第一，施工组织设计评审和评分；评标委员会认定投标人的投标未能通过此项评审的作否决投标处理。

第二，项目管理机构评审和评分；评标委员会认定投标人的投标未能通过此项评审的作否决投标处理。

第三，投标报价评审和评分，并对明显低于其他投标报价的投标报价，或者在设有标底时明显低于标底的投标报价，判断是否低于其个别成本。

第四，其他因素评审和评分。

第五，汇总评分结果。

2）暗标评审的评审程序规定（适用于对施工组织设计进行暗标评审的）。如果"投标人须知前附表"要求对施工组织设计采用"暗标"评审方式且"投标文件格式"中对施工组织设计的编制有暗标要求，评标委员会需对施工组织设计进行暗标评审的，则评标委员会需将施工组织设计（暗标）评审提前到初步评审之前进行。在评标工作开始前，招标人将指定专人负责编制投标文件暗标编码，并就暗标编码与投标人的对应关系做好暗标记录。暗标编码按随机方式编制。在评标委员会全体成员均完成暗标部分评审并对评审结果进行汇总和签字确认后，招标人方可向评标委员会公布暗标记录。暗标记录公布前必须妥善保管并予以保密。施工组织设计评审结果封存后再进行形式评审、资格评审、响应性评审和项目管理机构评审。项目管理机构评审完成后再公开暗标编码与投标人名称之间的对应关系。

其他因素的评审可以参照经评审的最低投标价法。

4. 双信封评标法

要求投标人将投标报价和工程量清单单独密封在一个报价信封中，其他商务和技术文件密封在另外一个信封中。在开标前，两个信封同时提交给招标人。评标程序如下：

1）第一次开标时，招标人首先打开商务和技术文件信封，报价信封交监督机关或公证机关密封保存。

2）评标委员会对商务和技术文件进行初步评审和详细评审：若采用合理低标价法或最低评标价法，评标委员会应确定通过和未通过商务和技术评审的投标人名单。若采用综合评估法，评标委员会应确定通过和未通过商务和技术评审的投标人名单，并对这些投标文件的技术部分进行打分。

3）招标人向所有投标人发出通知，通知中写明第二次开标的时间和地点。招标人将在开标会上首先宣布通过商务和技术评审的名单并宣读其报价信封。对于未通过商务和技术评审的投标人，其报价信封将不予开封，当场退还给投标人。

4）第二次开标后，评标委员会按照招标文件规定的评标办法进行评标，推荐中标候选人。

双信封评标法的优点主要是：将投标人的技术综合能力作为第一考察因素，减少了人为的影响，消除了技术部分与商务部分的相互影响，更显公平。缺点是评标程序复杂，评标费用增加，由于是两次进行评标，需要两次邀请专家进行评标，费用增加。另外，评标时间也比较长，两次开标评标，中间还有时间间隔，比正常的评标时间要多一个月左右。

5. 性价比法

性价比法，是指按照要求对投标文件进行评审后，计算出每个有效投标人除价格因素以外的其他各项评分因素（包括技术、财务状况、信誉、业绩、服务、对招标文件的响应程度等）的汇总得分，并除以该投标人的投标报价，以商数（评标总得分）最高的投标人为中标候选供应商或者中标供应商的评标方法。评标总得分的计算公式为

$$评标总得分 = \frac{B}{N}$$

式中　　B——投标人的综合得分，$B = F_1A_1 + F_2A_2 + \cdots + F_nA_n$，$F_1$、$F_2 \cdots F_n$ 分别为除价格因素以外的其他各项评分因素的汇总得分，A_1、A_2、$\cdots A_n$ 分别为除价格因素以外的其他各项评分因素所占的权重（$A_1 + A_2 + \cdots A_n = 1$）；

　　　　N——投标报价。

【案例 5-1】 经评审的最低投标价法

某信息中心办公业务楼工程，位于某市某大街甲 1 号院内，建筑面积 26 856m²，地上16 层，地下 2 层，为框架剪力墙结构。招标人已经组织了资格预审，现进行工程施工招标。其招标范围为：施工图外墙轴线外 1.5m 内的土方、地基与基础、主体结构、屋面、门窗、楼地面、装修装饰、给水、排水、暖通、电气和消防工程，其中电梯工程、消防工程中的排烟、烟感报警系统和热交换设备采购与安装另行发包，热交换系统的管线中标人施工至设备接口。

本次招标不接受联合体投标，也不接受备选投标方案，要求投标报价算术错误修正总额在其报价的 0.2% 内。工程计划于 ××× 年 11 月 15 日开工，计划工期 540 日历天；其专用合同条款中，约定计划工期 500 日；同时招标文件约定的工程款支付条件为合同签订后14 日内支付承包人预付款，预付款为合同价的 20%，工程进度款按月完成额的 85% 支付，工程保修期 18 个月，允许偏离的范围和折算标准见表 5-2 和表 5-3。

表 5-2　允许偏离的范围

序　号	许可偏离项目	许可偏离范围
1	工期	450 日 ≤ 投标工期 ≤ 540 日
2	预付款额度	15% ≤ 投标额度 ≤ 25%
3	工程进度款	75% ≤ 投标额度 ≤ 90%
4	综合单价遗漏	单价遗漏项数不多于 3 项
5	综合单价	在有效投标该子目综合单价平均值的 30% 内
6	保修期	18 个月 ≤ 投标保修期 ≤ 24 个月

假定承包人每提前 10 日交付给发包人带来的效益为 6 万元，工程预付款的 1% 为 10 万元，进度款的 1% 为 4 万元。另外，保修期每延长 1 个月，发包人少支出维护费 3 万元。

表 5-3 折算标准

序 号	折算因素	折算标准
1	工期	在计划工期基础上，每提前或推后 10 日调减或调增投标报价 6 万元
2	预付款额度	在预付款 20% 额度基础上，每少 1% 调减投标报价 5 万元，每多 1% 调增 10 万元
3	工程进度款	在进度付款 85% 基础上，每少 1% 调减投标报价 2 万元，每多 1% 调增 4 万元
4	综合单价遗漏	调增其他投标人该遗漏项最高报价
5	综合单价	每偏离有效投标人该子目综合单价平均值的 1%，调增该子目价格的 0.2%
6	保修期	每延长 1 个月调减 3 万元

1）依据设置的评标标准，如某投标人投标报价为 5 800 万元，不存在算术性错误，其工期为 450 日历天，预付款额度为投标价的 24%，进度款为 80%，其综合单价均在该子目其他投标人综合单价 1% 内，无单价遗漏项，且保修期为 24 个月，计算该投标人评标价。

2）在 1）的基础上，如投标工期为 490 日历天、保修期为 23 个月，此时预付款支付百分比偏离 20%（x）、进度款支付百分比偏离 85%（y）各为多少时才能使其评标价不超过投标报价？

解： 1）该投标人的评标价为：5 800 万元 – 6 万元/10 日 × 90 日 + 10 万元/1% ×（24% – 20%）– 2 万元/1% ×（85% – 80%）– 3 万元/月 × 6 月 = 5 768 万元

2）如投标工期为 490 日历天，保修期为 23 个月，假定此时 x% = 预付款支付百分比 – 20%、y% = 进度款支付百分比 – 85% 时，评标价不超过投标报价，即

（5 800 万元 – 6 万元/10 日 × 10 日 + A 万元/1% × |x| + B 万元/1% × |y| – 3 万元/月 × 5 月 ≤ 5 800 万元

分为以下几种情形讨论：

1）当 $x > 0$，$y > 0$ 时，$10x + 4y \leq 21$

2）当 $x > 0$，$y < 0$ 时，$10x + 2y \leq 21$

3）当 $x < 0$，$y > 0$ 时，$5x + 4y \leq 21$

4）当 $x < 0$，$y < 0$ 时，$5x + 2y \leq 21$

然后根据预付款和进度款允许变化的幅度，结合图 5-1 进行分析，确定 x 和 y 的取值范围。

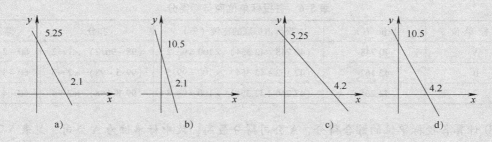

图 5-1

【案例5-2】 打分法○

某市有一个高层房屋建筑工程,由于技术难度大,对施工单位的施工设备和同类工程施工经验要求较高,而且对工期的要求也比较紧迫。甲方在对有关施工单位和在建工程考察的基础上,仅邀请了3家国有一级施工企业参加投标,招标文件规定该项目的钢筋混凝土框架结构采用支模现浇工艺施工,同时要求投标单位将技术标和商务标分别装订报送。经招标委员会研究确定的评标规定如下:

1) 技术标共40分,其中施工方案10分(因已经确定施工方案,各投标单位均得10分),施工总工期15分,工程质量15分。甲方总工期要求为32个月,满足者得5分,每提前一个月加1分,不满足者不得分;自报工程质量合格者得5分,自报工程质量优良者得8分(若实际工程质量未达到优良将扣罚合同价的2%),近3年获得"鲁班工程奖"者每项加2分,获"省优工程奖"者每项加1分。

2) 商务标共60分。报价不超过标底42 354万元的±5%者为有效标,超过者否决其投标。报价为标底的98%者得满分60分;报价比标底的98%每下降1%者扣1分,每上升1%者扣2分(记分按四舍五入取整数)。各投标单位的投标报价资料见表5-4,试用打分法确定中标单位。

表5-4 各投标单位投标报价资料

投 标 单 位	报价/万元	总工期/月	自报工程质量	鲁班工程奖	省优工程奖
A	40 748	28	优良	2	1
B	42 162	30	优良	1	2
C	42 266	30	优良	1	1

解: ① 计算各投标单位的技术标得分,见表5-5。

表5-5 各投标单位的技术得分的计算

投 标 单 位	施工方案	总 工 期	工程质量	合计
A	10	$5+(32-28)\times1=9$	$8+2\times2+1=13$	32
B	10	$5+(32-30)\times1=7$	$8+2+2=12$	29
C	10	$5+(32-30)\times1=7$	$8+2+1=11$	28

② 计算各投标单位的商务标得分,见表5-6。

表5-6 各投标单位商务标得分

投 标 单 位	报价/万元	报价占标底的比例(%)	扣分	得分
A	40 748	$(40\,748\div42\,354)\times100=96.2$	$(98-96.2)\times1\approx2$	$60-2=58$
B	42 162	$(42\,162\div42\,354)\times100=99.5$	$(99.5-98)\times2\approx3$	$60-3=57$
C	42 266	$(42\,266\div42\,354)\times100=99.8$	$(99.8-98)\times2\approx4$	$60-4=56$

③ 计算各投标单位的综合得分,A公司得分最高,故中标单位为A公司,见表5-7。

○ 资料来源:卢谦. 建设工程招标投标与合同管理.(2版). 北京:中国水利水电出版社,2005.

表 5-7　各投标单位的综合得分

投标单位	技术标得分	商务标得分	综合得分
A	32	58	90
B	29	57	86
C	28	56	84

5.2.5　评标注意事项

1. 评标无效[⊖]

评标过程有下列情况之一的，评标无效，应当依法重新进行评标或者重新进行招标，有关行政监督部门可处以 3 万元以下的罚款：

1）使用招标文件没有确定的评标标准和方法的。

2）评标标准和方法含有倾向或者排斥投标人的内容，妨碍或者限制投标人之间竞争，且影响评标结果的。

3）应当回避的评标委员会成员参与了评标。

4）评标委员会的组建及人员组成不符合法定要求的。

5）评标委员会及其成员在评标过程中有违法行为，且影响评标结果的。

2. 否决投标、重新招标和不再招标

（1）否决招标　在通常情况下，招标文件中规定招标人可以废除所有的投标，但必须经评标委员会评审。评标委员会经评审，认为所有投标都不符合招标文件要求的，可以否决所有的投标。

1）废除所有的投标一般有两种情况：一是缺乏有效的竞争，如投标人不足 3 家；二是大部分或全部投标文件不被接受[⊖]。

2）判断投标是否符合招标文件的要求，有两个标准：一是只有符合招标文件中全部条款、条件和规定的投标才是符合要求的投标；二是投标文件有些小偏差，但并没有根本上或实质上偏离招标文件载明的特点、条款、条件和规定，即对招标文件提出的实质性要求和条件作出了响应，仍可被看做是符合要求的投标。这两个标准，招标人在招标文件中应事先列明采用哪一个，并且对偏离尽量数量化，以便评标时加以考虑。

依法必须进行招标的项目所有投标被否决的，招标人应当依照《招标投标法》重新进行招标。如果否决投标是因为缺乏竞争性，应考虑扩大招标广告的范围。如果否决投标是因为大部分或全部投标不符合招标文件的要求，则可以邀请原来通过资格预审的投标人提交新的投标文件。这里需要注意的是，招标人不得单纯为了获得最低价而否决投标。

⊖　见《工程建设项目施工招标投标办法》，七部委 30 号令。

⊖　第二种情况主要有以下几种情况：投标人不合格；未依照招标文件的规定投标；投标文件为不符合要求的投标；借用或冒用他人的名义或证件，或以伪造、变造的文件投标；伪造或变造的投标文件；投标人直接或间接地提议给予或同意给予招标人或其他有关人员任何形式的报酬，促使招标人在采购过程中作出某一行为或决定，或采取某一程序；投标人拒不接受对计算错误所作的纠正；所有投标价格或评标价大大高于招标人的期望价。

（2）重新招标和不再招标

1）有下列情形之一的，招标人将重新招标：投标截止时间止，投标人少于3个的；经评标委员会评审后否决所有投标的。

2）不再招标。重新招标后投标人仍少于3个或者所有投标被否决的，属于必须审批或核准的工程建设项目，经原审批或核准部门批准后不再进行招标。

3. 评标活动特殊情况的处理

（1）评标活动暂停 评标委员会应当执行连续评标的原则，按评标办法中规定的程序、内容、方法、标准完成全部评标工作。只有发生不可抗力导致评标工作无法继续时，评标活动方可暂停。

发生评标暂停情况时，评标委员会应当封存全部投标文件和评标记录，待不可抗力的影响结束且具备继续评标的条件时，由原评标委员会继续评标。

（2）关于评标中途更换评标委员会成员 除非发生下列情况之一，评标委员会成员不得在评标中途更换：

1）因不可抗拒的客观原因，不能到场或需在评标中途退出评标活动。

2）根据法律法规规定，某个或某几个评标委员会成员需要回避。

退出评标的评标委员会成员，其已完成的评标行为无效。由招标人根据本招标文件规定的评标委员会成员产生方式另行确定替代者进行评标。

（3）记名投票 在任何评标环节中，需评标委员会就某项定性的评审结论作出表决的，由评标委员会全体成员按照少数服从多数的原则，以记名投票方式表决。

5.2.6 评标报告的编制

评标工作结束后，评标委员会应当编制评标报告，提出中标单位建议，交给招标单位，并抄送行政监管部门审核。

1. 评标报告的内容和格式

评标委员会根据本章的规定向招标人提交评标报告。评标报告应当由全体评标委员会成员签字，并于评标结束时抄送有关行政监督部门。评标报告应当包括以下内容：

1）基本情况和数据表。

2）评标委员会成员名单。

3）开标记录。

4）符合要求的投标一览表。

5）否决投标情况说明。

6）评标标准、评标方法或者评标因素一览表。

7）经评审的价格一览表（包括评标委员会在评标过程中所形成的所有记载评标结果、结论的表格、说明、记录等文件）。

8）经评审的投标人排序。

9）推荐的中标候选人名单（如果"投标人须知前附表"授权评标委员会直接确定中标人，则为"确定的中标人"）与签订合同前要处理的事宜。

10）澄清、说明或补正事项纪要。

评标报告参考格式见表5-8。

表 5-8　××工程评标报告

建设单位：			建设地址：					
建筑面积：			开标日期：					

主 要 数 据

序号	投标单位	总造价/元	总工期（日历天）	计划开工日期	计划竣工日期	工程质量标准	三材用量及单价		
							钢材/（t/元）	水泥/（t/元）	木材/（m³/元）
核定标底									

评定中标单位：	评标日期：　　年　　月　　日

评标情况及评定中标的理由：

评标小组代表签字：

招标单位：	法定代表人签字：	上级主管部门：	招标投标管理部门：

2. 评标报告签字

评标报告由评标委员会全体成员签字。对评标结论持有异议的评标委员会成员可以书面方式阐述其不同意见和理由。评标委员会拒绝在评标报告上签字且不陈述其不同意见和理由，视为同意评标结论。评标委员会应当对此作出书面说明并记录在案。

向招标人提交书面评标报告后，评标委员会即告解散。评标委员会应将评标过程中使用的文件、表格以及其他资料应当即时归还招标人。

5.3　定标和授标

所谓定标亦称决标、中标，是指招标人根据评标委员会的评标报告，在推荐的中标候选人（一般为 1~3 个）中，最后确定中标人；在某些情况下，招标人也可以直接授权评标委员会直接确定中标人。

1. 推荐中标候选人

除"投标人须知前附表"授权直接确定中标人外，评标委员会在推荐中标候选人时，应遵照以下原则：

1）评标委员会对有效的投标按照评标价由低至高的次序排列，根据"投标人须知前附表"的规定推荐中标候选人。

2）如果评标委员会根据本章的规定作否决投标处理后，有效投标不足3个，且少于"投标人须知前附表"规定的中标候选人数量的，则评标委员会可以将所有有效投标按评标价由低至高的次序作为中标候选人向招标人推荐。如果因有效投标不足3个使得投标明显缺乏竞争的，评标委员会可以建议招标人重新招标。

3）投标截止时间前递交投标文件的投标人数量少于3个或者所有投标被否决的，招标人应当依法重新招标。

2. 直接确定中标人

"投标人须知前附表"授权评标委员会直接确定中标人的，评标委员会对有效的投标按照评标价由低至高的次序排列，并确定排名第一的投标人为中标人。

5.3.1 中标人的条件

1.《招标投标法》的相关规定

我国《招标投标法》规定中标人的投标应当符合下列两个条件之一，一是能够最大限度地满足招标文件中规定的各项综合评标标准；二是能够满足招标文件的实质性要求，并且经评审的投标价格最低；但是投标价格低于成本的除外。评标委员会应按照招标文件中规定的定标方法，推荐不超过3名有排序的合格的中标候选人。

2. 具体认定

1）实行低标价法评标时，中标人的投标文件应能满足招标文件的各项要求，且投标报价最低。但评标委员会可以要求其对保证工程质量、降低工程成本拟采用的技术措施作出说明，并据此提出评价意见，供招标单位定标时参考。

2）当实行专家评议法或打分法评标时，以得票最多或者得分最高的投标单位为中标单位。

国有资金占控股或者主导地位的项目，招标人应当确定排名第一的中标候选人为中标人。排名第一的中标候选人放弃中标、因不可抗力不能履行合同或者招标文件规定应当提交履约保证金而规定的期限内未能提交，或者被查实存在影响中标结果的违法行为等情形，不符合中标条件的，招标人可以按照评标委员会提出的中标候选人名单排序依次确定其他中标候选人为中标人。依次确定其他中标候选人与招标人预期差距较大；或者对招标人明显不利的，招标人可以重新招标。

中标候选人的经营、财务状况发生较大变化或者存在违法行为，招标人认为可能影响其履约能力的，应当在发出中标通知书前由原评标委员会按照招标文件规定的标准和方法审查确认。

招标人和中标人应当依照《招标投标法》和《招标投标法实施条例》的规定签订书面合同，合同的标的、价款、质量、履行期限等主要条款应当与招标文件和中标人的投标文件的内容一致。招标人和中标人不得再行订立背离合同实质性内容的其他协议。

招标人最迟应当在书面合同签订后5日内向中标人和未中标的投标人退还投标保证金及银行同期存款利息。

5.3.2 定标和授标的程序

1. 决标前谈判

决标前谈判要达到的目的，以建设工程施工招标为例，在业主方面，一是进一步了解和审查候选中标单位的施工方案和技术措施是否合理、先进、可靠，以及准备投入的施工力量是否足够雄厚，能否保证工程质量和进度；二是进一步审核报价，并在付款条件、付款期限及其他优惠条件等方面取得候选中标单位的承诺。在候选中标单位方面，则是力求使自己成为中标者，并以尽可能有利的条件签订合同。为此，需进行两方面的谈判：

（1）技术性谈判 技术性谈判也叫做技术答辩，通常由招标方的评标委员会主持，主要是了解候选中标单位中标后将如何组织施工，对保证工期、工程质量和技术复杂的部位将采取什么关键措施等。候选中标单位应认真细致地准备，对投标书的有关部分作必要的补充说明，必要时可提交图解、照片或录像等资料；还可以提出与竞争对手对比的有关资料，以引起评标委员会的重视，增强自己的竞争优势。

（2）经济性谈判 经济性谈判主要是价格问题。在国际招标活动中，有时在决标前的谈判中允许招标方提出压价的要求；在利用世界银行贷款项目和我国国内项目的招标活动中，开标后不许压低标价，但在付款条件、付款期限、贷款和利率，以及外汇比率等方面是可以谈判的。候选中标单位要对招标方的要求逐条分析，采取适当的对策，既要准备应付压价，又要针对招标方增加项目、修改设计、提高标准等要求，不失时机地适当增加报价，以补回压价的损失。除了价格谈判以外，候选中标单位还可以探询招标方的意图，投其所好，以许诺使用当地劳务或分包、免费培训施工和生产技术工人以及竣工后无偿赠送施工机械设备等优惠条件，增强自己的竞争力，争取最后中标。

但是我国的法律明确规定，开标后禁止招投标双方就价格等实质性问题进行谈判。

2. 确定中标人

依法必须进行招标的项目，在根据评标委员会推荐的排名第一的中标候选人公示后，招标人将其确定为中标人。招标单位未按照推荐的中标候选人的排序确定中标单位时，应当在其招投标情况的书面报告中进行说明。

使用国有资金投资或者国家融资的项目，排名第一的中标候选人放弃中标、因不可抗力提出不能履行合同，或者招标文件规定应当提交履约保证金而在规定的期限内未能提交的，招标人可以确定排名第二的中标候选人为中标人。排名第二的中标候选人因同样的原因不能签合同的，招标人可以确定排名第三的中标候选人为中标人[⊖]。

3. 发出中标通知书

在评标委员会提交评标报告后，招标单位应在招标文件规定的时间内完成定标。中标人确定后，招标人将于 15 日内向工程所在地的县级以上人民政府建设行政主管部门提交施工招标情况的书面报告。建设行政主管部门自收到书面报告之日起 5 日内，未通知招标人在招投标活动中有违法行为的，招标人将向中标人发出《中标通知书》，同时将中标结果通知所有未中标的投标人。《中标通知书》的格式如下。

⊖ 七部委令第 12 号令《评标委员会和评标办法暂行规定》。

中 标 通 知 书

_____（中标人名称）：

你方于_____（投标日期）所递交的_____（项目名称）_____标段施工投标文件已被我方接受，被确定为中标人。

中标价：_____元。

工期：_____日历天。

工程质量：符合_____标准。

项目经理：_____（姓名）。

请你方在接到本通知书后的_____日内到_____（指定地点）与我方签订施工承包合同，在此之前按招标文件第二章"投标人须知"规定向我方提交履约担保。

特此通知。

招标人：_____（盖单位章）

法定代表人：_____（签字）

_____年_____月_____日

4. 合同谈判

合同谈判是准备订立合同的双方或多方当事人为相互了解、确定合同权利与义务而进行的商议活动。

"根据《招标投标法》和《招标投标法实施实例》规定，""招标人和中标人应当在投标有效期内以及中标通知书发出之日起 30 日内，按照招标文件和中标人的投标文件订立书面合同，招标人和中标人不得再行订立背离合同实质性内容的其他协议。"法律禁止招标人与投标人"就投标价格、投标方案⊖等实质性内容⊖进行谈判"，换言之，法律并未禁止招标人与投标人就投标价格、投标方案等实质性内容之外的内容进行谈判。发出中标通知书之后，法律规定招标人和中标人应当"按照招标文件和中标人的投标文件订立书面合同"，但是双方或多或少总会存在一些在招标文件或投标文件中没有包括（或有不同认识）的内容需要交换意见、需要协商，这其实就是一种谈判。

合同谈判的内容因项目情况和合同性质、原招标文件规定、发包人的要求而异。在一般情况下合同谈判会涉及合同的商务、技术所有条款。详细来讲主要包括：工程范围、合同文件、双方的一般义务、工程的开工和工期、材料和操作工艺、施工机具、设备和材料的进口、工程的维修、工程的变更和增减、付款问题、争端的解决等。

应该注意的是，对于在谈判讨论中经双方确认的内容及范围方面的修改或调整，应和其他所有在谈判中双方达成一致的内容一样，以文字方式确定下来，并以"合同补充"或"会议纪要"方式作为合同附件，构成合同一部分。

总之，需要谈判的内容非常多，而且双方均以维护自身利益为核心进行谈判，更加使得谈判复杂化、艰难化。因而，需要精明强干的投标班子或者谈判班子进行仔细、具体的谋

⊖ 《中华人民共和国招标投标法》第四十三条：在确定中标人前，招标人不得与投标人就投标价格、投标方案等实质性内容进行谈判。

⊖ 《中华人民共和国合同法》第三十条规定：承诺的内容应当与要约的内容一致。受要约人对要约的内容作出实质性变更的，为新要约。有关合同标的、数量、质量、价款或者报酬、履行期限、履行地点和方式、违约责任和解决争议方法等的变更，是对要约内容的实质性变更。

划。谈判的详细内容、谈判的策略和技巧，限于篇幅，在此不再一一赘述。

5. 签订合同

中标人确定后，招标人应当向中标人发出中标通知书，并同时将中标结果通知所有未中标的投标人。中标通知书对招标人和中标人具有法律效力。中标通知书发出后，招标人改变中标结果的，或者中标人放弃中标项目的，应当依法承担缔约过失责任。

招标人和中标人应当依照《招标投标法》和《招标投标法实施条例》的规定签订书面合同，合同的标的、价款、质量、履行期限等主要条款应当与招标文件和中标人的投标文件的内容一致。招标人和中标人不得再行订立背离合同实质性内容的其他协议。

招标人和中标人应当在投标有效期内以及中标通知书发出之日起 30 日内，按照招标文件和中标人的投标文件订立书面合同。另外，依据建设部令订立合同后尚需办理合同备案，因此使得建设合同具有要式性。

招标人最迟应当在书面合同签订后 5 日内向中标人和未中标的投标人退还投标保证金及银行同期存款利息。

6. 提交书面报告

招标人在确认正式中标人后 15 日内，必须向有关建设主管部门提交招标投标情况的书面报告，有关招标投标情况书面报告应包括的内容为：

1）招标投标的基本情况，包括招标范围、招标方式、资格审查、开评标过程和确定中标人的方式及理由等。

2）相关的文件资料，包括招标公告或者投标邀请书、投标报名表、资格预审文件、招标文件、评标委员会的评标报告（设有标底的，应当附标底及编、审证明资料）、中标人的投标文件，委托工程招标代理的，还应当附工程施工招标代理委托合同。

5.3.3　中标人的法定义务

我国《招标投标法》规定，中标人在中标后应履行以下义务：

1）中标后，中标人不得和招标人再行订立违反合同实质性内容的其他协议。

2）招标文件要求中标人提交履约保证金的，中标人应当按照招标文件的要求提交。履约保证金不得超过中标合同金额的 10%。

招标人与中标人不按照招标文件和中标人的投标文件订立合同的，合同的主要条款与招标文件；中标人的投标文件的内容不一致，或者招标人、中标人订立背离合同实质性内容的协议的，由有关行政监督部门责令改正，可以处中标项目金额 5‰以上 10‰以下的罚款。中标人无正当理由不与招标人订立合同，在签订合同时向招标人提出附加条件或者不按照招标文件要求提交履约保证金的，取消其中标资格，投标保证金不予退还。对依法招标的项目的中标人，由有关行政监督部门责令改正，可以处中标项目金额的 10‰以下的罚款。

3）中标人应当按照合同约定履行义务，完成中标项目。

4）中标人不得向他人转让中标项目。

5）中标人不得将中标项目肢解后分别向他人转让。

6）中标人按照合同规定或者经招标人同意，可以将中标项目的部分非主体、非关键性工作分包给他人完成。中标人应当就分包项目向招标人负责，接受分包的人就分包项目承担连带责任。接受分包的人应当具备相应的资格条件，并不得再次分包。

小　　结

开标评标是定标的关键环节，开标的方式可以分为三种，即公开开标、有限开标和秘密开标。我国《招标投标法》要求采用公开开标。开标时无效标书的判定就是将一些不合格的标书排除在评标之外，减少评标的工作量。不同的招标采购方式对否决投标的判定是有差异的。

开标之后就进入评标阶段，为了保证评标的公平、公正，我国法律对评标委员会的组建有明确的规定。由于存在多种采购方式，如施工招标，监理服务招标，货物采购等，评标的原则和方法不尽相同，废标的规定也不完全相同，而且不同的评标方法推荐的中标候选人也可能完全不同。

对于中标人，我国《招标投标法》规定中标人的投标应当符合下列两个条件之一：一是能够最大限度地满足招标文件中规定的各项综合评标标准；二是能够满足招标文件的实质性要求，并且经评审的投标价格最低；但是投标价格低于成本的除外。

技能训练

训练任务1：评标练习

某工程有 A、B、C、D、E 五家经资格审查合格的施工企业参加投标（表5-9）。经招标小组确定的评标指标及评分方法为：

1）评价指标包括报价、工期、企业信誉和施工经验四项，权重分别为50%、30%、10%、10%。

2）报价在标底价的（1±3%）以内为有效标，报价比标底价低3%为100分，在此基础上每上升1%扣5分。

3）工期比定额工期提前15%为100分，在此基础上，每延后10天扣3分。

表 5-9　五家投标单位的投标报价及有关评分表

评标单位	报价/万元	工期/天	企业信誉评分	施工经验得分
A	3 920	580	95	100
B	4 120	530	100	95
C	4 040	550	95	100
D	3 960	570	95	90
E	3 860	600	90	90
标底	4 000	600		

根据背景材料确定中标单位。（要求列式计算，注：若报价超出有效范围，注明投标被否决）

训练任务2：结合第4章编制的投标文件，进行开标模拟

根据班级具体情况进行分组，确定主持人、开标人、唱标人、公证人等，将第4章中分组编制的投标文件逐一进行检查并按照开标规定的程序开启，并记录。最后形成一份开标记录。

训练任务3：对投标文件进行评审

根据训练任务2中的开标记录，剔除不合格的投标文件后，各评标小组根据第3章编制的招标文件中评标办法和评审因素进行评标，按要求推荐中标候选人，并形成评标报告。

第 **6** 章

建设工程合同

📑 **本章概要**

本章介绍了合同的法律基础，合同的订立、履行、变更、解除、效力、终止及违约责任；建设工程合同的概念、特征、分类、效力、担保及纠纷解决。通过本章学习使读者熟悉合同的法律基础；掌握建设工程合同的概念及分类；熟悉建设工程合同的基本内容，以及无效建设工程合同的种类；熟悉建设工程合同担保的定义、作用以及各类担保在实际中的应用；熟悉建设工程合同争议解决的方式及特点。

【引导案例】厂房工程招标与合同有效性分析

2001 年 9 月，甲公司获悉乙公司的扩建厂房工程正在公开招标，即与乙公司联系，递交了资格证明文件。经乙公司审核，认为甲公司具备参与厂房扩建项目投标资格，便于 2001 年 11 月 10 日向甲公司发出投标邀请书，并提交了江西省工程施工招标文件。甲公司受邀后，在投标截止时间前递交了投标文件。投标总价为 1640 万元，其中五栋厂房钢结构部分报价为 1335 万元（每栋 267 万元），五栋厂房土建部分报价为 305 万元（每栋 61 万元），工期 90 天。甲公司委托其江西分公司的员工徐某、余某为代理人参加投标活动，代理人在投标、评标、合同谈判过程中所签署的一切文件和处理与之有关的一切事务，甲公司均予以承认，但代理人无转委托权。甲公司还委托其江西分公司代其向乙公司支付了投标保证金 20 万元。2001 年 11 月 15 日上午 9 点 30 分乙公司召开开标会，共有五家单位投标，公开开标后，没有单位中标，但甲公司与其他两家投标单位与乙公司进行了协商即议标。在议标过程中，除了徐某、余某作为甲公司的代理人参加商议外，甲公司江西分公司总经理黄某亦在后阶段参加了商议并于 2001 年 11 月 19 日以黄某本人的名义出具书面承诺，同意以每幢 232 万元的造价承包两幢厂房的钢结构工程，并对付款方式进行了计划。2001 年 12 月 5 日乙公司据此向甲公司发出中标通知书，2001 年 12 月 15 日甲公司发函给乙公司，以钢材价格上涨和支付工程款的方式欠佳为由，决定放弃该项工程，并要求乙公司退回投标保证金。2001 年 12 月 24 日甲公司再次发函给乙公司，决定以每栋 240 万元的价格承揽厂房工程，乙公司未同意。为此双方产生争议，甲公司诉至法院要求乙公司退回 20 万元保证金。甲公司江西分公司是由甲公司与江西省某企业联合投资兴办的企业法人单位，甲公司占 70% 的股份。

【评析】 本案争议的焦点有两个：① 甲公司缴纳的保证金是否应退回；② 甲公司的子公司员工是否有权代表甲公司签订合同。

对于第一点，根据《中华人民共和国招标投标法》第四十六条之规定，招标文件要求中标人提交履约保证金的，中标人应当提交。又根据《中华人民共和国招标投标法》第六十条之规定，中标人不履行与招标人订立的合同的，履约保证金不予退还。由此可见，招标人在招标文件中要求投标人支付履约保证金是符合法律规定的。但是本案中双方按照正常程序进行招、投标活动，开标后，投标单位无一中标，在所有投标被否决的情况下，此次投标活动应视为结束，投标单位所交的投标保证金应退回。

对于第二点，乙公司与甲公司的委托代理人及甲公司江西分公司总经理黄某之间的商议行为，以及随后的函件往来等，均属于议标行为，虽然与前面的招投标行为有一定关联，但它不是招投标行为本身。

议标和招标是不同的合同订立方式，它们都是我国建筑领域里使用较多的采购方法。与招标不同，议标实质上即为谈判性采购，是采购人和被采购人之间通过一对一谈判而最终达到采购目的的一种采购方式，不具有公开性和竞争性，因而不属于《招标投标法》所称的招标投标采购方式。从实践上看，公开招标和邀请招标的采购方式要求对报价及技术性条款不得谈判，议标则允许就报价等进行一对一的谈判。因此，有些项目如一些小型建设项目采用议标方式目标明确，省时省力，比较灵活。本案中招标失败后，双方就签订合同继续洽谈的过程就是议标。乙公司所收取的投标保证金是为了确保中标后投标人与招标人签订正式合同，而一旦招标失败保证金理当返还，继续占有则构成不当得利。

对于黄某的承诺行为，虽然黄某本人未受委托，但黄某所在公司的员工是委托代理人，而黄某又是该委托代理人的直接上级领导，且甲公司与其江西分公司之间形成了控股关系，因此根据《合同法》第四十九条："行为人没有代理权、超越代理权或者代理权终止后以被代理人名义订立合同，相对人有理由相信行为人有代理权的，该代理行为有效。"乙公司有理由相信黄某有相应的代理权，黄某的行为属于表见代理，甲公司应承担其代理行为的后果。而且甲公司事后也在黄某所作承诺的基础上与乙公司进行过协商，只是以"材料涨价"等理由而未达成最终协议。

据此甲公司在与乙公司议标过程中，如因承诺等行为而使乙公司的工程进度、工程安排产生不利影响，造成损失，则应承担缔约过失责任。

6.1 合同的法律基础

6.1.1 合同及合同法律制度概述

1. 合同法律制度概述

于1999年10月1日起施行的《中华人民共和国合同法》（以下简称《合同法》）是我国的现行合同法，我国的《合同法》是调整平等主体之间的交易关系的法律，它主要规范合同的订立、合同的效力、合同的履行、变更、转让、终止、违反合同的责任及各类有名合同等问题。作为我国民法的重要组成部分，在推行市场经济的今天，《合同法》成为了规范市场经济秩序的核心交易规则。我国学者将《合同法》定义为调整交易关系的法律，准确地概括了合同法的本质和作用。

《合同法》的基本原则是《合同法》的主旨和根本准则，是制定、解释、执行《合同法》的指导思想。《合同法》的基本原则不仅具有立法、司法的指导功能，而且具有解释合同、填补合同漏洞的功能，以及作为合同纠纷裁判标准的功能。我国《合同法》基本原则包括平等原则、自愿原则、诚实信用原则、合法原则和鼓励交易原则。

2. 合同概念及特征

根据《合同法》第二条规定，合同是平等主体的自然人、法人及其他组织之间设立、变更、终止民事权利义务关系的协议。

合同有广义、狭义之分。广义上的合同，是指一切产生权利义务的协议，如劳动合同、行政合同、民事合同等。其中，民事合同又可分为债权合同、物权合同、知识产权合同、身份合同、人格权合同等。《合同法》所调整的合同，为狭义上的合同，是指作为平等主体的当事人之间设立、变更、终止民事权利义务关系的协议。婚姻、收养、监护等有关身份关系的协议，适用其他法律的规定。

从民法原理角度分析，合同具有以下法律特征：

（1）合同是一种民事法律行为　根据《中华人民共和国民法通则》的规定，民事法律行为是公民或者法人设立、变更或者终止民事权利和民事义务的合法行为。民事法律行为以意思表示为要素，并且按意思表示的内容发生法律效果，从而有别于事实行为。对于法律行为，民法对行为人的行为能力和意思表示均有一定的要求，并以此作为其有效要件。合同是民事法律行为的一种，因此民法上关于民事法律行为的一般规定，如民事法律行为的有效要件、民事法律行为的无效和撤销等，均适用于合同。

（2）合同是平等主体之间的协议　合同关系的当事人地位一律平等，任何一方都不得将自己的意志强加给另一方，自愿、协商是订立合同的前提，这是合同关系的灵魂。

（3）合同以设立、变更或终止民事权利义务关系为目的　民事主体订立合同，是为了追求预期的目的，即在当事人之间因其而致民事权利和民事义务关系的产生、变更或消灭。民事权利义务关系的产生是指在当事人之间形成某种法律关系，从而具体地享受民事权利、承担民事义务。民事权利义务关系的变更是指当事人通过订立合同使原有的合同关系在内容上发生变化，如在建设工程施工合同中进行工程价款、质量标准、工期等方面的变更。民事权利义务关系的消灭或终止是指当事人通过订立合同以消灭原合同关系。

（4）合同是当事人意思表示一致的协议　合同的成立须有两方以上当事人，他们相互为意思表示，并且意思表示须取得一致。

6.1.2　合同的订立

1. 合同的订立过程

合同的订立是指缔约人为意思表示并达成合意的状态。它描述的是缔约各方自接触、洽商直至达成合意的过程，合同的订立一般要经历要约邀请、要约和承诺的过程。

（1）要约邀请　要约邀请也称要约引诱，是指希望他人向自己发出要约的意思表示。

要约邀请的目的在于诱使他人向自己发出要约，而非与他人订立合同，故只是订立合同的预备行为，而非订约行为。

根据《合同法》第十五条，寄送价目表、拍卖公告、招标公告、招股说明书、商业广告等行为属要约邀请。

在建设工程合同的订立过程中，招标单位发布招标公告的行为即是要约邀请。

（2）要约　要约又称发盘、出盘、发价、出价、报价，是订立合同的必经阶段。要约是一种订约行为，发出要约的人称为要约人，接受要约的人称为受要约人或相对人。《合同法》第十四条规定：要约是希望和他人订立合同的意思表示，该意思表示应当符合下列规定：① 内容具体确定；② 表明经受要约人承诺，要约人即受该意思表示约束。该条规定揭示了要约的性质及其构成要件。

根据《合同法》规定：要约到达受要约人时生效。这一规定采取了"到达主义"立场。依到达主义，要约于到达受要约人时生效。何谓到达？应作广义解释：① 到达受要约人与到达代理人（包括无行为能力人、限制行为能力人的法定代理人）；② "到手到达"与"非到手到达"（送达受要约人所能实际控制之处所，如信箱）；③ 数据电文要约的到达。《合同法》第十六条第二款规定：采用数据电文形式订立合同，收件人指定特定系统接收数据电文的，该数据电文进入该特定系统的时间，视为到达时间；未指定特定系统的，该数据电文进入收件人的任何系统的首次时间，视为到达时间。

要约的效力表现在两个方面：① 要约对要约人的拘束力（要约的形式拘束力）：要约一经生效，要约人即受到拘束，不得随意撤销或对要约加以限制、变更和扩张。② 要约对受要约人的拘束力（要约的实质拘束力）：受要约人于要约生效时取得依其承诺而成立合同的法律地位，具体表现在：受要约人有进行承诺以订立合同的权利（形成权）；受要约人对于要约人一般情况下不负任何义务，只有在强制缔约情形下，承诺为法定义务。

（3）承诺　《合同法》第二十一条规定：承诺是受要约人同意要约的意思表示。根据《合同法》的规定及理论通说，承诺须具备以下要件：① 承诺必须由受要约人作出。② 承诺必须在合理期限内向要约人发出。③ 承诺的内容必须与要约的内容相一致。《合同法》第三十条规定：承诺的内容应当与要约的内容一致。受要约人对要约的内容作出实质性变更的，为新要约。

《合同法》第二十二条规定，承诺应当以通知的方式作出，但根据交易习惯或者要约表明可以通过行为方式作出承诺的除外。

承诺的效力，即承诺所产生的法律效果。简言之，承诺的效力表现为承诺生效时合同成立。

对于承诺的生效时间，大陆法系采用到达主义或送达主义，即主张承诺的意思表示于到达要约人支配的范围内时生效。英美法系采用发送主义或送信主义，即主张如果承诺的意思表示是以邮件、电报方式作出，则承诺于投入邮筒或交付电信局时生效，除非要约人与承诺人另有约定。我国《合同法》采用到达主义。《合同法》第二十六条规定：承诺通知到达要约人时生效。承诺不需要通知的，根据交易习惯或者要约的要求作出承诺的行为时生效。采用数据电文形式订立合同的，承诺到达的时间适用本法第十六条第二款的规定。

2. 合同形式

合同形式是当事人交易所采用的方式，也是双方当事人意思表示一致的外在表现形式。按照《合同法》第十条规定，当事人订立合同有书面形式、口头形式和其他形式。

（1）口头形式　它指合同当事人双方口头约定合同内容，无需任何文字记载。口头形式主要适用于即时清结的交易。一般来讲，这种交易具有债权债务关系简单、交易标的额较小、交易快捷等特点，其大多属于现货交易。合同订立采用口头形式最大的优点就是方便、快捷、简单。

（2）书面形式　《合同法》第十一条规定了书面形式的定义，即书面形式是指合同书、信件和数据电文（包括电报、电传、传真、电子数据交换和电子邮件）等可以有形地表现所载内容的形式。与口头合同相比，书面合同多是履行期限较长、标的额较大、内容较复杂的合同，它的最大特点在于当事人因合同发生争议时容易举证、分清责任，其优点与缺点正好与口头合同相反。

根据学理划分，书面形式被分为一般的书面形式与特殊的书面形式。一般书面形式是指除当事人达成书面协议以外，无须在履行其他手续的书面形式。特殊的书面形式是指除根据法律规定或当事人约定，当事人达成书面协议后还需鉴证、公证或有关国家机关批准或核准登记才能成立的合同。

一般书面形式包括合同书、信件和数据电文。

1）合同书。合同书是指记载有当事人合意的合同内容并被签名盖章的文书。

2）信件。在某些情况下，当事人之间的要约和承诺是通过书信的方式来传达的。如果法律对合同形式没有特殊的规定，当事人也没有对合同的形式进行约定，那么通常情况下只要当事人对合同的主要条款达成协议就可以认定合同已经成立。

我国《合同法》第三十三条规定，当事人采用信件、数据电文等形式订立合同的，可以在合同成立之前要求签订确认书。签订确认书时合同成立。

3）数据电文。我国的《电子签名法》第二条第二款规定："数据电文，是指以电子、光学、磁或者类似手段生成、发送、接收或者储存的信息。"数据电文合同一般包括以下三类基本形式：一是电报、电传和传真。二是 EDI（Electronic Data Interchange），也就是我们平时所说的电子数据交换。三是电子邮件。

特殊的书面形式包括公证、鉴证、批准、登记。

公证形式是指当事人约定或者依照法律规定，以国家公证机关对合同内容加以审查公证的方式订立合同时所采取的一种合同形式。经过公证的合同，只要没有相反证明，司法、仲裁机关一般承认其效力。

鉴证形式是指当事人约定或者依照法律规定，以国家合同管理机关对合同内容的真实性、合法性进行审查的方式订立合同的一种形式。关于鉴证这种形式在国家级的立法上并没有将其作为一项法定形式，只是在地方立法上有所反映，例如《厦门市产权交易管理办法》第九条规定："产权交易双方在产权交易合同生效后一个月内，凭产权交易机构出具的产权交易鉴证书及产权交易合同等材料，到工商、国资、税务、土地管理、房产、银行等部门办理有关手续。未提供产权交易鉴证书的，各有关部门不予办理相关手续。"该法虽未明文规定未办理鉴证手续的交易合同无效，但是从其最终的结果来看，使得产权交易合同难以实际履行。

《合同法》第四十四条规定，依法成立的合同，自成立时生效。法律、行政法规规定应当办理批准、登记等手续生效的，依照其规定。

《合同法》第二百七十条规定，建设工程合同应当采用书面形式。

（3）其他形式

1）推定形式。当事人未用语言、文字表达其意思表示，仅用行为向对方发出要约，对方接受该要约，做出一定或指定的行为作为承诺，合同成立。例如，某商店安装自动售货机，顾客将规定的货币投入机器内，买卖合同即成立。

2）混合形式。事物的"混合"本身就有其长处，可以起到优势互补，发挥特殊的功能。针对合同而言，合同的部分内容可以采用书面形式，其余的部分则可以采用口头形式。混合形式可以结合实际情况整合不同合同形式的优点，更好地为当事人服务。

3. 合同条款

合同条款可分为必要条款和一般条款。

（1）必要条款　必要条款亦称主要条款，是指合同必须具备的条款。它决定着合同的类型和当事人的基本权利和义务，因而具有重要意义。合同必要条款的确立标准主要有以下三种：

1）法律规定。如《中华人民共和国担保法》第十五条第一款规定：保证合同应当包括下列内容：① 被保证的主债权种类、数额；② 债务人履行债务的期限；③ 保证的方式；④ 保证担保的范围；⑤ 保证的期限；⑥ 双方认为需要约定的其他事项。如《合同法》第一百九十七条第二款关于借款合同中币种的规定，也是该种合同的必要条款。

2）合同类型或性质决定，如买卖合同中的价款、租赁合同中的租金。

3）当事人约定，即当事人要求必须订立的条款。

必要条款一般并不具有合同效力的评价意义，但可能影响合同的成立。

（2）一般条款　一般条款即合同必要条款以外的条款。一般条款包括两种情况：一是法律未直接规定，也不是合同的类型和性质要求必须具备的，当事人也无意使其成为主要条款的合同条款，如关于建设工程施工图纸复制费用承担的约定。二是当事人并未写入合同，甚至未经协商，但基于当事人的行为，或基于合同的明示条款，或基于法律规定，理应存在的合同条款，如建设工程承包方应有合法承包资质、工程不得转包、不得违法分包等。

4. 合同的成立

所谓合同的成立，是指缔约当事人就合同的主要条款达成合意。《合同法》第二十五条规定：承诺生效时合同成立。据此，合同于承诺生效时成立。

《合同法》第三十二条规定：当事人采用合同书形式订立合同的，自双方当事人签字或者盖章时合同成立。当事人采用合同书形式订立合同，但并未签字盖章，意味着当事人的意思表示未能最后达成一致，因而一般不能认为合同成立。双方当事人签字或者盖章不在同一时间的，最后签字或者盖章时合同成立。

《合同法》第三十二条规定：当事人采用信件、数据电文形式订立合同的，可以在合同成立之前要求签订确认书。签订确认书时合同成立。在此情况下，确认书具有最终承诺的意义。

《合同法》第三十六条规定：法律、行政法规规定或者当事人约定采用书面形式订立合同，当事人未采用书面形式但一方已经履行主要义务，对方接受的，该合同成立。此时可从实际履行合同义务的行为中推定当事人已经形成了合意和合同关系，当事人一方不得以未采取书面形式或未签字盖章为由，否认合同关系的实际存在。

关于合同成立的地点，《合同法》第三十四条规定：承诺生效的地点为合同成立的地点。采用数据电文形式订立合同的，收件人的主营业地为合同成立的地点；没有主营业地的，其经常居住地为合同成立的地点。当事人另有约定的，按照其约定。《合同法》第三十五条规定：当事人采用合同书形式订立合同的，双方当事人签字或者盖章的地点为合同成立的地点。

合同成立是生效的前提，合同生效是合同成立的结果之一。当事人订立合同的目的，就是要使合同生效，产生约束力，从而实现合同所规定的权利和利益，如果合同不能生效，则合同等于一纸空文，当事人也就不能实现订约目的。

6.1.3　合同的效力

合同效力，又称合同的法律效力，是指法律赋予依法成立的合同具有约束当事人各方乃至第三人的法律拘束力。

法律评价当事人各方的合意，在合同效力方面，是规定合同的有效要件，作为评价标准。对符合有效要件的合同，按当事人的合意赋予法律效果，对不符合有效要件的合同，则区分情况，分别按无效、可撤销或效力待定处理。

合同的有效要件是判断合同是否具有法律约束力的标准。根据《中华人民共和国民法通则》（以下简称《民法通则》）第五十五条规定，合同的有效要件包括：① 行为人具有相应的民事行为能力；② 意思表示真实；③ 不违反法律或者社会公共利益。

如合同严重欠缺有效要件，绝对不能按当事人合意的内容赋予法律效果，即为合同无效。根据《合同法》第五十二、五十三条的规定，合同无效有如下原因：① 一方以欺诈、胁迫的手段订立合同，损害国家利益；② 恶意串通，损害国家、集体或者第三人利益；③ 以合法形式掩盖非法目的；④ 损害社会公共利益；⑤ 违反法律、行政法规的强制性规定。

效力待定合同是指合同虽然已经成立，但因其不完全符合有关生效要件的规定，因此其效力能否发生，尚未确定，一般须经有权人表示承认才能生效。效力待定合同有三种：① 限制行为能力人订立的合同；② 无权代理人订立的合同；③ 无处分权人订立的合同。

合同的撤销是指意思表示不真实，通过撤销权人行使撤销权，使已经生效的合同归于消灭。存在撤销原因的合同叫做可撤销的合同，具有如下特征：① 从撤销的对象看，是意思表示不真实的合同，如因重大误解而成立的合同、因欺诈而成立的合同等，此外，我国现行法把因欺诈、胁迫而成立的合同一分为二，将其中具有"损害国家利益"特点的合同作为无效的对象；② 合同的撤销，要由撤销权人行使撤销权来实现；③撤销权不行使则合同继续有效，撤销权行使则合同自始归于无效。

《合同法》把重大误解、在订立合同时显失公平作为可撤销的原因；还将一方以欺诈、胁迫的手段或者乘人之危，使对方在违背真实意思的情况下订立的、不损害国家利益的合同，作为可撤销的对象。

撤销权是指撤销权人以其单方的意思表示使合同等法律行为溯及既往地消灭的权利。关于撤销权的行使，根据我国现行法律规定，撤销权人须请求人民法院或仲裁机构予以变更或撤销。具有撤销权的当事人应自知道或者应当知道撤销事由之日起一年内行使撤销权，否则该撤销权消灭。

6.1.4　合同的履行

合同的履行是指债务人全面的、适当的完成其合同义务，以使债权人的合同债权得到完全实现，如交付约定的标的物，完成约定的工作并交付工作成果，提供约定的服务等。

合同履行的原则是当事人在履行合同债务时所应遵循的基本准则。在这些基本准则中，包括诚实信用、公平、平等等基本原则。

合同履行的专属原则包括：

（1）适当履行原则 适当履行原则，又称正确履行原则或全面履行原则，是指当事人按照合同规定的标的及其数量、质量，由适当的主体在适当的履行期限、履行地点以适当的履行方式，全面完成合同义务的履行原则。

（2）实际履行原则 实际履行原则，是指当事人应按照合同规定的标的去履行，不能用其他标的代替的履行原则。当违约时，违约方不能以偿付违约金、赔偿金代替履行，只要对方当事人要求继续履行合同，就应当实际履行。

（3）协作履行原则 协作履行原则，是指当事人不仅适当履行自己的合同债务，而且应基于诚实信用原则要求对方当事人协助其履行债务的履行原则。

（4）经济合理原则 经济合理原则要求在履行合同时，讲求经济效益，付出最小的成本，取得最佳的合同利益。

（5）情势变更原则 情势变更原则，是指合同依法成立后，因不可归责于双方当事人的原因发生了不可预见的情势变更，致使合同的基础丧失或动摇，若继续维护合同原有效力则显示公平，而允许变更或解除合同的原则。

6.1.5 违约责任

1. 违约责任的概念

违约责任是指合同当事人一方不履行合同义务（违反了实际履行原则）或履行合同义务不符合合同约定（违反了全面履行原则）所应承担的民事责任。

违约责任的构成要件有二：① 有违约行为，违约行为是指当事人一方不履行合同义务或者履行合同义务不符合约定条件的行为；② 无免责事由。前者称为违约责任的积极要件，后者称为违约责任的消极要件。

2. 违约的免责事由

（1）免责事由的概念 免责事由也称免责条件，是指当事人即使违约也不承担责任的事由。《合同法》上的免责事由可分为两大类，即法定免责事由和约定免责事由。法定免责事由是指由法律直接规定、不需要当事人约定即可援用的免责事由，主要是指不可抗力；约定免责事由是指当事人约定的免责条款。

（2）不可抗力 根据我国法律的规定，所谓不可抗力，是指不能预见、不能避免并不能克服的客观情况。不可抗力的要件为：① 不能预见，即当事人无法知道事件是否发生、何时何地发生、发生的情况如何，对此应以一般人的预见能力为标准；② 不能避免，即无论当事人采取什么措施，或即使尽了最大努力，都不能防止或避免事件的发生；③ 不能克服，即以当事人自身的能力和条件无法战胜这种客观力量；④ 客观情况，即外在于人的行为的客观现象（包括第三人的行为）。

不可抗力主要包括以下几种情形：① 自然灾害，如台风、洪水、冰雹；② 政府行为，如颁发实施新的法规、征收、征用；③ 社会异常事件，如罢工、骚乱。

在不可抗力的适用上，有以下问题值得注意：① 合同中是否约定不可抗力条款，不影响直接援用法律规定；② 不可抗力条款是法定免责条款，约定不可抗力条款如小于法定范围，当事人仍可援用法律规定主张免责，如大于法定范围，超出部分应视为另外成立了免责条款；③ 不可抗力作为免责条款具有强制性，当事人不得约定将不可抗力排除在免责事由之外。

因不可抗力不能履行合同的，根据不可抗力的影响，部分或全部免除责任。但有以下例外：① 金钱债务的迟延责任不得因不可抗力而免除；② 迟延履行期间发生的不可抗力不具有免责效力。

（3）免责条款 免责条款是指当事人在合同中约定免除将来可能发生的违约责任的条款，其所规定的免责事由即为约定免责事由。对此，《合同法》未作一般性规定（仅规定格式合同的免责条款）。值得注意的是：免责条款不能排除当事人的基本义务，也不能排除故意或重大过失的责任。

3. 违约责任的形式

违约责任的形式，即承担违约责任的具体方式。对此，《民法通则》第一百一十一条和《合同法》第一百零七条作了明文规定：当事人一方不履行合同义务或者履行合同义务不符合约定的，应当承担继续履行、采取补救措施或者赔偿损失等违约责任。据此，违约责任有三种基本形式，即继续履行、采取补救措施和赔偿损失。当然，除此之外。违约责任还有其他形式，如违约金、定金责任。

（1）继续履行 继续履行也称强制实际履行，是指违约方根据对方当事人的请求继续履行合同规定的义务的违约责任形式。旨在保证实际履行原则的落实。继续履行的适用，因债务性质的不同而不同：

1）金钱债务：无条件适用继续履行。金钱债务只存在迟延履行，不存在履行不能，因此，应无条件适用继续履行的责任形式。

2）非金钱债务：有条件适用继续履行。对非金钱债务，原则上可以请求继续履行，但下列情形除外：① 法律上或者事实上不能履行（履行不能）；② 债务的标的不适用强制履行或者强制履行费用过高；③ 债权人在合理期限内未请求履行（如季节性物品之供应）。

（2）采取补救措施 采取补救措施作为一种独立的违约责任形式，是指矫正合同不适当履行（质量不合格）、使履行缺陷得以消除的具体措施。这种责任形式，与继续履行（解决不履行问题）和赔偿损失具有互补性。

（3）赔偿损失 赔偿损失，在《合同法》上也称违约损害赔偿，是指违约方以支付金钱的方式弥补守约方因违约行为所减少的财产或者所丧失的利益的责任形式。赔偿损失是最重要的违约责任形式。

赔偿损失的确定方式有两种：法定损害赔偿和约定损害赔偿。

法定损害赔偿是指由法律规定的，由违约方对守约方因其违约行为而对守约方遭受的损失承担的赔偿责任。根据《合同法》的规定，法定损害赔偿应遵循以下原则：

1）完全赔偿原则。违约方对于守约方因违约所遭受的全部损失承担的赔偿责任。具体包括：直接损失与间接损失；积极损失与消极损失（可得利益损失）。《合同法》第一百一十三条规定，损失"包括合同履行后可以获得的利益"，可见其赔偿范围包括现有财产损失和可得利益损失。前者主要表现为标的物灭失、为准备履行合同而支出的费用、停工损失、为减少违约损失而支出的费用、诉讼费用等；后者是指在合同适当履行后可以实现和取得的财产利益。

2）合理预见规则。违约损害赔偿的范围以违约方在订立合同时预见到或者应当预见到的损失为限。合理预见规则是限制法定违约损害赔偿范围的一项重要规则，其理论基础是意思自治原则和公平原则。

3）减轻损失规则。一方违约后，另一方应当及时采取合理措施防止损失的扩大，否则，不得就扩大的损失要求赔偿。

约定损害赔偿是指当事人在订立合同时，预先约定一方违约时应当向对方支付一定数额的赔偿金或约定损害赔偿额的计算方法。它具有预定型（缔约时确定）、从属性（以主合同的有效成立为前提）、附条件性（以损失的发生为条件）。

（4）违约金　违约金是指当事人一方违反合同时应当向对方支付的一定数量的金钱或财物。

根据现行《合同法》的规定，违约金具有以下法律特征：① 是在合同中预先约定的（合同条款之一）；② 是一方违约时向对方支付的一定数额的金钱（定额损害赔偿金）；③ 是对承担赔偿责任的一种约定（不同于一般合同义务）。

当约定的违约金畸高或畸低时，当事人可以请求法院或仲裁机构予以适当的调整。

违约金和赔偿金是两个很相近的概念。违约金是指一方当事人由于过错不履行或不完全履行合同，应当依照合同的约定或法律的规定，支付给另一方一定数量的货币。赔偿金则是指合同当事人一方违反合同约定，而给对方造成经济损失的，应给予一定数量的货币进行赔偿。在侵权情况下也会产生赔偿金。

（5）定金责任　所谓定金，是指合同当事人为了确保合同的履行，依照法律和合同的规定，由一方按合同标的额的一定比例预先给付对方的金钱或其他替代物。对此《中华人民共和国担保法》作了专门规定。[一]《合同法》第一百一十五条也规定：当事人可以依照《中华人民共和国担保法》约定一方向对方给付定金作为债权的担保。债务人履行债务后，定金应当抵作价款或者收回。给付定金的一方不履行约定的债务的，无权要求返还定金；收受定金的一方不履行约定的债务的，应当双倍返还定金。

定金除具有担保作用外，定金合同属于从合同和实践性合同[二]。如果当事人在合同中既约定了定金，又约定了违约金，该怎样履行呢？根据我国《合同法》第一百一十六条的规定，"当事人既约定违约金，又约定定金的，一方违约时，对方可以选择适用违约金或者定金条款。"在既有定金条款又有实际损失时，应分别适用定金责任和赔偿损失的责任，二者同时履行，当然，如果同时适用定金和赔偿损失，其总值超过标的物价金总和的，法院应酌情减少定金的数额。

6.1.6　合同的变更、解除与终止

1. 合同的变更

合同的变更是指合同依法成立后尚未履行或尚未完全履行时，由于客观情况发生了变化，使原合同已不能履行或不应履行，经双方当事人同意，依照法律规定的条件和程序，对原合同条款进行的修改或补充。

《合同法》第七十七条规定，当事人协商一致，可以变更合同。法律、行政法规规定变

[一]　根据《中华人民共和国担保法》第九十一条的规定，定金的数额不得超过合同标的额的 20% 。这一比例为强制性规定，当事人不得违反。如果当事人约定的定金比例超过了 20% ，并非整个定金条款无效，而只是超过部分无效。

[二]　定金合同以主合同的存在为必要条件，当主合同不成立、无效或被撤销时，定金条款也不能生效。主合同消灭，约定的定金也发生消灭。定金的成立不仅需要有当事人的合意，而且还必须要有定金的现实的交付行为。

更合同应当办理批准、登记等手续的，依照其规定。《合同法》第七十八条规定，当事人对合同变更的内容约定不明确的，推定为未变更。因此，当事人变更合同，应当协商一致，并且明确变更的内容；需要办理批准、登记手续的，应当及时依法办理，从而实现其变更合同的目的。对于变更的形式要求，一般来说，以书面形式订立的合同，变更协议亦应采用书面形式。

2. 合同的解除

合同解除是指合同有效成立之后，根据法律规定或因当事人一方的意思表示或者双方的协议，使基于合同发生的民事权利义务关系归于消灭的一种法律行为。

合同的解除按照解除权的主体，可以分为单方解除和协议解除。按照解除权行使的条件，分为法定解除和约定解除。

合同解除后，致使原合同中双方当事人之间所形成的法律关系归于消灭，当事人不必再履行合同所约定的债权债务。但这并不意味着原合同的所有条款都失去效力，当事人与合同有关的权利义务并不一定全部完结，合同中有关结算、违约金、争议管辖条款等仍继续有效。如果在合同终止前，一方当事人的行为给对方造成了损失，受损害方在合同终止后，仍然有权请求赔偿。

3. 合同的终止

合同的终止，又称合同的消灭，是指合同关系在客观上不复存在，合同权利和合同义务归于消灭。合同的终止，使合同关系不复存在，同时使合同的担保及其他权利义务也归于消灭。

依据我国《合同法》第九十一条规定，有下列情形之一的，合同的权利义务终止：① 债务已经按照约定履行；② 合同解除；③ 债务相互抵销；④ 债务人依法将标的物提存；⑤ 债权人免除债务；⑥ 债权债务同归于一人；⑦ 法律规定或者当事人约定终止的其他情形。

合同权利义务终止后，当事人应当遵循诚实信用原则，根据交易习惯，履行通知、协助、保密等义务（《合同法》第九十二条）。当事人违反上述合同终止后的义务，应承担赔偿损失责任。

6.2　建设工程合同概述

6.2.1　建设工程合同的概念及特征

1. 建设工程合同的概念

《合同法》第二百六十九条规定，建设工程合同是承包方进行工程建设，发包方支付价款的合同。由于一项工程须经过勘察、设计、施工等若干过程才能最终完成，所以建设工程合同包括勘察合同、设计合同、施工合同。这几种合同分别是由建设人或承建工程的总承包方与勘察人、设计人、施工人订立的关于完成工程的勘察、设计、施工等任务的协议。

"承包方"是指在建设工程合同中负责勘察、设计、施工任务的一方当事人；"发包方"是指在工程建设合同中委托承包方进行勘察、设计、施工任务的建设单位（业主）。在建设工程合同中，承包方的最主要义务是进行勘察、设计、施工等工作；发包方的最主要义务是向承包方支付相应的价款。

2. 建设工程合同的特征

建设工程合同是以完成特定工作为目的的合同，一方当事人完成特定的工作（建设行为），交付工作成果，发包方给付报酬。从这个意义上说，它完全符合承揽合同的特征，是广义承揽合同的一种。但是由于建设工程合同不同于其他工作的完成，该类合同对社会公共安全的影响较大，受到国家诸多方面的调控，所以，建设工程合同除具有与一般承揽合同相同的特征如同为诺成合同、双务合同、有偿合同外，更具有与一般承揽合同不同的特征：

（1）承包方只能是法人　承包方只能是法人，而且只能是经过批准的具有相应资质的法人；这是建设工程合同在主体上不同于承揽合同的特点。承揽合同的主体没有限制，可以是自然人，也可以是法人，而建设工程合同的主体是有限制的。由于建设工程合同的标的是建设工程，其具有投资大、周期长、质量要求高、技术力量全面、影响国计民生等特点，作为自然人是不能够独立完成的，故自然人不能作为承建人。只有经过批准的持有相应资质证书的勘察、设计、施工单位等企业法人才可以在其资质等级许可的范围内承揽工程，成为建设工程合同的主体，法律禁止企业无资质或超越本企业资质等级许可的范围承揽工程。

（2）建设工程合同标的的特殊性　建设工程合同的标的只能是基本建设的工程而不能是其他事物，在属性上具有不可移动、长期存在的特点。这里所说的建设工程，是指土木工程、建筑工程、线路管道和设备安装工程及装修工程，包括房屋、港口、矿井、水库、电站、桥梁涵洞、水利工程、铁路、机场、道路工程等，其工作要求比较高，而且价值较大，事关生命财产安全。

（3）国家管理的特殊性　建设工程合同的订立和履行，受到国家的严格管理和监督。在我国，规范和调整建设工程合同的法律、法规，除了《合同法》《建筑法》等法律外，还存在着大量的行政法规、部门规章及地方性法规。上述法规中以行政法规和部门规章为主，对工程建设的各个环节都进行严格管制，并制定有大量强制性规定和禁止性规定，违反其中任何一项都可能导致建设工程合同效力的丧失。对建设工程合同实行国家管制的理由在于建设工程合同的标的物为不动产之工程，具有不可移动性，长期存在和发挥效用，事关国计民生。加之，在政府作为工程建设者的政府工程，往往要纳入国家计划或地方政府计划，工程的立项、发包、承包、建设及验收都绝非仅由合同法等私法能够完全解决的。

（4）建设工程合同为要式合同　建设工程合同必须采用书面形式是政府对建设工程进行监督管理的需要，也是建设工程合同履行的特点所决定的。因此，建设工程合同应为要式合同，不采用书面形式的建设工程合同不能有效生效。但是，现实中存在未采用书面形式订立建设工程合同，但当事人已经开始履行，如何确定其效力呢？根据《合同法》第三十六条的规定，法律、行政法规规定应当采用书面形式订立合同，当事人未采用书面形式，但一方已经履行主要义务，对方业已接受的，认为该合同成立。实践中，对已开始履行的建设工程，如果双方当事人对已经履行的部分并无异议，一般由建设工程行政主管部门、工商行政主管部门或其他行政主管部门责令在一定期限内补签建设工程合同；如果当事人在一定期限内不补签的，则责令其立即停工；如果双方当事人对已履行的部分有异议，则口头建设工程合同效力待定，应立即停止履行。

（5）合同形成的特殊性　我国推行建设工程招投标制，建设工程合同除依要约、承诺规则订立之外，广泛使用招标与投标方式订立。我国《合同法》第二百七十一条规定："建设工程的招投标活动，应当依照有关法律的规定公开、公平、公正进行"。

6.2.2　建设工程合同的主要内容

1. 建设工程勘察、设计合同

（1）建设工程勘察、设计合同的概念　根据《建设工程勘察合同（示范文本）》（GF—2000—0203、GF—2000—0204），建设工程勘察合同一般应包括如下内容：工程概况；发包方向勘察人提供的有关资料文件；勘察人应向发包方交付的勘察成果资料；工期；收费标准及支付方式；发包方、勘察人义务；违约责任；勘察成果资料的检查验收；补充协议的法律效力；争议解决办法；合同生效与终止；其他约定事项等。

根据《建设工程设计合同（示范文本）》（GF—2000—0209、GF—2000—0210），建设工程设计合同一般应包括如下内容：合同签订依据；设计依据；合同文件的优先次序；发包方向设计人提交的有关资料、文件及时间；设计人向发包方交付的设计文件、份数、地点及时间；费用及支付方式；发包方、设计人的任务；违约责任；争议解决方式；合同的生效及终止等。

（2）建设工程勘察、设计合同主体的法律关系

1）建设工程勘察、设计合同的主体。《合同法》规定，建设工程勘察合同、设计合同的主体分别是发包方与勘察人、发包方与设计人。勘察设计合同的发包方应当是法人或者自然人，勘察人必须具有法人资格；发包方是建设单位或项目管理部门，勘察人、设计人是持有建设行政主管部门颁发的建设工程勘察设计资质证书、工程勘察设计收费资格证书和工商行政管理部门核发的企业法人营业执照的建设工程勘察设计单位。"发包方"是指在建设工程合同中委托承包方进行工程的勘察、设计任务的建设单位。"承包方"是指在建设工程合同中负责工程的勘察、设计任务的一方当事人，只能是具有从事勘察、设计任务资格的法人，在其所取得的相应的资质等级许可的范围内承包相应的工程。

2）建设工程勘察、设计合同的客体。在工程建设法律关系中，行为多表现为完成一定的工作，工程建设勘察设计合同的标的，即完成一定的勘察、设计任务。工程建设勘察、设计合同的法律关系的客体，即完成一定的勘察、设计任务的行为。

3）建设工程勘察、设计合同的内容。合同中权利义务是相对的，即权利人的义务即是义务人的权利。因此，勘察、设计合同发包方的权利和义务即为对方的义务和权利，因此通过对合同双方的义务来阐述勘察、设计合同的内容。

a. 勘察、设计合同发包方的主要义务：

按照合同约定提供开展勘察、设计工作所需要的基础资料，技术要求，并对提供的时间、进度和资料的可靠性负责。勘察合同的发包方，在勘察工作展开前应当提供勘察工作所需要的勘察基础资料、勘察技术要求及附图。设计合同的发包方应当按照合同的约定提供设计的基础资料、设计的技术要求：在初步设计前，应当提供经批准的计划任务书、选址报告以及原料（或经过批准的资源报告）燃料、水、电、运输等方面的协议文件和能满足初步设计要求的勘察资料、需要经过科研取得的技术资料；在施工图设计前，应提供经批准的初步设计文件和能满足施工图设计要求的勘察资料、施工条件以及有关设备的技术资料。

按照合同的约定提供必要的协作条件。至于这些协作条件的具体内容，应当根据具体情况来认定，如发包方提供资料的内容和期限，发包方进行现场的清理，在勘察设计人员入场工作时，发包方应当为其提供必要的工作条件和生活条件，设计的阶段、进度和设计文件的

份数，以保证其正常开展工作。按照双方商定的分工范围和要求，及时供应原材料和设备。

按合同约定向勘察、设计人支付勘察、设计费。这是勘察、设计合同中的发包方所应承担的最重要的义务。勘察工作的取费标准是按照勘察的内容来决定的，其具体标准和计算办法需按原建设部、国家发展和改革委员会（含原国家发展计划委员会、原国家计划委员会）颁发的《工程勘察设计收费管理规定》中的规定执行。设计工程的取费标准，一般应根据不同行业、不同建设规模和工程内容繁简程度制定不同的收费定额，再根据这些定额收取费用。

发包方对于勘察、设计人交付的勘察成果、设计成果不得擅自修改，也不得擅自转让给第三人重复使用。

b. 勘察、设计合同承包方的主要义务：

在建设工程的勘察、设计合同中，作为承包方的勘察人、设计人一方的最为重要的义务就是按照合同约定的勘察、设计的质量和期限等要求完成勘察、设计工作，并向发包方提交勘察成果、设计成果。对勘察、设计成果负瑕疵担保责任。在勘察合同中，勘察人应当按照国家规定的和合同约定的标准和技术条件进行工程测量，工程地质、水文地质等方面的勘察工作。在设计合同中，设计人应当按照合同的约定，根据发包方提供的文件和资料进行设计工作。勘察人、设计人应按照合同规定的进度完成勘察、设计任务，并在约定的期限内将勘察成果，设计图纸及说明和材料设备清单、概预算等设计成果按约定的方式交付给发包方。勘察人、设计人完成和交付的工作成果应符合法律、行政法规的规定，符合建设工程质量、安全标准，符合建设工程勘察、设计的技术规范，符合合同的约定。

按合同的约定完成协作的事项。设计人应当按照合同的约定对其承担设计任务的工程建设配合施工，进行设计交底，解决施工过程中有关设计的问题，负责设计变更和修改预算，参加试车考核和工程竣工验收等。对与大中工业项目和复杂的民用工程应派人现场设计，并参加隐蔽工程验收。

2. 建设工程施工合同

（1）建设工程施工合同的概念　建设工程施工合同是建设工程合同的一种，又称建设工程承包合同，简称施工合同，是发包方（也称建设单位或业主）和承包方（也称承包方或施工单位）之间，为完成一定的建设工程，所签订的明确双方权利义务的协议。

（2）建设工程施工合同的特征

1）合同标的物的特殊性。施工合同的标的物——建设工程，大多具有投资巨大、技术复杂、工期长、使用寿命长等特点，建设工程往往涉及国家利益和社会公共利益，事关人民群众生命财产安全，远非一般合同标的物所能比拟。建筑成品的固定性、单件性和施工生产的流动性也决定了施工合同标的物的特殊性。

2）合同主体的严格性。建设工程施工合同的主体一般只能是法人。发包方一般只能是经过批准进行工程项目建设的法人，必须有国家批准的建设项目和投资计划，在签订施工合同之前需取得一系列的行政许可或批准手续。承包方则必须具备法人资格，且取得了国家认可的相应资质。

3）国家监管的严格性。从施工合同的订立到合同的履行，从资金的投入到工程竣工验收，《合同法》《建筑法》《建设工程质量管理条例》等法律法规中都有大量的强制性规定，以便对工程建设活动进行系统、全面的监督和管理。

4）合同义务的法定性。大多数合同其权利义务由双方当事人在合同中约定，然而对于施工合同，发包方和承包方的许多合同义务由法律直接进行规定，且当事人不得排除适用，成为法定的合同义务，使得施工合同的主体义务呈现出较强的法定性。例如，对于发包方办理施工许可证及其他施工所需证件等，对承包方转包的禁止性规定与分包的限制性规定、保证施工安全的义务以及对承包方质量保修责任的规定等，均带有不同程度的强制性。

（3）建设工程施工合同主体的法律关系

1）施工合同法律关系主体。施工合同由建设工程发包方与建设工程承包方订立的关于完成工程的施工任务的协议。施工合同法律关系主体就是建设工程发包方与建设工程承包方。"承包方"是指在建设工程合同中负责施工任务的一方当事人；"发包方"是指在工程建设合同中委托承包方进行施工任务的建设单位（业主）。在建设工程施工合同中，承包方的最主要义务是进行工程施工工作；发包方的最主要义务是向承包方支付相应的价款。

《合同法》对建设工程施工合同主体并没有直接作出规定，但是国家对工程建设的主体实行许可制度，要求从事建设工程的主体必须具备相应的资质。根据《建筑法》的规定，从事建筑活动的施工企业、勘察单位、设计单位和工程监理单位均必须是法人，还应具备相应的资质，建设工程施工合同主体合法是预防合同纠纷的重要方面。

2）施工合同法律关系客体。建设工程施工合同法律关系的客体在此法律关系中是主体的权利义务所指向的对象。因此，建设工程施工合同法律关系的客体即表现为行为的客体。法律意义上的行为是指人的有意识的活动。在工程建设法律关系中行为多表现为完成一定的工作，工程建设施工合同的标的，即按期完成一定质量要求的施工行为。

3）施工合同法律关系内容。建设工程法律关系的内容是指建设工程法律关系主体的权利和义务。建设工程施工合同法律关系的内容是建设工程发包方的具体要求，决定了施工合同法律关系的性质，它是连接主体的纽带。建设工程施工合同主体的权利主要体现为根据国家建设管理要求和自己业务活动需要有权要求其他主体作出一定的行为和不为一定的行为，以实现自己的权利。

建设工程施工合同中，发包方的义务体现为：

● 获取行政许可、审批义务。例如，获取施工许可证和占道、爆破等的许可证。

● 提供技术资料义务。提供建筑物、道路、线路、上下水道的定位标桩、水准点和坐标控制点等资料。

● 施工现场、施工条件和基础资料的提供。除专用合同条款另有约定外，发包人应最迟于开工日期7天前向承包人移交施工现场。提供施工条件，完成"三通一平"义务。开工前将水源、电源和运输道路接通到施工现场，完成施工现场拆迁。

● 物资保证义务。按双方协定的分工范围和要求，供应材料和设备。

● 及时付款义务。发包方应按照约定及时向承包方支付工程预付款和进度款，以保证工程施工顺利进行。

● 技术保证义务。发包方应组织有关单位对施工图等技术资料进行审定，按照合同约定的时间和份数交付给承包方。

● 施工监督义务。发包方应派驻工地代表，对工程进度、工程质量进行监督，检查隐蔽工程，办理中间交工工程验收手续，负责签证、解决应由发包方解决的问题，以及其他事宜。

● 组织工程验收义务。包括隐蔽工程验收和工程竣工验收。隐蔽工程隐蔽前发包方接到承包方的通知后应及时对其进行检查验收。工程竣工后，发包方应按照规定及时进行验收。

● 验收结算义务。工程竣工验收后，发包方应及时组织施工单位共同商定工程价款和竣工结算。

承包方的主要义务体现为：

● 施工准备义务。施工场地的平整，施工界区以内的用水、用电、道路和临时设施的施工；编制施工组织设计（或施工方案），做好各项施工准备工作。

● 物资准备义务。按双方商定的分工范围，做好材料和设备的采购、供应和管理。

● 及时告知义务。及时向发包方提出开工申请、施工进度计划表、施工平面布置图、隐蔽工程验收申请、竣工验收报告；提供月施工进度计划、月施工统计报表、工程事故报告以及提出应由发包方供应的材料、设备的供应计划。

● 工程质量义务。承包方完成的工程质量应该符合合同的约定。

● 竣工验收方面义务。承包方应按照有关规定提出竣工验收技术资料，参加竣工验收。

● 工程保管义务。已完工的房屋、构筑物和安装的设备，承包方在交工前应负责保管，并清理好场地。

● 工程交付义务。承包方应按合同规定的时间如期完工和交付，交付包括实物交付和技术资料交付。

● 工程保修义务。在合同规定的保修期内，对属于承包方责任的工程质量问题，负责无偿修理。

● 防止损失扩大义务。因发包方的原因致使工程中途停建、缓建的，发包方应及时通知对方采取适当的措施防止损失扩大；承包方没有采取适当措施致使损失扩大的，不得就扩大的损失要求赔偿。

6.2.3　无效建设工程合同

无效合同，是指合同缺乏法律规定的生效要件，而自始不产生法律效力的情况。《合同法》第五十二条规定了五种无效合同，分别是：① 一方以欺诈、胁迫的手段订立合同，损害国家利益；② 恶意串通，损害国家、集体或者第三人利益；③ 以合法形式掩盖非法目的；④ 损害社会公共利益；⑤ 违反法律、行政法规的强制性规定。建设工程合同自然要受到上述法律规定的调整，但是由于其具有的特殊性，《最高人民法院关于审理建设工程施工合同纠纷案件适用法律问题的解释》（以下简称"《建设工程合同司法解释》"）又对建设工程合同无效的情况作出了具体规定。

1. 建设工程合同无效的种类

1）不具有经营建筑活动主体资格的企业或个人签订的建设工程合同无效。从事建筑活动的建筑施工企业、勘察单位、设计单位，经资质审查合格，取得相应的资质等级证书后，方可在其资质许可的范围内从事建筑活动。公民个人和未取得建筑业企业资质等级证书的企业是不具有建筑活动主体资格的，不能签订建设工程合同。否则合同无效。

2）承包方超越资质等级签订的建设工程合同无效。《建筑法》第二十六条规定："禁止建筑施工企业超越本企业的资质等级许可的业务范围承揽工程。"该规定为强制性规范，根据《合同法》第二十五条第五项的规定，违反《建筑法》第二十六条规定签订的建设工程合同无效。

上述两种情况均属于合同主体不合格而合同无效。

3）违反招标投标法律规定而订立的建设工程合同无效。建设工程合同除不宜进行招标投标外，应当依法以招标投标方式订立。招标投标方式是订立建设工程合同的基本方式，建设工程合同招标投标的原则是公开、公平、公正。违反招标投标规定签订的建设工程合同是无效的，其常见的情况有以下几种：

- 应当招标的工程而不招标的；
- 招标人隐瞒工程真实情况，如建设规模、建设条件、投资、材料的保证等；
- 招标人或招标代理机构泄漏应当保密的与招标投标活动有关的情况和资料的；
- 招标代理机构与招标人、投标人串通损害国家利益、社会公共利益或者他人的合法权益的；
- 依法必须进行招标的项目的招标人向他人透露已获取招标文件的潜在投标人的名称、数量或者可能影响公平竞争的有关招标投标的其他情况的；
- 依法必须进行招标的项目招标人泄露标底的；
- 投标人相互串通投标或者与招标人串通投标的；
- 投标人以向招标人或者评标委员会成员行贿的手段谋取中标的；
- 投标人以他人名义投标或以其他方式弄虚作假，骗取中标的；
- 依法必须进行招标的项目，招标人违反《招标投标法》的规定，与投标人就投标价格、投标方案等实质性内容进行谈判的；
- 招标人在评标委员会依法推荐的中标候选人以外确定中标人的；
- 依法必须进行招标的项自在所有投标被评标委员会否决后，自行确定中标人的。

4）没有国家批准的投资计划的建设工程合同无效。《合同法》第二百七十三条规定："国家重大建设工程合同，应当按照国家规定的程序和国家批准的投资计划、可行性研究报告等文件订立。"本条对国家重大建设工程的订立作出了规定。如果违反国家计划，属于无效合同。

5）发包方违反《建筑法》规定，将应当由一个承包方完成的建设工程肢解成若干部分分别发包给几个承包方的行为无效。

《建筑法》第二十四条规定："提倡对建筑工程实行总承包，禁止将建筑工程肢解发包。建筑工程的发包单位不得将应当由一个承包方完成的建筑工程肢解成若干部分发包给几个承包单位。"该规定属于强制性规范，发包方违背该规范签订的建设工程合同显然属于无效合同。

6）承包方违反法律行政法规关于分包规定的行为无效。《建筑法》第二十九条规定："建筑工程总承包单位可以将承包工程中的部分工程发包给具有相应资质条件的分包单位；但是，除总承包合同中约定的分包外，必须经建设单位认可。施工总承包的，建筑工程主体结构的施工必须由总承包单位自行完成。"该法第二十九条第三款规定："禁止分包单位将其承包的工程再分包。"总承包方违反这些规定签订的分包合同是无效的。常见的情形有：

- 承包方未经发包方同意，擅自将自己承包的工程分包给他人的行为；
- 承包方将其承包的工程分包给不具备相应资质等级的第三人的行为；
- 承包方将主体结构或关键性部分的施工分包给第三人；

- 承包方将其承包的全部建设工程肢解以后，以分包的名义分别转包给第三人；
- 分包单位将其承包的工程再分包或转包的。

7）承包方将其承包的全部建设工程转包给他人或将其承包的全部建筑工程肢解后以分包的名义分别转包给他人的行为无效。

《建筑法》第二十八条规定："禁止承包单位将其承包的全部建筑工程转包给他人，禁止承包单位将其承包的全部建筑工程肢解后以分包的名义分别转包给他人。"违反上述规定将导致建设工程合同的无效。

8）以被挂靠建筑企业名义签订的建设工程合同无效。

《建筑法》第二十六条规定，禁止建筑施工企业以任何形式用其他建筑施工企业的名义承揽工程。禁止建筑施工企业以任何形式允许其他单位或者个人使用本企业的资质证书、营业执照，以本企业的名义承揽工程。违反上述规定导致建设工程合同无效的情形主要有：

- 不具有从事建筑活动主体资格的个人、合伙组织或企业以具备从事建筑活动资格的建筑企业的名义承揽工程；
- 资质等级低的建筑企业以资质等级高的建筑企业的名义承揽工程；
- 不具有工程总包资格的建筑企业以具有总承包资格的建筑企业名义承揽工程的。

9）其他合同无效情形。

下列建设工程合同均为无效合同：

- 发包方在未取得土地使用权证的情况下与承包方所签订的建设工程合同；
- 未取得《建设工程规划许可证》或者违反《建设工程规划许可证》的规定进行建设，严重影响城市规划的建设工程合同；
- 应当办理而未办理招标投标手续所订立的建设工程合同；
- 根据无效定标结果所签订的建设工程合同；
- 采取欺诈、胁迫的手段所签订的损害国家利益或损害社会公共利益的建设工程合同。

2. 无效建设工程合同的补正

合同效力补正是指当事人所签订的合同因违反了法律禁止性规定，导致合同不能满足有效条件，当事人可以通过事后补正或者实际履行来使合同满足有效的条件，促使合同有效。无效合同的补正理论已经被运用于国有土地使用权纠纷、商品房买卖纠纷等领域，实践效果良好。

在我国建筑行业中，超越资质承揽工程的现象有一定数量，在某些地区还较为普遍。如果一概认定建设工程合同无效，势必影响到建筑行业的发展和稳定。而且，我国建设行政主管部门对于企业法定资质实行动态管理，对企业资质进行审批需要一定的时间。对于承包人在签订建设工程施工合同时已经具备了与建设工程相适应的实际建设能力，并且已经申报与建设工程相适应的资质等级，但由于审批时间和程序的限制，不能立即取得，认定此种合同效力可以补正，不会影响建设工程质量，不与《建筑法》的立法宗旨相违背，对于保证促进建筑市场合同的稳定性都有重要意义。鉴于上述理由，《建设工程合同司法解释》也采纳了效力补正理论，其第五条规定："承包人超越资质等级许可的业务范围签订建设工程施工合同，在建设工程竣工前取得相应资质等级，当事人请求按照无效合同处理的，不予支持。"

3. 建设工程合同无效的法律后果

由于建设工程合同自身特点，对于建设工程合同无效的法律后果在坚持前述一般性规定的前提下，有一定特殊性，《建设工程合同司法解释》第二、三、四条对此进行了明确规定。总结下来，共有两个主要规则：① 无效合同有效化处理；② 人民法院对于转包、违法分包以及借用资质订立合同的，可以收缴当事人非法所得。

《建设工程合同司法解释》第二条规定："建设工程施工合同无效，但建设工程经竣工验收合格，承包人请求参照合同约定支付工程价款的，应予支持。"建设工程合同在性质上属于继续性合同，合同无效没有溯及力，即双方无法通过返还基于该合同取得的财产而恢复原状。因为，承包方或施工人将自己的劳动、原料消耗、设备损耗等施工支出在施工过程中不断地物化为建设工程本身，已经无法将这些物质从建设工程中分离出来"物归原主"。所以，建设工程合同无效的，不能通过返还原物的方式实现恢复原状的目的，而只能采取折价补偿的方式。

《建设工程合同司法解释》对于合同无效后工程款的处理方式采取的是"无效合同有效化"处理，但是前提是工程质量必须合格。如果建设工程质量不合格，则施工人无权要求发包方支付工程款。《建设工程合同司法解释》第三条规定："建设工程施工合同无效，且建设工程经竣工验收不合格的，按照以下情形分别处理：① 修复后的建设工程经竣工验收合格，发包人请求承包人承担修复费用的，应予支持；② 修复后的建设工程经竣工验收不合格，承包人请求支付工程价款的，不予支持。因建设工程不合格造成的损失，发包人有过错的，也应承担相应的民事责任。"

6.2.4 建设工程合同体系

1. 建设工程中的主要合同关系

我国一般工程项目的建设程序主要包括：项目建议书阶段，可行性研究阶段，设计阶段，建设准备阶段，建设实施阶段，竣工验收阶段和后评价阶段，而相关的合同可能有几份、几十份、几百份，甚至上千份。他们之间有非常复杂的内部联系，形成了一个复杂的合同网络。其中，业主和承包商是两个最主要的节点。

（1）业主的主要合同关系 业主作为工程、货物或服务的买方，可能是政府、国营或民营企业、其他投资者。业主根据对工程的需求，确定工程项目的总体目标。这个目标是所有相关合同的核心。

要实现项目目标，业主必须将工程项目的咨询、勘察、设计、施工、设备和材料供应等工作委托出去，必须与有关单位签订合同，其主要合同关系如图 6-1 所示。

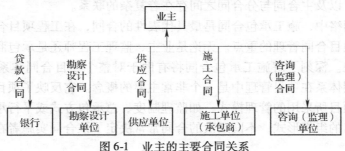

图 6-1 业主的主要合同关系

（2）承包商的主要合同关系 承包商是工程施工的具体实施者。承包商通过投标接受业主的委托，签订工程施工承包合同。承包商要履行合同义务，包括由工程量表所确定的工程范围的施工、竣工和保修，为完成工程提供劳动力、施工设备、材料，有时也包括设计。由于任何一个承包商都不可能，也不必具备所有专业工程的施工能力、材料和设备的生产和供应能力，他必然会将许多专业工作委托出去，因此，承包商又有自己复杂的合同关系，如图 6-2 所示。

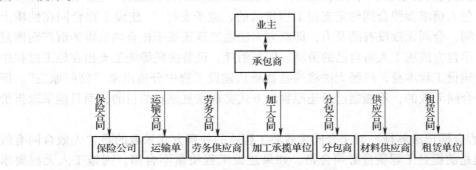

图 6-2 承包商的主要合同关系

2. 工程项目合同体系

业主为了实现工程项目总目标，按照项目任务的结构分解，签订不同层次、不同种类的合同，共同构成该项目的合同体系，如图 6-3 所示。

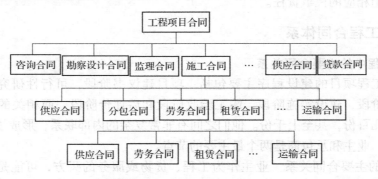

图 6-3 工程项目合同体系

这些合同从宏观上构成项目的合同体系（或称为合同网络），从微观上每个合同都定义并安排了一些项目活动，这些项目活动共同构成项目的实施过程。在这个合同体系中，相关的同级合同之间，以及主合同与分合同之间存在着复杂的联系。

在这个合同网络中，施工承包合同是最具代表性的合同，在工程项目合同体系中处于主导地位，是整个项目合同管理的重点。无论是业主、监理工程师还是承包商，都将它作为合同管理的主要对象。深刻了解施工承包合同将有助于对整个项目合同体系及其他合同的理解。工程项目合同体系在项目管理中是一个非常主要的概念。它反映了项目任务的范围和划分方式；反映了项目所采用的管理模式，如监理制度、总承包方式或平行承包方式；在很大程度上决定了项目的组织形式，不同层次的合同常常决定了该合同实施者在项目组织结构中的地位。

6.3 建设工程施工合同

6.3.1 建设工程施工合同概念及特征

1. 建设工程施工合同的概念

建设工程施工合同是建设工程合同的一种，又称建设工程承包合同，简称施工合同，是发包人（也称建设单位或业主）和承包人（也称承包商或施工单位）之间，为完成一定的建设工程，所签订的明确双方权利义务的协议。

2. 建设工程施工合同的特征

（1）合同标的物的特殊性 施工合同的标的物——建设工程，大多具有投资巨大、技术复杂、工期长、使用寿命长等特点，建设工程往往涉及国家利益和社会公共利益，事关人民群众生命财产安全，远非一般合同标的物所能比拟。

建筑成品的固定性、单件性和施工生产的流动性也决定了施工合同标的物的特殊性。

（2）合同主体的严格性 建设工程施工合同的主体一般只能是法人。发包人一般只能是经过批准进行工程项目建设的法人，必须有国家批准的建设项目和投资计划，在签订施工合同之前需取得一系列的行政许可或批准手续。承包人则必须具备法人资格，且取得了国家认可的相应资质。

（3）国家监管的严格性 从施工合同的订立到合同的履行，从资金的投入到工程竣工验收，《合同法》《建筑法》《建设工程质量管理条例》等法律法规中都有大量的强制性规定，以便对工程建设活动进行系统、全面的监督和管理。

（4）合同义务的法定性 大多数合同其权利义务由双方当事人在合同中约定，然而对于施工合同，发包人和承包人的许多合同义务由法律直接进行规定，且当事人不得排除适用，成为法定的合同义务，使得施工合同的主体义务呈现出较强的法定性。如对于发包人办理施工许可证及其他施工所需证件等；对承包人转包的禁止性规定与分包的限制性规定，保证施工安全的义务以及对承包人质量保修责任的规定等，均带有不同程度的强制性。

6.3.2 建设工程施工合同示范文本

根据有关工程建设施工的法律、法规，结合我国工程建设施工的实际情况，并借鉴了国际上广泛使用的土木工程施工合同条件（特别是 FIDIC 土木工程施工合同条件），国家住房和城乡建设部、国家工商行政管理总局于 2013 年 7 月 1 日印发了《建设工程施工合同示范文本》（以下简称《施工合同文本》）。《施工合同文本》为非强制性使用文本。《施工合同文本》适用于房屋建筑工程、土木工程、线路管道和设备安装工程、装修工程等建设工程的施工承发包活动，合同当事人可结合建设工程具体情况，根据《施工合同文本》订立合同，并按照法律法规规定和合同约定承担相应的法律责任及合同权利义务。

1.《施工合同文本》的组成

《施工合同文本》由《合同协议书》《通用合同条款》《专用合同条款》三部分组成。

《协议书》是《施工合同文本》中总纲性的文件。规定了合同当事人双方最主要的权利义务，组成合同的文件及合同当事人对履行合同义务的承诺，并且合同当事人要在这份文件上签字盖章，因此具有很高的法律效力。

《协议书》主要包括：工程概况、合同工期、质量标准、签约合同价和合同价格形式、项目经理、合同文件构成、承诺以及合同生效条件等重要内容，集中约定了合同当事人基本的合同权利义务。

《通用合同条款》是合同当事人根据《中华人民共和国建筑法》《中华人民共和国合同法》等法律法规的规定，就工程建设的实施及相关事项，对合同当事人的权利义务作出的原则性约定。

《通用合同条款》共 20 条，具体条款分别为：一般约定、发包人、承包人、监理人、工程质量、安全文明施工与环境保护、工期和进度、材料与设备、试验与检验、变更、价格调整、合同价格、计量与支付、验收和工程试车、竣工结算、缺陷责任与保修、违约、不可抗力、保险、索赔和争议解决。前述条款安排既考虑了现行法律法规对工程建设的有关要求，也考虑了建设工程施工管理的特殊需要。

《专用合同条款》是对《通用合同条款》原则性约定的细化、完善、补充、修改或另行约定的条款。合同当事人可以根据不同建设工程的特点及具体情况，通过双方的谈判、协商对相应的《专用合同条款》进行修改补充。在使用《专用合同条款》时，应注意以下事项：

1）《专用合同条款》的编号应与相应的《通用合同条款》的编号一致。

2）合同当事人可以通过对《专用合同条款》的修改，满足具体建设工程的特殊要求，避免直接修改《通用合同条款》。

3）在《专用合同条款》中有横道线的地方，合同当事人可针对相应的《通用合同条款》进行细化、完善、补充、修改或另行约定；如无细化、完善、补充、修改或另行约定，则填写"无"或划"/"。

2. 施工合同文件的组成及解释顺序

组成合同的各项文件应互相解释，互为说明。除《专用合同条款》另有约定外，解释合同文件的优先顺序如下：

1）《合同协议书》。

2）中标通知书（如果有）。

3）投标函及其附录（如果有）。

4）《专用合同条款》及其附件。

5）《通用合同条款》。

6）技术标准和要求。

7）图纸。

8）已标价工程量清单或预算书。

9）其他合同文件。

上述各项合同文件包括合同当事人就该项合同文件所作出的补充和修改，属于同一类内容的文件，应以最新签署的为准。

在合同订立及履行过程中形成的与合同有关的文件均构成合同文件组成部分，并根据其性质确定优先解释顺序。

上述合同文件应能够互相解释、互相说明。当合同文件中出现不一致时，上面的顺序就是合同的优先解释顺序。在不违反法律和行政法规的前提下，当事人可以通过协商变更施工合同的内容。这些变更的协议或文件、效力高于其他合同文件；且签署在后的协议或文件效力高于签署在先的协议或文件。当合同文件出现含糊不清或者当事人有不同理解时，按照合同争议的解决方式处理。

6.3.3 施工合同双方的主要义务

1. 发包方的主要义务

（1）许可或批准 发包人应遵守法律，并办理法律规定由其办理的许可、批准或备案，包括但不限于建设用地规划许可证、建设工程规划许可证、建设工程施工许可证、施工所需临时用水、临时用电、中断道路交通、临时占用土地等许可和批准。发包人应协助承包人办理法律规定的有关施工证件和批件。因发包人原因未能及时办理完毕前述许可、批准或备案，由发包人承担由此增加的费用和（或）延误的工期，并支付承包人合理的利润。

（2）提供施工现场 除《专用合同条款》另有约定外，发包人应最迟于开工日期7天前向承包人移交施工现场。

（3）提供施工条件 除《专用合同条款》另有约定外，发包人应负责提供施工所需要的条件，包括：

1）将施工用水、电力、通信线路等施工所必需的条件接至施工现场内。

2）保证向承包人提供正常施工所需要的进入施工现场的交通条件。

3）协调处理施工现场周围地下管线和邻近建筑物、构筑物、古树名木的保护工作，并承担相关费用。

4）按照《专用合同条款》约定应提供的其他设施和条件。

（4）提供基础资料 发包人应当在移交施工现场前向承包人提供施工现场及工程施工所必需的毗邻区域内供水、排水、供电、供气、供热、通信、广播电视等地下管线资料，气象和水文观测资料，地质勘察资料，相邻建筑物、构筑物和地下工程等有关基础资料，并对所提供资料的真实性、准确性和完整性负责。

按照法律规定确需在开工后方能提供的基础资料，发包人应尽其努力及时地在相应工程施工前的合理期限内提供，合理期限应以不影响承包人的正常施工为限。

（5）逾期提供的责任 因发包人原因未能按合同约定及时向承包人提供施工现场、施工条件、基础资料的，由发包人承担由此增加的费用和（或）延误的工期。

（6）资金来源证明及支付担保 除《专用合同条款》另有约定外，发包人应在收到承包人要求提供资金来源证明的书面通知后28天内，向承包人提供能够按照合同约定支付合同价款的相应资金来源证明。

除《专用合同条款》另有约定外，发包人要求承包人提供履约担保的，发包人应当向承包人提供支付担保。支付担保可以采用银行保函或担保公司担保等形式，具体由合同当事人在专用合同条款中约定。

（7）支付合同价款 发包人应按合同约定向承包人及时支付合同价款。

（8）组织竣工验收 发包人应按合同约定及时组织竣工验收。

（9）现场统一管理协议 发包人应与承包人、由发包人直接发包的专业工程的承包人签订施工现场统一管理协议，明确各方的权利义务。施工现场统一管理协议作为专用合同条款的附件。

2. 承包方的主要义务

（1）承包人的一般义务　承包人在履行合同过程中应遵守法律和工程建设标准规范，并履行以下义务：

1）办理法律规定应由承包人办理的许可和批准，并将办理结果书面报送发包人留存。

2）按法律规定和合同约定完成工程，并在保修期内承担保修义务。

3）按法律规定和合同约定采取施工安全和环境保护措施，办理工伤保险，确保工程及人员、材料、设备和设施的安全。

4）按合同约定的工作内容和施工进度要求，编制施工组织设计和施工措施计划，并对所有施工作业和施工方法的完备性和安全可靠性负责。

5）在进行合同约定的各项工作时，不得侵害发包人与他人使用公用道路、水源、市政管网等公共设施的权利，避免对邻近的公共设施产生干扰。承包人占用或使用他人的施工场地，影响他人作业或生活的，应承担相应责任。

6）按照环境保护约定负责施工场地及其周边环境与生态的保护工作。

7）按安全文明施工约定采取施工安全措施，确保工程及其人员、材料、设备和设施的安全，防止因工程施工造成的人身伤害和财产损失。

8）将发包人按合同约定支付的各项价款专用于合同工程，且应及时支付其雇用人员工资，并及时向分包人支付合同价款。

9）按照法律规定和合同约定编制竣工资料，完成竣工资料立卷及归档，并按专用合同条款约定的竣工资料的套数、内容、时间等要求移交发包人。

10）应履行的其他义务。

（2）承包人现场查勘　承包人应对发包人提交的基础资料所作出的解释和推断负责，但因基础资料存在错误、遗漏导致承包人解释或推断失实的，由发包人承担责任。

承包人应对施工现场和施工条件进行查勘，并充分了解工程所在地的气象条件、交通条件、风俗习惯以及其他与完成合同工作有关的其他资料。因承包人未能充分查勘、了解前述情况或未能充分估计前述情况所可能产生后果的，承包人承担由此增加的费用和（或）延误的工期。

（3）工程照管与成品、半成品保护

1）除《专用合同条款》另有约定外，自发包人向承包人移交施工现场之日起，承包人应负责照管工程及工程相关的材料、工程设备，直到颁发工程接收证书之日止。

2）在承包人负责照管期间，因承包人原因造成工程、材料、工程设备损坏的，由承包人负责修复或更换，并承担由此增加的费用和（或）延误的工期。

3）对合同内分期完成的成品和半成品，在工程接收证书颁发前，由承包人承担保护责任。因承包人原因造成成品或半成品损坏的，由承包人负责修复或更换，并承担由此增加的费用和（或）延误的工期。

（4）履约担保　发包人需要承包人提供履约担保的，由合同当事人在《专用合同条款》中约定履约担保的方式、金额及期限等。履约担保可以采用银行保函或担保公司担保等形式，具体由合同当事人在《专用合同条款》中约定。

因承包人原因导致工期延长的，继续提供履约担保所增加的费用由承包人承担；非因承包人原因导致工期延长的，继续提供履约担保所增加的费用由发包人承担。

6.3.4　建设工程施工合同质量条款

在工程施工过程中，承包人要随时接受工程师对材料、设备、中间部位、隐蔽工程和竣工工程等质量的检查、验收与监督。

1. 材料设备供应的质量控制

（1）发包人供应材料与工程设备　发包人自行供应材料、工程设备的，应在签订合同时在专用合同条款的附件《发包人供应材料设备一览表》中明确材料、工程设备的品种、规格、型号、数量、单价、质量等级和送达地点。

承包人应提前30天通过监理人以书面形式通知发包人供应材料与工程设备进场。承包人按照《施工合同文本》第7.2.2项"施工进度计划的修订"约定修订施工进度计划时，需同时提交经修订后的发包人供应材料与工程设备的进场计划。

（2）承包人采购材料与工程设备　承包人负责采购材料、工程设备的，应按照设计和有关标准要求采购，并提供产品合格证明及出厂证明，对材料、工程设备质量负责。合同约定由承包人采购的材料、工程设备，发包人不得指定生产厂家或供应商，发包人违反本款约定指定生产厂家或供应商的，承包人有权拒绝，并由发包人承担相应责任。

（3）材料与工程设备的接收与拒收

1）发包人应按《发包人供应材料设备一览表》约定的内容提供材料和工程设备，并向承包人提供产品合格证明及出厂证明，对其质量负责。发包人应提前24小时以书面形式通知承包人、监理人材料和工程设备到货时间，承包人负责材料和工程设备的清点、检验和接收。

发包人提供的材料和工程设备的规格、数量或质量不符合合同约定的，或因发包人原因导致交货日期延误或交货地点变更等情况的，按照发包人违约约定办理。

2）承包人采购的材料和工程设备，应保证产品质量合格，承包人应在材料和工程设备到货前24小时通知监理人检验。承包人进行永久设备、材料的制造和生产的，应符合相关质量标准，并向监理人提交材料的样本以及有关资料，并应在使用该材料或工程设备之前获得监理人同意。

承包人采购的材料和工程设备不符合设计或有关标准要求时，承包人应在监理人要求的合理期限内将不符合设计或有关标准要求的材料、工程设备运出施工现场，并重新采购符合要求的材料、工程设备，由此增加的费用和（或）延误的工期，由承包人承担。

（4）材料与工程设备的保管与使用

1）发包人供应材料与工程设备的保管与使用。发包人供应的材料和工程设备，承包人清点后由承包人妥善保管，保管费用由发包人承担，但已标价工程量清单或预算书已经列支或《专用合同条款》另有约定除外。因承包人原因发生丢失毁损的，由承包人负责赔偿；监理人未通知承包人清点的，承包人不负责材料和工程设备的保管，由此导致丢失毁损的由发包人负责。

发包人供应的材料和工程设备使用前，由承包人负责检验，检验费用由发包人承担，不合格的不得使用。

2）承包人采购材料与工程设备的保管与使用。承包人采购的材料和工程设备由承包人妥善保管，保管费用由承包人承担。法律规定材料和工程设备使用前必须进行检验或试验的，承包人应按监理人的要求进行检验或试验，检验或试验费用由承包人承担，不合格的不得使用。

发包人或监理人发现承包人使用不符合设计或有关标准要求的材料和工程设备时，有权要求承包人进行修复、拆除或重新采购，由此增加的费用和（或）延误的工期，由承包人承担。

（5）禁止使用不合格的材料和工程设备

1）监理人有权拒绝承包人提供的不合格材料或工程设备，并要求承包人立即进行更换。监理人应在更换后再次进行检查和检验，由此增加的费用和（或）延误的工期由承包人承担。

2）监理人发现承包人使用了不合格的材料和工程设备，承包人应按照监理人的指示立即改正，并禁止在工程中继续使用不合格的材料和工程设备。

3）发包人提供的材料或工程设备不符合合同要求的，承包人有权拒绝，并可要求发包人更换，由此增加的费用和（或）延误的工期由发包人承担，并支付承包人合理的利润。

（6）材料与工程设备的替代

1）出现下列情况需要使用替代材料和工程设备的，承包人应按照《施工合同文本》第8.7.2项约定的程序执行：

- 基准日期后生效的法律规定禁止使用的；
- 发包人要求使用替代品的；
- 因其他原因必须使用替代品的。

2）承包人应在使用替代材料和工程设备28天前书面通知监理人，并附下列文件：

- 被替代的材料和工程设备的名称、数量、规格、型号、品牌、性能、价格及其他相关资料；
- 替代品的名称、数量、规格、型号、品牌、性能、价格及其他相关资料；
- 替代品与被替代产品之间的差异以及使用替代品可能对工程产生的影响；
- 替代品与被替代产品的价格差异；
- 使用替代品的理由和原因说明；
- 监理人要求的其他文件。

监理人应在收到通知后14天内向承包人发出经发包人签认的书面指示；监理人逾期发出书面指示的，视为发包人和监理人同意使用替代品。

3）发包人认可使用替代材料和工程设备的，替代材料和工程设备的价格，按照已标价工程量清单或预算书相同项目的价格认定；无相同项目的，参考相似项目价格认定；既无相同项目也无相似项目的，按照合理的成本与利润构成的原则，由合同当事人按照《施工合同文本》第4.4款"商定或确定"确定价格。

（7）施工设备和临时设施

1）承包人提供的施工设备和临时设施。承包人应按合同进度计划的要求，及时配置施工设备和修建临时设施。进入施工场地的承包人设备需经监理人核查后才能投入使用。承包人更换合同约定的承包人设备的，应报监理人批准。

除《专用合同条款》另有约定外，承包人应自行承担修建临时设施的费用，需要临时占地的，应由发包人办理申请手续并承担相应费用。

2）发包人提供的施工设备和临时设施。发包人提供的施工设备或临时设施在专用合同条款中约定。

3）要求承包人增加或更换施工设备。承包人使用的施工设备不能满足合同进度计划和（或）质量要求时，监理人有权要求承包人增加或更换施工设备，承包人应及时增加或更换，由此增加的费用和（或）延误的工期由承包人承担。

（8）材料与设备专用要求　承包人运入施工现场的材料、工程设备、施工设备以及在施工场地建设的临时设施，包括备品备件、安装工具与资料，必须专用于工程。未经发包人批准，承包人不得运出施工现场或挪作他用；经发包人批准，承包人可以根据施工进度计划撤走闲置的施工设备和其他物品。

2. 工程质量标准

（1）质量要求

1）工程质量标准必须符合现行国家有关工程施工质量验收规范和标准的要求。有关工程质量的特殊标准或要求由合同当事人在《专用合同条款》中约定。

2）因发包人原因造成工程质量未达到合同约定标准的，由发包人承担由此增加的费用和（或）延误的工期，并支付承包人合理的利润。

3）因承包人原因造成工程质量未达到合同约定标准的，发包人有权要求承包人返工直至工程质量达到合同约定的标准为止，并由承包人承担由此增加的费用和（或）延误的工期。

（2）质量保证措施

1）发包人的质量管理。发包人应按照法律规定及合同约定完成与工程质量有关的各项工作。

2）承包人的质量管理。承包人按照《施工合同文本》第7.1款"施工组织设计"约定向发包人和监理人提交工程质量保证体系及措施文件，建立完善的质量检查制度，并提交相应的工程质量文件。对于发包人和监理人违反法律规定和合同约定的错误指示，承包人有权拒绝实施。

承包人应对施工人员进行质量教育和技术培训，定期考核施工人员的劳动技能，严格执行施工规范和操作规程。

承包人应按照法律规定和发包人的要求，对材料、工程设备以及工程的所有部位及其施工工艺进行全过程的质量检查和检验，并作详细记录，编制工程质量报表，报送监理人审查。此外，承包人还应按照法律规定和发包人的要求，进行施工现场取样试验、工程复核测量和设备性能检测，提供试验样品、提交试验报告和测量成果以及其他工作。

3）监理人的质量检查和检验。监理人按照法律规定和发包人授权对工程的所有部位及其施工工艺、材料和工程设备进行检查和检验。承包人应为监理人的检查和检验提供方便，包括监理人到施工现场，或制造、加工地点，或合同约定的其他地方进行察看和查阅施工原始记录。监理人为此进行的检查和检验，不免除或减轻承包人按照合同约定应当承担的责任。

监理人的检查和检验不应影响施工正常进行。监理人的检查和检验影响施工正常进行的，且经检查检验不合格的，影响正常施工的费用由承包人承担，工期不予顺延；经检查检验合格的，由此增加的费用和（或）延误的工期由发包人承担。

（3）隐蔽工程检查

1）承包人自检。承包人应当对工程隐蔽部位进行自检，并经自检确认是否具备覆盖条件。

2）检查程序。除《专用合同条款》另有约定外，工程隐蔽部位经承包人自检确认具备覆盖条件的，承包人应在共同检查前48小时书面通知监理人检查，通知中应载明隐蔽检查的内容、时间和地点，并应附有自检记录和必要的检查资料。

监理人应按时到场并对隐蔽工程及其施工工艺、材料和工程设备进行检查。经监理人检查确认质量符合隐蔽要求，并在验收记录上签字后，承包人才能进行覆盖。经监理人检查质量不合格的，承包人应在监理人指示的时间内完成修复，并由监理人重新检查，由此增加的费用和（或）延误的工期由承包人承担。

除《专用合同条款》另有约定外，监理人不能按时进行检查的，应在检查前24小时向承包人提交书面延期要求，但延期不能超过48小时，由此导致工期延误的，工期应予以顺延。监理人未按时进行检查，也未提出延期要求的，视为隐蔽工程检查合格，承包人可自行完成覆盖工作，并作相应记录报送监理人，监理人应签字确认。监理人事后对检查记录有疑问的，可按"重新检查"的约定重新检查。

3）重新检查。承包人覆盖工程隐蔽部位后，发包人或监理人对质量有疑问的，可要求承包人对已覆盖的部位进行钻孔探测或揭开重新检查，承包人应遵照执行，并在检查后重新覆盖恢复原状。经检查证明工程质量符合合同要求的，由发包人承担由此增加的费用和（或）延误的工期，并支付承包人合理的利润；经检查证明工程质量不符合合同要求的，由此增加的费用和（或）延误的工期由承包人承担。

4）承包人私自覆盖。承包人未通知监理人到场检查，私自将工程隐蔽部位覆盖的，监理人有权指示承包人钻孔探测或揭开检查，无论工程隐蔽部位质量是否合格，由此增加的费用和（或）延误的工期均由承包人承担。

（4）不合格工程的处理

1）因承包人原因造成工程不合格的，发包人有权随时要求承包人采取补救措施，直至达到合同要求的质量标准，由此增加的费用和（或）延误的工期由承包人承担。无法补救的，按照《施工合同文本》第13.2.4项"拒绝接收全部或部分工程"约定执行。

2）因发包人原因造成工程不合格的，由此增加的费用和（或）延误的工期由发包人承担，并支付承包人合理的利润。

（5）质量争议检测 合同当事人对工程质量有争议的，由双方协商确定的工程质量检测机构鉴定，由此产生的费用及因此造成的损失，由责任方承担。合同当事人均有责任的，由双方根据其责任分别承担。合同当事人无法达成一致的，按照《施工合同文本》第4.4款"商定或确定"执行。

3. 验收和工程试车

（1）分部分项工程验收

1）分部分项工程质量应符合国家有关工程施工验收规范、标准及合同约定，承包人应按照施工组织设计的要求完成分部分项工程施工。

2）除《专用合同条款》另有约定外，分部分项工程经承包人自检合格并具备验收条件的，承包人应提前48小时通知监理人进行验收。监理人不能按时进行验收的，应在验收前

24 小时向承包人提交书面延期要求，但延期不能超过 48 小时。监理人未按时进行验收，也未提出延期要求的，承包人有权自行验收，监理人应认可验收结果。分部分项工程未经验收的，不得进入下一道工序施工。

分部分项工程的验收资料应当作为竣工资料的组成部分。

（2）竣工验收

1）竣工验收条件。工程具备以下条件的，承包人可以申请竣工验收：

●除发包人同意的甩项工作和缺陷修补工作外，合同范围内的全部工程以及有关工作，包括合同要求的试验、试运行以及检验均已完成，并符合合同要求；

●已按合同约定编制了甩项工作和缺陷修补工作清单以及相应的施工计划；

●已按合同约定的内容和份数备齐竣工资料。

2）竣工验收程序。除《专用合同条款》另有约定外，承包人申请竣工验收的，应当按照以下程序进行：

●承包人向监理人报送竣工验收申请报告，监理人应在收到竣工验收申请报告后 14 天内完成审查并报送发包人。监理人审查后认为尚不具备验收条件的，应通知承包人在竣工验收前承包人还需完成的工作内容，承包人应在完成监理人通知的全部工作内容后，再次提交竣工验收申请报告。

●监理人审查后认为已具备竣工验收条件的，应将竣工验收申请报告提交发包人，发包人应在收到经监理人审核的竣工验收申请报告后 28 天内审批完毕并组织监理人、承包人、设计人等相关单位完成竣工验收。

●竣工验收合格的，发包人应在验收合格后 14 天内向承包人签发工程接收证书。发包人无正当理由逾期不颁发工程接收证书的，自验收合格后第 15 天起视为已颁发工程接收证书。

●竣工验收不合格的，监理人应按照验收意见发出指示，要求承包人对不合格工程返工、修复或采取其他补救措施，由此增加的费用和（或）延误的工期由承包人承担。承包人在完成不合格工程的返工、修复或采取其他补救措施后，应重新提交竣工验收申请报告，并按本项约定的程序重新进行验收。

●工程未经验收或验收不合格，发包人擅自使用的，应在转移占有工程后 7 天内向承包人颁发工程接收证书；发包人无正当理由逾期不颁发工程接收证书的，自转移占有后第 15 天起视为已颁发工程接收证书。

除《专用合同条款》另有约定外，发包人不按照本项约定组织竣工验收、颁发工程接收证书的，每逾期 1 天，应以签约合同价为基数，按照中国人民银行发布的同期同类贷款基准利率支付违约金。

3）竣工日期。工程经竣工验收合格的，以承包人提交竣工验收申请报告之日为实际竣工日期，并在工程接收证书中载明；因发包人原因，未在监理人收到承包人提交的竣工验收申请报告 42 天内完成竣工验收，或完成竣工验收不予签发工程接收证书的，以提交竣工验收申请报告的日期为实际竣工日期；工程未经竣工验收，发包人擅自使用的，以转移占有工程之日为实际竣工日期。

4）拒绝接收全部或部分工程。对于竣工验收不合格的工程，承包人完成整改后，应当重新进行竣工验收，经重新组织验收仍不合格的且无法采取措施补救的，则发包人可以拒绝接收不合格工程，因不合格工程导致其他工程不能正常使用的，承包人应采取措施确保相关工程的正常使用，由此增加的费用和（或）延误的工期由承包人承担。

5）移交、接收全部与部分工程。除《专用合同条款》另有约定外，合同当事人应当在颁发工程接收证书后 7 天内完成工程的移交。

发包人无正当理由不接收工程的，发包人自应当接收工程之日起，承担工程照管、成品保护、保管等与工程有关的各项费用，合同当事人可以在《专用合同条款》中另行约定发包人逾期接收工程的违约责任。

承包人无正当理由不移交工程的，承包人应承担工程照管、成品保护、保管等与工程有关的各项费用，合同当事人可以在《专用合同条款》中另行约定承包人无正当理由不移交工程的违约责任。

（3）工程试车

1）试车程序。工程需要试车的，除《专用合同条款》另有约定外，试车内容应与承包人承包范围相一致，试车费用由承包人承担。工程试车应按如下程序进行：

第一，具备单机无负荷试车条件，承包人组织试车，并在试车前 48 小时书面通知监理人，通知中应载明试车内容、时间、地点。承包人准备试车记录，发包人根据承包人要求为试车提供必要条件。试车合格的，监理人在试车记录上签字。监理人在试车合格后不在试车记录上签字，自试车结束满 24 小时后视为监理人已经认可试车记录，承包人可继续施工或办理竣工验收手续。

监理人不能按时参加试车，应在试车前 24 小时以书面形式向承包人提出延期要求，但延期不能超过 48 小时，由此导致工期延误的，工期应予以顺延。监理人未能在前述期限内提出延期要求，又不参加试车的，视为认可试车记录。

第二，具备无负荷联动试车条件，发包人组织试车，并在试车前 48 小时以书面形式通知承包人。通知中应载明试车内容、时间、地点和对承包人的要求，承包人按要求做好准备工作。试车合格，合同当事人在试车记录上签字。承包人无正当理由不参加试车的，视为认可试车记录。

2）试车中的责任。因设计原因导致试车达不到验收要求，发包人应要求设计人修改设计，承包人按修改后的设计重新安装。发包人承担修改设计、拆除及重新安装的全部费用，工期相应顺延。因承包人原因导致试车达不到验收要求，承包人按监理人要求重新安装和试车，并承担重新安装和试车的费用，工期不予顺延。

因工程设备制造原因导致试车达不到验收要求的，由采购该工程设备的合同当事人负责重新购置或修理，承包人负责拆除和重新安装，由此增加的修理、重新购置、拆除及重新安装的费用及延误的工期由采购该工程设备的合同当事人承担。

3）投料试车。如需进行投料试车的，发包人应在工程竣工验收后组织投料试车。发包人要求在工程竣工验收前进行或需要承包人配合时，应征得承包人同意，并在《专用合同条款》中约定有关事项。

投料试车合格的，费用由发包人承担；因承包人原因造成投料试车不合格的，承包人应按照发包人要求进行整改，由此产生的整改费用由承包人承担；非因承包人原因导致投料试车不合格的，如发包人要求承包人进行整改的，由此产生的费用由发包人承担。

（4）提前交付单位工程的验收

1）发包人需要在工程竣工前使用单位工程的，或承包人提出提前交付已经竣工的单位工程且经发包人同意的，可进行单位工程验收，验收的程序按照《施工合同文本》第 13.2 款"竣工验收"的约定进行。

验收合格后，由监理人向承包人出具经发包人签认的单位工程接收证书。已签发单位工程接收证书的单位工程由发包人负责照管。单位工程的验收成果和结论作为整体工程竣工验收申请报告的附件。

2）发包人要求在工程竣工前交付单位工程，由此导致承包人费用增加和（或）工期延误的，由发包人承担由此增加的费用和（或）延误的工期，并支付承包人合理的利润。

6.3.5　建设工程施工合同经济条款

1. 价格调整

（1）市场价格波动引起的调整　除《专用合同条款》另有约定外，市场价格波动超过合同当事人约定的范围，合同价格应当调整。合同当事人可以在《专用合同条款》中约定选择以下一种方式对合同价格进行调整：

1）采用价格指数进行价格调整。

a. 价格调整公式。因人工、材料和设备等价格波动影响合同价格时，根据专用合同条款中约定的数据，按以下公式计算差额并调整合同价格：

$$\Delta P = P_0 \left[A + \left(B_1 \times \frac{F_{t1}}{F_{01}} + B_2 \times \frac{F_{t2}}{F_{02}} + B_3 \times \frac{F_{t3}}{F_{03}} + \cdots + B_n \times \frac{F_{tn}}{F_{0n}} \right) - 1 \right]$$

式中　　　ΔP——需调整的价格差额；

P_0——约定的付款证书中承包人应得到的已完成工程量的金额，此项金额应不包括价格调整、不计质量保证金的扣留和支付、预付款的支付和扣回，约定的变更及其他金额已按现行价格计价的，也不计在内；

A——定值权重（即不调部分的权重）；

B_1；B_2；$B_3 \cdots B_n$——各可调因子的变值权重（即可调部分的权重），为各可调因子在签约合同价中所占的比例；

F_{t1}；F_{t2}；$F_{t3} \cdots F_{tn}$——各可调因子的现行价格指数，指约定的付款证书相关周期最后一天的前 42 天的各可调因子的价格指数；

F_{01}；F_{02}；$F_{03} \cdots F_{0n}$——各可调因子的基本价格指数，指基准日期各可调因子的价格指数。

以上价格调整公式中的各可调因子、定值和变值权重，以及基本价格指数及其来源在投标函附录价格指数和权重表中约定，非招标订立的合同，由合同当事人在《专用合同条款》中约定。价格指数应首先采用工程造价管理机构发布的价格指数，无前述价格指数时，可采用工程造价管理机构发布的价格代替。

b. 暂时确定调整差额。在计算调整差额时无现行价格指数的，合同当事人同意暂用前次价格指数计算。实际价格指数有调整的，合同当事人进行相应调整。

c. 权重的调整。因变更导致合同约定的权重不合理时，按照《施工合同文本》第 4.4 款"商定或确定"执行。

d. 因承包人原因工期延误后的价格调整。因承包人原因未按期竣工的，对合同约定的竣工日期后继续施工的工程，在使用价格调整公式时，应采用计划竣工日期与实际竣工日期的两个价格指数中较低的一个作为现行价格指数。

2）采用造价信息进行价格调整。合同履行期间，因人工、材料、工程设备和机械台班价格波动影响合同价格时，人工、机械使用费按照国家或省、自治区、直辖市建设行政管理部门、行业建设管理部门或其授权的工程造价管理机构发布的人工、机械使用费系数进行调整；需要进行价格调整的材料，其单价和采购数量应由发包人审批，发包人确认需调整的材料单价及数量，作为调整合同价格的依据。

a. 人工单价发生变化且符合省级或行业建设主管部门发布的人工费调整规定，合同当事人应按省级或行业建设主管部门或其授权的工程造价管理机构发布的人工费等文件调整合同价格，但承包人对人工费或人工单价的报价高于发布价格的除外。

b. 材料、工程设备价格变化的价款调整按照发包人提供的基准价格，按以下风险范围规定执行：

● 承包人在已标价工程量清单或预算书中载明材料单价低于基准价格的：除《专用合同条款》另有约定外，合同履行期间材料单价涨幅以基准价格为基础超过5%时，或材料单价跌幅以在已标价工程量清单或预算书中载明材料单价为基础超过5%时，其超过部分据实调整。

● 承包人在已标价工程量清单或预算书中载明材料单价高于基准价格的：除《专用合同条款》另有约定外，合同履行期间材料单价跌幅以基准价格为基础超过5%时，材料单价涨幅以在已标价工程量清单或预算书中载明材料单价为基础超过5%时，其超过部分据实调整。

● 承包人在已标价工程量清单或预算书中载明材料单价等于基准价格的：除《专用合同条款》另有约定外，合同履行期间材料单价涨跌幅以基准价格为基础超过±5%时，其超过部分据实调整。

● 承包人应在采购材料前将采购数量和新的材料单价报发包人核对，发包人确认用于工程时，发包人应确认采购材料的数量和单价。发包人在收到承包人报送的确认资料后5天内不予答复的视为认可，作为调整合同价格的依据。未经发包人事先核对，承包人自行采购材料的，发包人有权不予调整合同价格。发包人同意的，可以调整合同价格。

前述基准价格是指由发包人在招标文件或《专用合同条款》中给定的材料、工程设备的价格，该价格原则上应当按照省级或行业建设主管部门或其授权的工程造价管理机构发布的信息价编制。

c. 施工机械台班单价或施工机械使用费发生变化超过省级或行业建设主管部门或其授权的工程造价管理机构规定的范围时，按规定调整合同价格。

3）《专用合同条款》约定的其他方式。

（2）法律变化引起的调整　基准日期后，法律变化导致承包人在合同履行过程中所需要的费用发生除《施工合同文本》第11.1款"市场价格波动引起的调整"约定以外的增加时，由发包人承担由此增加的费用；减少时，应从合同价格中予以扣减。基准日期后，因法律变化造成工期延误时，工期应予以顺延。

因法律变化引起的合同价格和工期调整，合同当事人无法达成一致的，由总监理工程师按《施工合同文本》第4.4款"商定或确定"的约定处理。

因承包人原因造成工期延误，在工期延误期间出现法律变化的，由此增加的费用和

（或）延误的工期由承包人承担。

2. 合同价格、计量与支付

（1）合同价格形式　发包人和承包人应在合同协议书中选择单价合同、总价合同或其他合同价格形式其中一种合同价格形式。

（2）预付款

1）预付款的支付。预付款的支付按照《专用合同条款》约定执行，但至迟应在开工通知载明的开工日期 7 天前支付。预付款应当用于材料、工程设备、施工设备的采购及修建临时工程、组织施工队伍进场等。

除《专用合同条款》另有约定外，预付款在进度付款中同比例扣回。在颁发工程接收证书前，提前解除合同的，尚未扣完的预付款应与合同价款一并结算。

发包人逾期支付预付款超过 7 天的，承包人有权向发包人发出要求预付的催告通知，发包人收到通知后 7 天内仍未支付的，承包人有权暂停施工，并按《施工合同文本》第16.1.1 项 "发包人违约的情形" 执行。

2）预付款担保。发包人要求承包人提供预付款担保的，承包人应在发包人支付预付款7 天前提供预付款担保，《专用合同条款》另有约定除外。预付款担保可采用银行保函、担保公司担保等形式，具体由合同当事人在《专用合同条款》中约定。在预付款完全扣回之前，承包人应保证预付款担保持续有效。

发包人在工程款中逐期扣回预付款后，预付款担保额度应相应减少，但剩余的预付款担保金额不得低于未被扣回的预付款金额。

（3）计量

1）计量原则。工程量计量按照合同约定的工程量计算规则、图纸及变更指示等进行计量。工程量计算规则应以相关的国家标准、行业标准等为依据，由合同当事人在专用合同条款中约定。

2）计量周期。除《专用合同条款》另有约定外，工程量的计量按月进行。

3）单价合同的计量。除《专用合同条款》另有约定外，单价合同的计量按照本项约定执行：

• 承包人应于每月 25 日向监理人报送上月 20 日至当月 19 日已完成的工程量报告，并附具进度付款申请单、已完成工程量报表和有关资料。

• 监理人应在收到承包人提交的工程量报告后 7 天内完成对承包人提交的工程量报表的审核并报送发包人，以确定当月实际完成的工程量。监理人对工程量有异议的，有权要求承包人进行共同复核或抽样复测。承包人应协助监理人进行复核或抽样复测，并按监理人要求提供补充计量资料。承包人未按监理人要求参加复核或抽样复测的，监理人复核或修正的工程量视为承包人实际完成的工程量。

• 监理人未在收到承包人提交的工程量报表后的 7 天内完成审核的，承包人报送的工程量报告中的工程量视为承包人实际完成的工程量，据此计算工程价款。

4）总价合同的计量。除《专用合同条款》另有约定外，按月计量支付的总价合同，按照本项约定执行：

• 承包人应于每月 25 日向监理人报送上月 20 日至当月 19 日已完成的工程量报告，并附具进度付款申请单、已完成工程量报表和有关资料。

● 监理人应在收到承包人提交的工程量报告后 7 天内完成对承包人提交的工程量报表的审核并报送发包人，以确定当月实际完成的工程量。监理人对工程量有异议的，有权要求承包人进行共同复核或抽样复测。承包人应协助监理人进行复核或抽样复测并按监理人要求提供补充计量资料。承包人未按监理人要求参加复核或抽样复测的，监理人审核或修正的工程量视为承包人实际完成的工程量。

● 监理人未在收到承包人提交的工程量报表后的 7 天内完成复核的，承包人提交的工程量报告中的工程量视为承包人实际完成的工程量。

5）总价合同采用支付分解表计量支付的，可以按照《施工合同文本》第 12.3.4 项"总价合同的计量"约定进行计量，但合同价款按照支付分解表进行支付。

6）其他价格形式合同的计量。合同当事人可在《专用合同条款》中约定其他价格形式合同的计量方式和程序。

（4）工程进度款支付

1）付款周期。除《专用合同条款》另有约定外，付款周期应按照《施工合同文本》第 12.3.2 项"计量周期"的约定与计量周期保持一致。

2）进度付款申请单的编制。除《专用合同条款》另有约定外，进度付款申请单应包括下列内容：

● 截至本次付款周期已完成工作对应的金额；

● 根据《施工合同文本》第 10 条"变更"应增加和扣减的变更金额；

● 根据《施工合同文本》第 12.2 款"预付款"约定应支付的预付款和扣减的返还预付款；

● 根据《施工合同文本》第 15.3 款"质量保证金"约定应扣减的质量保证金；

● 根据《施工合同文本》第 19 款"索赔"应增加和扣减的索赔金额；

● 对已签发的进度款支付证书中出现错误的修正，应在本次进度付款中支付或扣除的金额；

● 根据合同约定应增加和扣减的其他金额。

3）进度付款申请单的提交：

单价合同进度付款申请单的提交：单价合同的进度付款申请单，按照《施工合同文本》第 12.3.3 项"单价合同的计量"约定的时间按月向监理人提交，并附上已完成工程量报表和有关资料。单价合同中的总价项目按月进行支付分解，并汇总列入当期进度付款申请单。

总价合同进度付款申请单的提交：总价合同按月计量支付的，承包人按照《施工合同文本》第 12.3.4 项"总价合同的计量"约定的时间按月向监理人提交进度付款申请单，并附上已完成工程量报表和有关资料。总价合同按支付分解表支付的，承包人应按照《施工合同文本》第 12.4.6 项"支付分解表"及《施工合同文本》第 12.4.2 项"进度付款申请单的编制"的约定向监理人提交进度付款申请单。

其他价格形式合同的进度付款申请单的提交：合同当事人可在专用合同条款中约定其他价格形式合同的进度付款申请单的编制和提交程序。

4）进度款审核和支付：

除《专用合同条款》另有约定外，监理人应在收到承包人进度付款申请单以及相关资料后 7 天内完成审查并报送发包人，发包人应在收到后 7 天内完成审批并签发进度款支付证书。发包人逾期未完成审批且未提出异议的，视为已签发进度款支付证书。发包人和监理人对承包人的进度付款申请单有异议的，有权要求承包人修正和提供补充资料，承包人应提交修正后的进度付款申请单。监理人应在收到承包人修正后的进度付款申请单及相关资料后7天内完成审查并报送发包人，发包人应在收到监理人报送的进度付款申请单及相关资料后7天内，向承包人签发无异议部分的临时进度款支付证书。存在争议的部分，按照《施工合同文本》第20款"争议解决"的约定处理。

除《专用合同条款》另有约定外，发包人应在进度款支付证书或临时进度款支付证书签发后14天内完成支付，发包人逾期支付进度款的，应按照中国人民银行发布的同期同类贷款基准利率支付违约金。

发包人签发进度款支付证书或临时进度款支付证书，不表明发包人已同意、批准或接受了承包人完成的相应部分的工作。

5）进度付款的修正。在对已签发的进度款支付证书进行阶段汇总和复核中发现错误、遗漏或重复的，发包人和承包人均有权提出修正申请。经发包人和承包人同意的修正，应在下期进度付款中支付或扣除。

6）支付分解表：

a. 支付分解表的编制要求：

• 支付分解表中所列的每期付款金额，应为《施工合同文本》第12.4.2项"进度付款申请单的编制"第（1）目的估算金额；

• 实际进度与施工进度计划不一致的，合同当事人可按照《施工合同文本》第4.4款"商定或确定"修改支付分解表；

• 不采用支付分解表的，承包人应向发包人和监理人提交按季度编制的支付估算分解表，用于支付参考。

b. 总价合同支付分解表的编制与审批：

• 除《专用合同条款》另有约定外，承包人应根据《施工合同文本》第7.2款"施工进度计划"约定的施工进度计划、签约合同价和工程量等因素对总价合同按月进行分解，编制支付分解表。承包人应当在收到监理人和发包人批准的施工进度计划后7天内，将支付分解表及编制支付分解表的支持性资料报送监理人。

• 监理人应在收到支付分解表后7天内完成审核并报送发包人。发包人应在收到经监理人审核的支付分解表后7天内完成审批，经发包人批准的支付分解表为有约束力的支付分解表。

• 发包人逾期未完成支付分解表审批的，也未及时要求承包人进行修正和提供补充资料的，则承包人提交的支付分解表视为已经获得发包人批准。

c. 单价合同的总价项目支付分解表的编制与审批。除《专用合同条款》另有约定外，单价合同的总价项目，由承包人根据施工进度计划和总价项目的总价构成、费用性质、计划发生时间和相应工程量等因素按月进行分解，形成支付分解表，其编制与审批参照总价合同支付分解表的编制与审批执行。

（5）支付账户　发包人应将合同价款支付至合同协议书中约定的承包人账户。

3. 变更

（1）变更的范围　除《专用合同条款》另有约定外，合同履行过程中发生以下情形的，应按照本条约定进行变更：

- 增加或减少合同中任何工作，或追加额外的工作；
- 取消合同中任何工作，但转由他人实施的工作除外；
- 改变合同中任何工作的质量标准或其他特性；
- 改变工程的基线、标高、位置和尺寸；
- 改变工程的时间安排或实施顺序。

（2）变更权　发包人和监理人均可以提出变更。变更指示均通过监理人发出，监理人发出变更指示前应征得发包人同意。承包人收到经发包人签认的变更指示后，方可实施变更。未经许可，承包人不得擅自对工程的任何部分进行变更。

涉及设计变更的，应由设计人提供变更后的图纸和说明。如变更超过原设计标准或批准的建设规模时，发包人应及时办理规划、设计变更等审批手续。

（3）变更程序

1）发包人提出变更。发包人提出变更的，应通过监理人向承包人发出变更指示，变更指示应说明计划变更的工程范围和变更的内容。

2）监理人提出变更建议。监理人提出变更建议的，需要向发包人以书面形式提出变更计划，说明计划变更工程范围和变更的内容、理由，以及实施该变更对合同价格和工期的影响。发包人同意变更的，由监理人向承包人发出变更指示。发包人不同意变更的，监理人无权擅自发出变更指示。

3）变更执行。承包人收到监理人下达的变更指示后，认为不能执行，应立即提出不能执行该变更指示的理由。承包人认为可以执行变更的，应当书面说明实施该变更指示对合同价格和工期的影响，且合同当事人应当按照《施工合同文本》第 10.4 款"变更估价"约定确定变更估价。

4）变更估价：

a. 变更估价原则。除《专用合同条款》另有约定外，变更估价按照本款约定处理：

- 已标价工程量清单或预算书有相同项目的，按照相同项目单价认定；
- 已标价工程量清单或预算书中无相同项目，但有类似项目的，参照类似项目的单价认定；
- 变更导致实际完成的变更工程量与已标价工程量清单或预算书中列明的该项目工程量的变化幅度超过 15% 的，或已标价工程量清单或预算书中无相同项目及类似项目单价的，按照合理的成本与利润构成的原则，由合同当事人按照《施工合同文本》第 4.4 款"商定或确定"确定变更工作的单价。

b. 变更估价程序。承包人应在收到变更指示后 14 天内，向监理人提交变更估价申请。监理人应在收到承包人提交的变更估价申请后 7 天内审查完毕并报送发包人，监理人对变更估价申请有异议，通知承包人修改后重新提交。发包人应在承包人提交变更估价申请后 14 天内审批完毕。发包人逾期未完成审批或未提出异议的，视为认可承包人提交的变更估价申请。

因变更引起的价格调整应计入最近一期的进度款中支付。

5）承包人的合理化建议。承包人提出合理化建议的，应向监理人提交合理化建议说明，说明建议的内容和理由，以及实施该建议对合同价格和工期的影响。

除《专用合同条款》另有约定外，监理人应在收到承包人提交的合理化建议后 7 天内审查完毕并报送发包人，发现其中存在技术上的缺陷，应通知承包人修改。发包人应在收到监理人报送的合理化建议后 7 天内审批完毕。合理化建议经发包人批准的，监理人应及时发出变更指示，由此引起的合同价格调整按照《施工合同文本》第 10.4 款"变更估价"约定执行。发包人不同意变更的，监理人应书面通知承包人。

合理化建议降低了合同价格或者提高了工程经济效益的，发包人可对承包人给予奖励，奖励的方法和金额在《专用合同条款》中约定。

6）变更引起的工期调整。因变更引起工期变化的，合同当事人均可要求调整合同工期，由合同当事人按照《施工合同文本》第 4.4 款"商定或确定"并参考工程所在地的工期定额标准确定增减工期天数。

4. 竣工结算

（1）竣工结算申请　除《专用合同条款》另有约定外，承包人应在工程竣工验收合格后 28 天内向发包人和监理人提交竣工结算申请单，并提交完整的结算资料，有关竣工结算申请单的资料清单和份数等要求由合同当事人在《专用合同条款》中约定。除《专用合同条款》另有约定外，竣工结算申请单应包括以下内容：

- 竣工结算合同价格；
- 发包人已支付承包人的款项；
- 应扣留的质量保证金；
- 发包人应支付承包人的合同价款。

（2）竣工结算审核

1）除《专用合同条款》另有约定外，监理人应在收到竣工结算申请单后 14 天内完成核查并报送发包人。发包人应在收到监理人提交的经审核的竣工结算申请单后 14 天内完成审批，并由监理人向承包人签发经发包人签认的竣工付款证书。监理人或发包人对竣工结算申请单有异议的，有权要求承包人进行修正和提供补充资料，承包人应提交修正后的竣工结算申请单。

发包人在收到承包人提交竣工结算申请书后 28 天内未完成审批且未提出异议的，视为发包人认可承包人提交的竣工结算申请单，并自发包人收到承包人提交的竣工结算申请单后第 29 天起视为已签发竣工付款证书。

2）除《专用合同条款》另有约定外，发包人应在签发竣工付款证书后的 14 天内，完成对承包人的竣工付款。发包人逾期支付的，按照中国人民银行发布的同期同类贷款基准利率支付违约金；逾期支付超过 56 天的，按照中国人民银行发布的同期同类贷款基准利率的两倍支付违约金。

3）承包人对发包人签认的竣工付款证书有异议的，对于有异议部分应在收到发包人签认的竣工付款证书后 7 天内提出异议，并由合同当事人按照《专用合同条款》约定的方式和程序进行复核，或按照《施工合同文本》第 20 款"争议解决"约定处理。对于无异议部分，发包人应签发临时竣工付款证书，并按上面第 2）项完成付款。承包人逾期未提出异议的，视为认可发包人的审批结果。

（3）甩项竣工协议　发包人要求甩项竣工的，合同当事人应签订甩项竣工协议。在甩项竣工协议中应明确，合同当事人按照《施工合同文本》第 14.1 款"竣工结算申请"及第

14.2 款"竣工结算审核"的约定，对已完合格工程进行结算，并支付相应合同价款。

（4）最终结清

1）最终结清申请单。

除《专用合同条款》另有约定外，承包人应在缺陷责任期终止证书颁发后 7 天内，按《专用合同条款》约定的份数向发包人提交最终结清申请单，并提供相关证明材料。除《专用合同条款》另有约定外，最终结清申请单应列明质量保证金、应扣除的质量保证金、缺陷责任期内发生的增减费用。

发包人对最终结清申请单内容有异议的，有权要求承包人进行修正和提供补充资料，承包人应向发包人提交修正后的最终结清申请单。

2）最终结清证书和支付。

除《专用合同条款》另有约定外，发包人应在收到承包人提交的最终结清申请单后 14 天内完成审批并向承包人颁发最终结清证书。发包人逾期未完成审批，又未提出修改意见的，视为发包人同意承包人提交的最终结清申请单，且自发包人收到承包人提交的最终结清申请单后 15 天起视为已颁发最终结清证书。

除《专用合同条款》另有约定外，发包人应在颁发最终结清证书后 7 天内完成支付。发包人逾期支付的，按照中国人民银行发布的同期同类贷款基准利率支付违约金；逾期支付超过 56 天的，按照中国人民银行发布的同期同类贷款基准利率的两倍支付违约金。

承包人对发包人颁发的最终结清证书有异议的，按《施工合同文本》第 20 款"争议解决"的约定办理。

5. 质量保修金

（1）质量保证金 经合同当事人协商一致扣留质量保证金的，应在《专用合同条款》中予以明确。

承包人提供质量保证金有以下三种方式：

1）质量保证金保函。

2）相应比例的工程款。

3）双方约定的其他方式。

除《专用合同条款》另有约定外，质量保证金原则上采用上述第 1）种方式。

（2）质量保证金的扣留 质量保证金的扣留有以下三种方式：

1）在支付工程进度款时逐次扣留，在此情形下，质量保证金的计算基数不包括预付款的支付、扣回以及价格调整的金额。

2）工程竣工结算时一次性扣留质量保证金。

3）双方约定的其他扣留方式。

除《专用合同条款》另有约定外，质量保证金的扣留原则上采用上述第 1）种方式。

发包人累计扣留的质量保证金不得超过结算合同价格的 5%，如承包人在发包人签发竣工付款证书后 28 天内提交质量保证金保函，发包人应同时退还扣留的作为质量保证金的工程价款。

（3）质量保证金的退还 发包人应按《施工合同文本》第 14.4 款"最终结清"的约定退还质量保证金。

1）质量保修金的支付。保修金由承包人向发包人支付，也可由发包人从应付承包人工程款内预留。质量保修金的比例及金额由双方约定，但一般不超过施工合同价款的 5%。

2）质量保修金的结算与返还。工程的质量保修期满后，发包人应当及时结算和返还（如有剩余）质量保修金。发包人应当在质量保证期满后 14 天内，将剩余保修金和按约定利率计算的利息返还承包人。

6. 安全文明施工费

安全文明施工费由发包人承担，发包人不得以任何形式扣减该部分费用。因基准日期后合同所适用的法律或政府有关规定发生变化，增加的安全文明施工费由发包人承担。

承包人经发包人同意采取合同约定以外的安全措施所产生的费用，由发包人承担。未经发包人同意的，如果该措施避免了发包人的损失，则发包人在避免损失的额度内承担该措施费。如果该措施避免了承包人的损失，由承包人承担该措施费。

除《专用合同条款》另有约定外，发包人应在开工后 28 天内预付安全文明施工费总额的 50%，其余部分与进度款同期支付。发包人逾期支付安全文明施工费超过 7 天的，承包人有权向发包人发出要求预付的催告通知，发包人收到通知后 7 天内仍未支付的，承包人有权暂停施工，并按《施工合同文本》第 16.1.1 项"发包人违约的情形"执行。

承包人对安全文明施工费应专款专用，承包人应在财务账目中单独列项备查，不得挪作他用，否则发包人有权责令其限期改正；逾期未改正的，可以责令其暂停施工，由此增加的费用和（或）延误的工期由承包人承担。

6.3.6　建设工程施工合同进度条款

施工合同工期，是指施工的工程从开工起到完成施工合同专用条款双方约定的全部内容，工程达到竣工验收标准所经历的时间。合同双方应在协议书中对合同工期作出明确约定，约定的内容包括开工日期、竣工日期和合同工期的总日历天数。合同当事人应当在开工日期前做好一切开工的准备工作，承包人则应按约定的开日期开工。

（1）施工组织设计

1）施工组织设计的内容。施工组织设计应包含以下内容：施工方案；施工现场平面布置图；施工进度计划和保证措施；劳动力及材料供应计划；施工机械设备的选用；质量保证体系及措施；安全生产、文明施工措施；环境保护、成本控制措施；合同当事人约定的其他内容。

2）施工组织设计的提交和修改。除专用合同条款另有约定外，承包人应在合同签订后 14 天内，但至迟不得晚于《施工合同文本》第 7.3.2 项"开工通知"载明的开工日期前 7 天，向监理人提交详细的施工组织设计，并由监理人报送发包人。除《专用合同条款》另有约定外，发包人和监理人应在监理人收到施工组织设计后 7 天内确认或提出修改意见。对发包人和监理人提出的合理意见和要求，承包人应自费修改完善。根据工程实际情况需要修改施工组织设计的，承包人应向发包人和监理人提交修改后的施工组织设计。

施工进度计划的编制和修改按照《施工合同文本》第 7.2 款"施工进度计划"执行。

（2）施工进度计划

1）施工进度计划的编制。承包人应按照《施工合同文本》第 7.1 款"施工组织设计"约定提交详细的施工进度计划，施工进度计划的编制应当符合国家法律规定和一般工程实践惯例，施工进度计划经发包人批准后实施。施工进度计划是控制工程进度的依据，发包人和监理人有权按照施工进度计划检查工程进度情况。

2）施工进度计划的修订。施工进度计划不符合合同要求或与工程的实际进度不一致的，承包人应向监理人提交修订的施工进度计划，并附具有关措施和相关资料，由监理人报送发包人。除《专用合同条款》另有约定外，发包人和监理人应在收到修订的施工进度计划后 7 天内完成审核和批准或提出修改意见。发包人和监理人对承包人提交的施工进度计划的确认，不能减轻或免除承包人根据法律规定和合同约定应承担的任何责任或义务。

（3）开工

1）开工准备。除《专用合同条款》另有约定外，承包人应按照《施工合同文本》第 7.1 款"施工组织设计"约定的期限，向监理人提交工程开工报审表，经监理人报发包人批准后执行。开工报审表应详细说明按施工进度计划正常施工所需的施工道路、临时设施、材料、工程设备、施工设备、施工人员等落实情况以及工程的进度安排。

除《专用合同条款》另有约定外，合同当事人应按约定完成开工准备工作。

2）开工通知。发包人应按照法律规定获得工程施工所需的许可。经发包人同意后，监理人发出的开工通知应符合法律规定。监理人应在计划开工日期 7 天前向承包人发出开工通知，工期自开工通知中载明的开工日期起算。

除《专用合同条款》另有约定外，因发包人原因造成监理人未能在计划开工日期之日起 90 天内发出开工通知的，承包人有权提出价格调整要求，或者解除合同。发包人应当承担由此增加的费用和（或）延误的工期，并向承包人支付合理利润。

（4）测量放线

1）除《专用合同条款》另有约定外，发包人应在至迟不得晚于开工通知载明的开工日期前 7 天通过监理人向承包人提供测量基准点、基准线和水准点及其书面资料。发包人应对其提供的测量基准点、基准线和水准点及其书面资料的真实性、准确性和完整性负责。

承包人发现发包人提供的测量基准点、基准线和水准点及其书面资料存在错误或疏漏的，应及时通知监理人。监理人应及时报告发包人，并会同发包人和承包人予以核实。发包人应就如何处理和是否继续施工作出决定，并通知监理人和承包人。

2）承包人负责施工过程中的全部施工测量放线工作，并配置具有相应资质的人员、合格的仪器、设备和其他物品。承包人应矫正工程的位置、标高、尺寸或准线中出现的任何差错，并对工程各部分的定位负责。

施工过程中对施工现场内水准点等测量标志物的保护工作由承包人负责。

（5）工期延误

1）因发包人原因导致工期延误。在合同履行过程中，因下列情况导致工期延误和（或）费用增加的，由发包人承担由此延误的工期和（或）增加的费用，且发包人应支付承包人合理的利润：

• 发包人未能按合同约定提供图纸或所提供图纸不符合合同约定的；

• 发包人未能按合同约定提供施工现场、施工条件、基础资料、许可、批准等开工条件的；

• 发包人提供的测量基准点、基准线和水准点及其书面资料存在错误或疏漏的；

• 发包人未能在计划开工日期之日起 7 天内同意下达开工通知的；

• 发包人未能按合同约定日期支付工程预付款、进度款或竣工结算款的；

● 监理人未按合同约定发出指示、批准等文件的;

● 专用合同条款中约定的其他情形。

因发包人原因未按计划开工日期开工的,发包人应按实际开工日期顺延竣工日期,确保实际工期不低于合同约定的工期总日历天数。因发包人原因导致工期延误需要修订施工进度计划的,按照《施工合同文本》第7.2.2项"施工进度计划的修订"执行。

2)因承包人原因导致工期延误。因承包人原因造成工期延误的,可以在《专用合同条款》中约定逾期竣工违约金的计算方法和逾期竣工违约金的上限。承包人支付逾期竣工违约金后,不免除承包人继续完成工程及修补缺陷的义务。

(6)不利物质条件 不利物质条件是指有经验的承包人在施工现场遇到的不可预见的自然物质条件、非自然的物质障碍和污染物,包括地表以下物质条件和水文条件以及专用合同条款约定的其他情形,但不包括气候条件。承包人遇到不利物质条件时,应采取克服不利物质条件的合理措施继续施工,并及时通知发包人和监理人。通知应载明不利物质条件的内容以及承包人认为不可预见的理由。监理人经发包人同意后应当及时发出指示,指示构成变更的,按《施工合同文本》第10款"变更"约定执行。承包人因采取合理措施而增加的费用和(或)延误的工期由发包人承担。

(7)异常恶劣的气候条件 异常恶劣的气候条件是指在施工过程中遇到的,有经验的承包人在签订合同时不可预见的,对合同履行造成实质性影响的,但尚未构成不可抗力事件的恶劣气候条件。合同当事人可以在《专用合同条款》中约定异常恶劣的气候条件的具体情形。承包人应采取克服异常恶劣的气候条件的合理措施继续施工,并及时通知发包人和监理人。监理人经发包人同意后应当及时发出指示,指示构成变更的,按《施工合同文本》第10款"变更"约定办理。承包人因采取合理措施而增加的费用和(或)延误的工期由发包人承担。

(8)暂停施工

1)发包人原因引起的暂停施工。因发包人原因引起暂停施工的,监理人经发包人同意后,应及时下达暂停施工指示。情况紧急且监理人未及时下达暂停施工指示的,按照《施工合同文本》第7.8.4项"紧急情况下的暂停施工"执行。因发包人原因引起的暂停施工,发包人应承担由此增加的费用和(或)延误的工期,并支付承包人合理的利润。

2)承包人原因引起的暂停施工。因承包人原因引起的暂停施工,承包人应承担由此增加的费用和(或)延误的工期,且承包人在收到监理人复工指示后84天内仍未复工的,视为《施工合同文本》第16.2.1项"承包人违约的情形"第(7)目约定的承包人无法继续履行合同的情形。

3)指示暂停施工。监理人认为有必要时,并经发包人批准后,可向承包人作出暂停施工的指示,承包人应按监理人指示暂停施工。

4)紧急情况下的暂停施工。因紧急情况需暂停施工,且监理人未及时下达暂停施工指示的,承包人可先暂停施工,并及时通知监理人。监理人应在接到通知后24小时内发出指示,逾期未发出指示,视为同意承包人暂停施工。监理人不同意承包人暂停施工的,应说明理由,承包人对监理人的答复有异议,按照《施工合同文本》第20款"争议解决"约定处理。

5)暂停施工后的复工。暂停施工后,发包人和承包人应采取有效措施积极消除暂停施工的影响。在工程复工前，监理人会同发包人和承包人确定因暂停施工造成的损失，并确定工程复工条件。当工程具备复工条件时，监理人应经发包人批准后向承包人发出复工通知，承包人应按照复工通知要求复工。承包人无故拖延和拒绝复工的，承包人承担由此增加的费用和（或）延误的工期；因发包人原因无法按时复工的，按照《施工合同文本》第 7.5.1 项"因发包人原因导致工期延误"约定办理。

6）暂停施工持续 56 天以上。监理人发出暂停施工指示后 56 天内未向承包人发出复工通知，除该项停工属于《施工合同文本》第 7.8.2 项"承包人原因引起的暂停施工"及第 17 款"不可抗力"约定的情形外，承包人可向发包人提交书面通知，要求发包人在收到书面通知后 28 天内准许已暂停施工的部分或全部工程继续施工。发包人逾期不予批准的，则承包人可以通知发包人，将工程受影响的部分视为按《施工合同文本》第 10.1 款"变更的范围"第（2）项的可取消工作。

暂停施工持续 84 天以上不复工的，且不属于《施工合同文本》第 7.8.2 项"承包人原因引起的暂停施工"及第 17 款"不可抗力"约定的情形，并影响到整个工程以及合同目的实现的，承包人有权提出价格调整要求，或者解除合同。解除合同的，按照《施工合同文本》第 16.1.3 项"因发包人违约解除合同"执行。

7）暂停施工期间的工程照管。暂停施工期间，承包人应负责妥善照管工程并提供安全保障，由此增加的费用由责任方承担。

8）暂停施工的措施。暂停施工期间，发包人和承包人均应采取必要的措施确保工程质量及安全，防止因暂停施工扩大损失。

（9）提前竣工

1）发包人要求承包人提前竣工的，发包人应通过监理人向承包人下达提前竣工指示，承包人应向发包人和监理人提交提前竣工建议书，提前竣工建议书应包括实施的方案、缩短的时间、增加的合同价格等内容。发包人接受该提前竣工建议书的，监理人应与发包人和承包人协商采取加快工程进度的措施，并修订施工进度计划，由此增加的费用由发包人承担。承包人认为提前竣工指示无法执行的，应向监理人和发包人提出书面异议，发包人和监理人应在收到异议后 7 天内予以答复。任何情况下，发包人不得压缩合理工期。

2）发包人要求承包人提前竣工，或承包人提出提前竣工的建议能够给发包人带来效益的，合同当事人可以在《专用合同条款》中约定提前竣工的奖励。

6.4　与工程相关的其他合同

6.4.1　建设工程监理合同

1. 建设工程监理合同的概念

所谓建设工程委托监理合同，是指监理单位受项目法人委托，依据国家批准的工程项目建设文件、有关建设工程的法律、法规和相关合同，对建设工程实施监督和管理，由项目法人向监理单位支付约定报酬的协议。

建设工程委托监理合同，从性质上说是委托合同。《合同法》第二百七十六条规定"建设工程实施监理的，发包人应当与监理人采用书面形式订立委托监理合同。发包人与监理人的权利和义务以及法律责任，应当依照本法委托合同以及其他有关法律、行政法规的规定。"项目法人通过委托监理合同把建设工程项目的一部分管理权授予监理单位,委托其代为行使,符合委托合同的法律特征,因而属于委托合同。然而,建设工程委托监理合同较之传统的委托合同又有自己的独特特点,即项目法人的委托授权只是监理单位实施工程监理的权力来源之一,其另一部分权力则直接来自法律法规的授权,并由此监理单位在接受项目法人的授权的同时,以自己的名义对施工单位的履约行为进行监督管理。

建设工程监理合同具有如下特征:

(1)委托监理合同的标的是服务 工程建设实施阶段所签订的其他合同,如勘查设计合同、施工承包合同、物资采购合同、加工承揽合同的标的物是产生新的物质或信息成果,而监理合同的标的是服务,即监理工程师受业主委托,以自己的知识、经验、技能为其所签订的建设工程合同的履行实施监督、管理和服务,以满足项目业主对项目管理的需求,它所获得的报酬是技术服务性报酬,是脑力劳动报酬,也就是说工程建设监理是一种高智能的有偿技术服务。它的服务对象是委托方——业主,这种服务性的活动是按照工程建设监理合同来进行的,是受法律的约束和保护的。

(2)合同主体有特定主体资格及资质要求 监理合同的当事人双方应当是具有民事权利能力和民事行为能力,取得法人资格的企事业单位、其他社会组织,个人在法律允许范围内也可以成为合同当事人。作为委托人必须是有国家批准的建设项目,落实投资计划的企事业单位、其他社会组织及个人;被委托人除要求具备法人资格外,还要求其所承担的监理任务应与其资质等级和营业执照中批准的业务范围相一致,既不允许低资质的监理单位承接高等级工程的监理业务,也不允许承接虽与其资质等级相适应,但工作内容超越其监理能力和范围的工作,以保证监理任务的顺利实现。

(3)合同内包括有授权内容 建设监理具有明确的监理对象,监理单位的基本职责之一就是对被监理合同的履行进行控制和协调,因此,在监理合同中业主对监理方有明确的授权范围,监理单位根据业主的委托及授权范围对项目实施管理和服务。

2. 建设工程委托监理合同示范文本的主要内容

建设工程监理合同示范文本由《协议书》《通用条件》《专用条件》《附录A》(相关服务的范围和内容)、《附录B》(委托人派遣的人员和提供的房屋、资料、设备)构成。主要内容为:

(1)建设工程委托监理合同协议书 该部分包括:工程概况、词语限定、组成合同的文件、总监理工程师、签约酬金、期限、双方承诺、合同订立。

(2)通用条件 该部分包括:词语定义与解释,监理人的义务,委托人的义务,违约责任,支付,合同生效、变更、暂停、解除与终止,争议解决,其他。

1)词语定义与解释:

第一,词语定义:

"工程"是指按照本合同约定实施监理与相关服务的建设工程。

"委托人"是指本合同中委托监理与相关服务的一方,及其合法的继承人或受让人。

"监理人"是指本合同中提供监理与相关服务的一方,及其合法的继承人。

"承包人"是指在工程范围内与委托人签订勘察、设计、施工等有关合同的当事人,及其合法的继承人。

"监理"是指监理人受委托人的委托,依照法律法规、工程建设标准、勘察设计文件及合同，在施工阶段对建设工程质量、进度、造价进行控制，对合同、信息进行管理，对工程建设相关方的关系进行协调，并履行建设工程安全生产管理法定职责的服务活动。

"相关服务"是指监理人受委托人的委托，按照本合同约定，在勘察、设计、保修等阶段提供的服务活动。

"正常工作"指本合同订立时《通用条件》和《专用条件》中约定的监理人的工作。

"附加工作"是指本合同约定的正常工作以外监理人的工作。

"项目监理机构"是指监理人派驻工程负责履行本合同的组织机构。

"总监理工程师"是指由监理人的法定代表人书面授权，全面负责履行本合同、主持项目监理机构工作的注册监理工程师。

"酬金"是指监理人履行本合同义务，委托人按照本合同约定给付监理人的金额。

"正常工作酬金"是指监理人完成正常工作，委托人应给付监理人并在协议书中载明的签约酬金额。

"附加工作酬金"是指监理人完成附加工作，委托人应给付监理人的金额。

"一方"是指委托人或监理人；"双方"是指委托人和监理人；"第三方"是指除委托人和监理人以外的有关方。

"书面形式"是指合同书、信件和数据电文（包括电报、电传、传真、电子数据交换和电子邮件）等可以有形地表现所载内容的形式。

"天"是指第一天零时至第二天零时的时间。

"月"是指按公历从一个月中任何一天开始的一个公历月时间。

"不可抗力"是指委托人和监理人在订立本合同时不可预见，在工程施工过程中不可避免发生并不能克服的自然灾害和社会性突发事件，如地震、海啸、瘟疫、水灾、骚乱、暴动、战争和《专用条件》约定的其他情形。

本合同使用中文书写、解释和说明。如专用条件约定使用两种及以上语言文字时，应以中文为准。

第二，解释：

组成本合同的下列文件彼此应能相互解释、互为说明。除《专用条件》另有约定外，本合同文件的解释顺序如下：

- 《协议书》；
- 中标通知书（适用于招标工程）或委托书（适用于非招标工程）；
- 《专用条件》及《附录 A》《附录 B》；
- 《通用条件》；
- 投标文件（适用于招标工程）或监理与相关服务建议书（适用于非招标工程）。
- 双方签订的补充协议与其他文件发生矛盾或歧义时，属于同一类内容的文件，应以最新签署的为准。

2）监理人义务：

第一，监理的范围和工作内容。监理范围在专用条件中约定；除专用条件另有约定外，监理工作内容包括：

- 收到工程设计文件后编制监理规划，并在第一次工地会议 7 天前报委托人。根据有关规定和监理工作需要，编制监理实施细则；

- 熟悉工程设计文件，并参加由委托人主持的图纸会审和设计交底会议；
- 参加由委托人主持的第一次工地会议；主持监理例会并根据工程需要主持或参加专题会议；
- 审查施工承包人提交的施工组织设计，重点审查其中的质量安全技术措施、专项施工方案与工程建设强制性标准的符合性；
- 检查施工承包人工程质量、安全生产管理制度及组织机构和人员资格；
- 检查施工承包人专职安全生产管理人员的配备情况；
- 审查施工承包人提交的施工进度计划，核查承包人对施工进度计划的调整；
- 检查施工承包人的试验室；
- 审核施工分包人资质条件；
- 查验施工承包人的施工测量放线成果；
- 审查工程开工条件，对条件具备的签发开工令；
- 审查施工承包人报送的工程材料、构配件、设备质量证明文件的有效性和符合性，并按规定对用于工程的材料采取平行检验或见证取样方式进行抽检；
- 审核施工承包人提交的工程款支付申请，签发或出具工程款支付证书，并报委托人审核、批准；
- 在巡视、旁站和检验过程中，发现工程质量、施工安全存在事故隐患的，要求施工承包人整改并报委托人；
- 经委托人同意，签发工程暂停令和复工令；
- 审查施工承包人提交的采用新材料、新工艺、新技术、新设备的论证材料及相关验收标准；
- 验收隐蔽工程、分部分项工程；
- 审查施工承包人提交的工程变更申请，协调处理施工进度调整、费用索赔、合同争议等事项；
- 审查施工承包人提交的竣工验收申请，编写工程质量评估报告；
- 参加工程竣工验收，签署竣工验收意见；
- 审查施工承包人提交的竣工结算申请并报委托人；
- 编制、整理工程监理归档文件并报委托人。

第二，相关服务的范围和内容在《附录A》中约定。

第三，项目监理机构和人员。监理人应组建满足工作需要的项目监理机构，配备必要的检测设备。项目监理机构的主要人员应具有相应的资格条件。

在合同履行过程中，总监理工程师及重要岗位监理人员应保持相对稳定，以保证监理工作正常进行。

监理人可根据工程进展和工作需要调整项目监理机构人员。监理人更换总监理工程师时，应提前7天向委托人书面报告，经委托人同意后方可更换；监理人更换项目监理机构其他监理人员，应以相当资格与能力的人员替换，并通知委托人。

监理人应及时更换有下列情形之一的监理人员：

- 严重过失行为的；
- 有违法行为不能履行职责的；

- 涉嫌犯罪的；
- 不能胜任岗位职责的；
- 严重违反职业道德的；
- 专用条件约定的其他情形。
- 委托人可要求监理人更换不能胜任本职工作的项目监理机构人员。

第四，履行职责。监理人应遵循职业道德准则和行为规范，严格按照法律法规、工程建设有关标准及本合同履行职责。

在监理与相关服务范围内，委托人和承包人提出的意见和要求，监理人应及时提出处置意见。当委托人与承包人之间发生合同争议时，监理人应协助委托人、承包人协商解决。

当委托人与承包人之间的合同争议提交仲裁机构仲裁或人民法院审理时，监理人应提供必要的证明资料。

监理人应在专用条件约定的授权范围内，处理委托人与承包人所签订合同的变更事宜。如果变更超过授权范围，应以书面形式报委托人批准。

在紧急情况下，为了保护财产和人身安全，监理人所发出的指令未能事先报委托人批准时，应在发出指令后的 24 小时内以书面形式报委托人。

除专用条件另有约定外，监理人发现承包人的人员不能胜任本职工作的，有权要求承包人予以调换。

第五，提交报告。监理人应按专用条件约定的种类、时间和份数向委托人提交监理与相关服务的报告。

第六，文件资料。在本合同履行期内，监理人应在现场保留工作所用的图纸、报告及记录监理工作的相关文件。工程竣工后，应当按照档案管理规定将监理有关文件归档。

第七，使用委托人的财产。监理人无偿使用《附录 B》中由委托人派遣的人员和提供的房屋、资料、设备。除《专用条件》另有约定外，委托人提供的房屋、设备属于委托人的财产，监理人应妥善使用和保管，在本合同终止时将这些房屋、设备的清单提交委托人，并按《专用条件》约定的时间和方式移交。

3）委托人的义务：

第一，告知。委托人应在委托人与承包人签订的合同中明确监理人、总监理工程师和授予项目监理机构的权限。如有变更，应及时通知承包人。

第二，提供资料。委托人应按照附录 B 约定，无偿向监理人提供工程有关的资料。在本合同履行过程中，委托人应及时向监理人提供最新的与工程有关的资料。

第三，提供工作条件：

委托人应为监理人完成监理与相关服务提供必要的条件。

委托人应按照《附录 B》约定，派遣相应的人员，提供房屋、设备，供监理人无偿使用。

委托人应负责协调工程建设中所有外部关系，为监理人履行本合同提供必要的外部条件。

第四，委托人代表。委托人应授权一名熟悉工程情况的代表，负责与监理人联系。委托人应在双方签订本合同后 7 天内，将委托人代表的姓名和职责书面告知监理人。当委托人更换委托人代表时，应提前 7 天通知监理人。

第五，委托人意见或要求。在本合同约定的监理与相关服务工作范围内，委托人对承包人的任何意见或要求应通知监理人，由监理人向承包人发出相应指令。

第六，答复。委托人应在《专用条件》约定的时间内，对监理人以书面形式提交并要求作出决定的事宜，给予书面答复。逾期未答复的，视为委托人认可。

第七，支付。委托人应按合同约定，向监理人支付酬金。

4）违约责任：

第一，监理人的违约责任：

监理人未履行合同义务的，应承担相应的责任。

因监理人违反合同约定给委托人造成损失的，监理人应当赔偿委托人损失。赔偿金额的确定方法在《专用条件》中约定。监理人承担部分赔偿责任的，其承担赔偿金额由双方协商确定。

监理人向委托人的索赔不成立时，监理人应赔偿委托人由此发生的费用。

第二，委托人的违约责任：

- 委托人未履行合同义务的，应承担相应的责任。
- 委托人违反合同约定造成监理人损失的，委托人应予以赔偿。
- 委托人向监理人的索赔不成立时，应赔偿监理人由此引起的费用。
- 委托人未能按期支付酬金超过 28 天，应按《专用条件》约定支付逾期付款利息。

第三，除外责任：

- 因非监理人的原因，且监理人无过错，发生工程质量事故、安全事故、工期延误等造成的损失，监理人不承担赔偿责任。
- 因不可抗力导致合同全部或部分不能履行时，双方各自承担其因此而造成的损失、损害。

5）支付：

第一，支付货币。除专用条件另有约定外，酬金均以人民币支付。涉及外币支付的，所采用的货币种类、比例和汇率在《专用条件》中约定。

第二，支付申请。监理人应在合同约定的每次应付款时间的 7 天前，向委托人提交支付申请书。支付申请书应当说明当期应付款总额，并列出当期应支付的款项及其金额。

第三，支付酬金。支付的酬金包括正常工作酬金、附加工作酬金、合理化建议奖励金额及费用。

第四，有争议部分的付款。委托人对监理人提交的支付申请书有异议时，应当在收到监理人提交的支付申请书后 7 天内，以书面形式向监理人发出异议通知。无异议部分的款项应按期支付，有异议部分的款项按合同中争议解决条款约定办理。

6）合同生效、变更、暂停、解除与终止：

第一，生效。除法律另有规定或者《专用条件》另有约定外，委托人和监理人的法定代表人或其授权代理人在协议书上签字并盖单位章后本合同生效。

第二，变更：

任何一方提出变更请求时，双方经协商一致后可进行变更。

除不可抗力外，因非监理人原因导致监理人履行合同期限延长、内容增加时，监理人应当将此情况与可能产生的影响及时通知委托人。增加的监理工作时间、工作内容应视为附加工作。附加工作酬金的确定方法在《专用条件》中约定。

合同生效后，如果实际情况发生变化使得监理人不能完成全部或部分工作时，监理人应立即通知委托人。除不可抗力外，其善后工作以及恢复服务的准备工作应为附加工作，附加工作酬金的确定方法在《专用条件》中约定。监理人用于恢复服务的准备时间不应超过28 天。

合同签订后，遇有与工程相关的法律法规、标准颁布或修订的，双方应遵照执行。由此引起监理与相关服务的范围、时间、酬金变化的，双方应通过协商进行相应调整。

因非监理人原因造成工程概算投资额或建筑安装工程费增加时，正常工作酬金应作相应调整。调整方法在《专用条件》中约定。

因工程规模、监理范围的变化导致监理人的正常工作量减少时，正常工作酬金应作相应调整。调整方法在《专用条件》中约定。

第三，暂停与解除。除双方协商一致可以解除合同外，当一方无正当理由未履行合同约定的义务时，另一方可以根据合同约定暂停履行合同直至解除合同。

在合同有效期内，由于双方无法预见和控制的原因导致合同全部或部分无法继续履行或继续履行已无意义，经双方协商一致，可以解除合同或监理人的部分义务。在解除之前，监理人应作出合理安排，使开支减至最小。

因解除合同或解除监理人的部分义务导致监理人遭受的损失，除依法可以免除责任的情况外，应由委托人予以补偿，补偿金额由双方协商确定。

解除合同的协议必须采取书面形式，协议未达成之前，合同仍然有效。

在合同有效期内，因非监理人的原因导致工程施工全部或部分暂停，委托人可通知监理人要求暂停全部或部分工作。监理人应立即安排停止工作，并将开支减至最小。除不可抗力外，由此导致监理人遭受的损失应由委托人予以补偿。

暂停部分监理与相关服务时间超过 182 天，监理人可发出解除合同约定的该部分义务的通知；暂停全部工作时间超过 182 天，监理人可发出解除合同的通知，合同自通知到达委托人时解除。委托人应将监理与相关服务的酬金支付至合同解除日，且应承担合同条款中约定的委托人的违约责任。

当监理人无正当理由未履行合同约定的义务时，委托人应通知监理人限期改正。若委托人在监理人接到通知后的 7 天内未收到监理人书面形式的合理解释，则可在 7 天内发出解除合同的通知，自通知到达监理人时合同解除。委托人应将监理与相关服务的酬金支付至限期改正通知到达监理人之日，但监理人应承担合同条款中约定的监理人的违约责任。

监理人在《专用条件》中约定的支付之日起 28 天后仍未收到委托人按合同约定应付的款项，可向委托人发出催付通知。委托人接到通知 14 天后仍未支付或未提出监理人可以接受的延期支付安排，监理人可向委托人发出暂停工作的通知并可自行暂停全部或部分工作。暂停工作后 14 天内监理人仍未获得委托人应付酬金或委托人的合理答复，监理人可向委托人发出解除合同的通知，自通知到达委托人时合同解除。委托人未能按期支付酬金超过 28 天，应按《专用条件》约定支付逾期付款利息。

因不可抗力致使合同部分或全部不能履行时，一方应立即通知另一方，可暂停或解除合同。

合同解除后，合同约定的有关结算、清理、争议解决方式的条件仍然有效。

第四，终止。以下条件全部满足时，合同即告终止：

- 监理人完成合同约定的全部工作；
- 委托人与监理人结清并支付全部酬金。

7）争议解决：

第一，协商。双方应本着诚信原则协商解决彼此间的争议。

第二，调解。如果双方不能在 14 天内或双方商定的其他时间内解决合同争议，可以将其提交给《专用条件》约定的或事后达成协议的调解人进行调解。

第三，仲裁或诉讼。双方均有权不经调解直接向《专用条件》约定的仲裁机构申请仲裁或向有管辖权的人民法院提起诉讼。

8）其他：

第一，外出考察费用。经委托人同意，监理人员外出考察发生的费用由委托人审核后支付。

第二，检测费用。委托人要求监理人进行的材料和设备检测所发生的费用，由委托人支付，支付时间在《专用条件》中约定。

第三，咨询费用。经委托人同意，根据工程需要由监理人组织的相关咨询论证会以及聘请相关专家等发生的费用由委托人支付，支付时间在《专用条件》中约定。

第四，奖励。监理人在服务过程中提出的合理化建议，使委托人获得经济效益的，双方在《专用条件》中约定奖励金额的确定方法。奖励金额在合理化建议被采纳后，与最近一期的正常工作酬金同期支付。

第五，守法诚信。监理人及其工作人员不得从与实施工程有关的第三方处获得任何经济利益。

第六，保密。双方不得泄露对方申明的保密资料，亦不得泄露与实施工程有关的第三方所提供的保密资料，保密事项在《专用条件》中约定。

第七，通知。合同涉及的通知均应当采用书面形式，并在送达对方时生效，收件人应书面签收。

第八，著作权：

- 监理人对其编制的文件拥有著作权。
- 监理人可单独或与他人联合出版有关监理与相关服务的资料。除《专用条件》另有约定外，如果监理人在合同履行期间及合同终止后两年内出版涉及工程的有关监理与相关服务的资料，应当征得委托人的同意。

（3）专用条件　该部分要根据工程项目的特点经由双方协商一致后进行填写，其基本内容包括：定义与解释，监理人义务，委托人义务，违约责任，支付，合同生效、变更、暂停、解除与终止，争议解决、其他等。

6.4.2　建设工程物资采购合同

建设工程物资采购合同，是指平等主体的自然人、法人、其他组织之间，为实现建设工程物资买卖，设立、变更、终止相互权利义务关系的协议。

按照《合同法》的分类，材料采购合同属于买卖合同，国内物资购销合同的示范文本规定，建设工程物资采购合同的合同条款应包括的内容有：产品名称、商标、型号、生产厂家、订购数量、合同金额、供货时间及每次供应数量；质量要求的技术标准、供货方对质量负责的条件和期限；交（提）货地点、方式；运输方式及到站、港和费用的负担责任；合理损耗及计算方法；包装标准、包装物的供应与回收；验收标准、方法及提出异议的期限；随机备品、配件工具数量及供应办法；结算方式及期限；如需提供担保，另立合同担保书作为合同附件；违约责任；解决合同争议的方法；其他约定事项。

6.4.3　设备供应合同

设备采购合同指采购方（通常为业主，也可能是承包人）与供货人（大多为生产厂家，也可能是供货商）为提供工程项目所需的大型复杂设备而签订的合同。设备采购合同的标的物可能是非标准产品，需要专门加工制作，也可能虽为标准产品，但技术复杂而市场需求量较小，一般没有现货供应，待双方签订合同后由供货方专门进行加工制作，因此属于承揽合同的范畴。一个较为完备的设备采购合同，通常由合同条款和附件组成。

1. 合同条款的主要内容

当事人双方在合同内根据具体订购设备的特点和要求，约定以下几方面的内容：合同中的词语定义；合同标的；供货范围；合同价格；付款；交货和运输；包装和标记；技术服务；质量监造与检验；安装、调试、试运行和验收；保证与索赔；保险；税费；分包与外购；合同的变更、修改、中止和终止；不可抗力；合同争议的解决；其他。

2. 主要附件

为了对合同中某些约定条款涉及内容较多部分作出更为详细的说明，还需要编制一些附件作为合同的一个组成部分。附件通常可能包括：技术规范；供货范围；技术资料的内容和交付安排；交货进度；监造、检验和性能验收试验；价格表；技术服务的内容；分包和外购计划；大部件说明表等。

大型复杂设备的采购在合同内约定的供货方承包范围可能包括：按照采购方的要求对生产厂家定型设计图纸的局部修改；设备制造；提供配套的辅助设备；设备运输；设备安装（或指导安装）；设备调试和检验；提供备品、备件；对采购方运行的管理和操作人员的技术培训等。

6.4.4　建设工程保险合同

保险合同是投保人与保险人约定保险权利义务关系的协议。建设工程保险合同是以在建工程（包括安装工程）作为承保对象，以与在建工程相关的经济利益作为保险标的的保险合同，它适用于保险法的一般规定。

按照《中华人民共和国保险法》的规定，各类保险合同均应包括以下几方面的条款：保险人名称和住所；投保人、被保险人名称和住所，以及人身保险的受益人的名称和住所；保险标的；保险责任和责任免除；保险期间和保险责任开始时间；保险价值；保险金额；保险费以及支付办法；保险金赔偿或者给付办法；违约责任和争议处理；订立合同的年月日。

我国保险公司承保的工程一切险分为建筑工程一切险和安装工程一切险两类，除了承保工程险外，还将第三者责任险和承包商设备保险包括在其中。

1. 建筑工程一切险

建筑工程一切险承保各类民用、工业和公用事业建筑工程项目，包括道路、水坝、桥梁、港埠等，在建造过程中因自然灾害或意外事故而引起的一切损失。

建筑工程一切险往往还加保第三者责任险，即保险人在承保某建筑工程的同时，还对该工程在保险期限内因发生意外事故造成的依法应由被保险人负责的工地及邻近地区的第三者的人身伤亡、疾病或财产损失，以及被保险人因此而支付的诉讼费用和事先经保险人书面同意支付的其他费用，负赔偿责任。

在工程保险中，保险公司可以在一张保险单上对投保人填写的所有参加该项工程的有关各方都给予所需的保险。即凡在工程进行期间，对这项工程承担一定风险的有关各方，均可作为被保险人。工程一切险的被保险人可以包括：业主；承包商或分包商；技术顾问，包括业主雇用的建筑师、工程师及其他专业顾问等。

2. 安装工程一切险

安装工程一切险承保安装各种工厂用的机器、设备、储油罐、钢结构工程、起重机、吊车，以及包含机械工程因素的任何建造工程因自然灾害或意外事故而引起的一切损失。

由于目前机电设备价值日趋高昂、工艺和构造日趋复杂，这使安装工程的风险越来越高。因此，在国际保险市场上，安装工程一切险已发展成一种保障比较广泛、专业性很强的综合性险种。

安装工程一切险的投保人可以是业主，也可以是承包人或卖方（供货商或制造商）。在合同中，有关利益方，如所有人、承包人、转承包人、供货人、制造人、技术顾问等其他有关方，都可被列为被保险人。

安装工程一切险也可以根据投保人的要求附加第三者责任险。在安装工程建设过程中因发生任何意外事故，造成在工地及邻近地区的第三者人身伤亡、致残或财产损失，依法应由被保险人承担赔偿责任时，保险人将负责赔偿并包括被保险人因此而支付的诉讼费用或事先经保险人同意支付的其他费用。

6.4.5 建设工程担保合同

建设工程合同担保，是指在工程建设活动中，根据法律法规规定或合同约定，由担保人向债权人提供的，保证债务人不履行债务时，由担保人代为履行或承担责任的法律行为。引入工程担保机制，增加合同履行的责任主体，根据企业实力和信誉的不同实行有差别的担保，用市场手段加大违约失信的成本和惩戒力度，使工程建设各方主体行为更加规范透明，有利于转变建筑市场监管方式，有利于促进建筑市场优胜劣汰，有利于推动建设领域治理商业贿赂工作。推行工程担保制度是规范建筑市场秩序的一项重要举措，对规范工程承发包交易行为、防范和化解工程风险、遏制拖欠工程款和农民工工资、保证工程质量和安全等具有重要作用。

建设工程担保合同有如下分类：

1. 业主工程款支付担保合同

业主工程款支付担保，是指为保证业主履行工程合同约定的工程款支付义务，由担保人为业主向承包商提供的，保证业主支付工程款的担保。业主在签订工程建设合同的同时，应当向承包商提交业主工程款支付担保。未提交业主工程款支付担保的建设工程，视作建设资金未落实。业主工程款支付担保可以采用银行保函、专业担保公司的保证。业主支付担保的担保金额应当与承包商履约担保的担保金额相等。

业主工程款支付担保的有效期应当在合同中约定。合同约定的有效期截止时间为业主根据合同的约定完成了除工程质量保修金以外的全部工程结算款项支付之日起 30 天至 180 天。对于工程建设合同额超过 1 亿元人民币以上的工程,业主工程款支付担保可以按工程合同确定的付款周期实行分段滚动担保,但每段的担保金额为该段工程合同额的 10% ~ 15%。业主工程款支付担保采用分段滚动担保的,在业主、项目监理工程师或造价工程师对分段工程进度签字确认或结算,业主支付相应的工程款后,当期业主工程款支付担保解除,并自动进入下一阶段工程的担保。业主工程款支付担保与工程建设合同应当由业主一并送建设行政主管部门备案。

2. 投标担保合同

投标担保是指由担保人为投标人向招标人提供的,保证投标人按照招标文件的规定参加招标活动的担保。投标人在投标有效期内撤回投标文件,或中标后不签署工程建设合同的,由担保人按照约定履行担保责任。投标担保可采用银行保函、专业担保公司的保证,或定金(保证金)担保方式,具体方式由招标人在招标文件中规定。投标担保的担保金额一般不超过招标项目估算价的 2%,最高不得超过 80 万元人民币。投标人采用保证金担保方式的,招标人与中标人签订合同后 5 个工作日内,应当向中标人和未中标的投标人退还投标保证金。投标担保的有效期应当在合同中约定。合同约定的有效期截止时间为投标有效期后的 30 天至 180 天。

除不可抗力外,中标人在截标后的投标有效期内撤回投标文件,或者中标后在规定的时间内不与招标人签订承包合同的,招标人有权对该投标人所交付的保证金不予返还;或由保证人按照下列方式之一,履行保证责任:

1) 代承包商向招标人支付投标保证金,支付金额不超过双方约定的最高保证金额。

2) 招标人依法选择次低标价中标,保证人向招标人支付中标价与次低标价之间的差额,支付金额不超过双方约定的最高保证金额。

3) 招标人依法重新招标,保证人向招标人支付重新招标的费用,支付金额不超过双方约定的最高保证金额。

3. 承包商履约担保合同

承包商履约担保,是指由保证人为承包商向业主提供的,保证承包商履行工程建设合同约定义务的担保。承包商履约担保的担保金额不得超过中标合同金额的 10%。采用经评审的最低投标价法中标的招标工程,担保金额不得低于工程合同价格的 15%。承包商履约担保的方式可采用银行保函、专业担保公司的保证。具体方式由招标人在招标文件中作出规定或者在工程建设合同中约定。承包商履约担保的有效期应当在合同中约定。合同约定的有效期截止时间为工程建设合同约定的工程竣工验收合格之日后 30 天至 180 天。

承包商由于非业主的原因而不履行工程建设合同约定的义务时,由保证人按照下列方式之一,履行保证责任:

1) 向承包商提供资金、设备或者技术援助,使其能继续履行合同义务。

2) 直接接管该项工程或者另觅经业主同意的有资质的其他承包商,继续履行合同义务,业主仍按原合同约定支付工程款,超出原合同部分的,由保证人在保证额度内代为支付。

3）按照合同约定，在担保额度范围内，向业主支付赔偿金。

业主向保证人提出索赔之前，应当书面通知承包商，说明其违约情况并提供项目总监理工程师及其监理单位对承包商违约的书面确认书。如果业主索赔的理由是因建筑工程质量问题，业主还需同时提供建筑工程质量检测机构出具的检测报告。

同一银行分支行或专业担保公司不得为同一工程建设合同提供业主工程款支付担保和承包商履约担保。

4. 承包商付款担保合同

承包商付款担保，是指担保人为承包商向分包商、材料设备供应商、建设工人提供的，保证承包商履行工程建设合同的约定向分包商、材料设备供应商、建设工人支付各项费用和价款，以及工资等款项的担保。

承包商付款担保可以采用银行保函、专业担保公司的保证。承包商付款担保的有效期应当在合同中约定。合同约定的有效期截止时间为自各项相关工程建设分包合同（主合同）约定的付款截止日之后的 30 天至 180 天。承包商不能按照合同约定及时支付分包、材料设备供应商、工人工资等各项费用和价款的，由担保人按照担保函或保证合同的约定承担担保责任。

6.5　建设工程合同争议的处理

6.5.1　建设工程合同争议的概念和特点

合同争议也称合同纠纷，是指合同当事人对合同规定的权利和义务产生不同的理解而致的争议。合同纠纷案件具有如下特点：

① 建设工程合同纠纷案件法律关系复杂；② 建设工程合同纠纷案件审理难度较大；③ 建设工程合同纠纷案件审理周期长；④ 建设工程合同纠纷调解难度较大。

6.5.2　建设工程合同争议的类型

施工合同纠纷的类型按照成因可以分为：施工合同主体纠纷、施工合同工程款纠纷、施工合同质量纠纷、施工合同分包与转包纠纷、施工合同变更和解除纠纷、施工合同竣工验收纠纷、施工合同审计纠纷等。造成不同施工合同纠纷的成因也不同，如造成施工合同主体纠纷的成因主要有承包商资质不够，无权代理、表见代理导致，联合体承包导致，因"挂靠"问题而产生等；造成施工合同工程款纠纷的成因主要有承包商竞争过分激烈，"三边工程"（边设计、边施工、边投产）引起的工程造价失控，从业人员法律意识淡薄，施工合同调价与索赔条款的重合，合同缺陷，双方理解分歧，工程款拖欠等。

6.5.3　建设工程合同争议的解决途径

合同争议也称合同纠纷，是指合同当事人对合同规定的权利和义务产生不同的理解而致的争议。合同争议的解决方式有和解、调解争议评审、仲裁和诉讼五种。

1. 和解

和解是指合同纠纷当事人在自愿友好的基础上，互相沟通、互相谅解，从而解决纠纷的一种方式。合同纠纷和解解决有以下优点：① 简便易行，能经济、及时地解决纠纷；② 有利于维护合同双方的友好合作关系，使合同得到更好的履行；③ 有利于和解协议的执行。但和解的结果没有强制执行的法律效力，要靠当事人自觉履行。

2. 调解

调解是由第三者（调解机构或调解人）出面对纠纷的双方当事人进行调停说和，用一定的法律规范和道德规范劝导冲突双方，促使他们在互谅互让的基础上达成解决纠纷的协议。调解协议不具有法律上的强制力，但具有合同意义上的效力。

3. 争议评审

合同当事人在专用合同条款中约定采取争议评审方式解决争议以及评审原则，并按下列约定执行。

（1）争议评审小组的确定　合同当事人可以共同选择一名或三名争议评审员，组成争议评审小组。除专用合同条款另有约定外，合同当事人应当自合同签订后 28 天内，或者争议发生后 14 天内，选定争议评审员。

选择一名争议评审员的，由合同当事人共同确定；选择三名争议评审员的，各自选定一名，第三名成员为首席争议评审员，由合同当事人共同确定或由合同当事人委托已选定的争议评审员共同确定，或由专用合同条款约定的评审机构指定第三名首席争议评审员。

除专用合同条款另有约定外，评审员报酬由发包人和承包人各承担一半。

（2）争议评审小组的决定　合同当事人在任何时间将与合同有关的任何争议共同提请评审小组进行评审，争议评审小组应秉持客观、公正原则，充分听取合同当事人的意见，依据相关法律、规范、标准、案例经验及商业惯例等，自收到争议评审申请报告后 14 天内作出书面决定，并说明理由。合同当事人可以在专用合同条款中对本项事项另行约定。

（3）争议评审小组决定的效力　争议评审小组作出的书面决定经合同当事人签字确认后，对双方具有约束力，双方应遵照执行。

任何一方当事人不接受争议评审小组决定或不履行争议评审小组决定的，双方可选择采用其他争议解决方式。

与 FIDIC 合同不同，争议评审不是仲裁、诉讼的必经程序。

4. 仲裁

仲裁是指发生争议的双方当事人，根据其在争议发生前或争议发生后所达成的协议，自愿将该争议提交中立的第三者进行裁判的争议解决制度和方式，仲裁是非经司法诉讼途径即具有法律约束力的争议解决方式。仲裁具有三要素：① 仲裁是以双方当事人自愿协商为基础的争议解决制度和方式；② 仲裁时由双方当事人自愿选择中立第三者进行裁判的争议解决制度和方式；③ 经由当事人选择的中立第三者作出的裁决对双方当事人具有拘束力。

例如，FIDIC（1999 年第 1 版）《施工合同条件》中争议的解决程序是首先将争端提交争端裁决委员会（DAB），由 DAB 作出裁决，如果争端双方同意则执行，否则一方可要求提交仲裁，再经过 56 天的友好解决期，如未能友好解决则开始仲裁。

合同双方在投标函附录规定的日期内任命 DAB 成员。DAB 由一人或三人组成。若 DAB 成员为三位，则合同双方各提名一位成员供对方批准，并共同确定第三位成员作为主席。如果合同双方由于合同、工程的实施或与之相关的任何事宜产生了争端，包括对工程师的任何证书的签发、决定、指示、意见或估价产生了争端，任一方可以书面形式将争端提交 DAB 裁定，同时将副本送交另一方和工程师。

5. 诉讼

民事诉讼是指法院在当事人和其他诉讼人的参加下，以审理、判决、执行等方式解决民事纠纷的活动，以及由这些活动产生的各种诉讼关系的总和。民事诉讼动态地表现为法院、当事人及其他诉讼参与人进行的各种诉讼活动，静态地表现为在诉讼活动中产生的诉讼关系。

调解、仲裁均建立在当事人自愿的基础上，只要有一方不愿意选择上述方式解决争议，调解、仲裁就无从进行，民事诉讼则不同，只要原告起诉符合民事诉讼法规定的条件，无论被告是否愿意，诉讼均会发生。

小　　结

我国的《合同法》是调整平等主体之间的交易关系的法律，它主要规范合同的订立、合同的效力、合同的履行、变更、转让、终止、违反合同的责任及各类有名合同等问题。作为我国民法的重要组成部分，在推行市场经济的今天，《合同法》成为了规范市场经济秩序的核心交易规则。我国学者将《合同法》定义为调整交易关系的法律，准确地概括了合同法的本质和作用。合同是平等主体的自然人、法人及其他组织之间设立、变更、终止民事权利义务关系的意思表示一致的协议。合同的订立一般包括要约邀请、要约与承诺。违约责任有三种基本形式，即继续履行、采取补救措施和赔偿损失。

建设工程合同是承包方进行工程建设，发包方支付价款的合同。建设工程合同是以完成一定工作为目的的合同，一方当事人完成特定的工作（为建设行为），支付工作成果，发包方给付报酬，从这个意义上说，它完全符合承揽合同的特征。但是由于建设工程合同不同于其他工作的完成，该类合同对社会公共安全的影响较大，受到国家诸多方面的调控，所以，建设工程合同除具有与一般承揽合同相同的特征如同为诺成合同、双务合同、有偿合同外，更具有与一般承揽合同不同的特征：承包方只能是法人，而且只能是经过批准的具有相应资质的法人；建设工程合同的标的是特定的，仅限于建设工程；国家管理的特殊性；建设工程合同为要式合同，广泛使用招投标方式订立合同。

判断建设工程合同的效力除了要依据《合同法》第九十四条关于合同无效的规定外，需要重点从三个方面考察：合同当事人的主体资格；合同订立的程序；合同分包和转包行为。《建设工程合同司法解释》对下列合同明确规定为无效合同：① 承包方未取得建筑施工企业资质或者超越资质等级订立的建设工程合同无效；② 没有资质的实际施工人借用有资质的建筑施工企业名义订立建设工程合同无效；③ 建设工程必须进行招标而未招标或者中标无效而订立的建设工程合同为无效合同；④ 承包方非法转包、违法分包建设工程所签订的合同无效。

建设工程合同担保，是指在建设工程活动中，根据法律法规规定或合同约定，由担保人向债权人提供的，在债务人不履行债务时，由担保人代为履行或承担责任的法律行为。工程担保制度是规范建筑市场秩序的一项重要举措，对规范工程承发包交易行为、防范和化解工程风险、遏制拖欠工程款和农民工工资、保证工程质量和安全等具有重要作用。工程建设领域存在很多风险，建设工程合同当事人一方为避免因对方违约或其他违背诚实信用原则的行为而遭受损失，往往要求另一方当事人提供可靠的担保，以维护建设工程合同双方当事人的利益。

在建设工程施工合同领域，我国可行的争议解决方式有和解、调解、仲裁和诉讼四种，每种争议解决的方式都具有其优缺点。建设工程作为一种特殊的产品，在其生产和管理活动中具有周期长、专业性强、涉及面广、干扰因素多、涉及金额大、情况复杂等特点，是争议频发的领域。建设工程合同争议的迟延解决将转移当事人在工程上的注意力，对双方关系造成负面影响。工程的拖延或者中断会使双方的损失扩大。因此，在建设工程合同发生争议时，如何选择有效的争议解决方式，在最短的时间，以最低的成本，公平合理地解决纠纷，是所有建设活动当事人考虑的首要问题。

技能训练

训练任务：分组讨论剖析下列工程合同案例，并按要求回答问题。

【背景】　某建设单位（甲方）拟建造一栋职工住宅，采用招标方式由某施工单位（乙方）承建。甲乙双方签订的施工合同摘要如下：

1. 协议书中的部分条款

（1）工程概况

工程名称：职工住宅楼

工程地点：市区

工程内容：建筑面积为 3200m^2 的砖混结构住宅楼

（2）工程承包范围

承包范围：某建筑设计院设计的施工图所包括的土建、装饰、水暖电工程。

（3）合同工期

开工日期：2002 年 3 月 12 日

竣工日期：2002 年 9 月 21 日

合同工期总日历天数：190 天（扣除 5 月 1～3 日"五一"节放假）

（4）质量标准

工程质量标准：达到甲方规定的质量标准

（5）合同价值

合同总价为：壹佰陆拾陆万肆仟元人民币（￥166.4 万元）

（6）乙方承诺的质量保修

在该项目设计规定的使用年限（50 年）内，乙方承担全部保修责任。

（7）甲方承诺的合同价款支付期限与方式

1）工程预付款：于开工之日支付合同总价的 10% 作为预付款。

2）工程进度款：基础工程完成后，支付合同总价的 10%；主体结构三层完成后，支付合同总价的 20%；主体结构全部封顶后，支付合同总价的 20%；工程基本竣工时，支付合同总价的 30%。为确保工程如期竣工，乙方不得因甲方资金的暂时不到位而停工和拖延工期。

3）竣工结算：工程竣工验收后，进行竣工结算。结算时按全部工程造价的 3% 扣留工程保修金。

（8）合同生效

合同订立时间：2002 年 3 月 5 日

合同订立地点：××市××区××街××号

本合同双方约定：经双方主管部门批准及公证后生效。

2. 专用条款中有关合同价款的条款

合同价款与支付：本合同价款采用固定价格合同方式确定。

合同价款包括的风险范围：

1）工程变更事件发生导致工程造价增减不超过合同总价 10%。

2）政策性规定以外的材料价格涨落等因素造成工程成本变化。

风险费用的计算方法：风险费用已包括在合同总价中。

风险范围以外的合同价款调整方法：按实际竣工建筑面积 520 元/m^2 调整合同价款。

3. 补充协议条款

在上述施工合同协议条款签订后，甲乙双方接着又签订了补充施工合同协议条款，摘要如下：

补 1. 木门窗均用水曲柳板包门窗套。

补 2. 铝合金窗 90 系列改用 42 型系列某铝合金厂产品。

补 3. 挑阳台均采用 42 型系列某铝合金厂铝合金窗封闭。

问题：

1）上述合同属于哪种计价方式合同类型？

2）该合同签订的条款有哪些不妥之处？应如何修改？

3）对合同中未规定的承包商义务，合同实施过程中又必须进行的工程内容，承包商应如何处理？

第 **7** 章

建设工程合同管理

本章概要

　　本章主要讲述建设工程合同管理的概念、意义、原则，以及合同管理体系的建立。以上述基本内容为基础进行建设工程合同的订立管理、履行管理，以及建设工程合同文档管理。通过本章学习，使读者熟悉建设工程合同管理的基本内容，掌握合同管理过程中的分析、监督、跟踪、诊断、评价及合同变更等管理方法，使读者初步具备建设工程合同管理的能力。

　　【引导案例】建设单位行使检查监督权时不能妨碍承包人正常施工

　　某建设单位欲建一栋办公楼，遂与某施工单位签订建设工程合同。合同规定工期为288天。为迎接上级检查，争取早日投入使用，工程开工后，建设单位便派专人检查监督施工进度，每次当检查人员要求施工单位加快进度、缩短工期时，施工单位便以质量无法保证为由拒绝。为使工程尽早完工，建设单位所派检查人员遂以施工单位的名义要求材料供应商提前送货至施工现场，造成材料堆积过多，管理困难，部分材料损坏。施工单位遂起诉建设单位，要求承担损失赔偿责任。建设单位以检查作业进度、督促施工进度为由抗辩，法院判决建设单位抗辩不成立，应依法承担赔偿责任。

　　【评析】本案涉及发包方如何行使检查监督权的问题。建设工程施工合同通用条款中一般都包含这样的规定：发包人在不妨碍承包人正常作业的情况下，可以随时对作业进度、质量进行检查。建设单位派专人检查工程施工进度的行为本身是行使检查权的表现。但是，检查人员的检查行为，已超出了法院规定的对施工进度和质量进行检查的范围，且以施工单位名义促使材料供应商提早供货，在客观上妨碍了施工的正常作业，因而构成权利滥用行为，理应承担损害赔偿责任。

7.1　建设工程合同管理概述

7.1.1　建设工程合同管理的概念及特征

　　广义的建设工程合同管理是指各级工商行政管理机关、建设行政主管部门和金融机构，以及发包方、承包方、监理单位，依据法律和行政法规、规章制度，采取法律的、行政的手段，对建设工程合同关系进行组织、指导、协调及监督，保护工程合同当事人的合法权益，处理工程合同纠纷，防止和制裁违法行为，保证工程合同的贯彻实施等一系列活动。本章主要阐述狭义的建设工程合同管理，即发包方、承包方依据法律和行政法规、规章制度，采取一系列宏观或微观的手段对建设工程合同的订立、履行过程进行管理。

建设工程合同管理主要有以下几个特点：

1. 合同管理的长期性

由于建设工程是一个渐进的过程，工程施工工期长，这使得承包合同期限较长。建设工程活动过程不仅包括施工期，而且包括招标投标和合同谈判以及保修期。合同管理必须在从领取标书直到合同履行完毕后长时间内连续地、不间断地进行。

2. 合同管理的效益性

由于工程价值量大，合同价格高，使合同管理的经济效益显著。合同管理对工程经济效益影响很大。合同管理得好，可使承包方避免亏本，赢得利润，否则，承包方可能要蒙受较大的经济损失。这已为许多工程实践所证明。对于正常的工程，合同管理成功和失误对工程经济效益会产生很大的影响，合同管理中稍有失误即会导致亏损。

3. 合同管理的动态性

由于工程过程中合同变更频繁，有些较大的建设工程项目合同履行过程中的变更可达几百项。合同履行必须按变化了的情况不断地调整，因此，在合同履行过程中，合同控制和合同变更管理显得极为重要，这要求合同管理必须是动态的。合同工作从签订准备开始，经投标、签约、施工履行、竣工结算一直到保修期满，贯穿企业业务工作的全过程。合同管理不能仅停留在投标和签约阶段，也不能只关注合同本身。在合同履行过程中，客观情况纷繁复杂，各种现实条件都有可能发生变化，因而建设工程合同履行必然处于一个不断调整的动态过程之中，合同管理必须具有跟踪控制机制，从而实现过程上的动态管理。合同的签订履行涉及工程预算、技术装备、成本核算、财务管理、质量管理、后续服务等多个部门，合同条款也涉及以上多种业务。因而，合同部门要对多个部门的材料、信息进行分析、综合、运用，并充分协调与各部门的关系，通力合作，以实现合同的综合动态管理。

4. 合同管理的复杂性

合同管理工作极为复杂、烦琐，是高度准确和精细的管理。其原因是：

1）现代工程体积庞大、结构复杂、技术标准、质量标准高，要求合同履行的技术水平和管理水平高。

2）现代工程合同条件越来越复杂，主要表现为合同条款多，所属的合同文件多，与主合同相关的其他合同也多。例如，在建设工程合同范围内可能有许多分包、供应、劳务、租赁、保险法律关系。它们之间存在极为复杂的关系，形成一个严密的合同体系。

3）工程的参加单位和协作单位多，仅一个简单的工程就涉及发包方、总包、分包、材料供应商、设备供应商、设计单位、监理单位、运输单位、保险公司、银行等十几家甚至几十家单位。各方面责任界限的划分，在时间和空间的衔接和协调方面极为重要，同时又极为复杂和困难。

4）合同履行过程复杂，从购买标书到合同履行结束必须经历许多过程。签约前要完成许多手续和工作；签约后进行工程实施，落实任务、检查、验收。要完整地履行一个建设工程合同，必须完成成百上千的合同事件，从局部完成到全部完成。在整个过程中，稍有疏忽便有可能导致合同目的无法实现，造成重大经济损失，所以必须保证合同在工程的全过程和每一个环节上都顺利履行。这也体现了建设工程合同管理的全面性原则，下文将详细阐述。

5）在工程施工过程中，合同相关文件、各种工程资料数量巨大、体系庞大，因此在合同管理中取得、处理、使用、保存这些文件和工程资料十分必要。

5. 合同管理的风险性

合同管理工作极具风险性，其原因是：

1）工程实施时间长，涉及面广，受外界环境的影响大，如经济条件、社会条件、法律和自然条件的变化等。这些因素承包方难以预测，不能控制，但都会妨碍合同的正常履行，造成经济损失。

2）合同本身常常隐藏着许多难以预测的风险。由于建筑市场竞争激烈，不仅导致报价降低，而且发包方常常提出一些苛刻的合同条款，如单方面约束性条款和权利义务不平衡条款，甚至有的发包方采取不法手段，在合同签订中实施欺诈行为。承包方对此必须高度重视，否则必然会导致工程亏损。

6. 合同管理的全局性

合同管理作为工程项目管理一项管理职能，有自己的职责和任务。但它又有其特殊性：由于它对项目的进度控制、质量管理、成本管理有总控制和总协调作用，所以它又是综合、全面、高层次的管理工作；合同管理要处理与发包方及与其他方面的经济关系，所以它又必须服从企业经营管理，服从企业战略，特别在投标报价、合同谈判、合同履行战略的制订和处理索赔问题时，更要注意这个问题。

7.1.2 建设工程合同管理的原则

建设工程合同管理事件伴随着合同的订立与履行而时刻发生，因此合同管理要伴随合同履行的始终，合同管理与施工人员分工配合，合同管理全面覆盖合同履行等原则。

1. 全面管理原则

建设工程合同管理要从质量、工期、造价等方面全面进行。建设工程在质量、工期、造价方面的目标应是包括合同管理工作在内的所有工程管理工作的纲领，任何合同甚至任何合同条款都应体现和贯彻以上目标，只有如此，合同管理才会在建设工程项目管理中发挥出较大的推进作用。

2. 全过程管理原则

合同管理是一项连续性的管理活动，贯穿于工程项目管理的全过程，包括招投标准备阶段、合同签订阶段、合同履行阶段，认真做好每一个阶段的管理工作是全过程合同管理的关键。不仅要做好合同签订前的各项工作，为合同的签订和履行奠定基础，而且在合同签订后，更要严格履行合同义务，进而为企业创造经济效益。

3. 全员管理原则

建设工程合同涉及法律、经营、造价、管理、财务、技术等众多专业领域，牵扯到工程的总包、分包、协作、监理等多个单位，加之建筑工程本身具有规模大、工期长、流动性强、受自然环境、地质条件影响大等特点，使得建设工程合同的订立和履行较之一般合同更加复杂，各合同主体要以合同管理为核心，从建设工程项目的谈判、签约、履约到竣工结算，建立专门的合同管理队伍，根据建设工程项目进展中的实际变化，对合同的履行情况进行指导、监督与控制，以确保工程建设的顺利实施。

7.1.3　建设工程合同管理体系

合同管理的任务必须由一定的组织机构和人员来完成。要提高合同管理水平，必须使合同管理工作专门化和专业化，在承包企业和工程项目组织中设立专门的机构和人员负责合同管理工作。由于当前建设工程项目的特点，使得合同管理极为困难和复杂。为使工作有秩序按计划地进行，必须建立合同履行的保证体系。

1. 在施工项目中安排专职的合同管理人员，使现场的合同管理专职化

专门机构和专职人员的设置是进行合同管理的组织保证。目前，由于实行项目管理监理制，一般情况下，发包方委托现场代表或监理工程师对合同进行管理，承包方由项目经理和专职的合同管理人员管理合同，主要负责合同的签订、履行及信息管理，负责与合同有关的一切事务，确保合同的履行，保护企业的利益。

在合同签订后承包方的首要任务是选定工程的项目经理，负责组织工程项目的经理部及所需人员的调配、管理工作，协调正在实施工程的各项目之间的人力、物力、财力安排和使用，重点工程材料和机械设备的采购供应工作。进行合同的履行分析，向项目经理和项目管理小组和其他成员、承包方的各工程小组、所属的分包方进行合同交底，给予在合同关系上的帮助和进行工作上的指导，如经常性的解释合同，对来往信件、会谈纪要等进行审查；对合同履行进行有力的合同控制，保证承包方正确履行合同，保证整个工程按合同、按计划、有步骤、有秩序地进行，防止出现工程管理失控现象。

针对不同的企业组织和工程项目组织形式，要采取不同的合同管理组织形式。合同管理组织形式通常有如下几种：

（1）设置合同管理部门　由合同管理部门专门负责企业所有工程合同的总体管理工作，具体包括：

1）收集市场和工程信息。

2）参与投标报价，对招标文件，对合同草案进行审查和分析。

3）对建设工程合同进行总体策划。

4）参与合同谈判与合同的签订。

5）向工程项目派遣合同管理人员。

6）对工程项目的合同履行情况进行汇总、分析，对工程项目的进度、成本和质量进行总体计划和控制。

7）协调各个项目的合同履行。

8）处理与发包方、与其他有关主体的重大的合同关系。

9）组织重大索赔工作。

10）对合同履行进行指导、分析和诊断。

（2）设立专门的项目合同管理小组　对于大型的工程项目，设立项目的合同管理小组，专门负责与该项目有关的合同管理工作。如在某些国际性工程管理公司的项目管理组织结构中，将合同管理小组纳入施工组织系统中。

（3）设合同管理员　对于一些较小的工程项目，可设合同管理员。合同管理员在项目经理领导下进行施工现场的合同管理工作。而对于处于分包地位，且承担的工作量不大，工程不复杂的承包方，工地上可不设专门的合同管理人员，而将合同管理的任务分解下达给其他职能人员，由项目经理做总的协调工作。

（4）聘请合同管理专家 对一些特大型的，合同关系复杂、风险大、争议多的项目，如在国际工程中，有些承包方聘请合同管理专家或将整个工程的合同管理工作委托给咨询公司或管理公司。

2. 落实合同责任，实行目标管理

合同和合同分析的资料是合同履行的依据，应把合同责任落实到各责任人和合同履行的具体工作上。要求组织相关人员学习合同条文，将各种合同事件的责任分解落实到人，在合同履行过程中进行经常性的检查监督，并通过各种手段保证合同的完全履行。

3. 规范合同管理工作程序

在合同履行过程中合同管理的事务性工作很多，应建立规范的合同管理工作程序，使合同履行工作程序化、规范化。为协调各方面的关系，应定期和不定期地召开协商会议，并建立一些特殊工作程序。

4. 建立内部合同审查批准制度

合同审查批准制度在合同管理中具有十分重要的地位。因为工程建设合同涉及法律、企业成本与计划、工程技术、财务管理等方面的问题，为了使工程合同在签订后合法有效、便于履行，就必须在签订前进行审查、批准的程序。审查主要是指在合同签订之前由各职能部门审查会签，再由合同主管部门或法律顾问室统一审查。批准主要是指由企业是否同意对外签订合同的意见。从最新的决策理论来说，群策群力、集思广益、充分征求各方的意见后所形成的决策是避免决策失误的最好方法。

5. 建立内部合同会签和印章制度

会签制度有利于发挥各职能部门的作用，促进各部门之间的衔接和协调。合同专用章是企业在经营活动中对外行使权利、承担义务、签订合同的凭证。因此，对合同专用章的登记、保管、使用等都要有严格的管理并制度化。

6. 建立文档管理系统

合同履行中会产生大量资料，合同管理人员负责合同资料和工程资料的收集、整理和保存工作，建立合同履行文档管理系统，并由专人负责。

7. 执行严格的检查验收制度

质量管理部门应注重工程和工作质量，合同管理人员协助做好全面质量管理工作，建立严格的质量检查和验收制度。

8. 建立报告和行文制度

建设单位、工程师、施工单位、分包单位的沟通都应以书面形式进行，并以书面形式为最终依据。报告和行文制度是合同的要求，也是工程管理的需要。不仅如此，合同各方主体内部也应建立报告和行文制度。

7.2 建设工程合同订立管理

建设工程合同的订立，是指建设工程发包方与承包方为达成一致意见依据法定程序而协商谈判、签订合同的过程。本节将通过以下几个阶段阐述建设工程合同订立过程中的合同管理。

7.2.1　投标前准备阶段的管理

1. 建设主体的合法性，即权利能力和行为能力的调查

投标前应调查建设单位是否是依法登记注册的正规单位，是否具备法人资格；如果是法人下属单位，应查清其授权委托书，必要时可保留其复印件或向被代理单位查询。

2. 建设单位的资信调查

为避免建设单位在合同履行过程中出现资金困难的情况，在签约时，应尽量选择资金有保障的单位。如果建设单位提供担保的，还必须对担保方进行担保主体合法性和资信调查。《合同法》明确规定了不安抗辩权，即施工方在施工过程中，如果发现建设单位经营状况严重恶化，或转移财产、抽逃资金，丧失商业信誉，以及其他可能丧失履行债务能力的情形，并有确切证据的，可以中止履行，并要求建设单位履行债务或提供担保，否则有权解除合同，追究赔偿责任。

3. 建设工程合法性调查

按照我国《城乡规划法》等法律的规定，在城市规划区域内进行工程建设，招标人应当取得"建设用地规划许可证"和"建设工程规划许可证"。根据《建筑法》的规定，建筑工程开工前，建设单位必须申领"施工许可证"。无证施工的视为非法，会受到相关行政主管部门的处罚。建筑工程依国务院规定不必领取"施工许可证"的、法定不必申领"施工许可证"的小型工程以及个人依法建筑并可以不必办理施工许可的，施工方仍需对此情况进行核实，分析其是否符合规定。

4. 工程相关条件调查

施工场地的环境条件（包括气候、地形、地貌、地质等）、人文条件（包括民族、风俗、文教、经济等）、施工条件（包括交通、原材料供应、设备供应、生活供给等），对了解施工的难易程度、确定某些特定条款有很大作用，必须严格调查。

7.2.2　投标阶段的管理

根据《合同法》和《招标投标法》的规定，投标人在投标过程中要注意以下问题：

（1）发布招标文件的行为是要约邀请　投标人要注意分析招标文件中给定的项目性质、技术要求、工程相关条件以及给定的主要合同条款，对其中超出自身条件和可能导致违法违规的条款要特别注意，并在标书中对其进行适当处理。

（2）投标的行为属于签约过程的要约　投标文件的措词既应避免与招标公告中的意思表示冲突，又应尽量把自己的意思表达出来，而且要为自己留有余地。《招标投标法》一改我国过去以标价为唯一标准的传统模式，转变为按合理最低标价选择中标单位，或者尽管不是最低标价，但是综合条件却最能满足项目各项要求的投标单位。因而投标文件的制作应从单纯重标价转移到科学评估项目和充分分析自身优势上来。

（3）投标文件的补充、修改、撤回和撤销　根据《合同法》规定，要约在到达受要约人之前可以撤回，在受要约人发出承诺通知前可以撤销；《招标投标法》规定，投标文件在要求提交的截止时间前可以补充修改和撤回。所以，投标文件发出以后，如果对方或自己或市场条件发生了变化，可以依法补充修改或撤回撤销投标文件，从而维护自己的利益。

（4）经开标、评标过程，招标人一旦发出中标通知书，意味着承诺的产生　要约一经承诺，合同关系即告成立。《招标投标法》规定，中标通知书对招标人和中标人具有法律效力，中标通知书发出后，招标人改变中标结果的或中标人中放弃中标的，要承担法律责任。

7.2.3 签订合同阶段的管理

《合同法》第二百七十条规定，建设工程合同应当采用书面形式。签订书面建设工程合同阶段的风险控制主要是指正确对待格式合同及其格式条款。现实中采用发包方或主管部门印制的合同文本，往往不能注意到具体工程事项的特点，约定死板，过于原则化。一般情况下可根据工程具体情况增加如下条款：合同履行过程中各方约定代表外的其他人的行为效力；窝工时工效下降的计算方式及损失赔偿范围；工程停建、缓建和中间停工时的退场、现场保护、工程移交、结算方法及损失赔偿；工程进度款拖欠情况下的工期处理；工程中间交验或建设单位提前使用的保修问题；工程尾款的支付办法和保证措施等。以下特别说明建设工程施工合同中几种条款的管理：

（1）担保条款 在垫资合同或非预付工程款的合同中，应要求发包方提供付款担保。依《中华人民共和国担保法》规定，担保有定金、保证、抵押、质押、留置五种形式。设定担保应注意：必须采用书面形式；担保人有担保资格；抵押应办理登记；明确担保期限、主债务、担保的性质和范围等。

（2）原材料供应条款 原材料供应有发包方自行采购和承包方采购两种方式。在实践中，还有一种方式，即发包方指定材料供应商，要求承包方必须从该处购买，这种做法是违反《建筑法》相关规定的。在这种情况下，指定材料供应商提供材料的价格往往高出市场价格，其质量也往往达不到标准，且会导致工程质量责任难以界定的问题。在指定采购的情况下，应该在合同中约定当指定材料供应商供货价格高于市场价格时，承包方有权拒绝指定采购，并有权另行采购；当因供应材料质量不合格导致工程质量存在缺陷时，应合理界定承包方、供应商和发包方的责任。

（3）合同索赔条款 承、发包双方应做好合同订立的规范工作，明确约定双方的具体权利义务、责任，明确约定索赔的原因、索赔方式、索赔量等，在一方当事人不履行约定义务或履行义务有瑕疵，或不配合不协作时，守约方可以依据索赔条款进行索赔。

7.3 建设工程合同履行管理

7.3.1 合同分析

合同分析是指从合同履行的角度分析、解释、补充合同，将合同目标和合同约定落实到合同履行的具体事项上，用以指导具体工作，使合同能符合日常工程项目管理的需要，使工程项目按合同的约定施工、竣工和维修。

1. 合同分析的必要性

项目的建设过程即建设工程合同的履行过程。所谓合同的履行，是指债务人全面地、适当地完成其合同义务，以使债权人的合同债权得到实现的行为。在建设工程合同中，发包方履行合同的主要义务是按照合同约定支付工程价款；承包方履行合同的主要义务是按照合同约定的质量、工期要求完成工程。在建设工程合同履行前及履行过程中，进行合同分析是必要的。

1）合同条文往往会涉及大量的法言法语，致使非法律专业的工程管理人员在合同条文的理解方面容易出现偏差。合同履行前的合同分析，可以将合同约定转化为简单易懂的语言，使日常的合同管理工作更加科学、容易。

2）一个工程项目会涉及许多合同，合同主体之间涉及复杂的合同关系，这为合同的全面、协作履行带来了相应的困难。通过合同分析，理清各主体之间的法律关系，分解合同工作，落实合同责任。

3）合同对工程建设的施工方法、材料选购、计价方法等进行了详细的约定，进行合同分析有助于经济合理的实现合同目的，同时也避免在这类基本合同义务方面出现违约事件。

4）合同履行过程中，会出现因设计变更、不可抗力等引发的变化，进行合同分析有助于对风险进行确认和界定，具体落实对策和措施，对风险进行有效的防范，减小或避免损失的发生。

5）建设工程合同内容复杂，双方在签订合同时难免会有漏洞或歧义条款产生。在合同履行前，进行合同分析有助于双方对理解分歧条款及早地达成共识或弥补漏洞，进而通过补充协议的形式进行补充约定，以预防合同履行争议。

2. 合同分析的要求

（1）准确性与客观性　对合同的分析应准确、全面，如合同分析有误差，可能会导致合同履行的重大失误。合同分析应客观，尽量避免双方对合同理解的偏差。对合同风险分析、双方权利义务划分，都必须实事求是地按照合同条款、合同精神解释合同。当双方出现分歧时，应科学运用文字解释、目的解释等合同解释方法，以还原合同之本意。

（2）通俗易懂　合同分析结果应使不同层次的、不同专业的工程管理人员、施工人员充分理解，因此合同分析应有通俗易懂的特性，一方面在语言上将法言法语转化为日常用语，另一方面在形式上可以简单明了，如采用图表的形式表达。

（3）合同双方的理解一致性　合同双方对合同条款的理解应一致，如双方对合同理解有分歧，应在合同履行前予以解决，以避免在合同履行过程中出现不必要的争执。

（4）全面性　合同分析的全面性一方面要求对全部合同文件作逐一分析，不遗漏；另一方面要求全面、整体地分析理解合同，不能断章取义。

3. 合同分析的内容

按照合同分析的性质、对象和内容，可以分为合同总体分析、合同详细分析和特殊问题的拓展分析。

（1）合同总体分析　总体分析的主要对象是全部合同文本及其所有条款。通过合同总体分析，将合同条款落实到一些关系全局的具体问题上。合同总体分析通常在如下两种情况下进行：

1）合同签订后履行前。在合同签订后履行前，承包方必须确定合同约定的主要工程目标、合同双方的主要权利义务，分析可能存在的法律风险。合同总体分析的结果是工程施工总的指导性文件，此时分析的重点内容是：

- 合同的类型；
- 合同约定的工程范围；
- 承包方的主要权利、义务；
- 发包方的主要权利、义务；

- 合同价格、计价方法和价格补偿条件；
- 工期要求和补偿条件；
- 工程受干扰的法律后果；
- 合同双方的违约责任；
- 合同变更方式、程序；
- 竣工验收方式和保修责任；
- 争议的解决方式等。

在合同分析中应对合同中的风险，履行中应注意的问题作出特别的提示。进行合同总体分析后，应将分析的结果以最简单的形式和最简洁的语言表达出来，传达给各级工程管理人员，以作为日常工程管理活动的指导。

2）重大争议处理过程。在重大争议处理过程中，如重大索赔争议，必须进行合同整体分析。这时总体分析的重点是合同文本中与索赔有关的条款，其对索赔工作所起的作用为：① 提供索赔的理由和根据；② 合同总体分析的结果直接作为索赔报告的一部分；③ 作为索赔事件责任分析的依据；④ 提供索赔额计算方式和计算基础的规定。

影响合同总体分析内容和详细程度的因素包括：

1）分析目的。如果在合同履行前作总体分析，一般比较详细、全面；而在处理重大索赔和合同纠纷时作总体分析，一般仅需分析与索赔纠纷相关的内容。

2）承包方的职能人员、分包商和工程小组对合同文本的熟悉程度。如果是一个熟悉的、经常使用的文本，则分析可简略，重点分析特殊条款和争议解决条款。

3）工程和合同文本的特殊性。如果工程规模大，结构复杂，使用特殊的合同文本，合同条款复杂，合同风险大，变更多，则应详细分析。

（2）合同详细分析　合同的履行实施由许多具体的工程活动和合同双方的其他经济活动构成。这些活动的实施是为了实现合同目标，履行合同义务，因此必须受合同的约束。

为了使工程有计划、有秩序、按合同实施，必须将合同目标、要求、双方具体权利义务分解落实到具体的工程活动上，这就是合同详细分析。

分析的主要对象是合同协议书、合同条件、技术规范、施工图纸、工程量等。通过分析，将合同的条件和要求落实到具体的工程活动过程中，体现出合同的具体目标。分析的重点是定义各工程活动的职责、明确具体目标。分析的方法是通过工期活动网络图、质量管理网络图、安全管理网络图、监理签证等经济活动，予以明确程序和目标，并将责任落实到各管理小组和责任人。

组织学习合同文件和合同分析结果资料，并进行合同交底。主要对象是经营管理人员、工程技术管理人员、财务管理人员等，对质量、安全、工期的细分还要包括工程小组负责人和分包方。学习的重点是对合同的主要内容进行解释和说明。目的是使项目部有关人员熟悉合同中的主要内容、各种规定、管理程序，了解工程范围和承包方的合同责任，各种行为的法律后果，使具体实施人员对各自的任务有十分详细的了解，并清楚自己承担的责任。

（3）特殊问题的拓展分析　由于工程的复杂性，在合同的签订和履行过程中经常会有一些特殊的问题产生，它们可能属于在合同总体分析和详细分析中发现的问题，也可能是在合同履行中出现的问题，这些问题一般比较重大、复杂。对于这些问题，应请工程、法律专家进行咨询。

　　1）特殊问题的合同分析。针对合同履行过程中出现的一些合同中未明确约定的特殊的细节问题，它们会影响工程施工、双方合同责任界限的划分和争议的解决，此类问题的分析依据通常为：

　　a. 合同解释，即运用文字解释、目的解释等合同解释方法，提炼出合同双方的真实意思表示。

　　b. 工程惯例，即参考通常的情况下这类问题的处理解决方法。

　　2）特殊问题的法律分析。在建设工程合同签订、履行或争议处理、索赔处理过程中，有时会遇到重大的法律问题。这通常有两种情况：

　　a. 这些问题已超过合同的范围，超过了合同条款本身，例如工程施工过程中产生的民事侵权行为。

　　b. 承包方如果签订的是一个无效合同，则相关问题应依照法律来解决。

　　在工程建设中，这些都是重大问题，但承、发包双方一般不能很好地处理，因此必须对其作法律分析，通过法律寻求解决问题的途径，此时应邀请法律专家介入。

7.3.2　合同交底

　　合同和合同分析的资料是工程管理的依据，进行合同分析后，应向各层次管理者进行"合同交底"，把合同责任具体落实到各责任人。为使大家都树立全局意识，必须把"按图施工"和"按合同施工"两者相结合，特别是在工程中使用非标准合同文本或本项目组不熟悉的合同文本时，合同交底工作就显得格外重要。

　　1）对项目管理人员和各工程小组负责人进行合同交底，组织大家学习合同文件和合同总体分析结果，对合同的主要内容作出解释和说明，使大家熟悉合同中的主要内容、各种约定、管理程序，了解承包方的合同责任和工程范围、各种行为的法律后果等。

　　2）在进行合同交底时，应首先将各种合同事件的义务分解落实到各工程小组或分包商，主要包括：合同事件表（任务单，分包合同）、施工图纸、设备安装图纸、详细的施工说明等合同分析文件。重点对工程的质量、技术要求和实施中的注意点、工期节点要求、消耗标准、相关事件之间的关系、各工程小组（分包商）义务界限的划分、完不成合同任务的影响和法律后果等进行法律方面的解释和说明。

　　3）加强合同履行前和其他相关方面（发包方、监理工程师、分包方）的沟通，召开协调会议，落实各种安排。

　　4）在合同履行过程中必须进行经常性的检查、监督，对合同作出解释。

　　5）合同义务的完成还必须通过相应经济手段来保证。对分包方，主要通过分包合同中违约金、索赔方面的约定来促使分包商及时完全履行合同义务。对承包方的工程小组可通过内部的经济责任制来保证，将实现合同目标与小组经济利益挂钩，通过奖罚制度来保证目标的实现。

7.3.3　建设工程合同履行控制

1. 合同履行控制内容、程序和方法

　　（1）合同履行的主要目标　要完成合同目标就必须对其履行有效的控制，控制是项目管理的重要职能之一。所谓控制，就是行为主体为保证在变化的条件下实现其目标，按照实

现拟定的计划和标准，通过各种方法，对被控制对象实施中发生的各种实际值与计划值进行检查、对比、分析和纠正，以保证工程实施按预定的计划进行，顺利地实现既定的目标。

建设工程实施控制包括成本控制、质量控制、进度控制和合同履行控制几方面的内容。成本、质量、工期是合同履行最终要达到的三大目标，所以合同履行控制是其他三者的有效保障。通过合同履行控制使成本控制、质量控制、进度控制三者能有效协调一致，保证建设工程合同的完全履行。

（2）合同履行控制程序　合同的履行是一个动态的过程，尤其是建设工程合同，内容复杂，持续时间长，因此在合同履行的过程中往往会受到各种外界因素的干扰，会引起工程质量、工期和合同价格的变化，导致合同双方的责任和权益也发生变化，因此，合同履行过程中也要作出相应的调整。

1）合同履行监督。合同履行监督是工程管理的日常事务性工作，通过有效的合同履行监督可以把握合同履行的进程和状况，分析合同是否按约定得到履行。

2）合同履行跟踪。对收集到的工程资料和实际数据进行整理，得到能够反映工程实施状况的各种信息，如各种质量报告、各种实际进度报表、各种成本和费用收支报表以及它们的分析报告。将这些信息与工程目标（如合同文件、合同分析文件、计划、设计等）进行对比分析，就可以发现两者的差异。差异的大小，即为工程实施偏离目标的程度。如果没有差异，或差异较小，则可以按原计划继续实施工程。

3）合同履行诊断。合同履行诊断即分析差异的原因，采取调整措施。差异表示工程实施偏离目标的程度，必须详细分析差异产生的原因和它的影响，并对症下药，采取措施进行调整，否则这种差异会逐渐积累，最终导致工程实施远离目标，甚至可能导致整个工程失败。所以，在工程实施过程中要不断进行调整，使工程实施一直围绕合同目标进行。

合同履行控制的最大特点是它的动态性，具体表现在如下两方面：

第一，合同履行受到外界干扰，常常偏离目标，要不断地进行调整。

第二，合同目标本身不断地变化。例如，在工程施工过程中不断出现合同变更，使工程的质量、工期、合同价格变化，使合同双方的权利和义务发生变化。

因此，合同控制必须是动态的，合同履行必须随变化了的情况和目标不断调整。

（3）合同履行控制的方法　在管理学上，控制有多种方式和方法，也可分为多种类型。按事物发展过程可分为：事前控制、事中控制、事后控制；按照是否形成闭合回路可分为开环控制和闭环控制；按照纠正措施可分为前馈控制和反馈控制。但总的说来，控制可分为主动控制和被动控制两大类。

1）主动控制。主动控制是指预先分析目标可能产生的偏差，并拟定和采取各项预防措施，以保证计划得以贯彻落实。主动控制是一种前馈控制和事前控制，也是一种面对未来的控制，它可以解决传统控制中存在的许多弊端，通过掌握可靠的信息，尽最大的努力改变即将成为事实的被动局面。主动控制采用的方法或措施主要有：

a. 通过深入详细的调查研究，充分掌握可靠的信息，认真分析内外环境变化，找出各种有利和不利的或可能发生的潜在的影响因素，并将它们考虑到计划和各种管理职能中去。

b. 增强风险识别能力。对可能发生的潜在的影响因素要有充分的考虑，做好计划的风险分析。

c. 应用科学的方法做好计划的可行性分析，尽量让计划在技术上、经济上、资源上、财务上可行，确保计划具有可操作性，避免造成不必要的浪费。

d. 重视组织管理工作。计划是要靠人去落实，建立组织机构，组织精兵强将参与管理，做到分工明确，奖惩分明，充分调动全体人员的积极性，为实现总体计划目标而努力。

e. 准备应急方案。一方面在制订计划时应考虑有一定的余地，减少例外情况发生，增强实现计划的信心；另一方面为了应付可能出现的意外情况，对计划实现的干扰，在制订计划时，必须准备应急方案，以防一旦发生意外情况，可及时采取保障措施，确保计划的实现。

f. 保持畅通的信息流通渠道，加强信息的收集、整理和研究工作，为管理预测工作提供全面、及时、可靠的信息支持。

2）被动控制。被动控制也可称为事后控制或反馈控制，是指在计划实施过程中及时发现问题或偏差，反馈给计划管理部门，再制订补救措施或纠偏方案，进行补救或纠偏。主动控制和被动控制都是控制过程中缺一不可的，在合同管理过程中要将主动控制和被动控制有机地结合起来，以便确保计划的实现。

2. 合同履行监督

合同义务是通过具体的合同履行工作落实的，合同履行监督可以保证合同的履行按合同和合同分析的结果进行。

（1）发包方对合同履行的监督

1）对承包方实施监督，使承包方的施工行为处于监督过程中。

2）监督工程实施进度和工程质量，包括：下达开工指令，并监督承包方及时开工；在中标后，承包方应该在合同条件规定的期限内向发包方提交进度计划，并得到认可；监督承包方按照批准的进度计划实施工程；承包方的中间进度计划或局部进度计划可以修改，但它必须保证总工期目标的实现，同时也必须经过发包方的同意；按照合同的约定，对工程所用的材料、设备进行质量检验，对隐蔽工程和已完工程进行验收。

3）对付款的审查和监督。对付款的控制是发包方控制工程的有效手段。发包方在签发预付款、工程进度款、竣工工程价款和最终支付证书时，应全面审查合同所要求的支付条件、承包方的支付证书、支付数额的合理性等，及时批准和付款。

4）对文件资料和原始记录的审查和监督。文件资料和原始记录不仅包括各种产品合格证、检验检测报告和施工实际情况的各种记录，而且还包括合同各方之间的往来书面文件等。

（2）承包方对合同履行监督　承包方对合同履行监督的目的是保证按照合同完成自己的合同义务。主要工作有：

1）合同管理人员与项目的其他职能人员一起检查合同履行计划的落实情况，为各工程小组、分包商的工作提供必要的保证，如施工现场的安排，人工、材料、机械等计划的落实，工序间的搭接关系的安排和其他一些必要的准备工作。对照合同要求的数量、质量、技术标准和工程进度等，认真检查核对，发现问题及时采取措施。

2）在合同范围内协调发包方、项目管理各职能人员、所属的各工程小组和分包商之间的工作关系，解决合同履行中出现的问题，如合同责任界定的争执、工程活动之间时间上和空间上的不协调。

合同责任界定的争执在工程实施中很常见，承包方与发包方、其他承包方、材料与设备供应商、分包商，以及承包方的分包商之间，工程小组与分包商之间常常互相推卸一些合同中未明确划定的工程活动的责任，这会引起内部和外部的争执，对此合同管理人员必须进行判定和调整。

3）对各工程小组和分包商进行工作指导，作经常性的合同解释，使各工程小组都有全局观念，对工程中发现的问题提出意见、建议。

合同管理人员在工程实施中起"漏洞工程师"的作用，但他不是寻求与发包方、各工程小组、分包商的对立，其目标不仅仅是索赔和反索赔，而是将各方面在合同关系上联系起来，防止漏洞和弥补损失，更完美地完成工程。例如，促使发包方放弃不适当、不合理的要求（指令），避免对工程的干扰、工期的延长和费用的增加；协助发包方工作，弥补发包方工作的漏洞，如及时提出对图纸、指令、场地等的申请，尽可能提前通知发包方，让发包方有所准备，这样使工程更为顺利。

4）会同项目管理的有关职能人员检查、监督各工程小组和分包商的合同履行情况，保证自己全面履行合同责任。在工程施工过程中，承包方有责任自我监督，发现问题及时改正。

5）会同造价工程师对向发包方提出的工程款账单和分包商提交来的工程款账单进行审查和确认。

6）合同管理工作一经进入施工现场后，合同的任何变更，都应由合同管理人员负责提出；对向分包方的任何指令，向发包方的任何文字答复、请示，都须经合同管理人员审查，并记录在案。承包方与发包方、与总（分）包商的任何争议的协商和解决都必须有合同管理人员的参与，并对解决结果进行合同和法律方面的审查、分析和评价。这样不仅保证工程施工一直处于严格的合同控制中，而且使承包方的各项工作更有预见性。

由于在工程实施中的许多文件，如发包方的指令、会谈纪要、备忘录、修正案、附加协议等，也是合同的一部分，所以它们也应完备，没有缺陷、错误、矛盾和意思分歧。

例如，在我国的某外资项目中，发包方与承包方协商采取加速措施，双方签署加速协议，同意工期提前 3 个月，发包方支付一笔工期奖（包括赶工费用）。承包方采取了加速措施，但由于气候、发包方及其他方面的干扰、承包方问题等原因总工期未能提前。由于在加速协议中未能详细分清双方责任，特别是发包方的合作责任；没有承包方权益保护条款（承包方应发包方要求加速，只要采取加速措施，就应获得最低补偿）；没有赶工费的支付时间的约定，结果承包方未能获得工期奖。

7）承包方对环境的监控责任。对施工现场遇到的异常情况必须及时记录，如在施工中发现提交投标文件前不可预见的物质条件（包括地质和水文条件，地下障碍物、文物、古墓、古建筑遗址、化石或其他有考古、地质研究等价值的物品等，但不包括气候条件）影响施工时，应立即保护好现场，并尽快以书面形式通知发包方。

承包方对后期可能出现的影响工程施工、造成合同价格上升、工期延长的环境情况进行预警，并及时通知发包方。

3. 合同跟踪

（1）合同跟踪的作用　在工程实施过程中，由于实际情况千变万化，导致合同履行与预定目标（计划和设计）的偏离。如果不采取措施，这种偏差常常由小到大，逐渐积累。合同跟踪可以不断地找出偏离，不断地调整合同履行，使之与总目标一致。这是合同控制的主要手段。合同跟踪的作用有：

1）通过合同履行情况分析，找出偏离，以便及时采取措施，调整合同履行过程，达到合同总目标。

2）在整个工程过程中，使项目管理人员一直清楚地了解合同履行情况，对合同履行现状、趋向和结果有一个清醒的认识，这是非常重要的。有些管理混乱、管理水平低的工程常常到工程结束才发现实际损失，这时已无法挽回。

例如，我国某承包公司在国外承包一项工程，合同签订时预计该工程能盈利 30 万美元；开工时，发现合同有些不利，估计可以不盈不亏；待工程进行了几个月，发现合同条件很为不利，预计要亏损几十万美元；待工期达到一半，再作详细核算，才发现合同条件极为不利，是个陷阱，预计到工程结束，至少亏损 1000 万美元以上。到这时才采取措施，损失已极为惨重。在这个工程中如果及早对合同进行分析、跟踪、对比，发现问题及早采取措施，则可以把握主动权，避免或减少损失。

（2）合同跟踪的依据

1）合同和合同分析的成果，各种计划、方案、合同变更文件等。

2）各种实际的工程文件，如原始记录，各种工程报表、报告、验收结果等。

3）工程管理人员每天对现场情况的直观了解，如通过施工现场的巡视，与各种人谈话，召集小组会议，检查工程质量等。这是最直观的感性知识，通常比通过报表、报告能更快地发现问题，更能透彻地了解问题，有助于迅速采取措施，减少损失。这就要求合同管理人员在合同履行过程中一直立足于现场。

（3）合同跟踪的对象

1）对具体的合同活动或事件进行跟踪。对具体的合同活动或事件进行跟踪是一项非常细致的工作，对照合同事件表的具体内容，分析该事件的实际完成情况。一般包括完成工作的数量、完成工作的质量、完成工作的时间以及完成工作的费用等情况，这样可以检查每个合同活动或合同事件的实际情况。对一些有异常情况的特殊事件，即实际与计划存在较大偏差的事件，应作进一步的分析，找出偏差的原因和责任。这样也可以发现索赔机会。

2）对工程小组或分包商的工程和工作进行跟踪。一个工程小组或分包商可能承担许多专业相同、工艺相近的分项工程或许多合同事件，必须对它们实施的总情况进行检查分析。在实际工程中常常因为某一工程小组或分包商的工作质量不高或进度拖延而影响整个工程施工。合同管理人员在这方面给他们提供帮助，如协调他们之间的工作；对工程缺陷提出意见、建议或警告；责成他们在一定时间内提高质量，加快工程进度等。

作为分包合同的发包方，总承包方必须对分包合同的履行进行有效的控制。这是总承包方合同管理的重要任务之一。分包合同控制的目的如下：

第一，严格控制分包方的工作，严格监督他们按分包合同履行合同义务。分包合同是总承包合同的一部分，分包方的工作对工程总承包工作的完成影响很大。如果分包方不能完全履行其合同义务，则总包就可能无法顺利完成总包合同义务。

第二，为与分包方之间的索赔和反索赔作准备。总包和分包之间利益是不一致的，双方之间常常有尖锐的利益争执。在合同履行中，双方都在进行合同管理，都在寻求向对方索赔的机会。合同跟踪可以在发现问题时及时提出索赔或反索赔。

第三，对分包方的工程和工作，总承包方负有协调和管理的责任，并对由此造成的业主损失承担连带责任，所以分包方的工程和工作必须纳入总承包工程的计划和控制中，防止因分包方工程管理失误而影响全局。

3）对发包方的工作进行跟踪。发包方是承包方的主要合同伙伴，对其工作进行监督和跟踪是十分重要的。

发包方必须正确及时履行合同义务，及时提供各种工程实施条件，如及时发布图纸，提供场地，及时下达指令，作出答复，及时支付工程款。

在工程实施过程中承包方应积极主动地做好工作，如提前催要图纸、材料，对工作事先通知，让发包方及早准备，建立良好的合作关系，保证工程顺利实施。承包方还及时收集各种工程资料，有问题及时与发包方沟通。

4）对全部工程进行跟踪。在工程施工中，对全部工程的跟踪也非常重要。一些工程常常会出现如下问题：

a. 工程整体施工秩序问题，如实施现场混乱，拥挤不堪；合同事件之间和工程小组之间协调困难；出现事先未考虑到的情况和局面；发生较严重的工程事故等。

b. 已完工程未能通过验收，出现大的工程质量问题，工程试生产不成功，或达不到预定的生产能力等。

c. 施工进度未能达到预定计划，主要的工程活动出现拖期，在工程周报和月报上计划和实际进度出现大的偏差。

d. 计划和实际的成本曲线出现大的偏离。这就要求合同管理人员明白合同的跟踪不是一时一事，而是一项长期的工作，贯穿于整个施工过程中。在工程管理中，可以采用累计成本曲线（S形曲线）对合同的履行进行跟踪分析。

4. 合同诊断

在合同跟踪的基础上可以进行合同诊断。合同诊断是对合同履行情况的评价、判断和趋向分析、预测。不论是对正在进行的，还是对将要进行的工程施工都有重要的影响。合同评价可以对实际工程资料进行分析、整理，或通过对现场的直接了解，获得反映工程实施状况的信息，分析工程实施状况与合同文件的差异及其原因、影响因素、责任等；确定各个影响因素产生的原因及按照合同约定的相关责任人；提出解决这些差异和问题的措施、方法。

（1）合同履行差异的原因分析　合同管理人员通过对不同监督和跟踪对象的计划和实际的对比分析，不仅可以找到合同实际履行与合同约定和原来计划的差异，而且可以探索引起这个差异的原因。例如，通过计划成本和实际成本累计曲线的对比分析，不仅可以得到总成本的偏差值，而且可以进一步分析差异产生的原因。通常，引起计划和实际成本累计曲线偏离的原因可能有：

1）整个工程加速或延缓。

2）工程施工次序被打乱。

3）工程费用支出增加，如材料费、人工费上升。

4）增加新的附加工程，主要工程的工程量增加。

5）工作效率低下，资源消耗增加等。

进一步分析，还可以发现更具体的原因，如引起工作效率低下的原因可能有内部干扰和外部干扰。内部干扰：施工组织不周，夜间加班或人员调遣频繁；机械效率低，操作人员不熟悉新技术，违反操作规程，缺少培训；经济责任不落实，工人劳动积极性不高等。外部干扰：图纸出错，设计修改频繁，气候条件差，场地狭窄，现场混乱，施工条件如水、电、道路等受到影响。进一步可以分析各个原因的影响量大小。

（2）合同履行差异责任分析　合同分析的目的是要明确责任。即这些原因由谁引起，该由谁承担责任，这常常是索赔的理由。一般只要原因分析详细，有根有据，则责任分析自然清楚。责任分析必须以合同为依据，按合同约定落实双方的责任。

（3）合同履行趋向预测　对于合同履行中出现的偏差，分别考虑是否采取调控措施，以及采取不同的调控措施情况下，合同的最终履行后果；并以此指导后续的合同管理。最终的工程状况，包括总工期的延误，总成本的超支，质量标准，所能达到的生产能力（或功能要求）等；承包方将承担什么样的结果，如被罚款，被起诉，对承包方资信、企业形象、经营战略的影响等；最终工程经济效益（利润）水平。

综合上述各方面，即可以对合同履行情况作出综合评价和判断。

5. 合同履行后的评价

由于合同管理工作比较偏重于经验，只有不断总结经验，才能不断提高管理水平，才能通过工程不断培养出高水平的合同管理者，所以，在合同履行后必须进行评价，将合同签订和履行过程中的利弊得失、经验教训总结出来，作为以后工程合同管理的借鉴。这项工作十分重要。

合同履行后的评价包括如下内容：

（1）合同签订情况评价　合同签订情况评价包括：预定的合同战略和策略是否正确，是否已经顺利实现，招标文件分析和合同风险分析的准确程度；该合同环境调查、实施方案、工程预算以及报价方面的问题及经验教训；合同谈判的问题及经验教训，以后签订同类合同的注意点；各个相关合同之间的协调问题等。

（2）合同履行情况评价　合同履行情况评价包括：合同履行战略是否正确、是否符合实际、是否达到预想的结果；在合同履行中出现了哪些特殊情况；事先可以采取什么措施防止、避免或减少损失；风险控制的利弊得失；各个相关合同在履行中协调的问题等。

（3）合同管理工作评价　合同管理工作评价是对合同管理本身，如工作职能、程序、工作成果的评价，包括：合同管理工作对工程项目的总目标的贡献或影响；合同分析的准确程度；在招标投标和工程实施中，合同管理子系统与其他职能的协调问题，需要改进的地方；索赔处理和纠纷处理的经验教训等。

（4）合同条款评价　合同条款评价包括：合同的具体条款的表达和执行利弊得失，特别对工程有重大影响的合同条款及其表达；合同签订和执行过程中所遇到的特殊问题的分析结果；对具体的合同条款如何表达更为有利等。

7.3.4　建设工程合同变更管理

1. 合同变更的原因

合同内容频繁地变更是工程合同的特点之一。对于较为复杂的工程项目，合同履行过程中的变更可能有几百项。合同变更一般主要有如下几方面原因：

1）工程范围发生变化。发包方发出新的工程指令，对建筑项目有新的要求，要求增加或删减某些项目，改变质量标准或项目用途。

2）由于设计的错误，必须对设计图纸作修改。这可能是由于发包方要求变化，也可能是设计人员、监理工程师或承包方事先没能很好地理解发包方的意图。

3）由于工程环境的变化、预定的工程条件不准确，导致实施方案或计划变更。

4）由于产生新的技术和规范，有必要改变原设计、实施方案或实施计划，或由于发包方原因造成承包方施工方案的变更。

5）政府部门对工程新的要求，如国家政策变化、环境保护要求、城市规划变动、政府行政指令等。

6）由于不可抗力、情势变更或其他合同履行过程中出现的问题，必须调整合同目标，或修改合同条款。

7）合同双方当事人一方由于倒闭、失去相应的资质或其他原因造成合同主体变更。

2. 合同变更的影响

由于发生上述这些情况，造成原"合同履行状态"的变化，必须对原合同约定的内容作相应的调整。这种调整通常不能免除或改变承包方的义务，但对合同履行影响很大，主要表现在如下几方面：

1）原工程目标和工程实施情况的各种文件，如设计图纸、成本计划和支付计划、工期计划、施工方案、技术说明和适用的规范等，都应作相应的修改和变更。当然相关的其他计划也应作相应调整，如材料采购订货计划、劳动力安排、机械使用计划等。所以它不仅引起与承包合同平行的其他合同的变化，而且会引起所属的各个分合同，如供应合同、租赁合同、分包合同的变更。

2）引起合同主体之间合同义务的变化。如工程量增加，则增加了承包方的合同义务，增加了费用开支和延长了工期，对此，按合同约定应有相应的补偿。

3）有些工程变更还会引起已完工程的返工，现场工程施工的停滞，造成"窝工"，施工秩序打乱，已购材料的损失等，对此也应有相应的补偿。

3. 工程变更的程序

根据统计，工程变更是索赔的主要起因。由于工程变更对工程施工过程影响很大，会造成工期的拖延和费用的增加，容易引起双方的争执，所以要十分重视工程变更管理问题。一般建设工程合同中都有关于工程变更的具体规定。工程变更一般按照如下程序进行：

1）提出工程变更。根据工程实施的实际情况，承包方、发包方、监理方、设计方都可以根据需要提出工程变更。

2）工程变更的批准。承包方提出的工程变更，应该交与工程师审查并批准；由设计方提出的工程变更应该与发包方协商或经发包方审查并批准；由发包方提出的工程变更，涉及设计修改的应该与设计单位协商，且一般通过工程师发出。监理方发出工程变更的权利，一般会在施工合同中明确约定，通常在发出变更通知前应征得发包方批准。

3）工程变更指令的发出及执行。为了避免耽误工程，发包方和承包方就变更价格达成一致意见之前有必要先行发布变更指示，先执行工程变更工作，然后再就变更价款进行协商和确定。工程变更指示的发出有两种形式：书面形式和口头形式。一般情况下要求用书面形式发布变更指示，如果由于情况紧急而来不及发出书面指示，承包方应该根据合同规定要求发包方书面认可。根据工程惯例，除非发包方明显超越合同范围，承包方应该无条件地执行工程变更的指示。即使工程变更价款没有确定，或者承包方对发包方答应给予付款的金额不满意，承包方也必须一边进行变更工作，一边根据合同寻求解决办法。

4. 合同变更的处理要求

（1）变更尽可能快地作出　在实际工作中，变更决策时间过长和变更程序太慢会造成很大的损失，常有这两种现象：

1）承包方因等待变更指令或变更会谈决议造成施工停止。此等待变更为发包方责任，承包方通常可据此提出索赔。

2）发包方变更指令不能迅速作出，而现场仍在继续施工，从而造成更大的返工损失。

（2）迅速、全面、系统地落实变更指令　变更指令作出后，承包方应迅速、全面、系统地落实变更指令。同时承包方应做好如下工作：

1）对合同的变更及时进行书面确认和必要的备案。

2）全面修改相关的各种文件，如图纸、规范、施工计划、采购计划等，使它们一直反映最新的变更。

3）在相关的各工程小组和分包商的工作中落实变更指令，并提出相应的措施，对新出现问题作解释和对策，同时又要协调好各方面工作。

合同变更指令应立即在工程实施中得到贯彻。在实际工程中，这方面问题常常很多。由于合同变更与合同签订不一样，没有一个合理的计划期，变更时间紧，难以详细地计划和分析，很难全面落实责任，就容易造成计划、安排、协调方面的漏洞，引起混乱，导致损失。而这个损失往往被认为是承包方管理失误造成的，难以得到补偿。所以合同管理人员在这方面起着很大的作用。只有合同变更得到迅速落实和执行，合同监督和跟踪才可能以最新的合同内容作为目标，这是合同动态管理的要求。

（3）对合同变更的影响作进一步分析　合同变更是索赔机会，应在合同规定的索赔有效期内完成对它的索赔处理。在合同变更过程中就应记录、收集、整理所涉及的各种文件，如图纸、各种计划、技术说明、规范和发包方的变更指令，以作为进一步分析的依据和索赔的证据。在实际工作中，合同变更必须与提出索赔同步进行，甚至先进行索赔谈判，待达成一致后，再进行合同变更。

由于合同变更对工程施工过程的影响大，会造成工期的拖延和费用的增加，容易引起双方的争议。所以合同双方都应十分慎重地对待合同变更问题。按照国际工程统计，工程变更是索赔的主要起因。在一个工程中，合同变更的次数、范围和影响的大小与该工程招标文件（特别是合同条件）的完备性、技术设计的正确性以及实施方案和实施计划的科学性直接相关。

5. 合同变更责任分析

合同变更主要由工程变更导致，工程变更的责任分析是确定工程变更起因与赔偿问题的桥梁。工程变更主要有如下两类：

（1）设计变更　设计变更会引起工程量的增加、减少，新增或删除工程分项，工程质量和进度的变化，实施方案的变化。一般建设工程施工合同赋予发包方这方面的权利，可以直接通过下达指令，重新发布图纸，或规范实现变更。它的责任分担情况可能有：

1）由于发包方要求、政府城建环保部门的要求、环境变化（如地质条件变化）、不可抗力、原设计错误等导致设计的修改，一般由发包方承担费用损失。

2）由于承包方施工过程、施工方案出现错误、疏忽而导致设计的修改，必须由承包方负责。例如，某桥梁工程中采用混凝土灌注桩，在钻孔尚未达设计深度时，钻头脱落，无法取出，桩孔报废。经设计单位重新设计，改在原桩两边各打一个小桩承受上部荷载。则由此造成的费用损失由承包方承担。

3）在现代工程中，承包方承担的设计工作逐渐多起来。承包方提出的设计必须经过发包方的批准。对不符合发包方在招标文件中提出的工程要求的设计，发包方有权不认可。这种不认可不属于索赔事件。

4）工程变更中引起已标价的工程量清单项目或者其工程数量发生变化，应按《建设工程工程量清单计价规范》（GB 50500—2013）规定调整工程价款。

（2）施工方案的变更　施工方案变更的责任分析有时比较复杂。

1）在投标文件中，承包方就在施工组织设计中提出比较完备的施工方案，但施工组织设计不作为合同文件的一部分。对此有如下问题应注意：

a. 施工方案虽不是合同文件，但它也有约束力。发包方向承包方授标就表示对这个方案的认可。当然在授标前，在澄清会议上，发包方也可以要求承包方对施工方案作出说明，甚至可以要求修改方案，以符合发包方的要求。一般承包方会积极迎合发包方的要求，以争取中标。

b. 建设工程合同约定，承包方应对所有现场作业和施工方法的完备、安全、稳定负全部责任。这一责任表示在通常情况下由于承包方自身原因（如失误或风险）修改施工方案所造成的损失由承包方负责。

c. 当它作为承包方责任的同时，又隐含着承包方对决定和修改施工方案具有相应的权利：发包方不能随便干预承包方的施工方案；为了更好地完成合同目标（如缩短工期），或在不影响合同目标的前提下承包方有权采用更为科学、经济、合理的施工方案，发包方也不得随便干预。当然承包方承担重新选择施工方案的风险和机会收益。

d. 在工程中承包方采用或修改实施方案都要经过发包方的批准或同意。如果发包方无正当理由不同意可能会导致一个变更指令。这里的正当理由通常有：① 发包方有证据证明或认为，使用这种方案承包方不能全面履行合同义务。如不能保证工程质量、保证工期。② 承包方要求变更方案（如变更施工次序、缩短工期），而发包方无法完成合同约定的配合义务。例如，发包方无法按方案及时提供图纸、场地、资金、设备，则有权要求承包方执行原定方案。

2）重大的设计变更常常会导致施工方案的变更。如果设计变更应由发包方承担责任，则相应的施工方案的变更也由发包方负责。反之，则由承包方负责。

3）对不利、异常的地质条件所引起的施工方案的变更，一般作为发包方的责任。一方面这是一个有经验的承包方无法预料现场气候条件除外的障碍或条件，另一方面发包方负责地质勘察和提供地质报告，则发包方应对报告的正确性和完备性承担责任。

4）施工进度的变更。施工进度的变更是十分频繁的：在招标文件中，发包方给出工程的总工期目标；承包方在投标书中有一个总进度计划（一般以横道图形式表示）；中标后承包方还要提出详细的进度计划，由发包方批准（或同意）；在工程开工后，每月都可能有进度的调整。通常只要发包方批准（或同意）承包方的进度计划（或调整后的进度计划），则新进度计划就有约束力。如果发包方不能按照新进度计划完成按合同应由发包方完成的义务，如及时提供图纸、施工场地、水电等，则属发包方的违约行为。

5）工程变更引起的施工方案的改变，并使措施项目发生变化的，承包人提出调整措施项目费的，应事先将实施的方案提交发包人确认，并详细说明与原方案措施项目相比的变化情况。拟实施的方案经发承包双方确认后执行。按《建设工程工程量清单计价规范》（GB 50500—2013）规定调整工程价款。

6）如果工程变更项目出现承包人在工程量清单中填报的综合单价与发包人招标控制价或施工图预算相应的清单项目的综合单价偏差超过15%，则工程变更项目的综合单价可由发承包双方按照《建设工程工程量清单计价规范》（GB 50500—2013）规定调整。

7）如果发包人提出的工程变更，因为非承包人原因删减了合同中的某项原定工作或工程，致使承包人发生的费用或（和）得到的利益不能被包括在其他已支付或应支付的项目中，也未被包含在任何替代的工作或工程中，则承包人有权提出得到合理的利润补偿。

【案例7-1】　在某工程中，发包方在招标文件中提出工期为24个月。在投标书中，承包方的进度计划也是24个月。中标后承包方向发包方提交一份详细进度计划，说明18个月即可竣工，并论述了18个月工期的可行性。发包方认可了承包方的计划。

在工程中由于发包方原因（设计图纸拖延等）造成工程停工，影响了工期，虽然实际总工期仍小于24个月，但承包方仍成功地进行了工期和与工期相关的费用索赔，因为18个月工期计划是有约束力的。

这里有如下几个问题：

1）合同约定，承包方必须于合同约定竣工之日或之前完成工程，合同鼓励承包方提前竣工（提前竣工奖励条款）。承包方为了追求最低费用（或奖励）可以进行工期优化，这属于实施方案，是承包方的权利，只要承包方保证不拖延合同工期和不影响工程质量。

2）承包方不能因自身原因采用新的方案向发包方要求追加费用，但工期奖励除外。所以，发包方在同意承包方的新方案时必须注明"费用不予补偿"，否则在事后容易引起不必要的纠纷。

3）承包方在作出新计划前，必须考虑所属分包合同计划的修改。如供应提前、分包工程加速等。同样，发包方在作出同意（批准，认可）前要考虑到对发包方的其他合同，如供应合同、其他承包合同、设计合同的影响。如果发包方不能或无法做好协调，则可以不同意承包方的方案，要求承包方按原合同工期履行，这不属于变更。

4）其他情况。

【案例7-2】　在一房地产开发项目中，发包方提供了地质勘察报告，证明地下土质很好。承包方做施工方案，用挖方的余土做通往住宅区道路基础的填方。由于基础开挖施工时正值雨季，开挖后土方潮湿，且易碎，不符合道路填筑要求。承包方不得不将余土外运，另外取土作道路填方材料。对此承包方提出索赔要求。发包方否定了该索赔要求，理由是，填方的取土作为承包方的施工方案，它因受到气候条件的影响而改变，不能提出索赔要求。

在本案例中即使没有下雨，而因发包方提供的地质报告有误，地下土质过差不能用于填方，承包方也不能因为另外取土而提出索赔要求。因为：

1）合同约定承包方对发包方提供的水文地质资料的理解负责。而地下土质可用于填方，这是承包方对地质报告的理解，应由承包方自己负责。

2）取土填方作为承包方的施工方案，也应由承包方负责。

本案例的性质完全不同于由于地质条件恶劣造成基础设计方案变化，或造成基础施工方案变化的情况。

6. 合同变更中应注意的问题

1）对发包方的口头变更指令，按施工合同约定，承包方也必须遵照执行，但应在 7 天内书面向发包方索取书面确认。而如果发包方在 7 天内未予书面否决，则承包方的书面要求即可作为发包方对该工程变更的书面指令。发包方的书面变更指令是支付变更工程款的先决条件之一。作为承包方在施工现场应积极主动，当发包方下达口头指令时，为了防止拖延和遗忘，承包方的合同管理人员可以立刻起草一份书面确认函让发包方签字。

2）发包方的认可权必须限制。在国际工程中，发包方常常通过工程师对材料的认可权提高材料的质量标准，对设计的认可权提高设计质量标准，对施工工艺的认可权提高施工质量标准。如果合同条文规定比较含糊，或设计不详细，则容易产生争执。当认可超过合同明确规定的范围和标准时，它即为变更指令，应争取发包方的书面确认，进而提出工期和费用索赔。

3）在国际工程中工程变更不能免去承包方的合同义务，而且对方应有变更的主观意图。所以对已收到的变更指令，特别对重大的变更指令或在图纸上作出的修改意见，应予以核实。对涉及双方权利义务的重大变更，必须有双方签署的变更协议。

4）工程变更不能超过合同规定的工程范围。如果超过这个范围，承包方有权不执行变更或坚持先商定价格后再进行变更。

5）应注意工程变更的实施、价格谈判和发包方批准三者之间在时间上的矛盾性。在国际工程中，合同通常都约定，承包方必须无条件执行发包方代表或工程师的变更指令（即使是口头指令），工程变更已成为事实，发包方再发出价格和费率的调整通知，价格谈判常常迟迟达不成协议，或发包方对承包方的补偿要求不批准，价格的最终决定权却在发包方。这样承包方处于十分被动的地位。

【案例7-3】 某合同的工程变更条款约定：

"由工程师下达书面变更指令给承包方，承包方请求工程师给予详细的书面变更证明。在接到变更证明后，承包方开始变更工作，同时进行价格调整谈判。在谈判中没有工程师的指令，承包方不得推迟或中断变更工作。"

"价格谈判在两个月内结束。在接到变更证明后 4 个月内，发包方应向承包方递交有约束力的价格调整和工期延长的书面变更指令。超过这个期限承包方有权拖延或停止变更。"

一般工程变更在 4 个月内早已完成，"超过这个期限""停止"和"拖延"都是空话。在这种情况下，价格调整主动权完全在发包方，承包方的地位很为不利，风险较大。对此可采取如下措施：

a. 控制（即拖延）施工进度，等待变更谈判结果。这样不仅损失较小，而且谈判回旋余地较大。

b. 争取以点工或按承包方的实际费用支出计算费用补偿，如采取成本加酬金方法，这样避免价格谈判中的争执。

c. 应有完整的变更实施的记录和照片，请发包方签字，为索赔作准备。

6）在工程中，承包方都不能擅自进行工程变更。施工中发现图纸错误或其他问题，需进行变更，首先应通知发包方，经发包方同意或通过变更程序再进行变更。否则，可能不仅得不到应有的补偿，而且会带来麻烦。

7）在合同履行中，合同内容的任何变更都必须经过合同管理人员或由他们提出。与发包方、与总（分）包之间的任何书面信件、报告、指令等都应经合同管理人员进行技术和法律方面的审查。这样才能保证任何变更都在控制中，不会出现合同问题。

8）在商讨变更、签订变更协议过程中，承包方必须提出变更补偿（即索赔）问题。最好在变更执行前就明确补偿范围、补偿方法、索赔值的计算方法、补偿款的支付时间等。双方应就这些问题达成一致。这是对索赔权的保留，以防日后争执。

在工程变更中，特别应注意因变更造成返工、停工、窝工、修改计划等引起的损失，注意这方面证据的收集。在变更谈判中应对此进行商谈，保留索赔权。在实际工程中，人们常常忽视这些损失，而最后提出索赔报告时往往因举证困难而为对方否决。

7.4 建设工程合同文档管理

7.4.1 建设工程档案管理的重要性

建设工程档案资料是工程质量的客观反映，是评价工程质量的前提和基础，也是处理工程的质量事故、合同纠纷等问题的重要依据。因此，在建设工程施工活动中，做好工程档案资料的收集和整理，就显得尤为重要。

工程档案是指在城市规划、建设及其管理活动中直接形成的对国家和社会具有保存价值的文字、图纸、图表、声像等各种载体的文件材料。它是传承城市人类文明的载体，是建设项目全过程的原始、真实记录，是宝贵的信息资源，是一座丰富的知识宝库，是城市建设的一种潜在的生产力。

随着经济建设和城市快速发展，建筑工程越来越多，对加快城市建设、改善人民生活、促进经济发展有着十分重要的意义。在工程建设过程中会形成各种各样的文档材料，有建设前期批文、施工过程记录、竣工验收资料及维护检修记录等。这些文档材料全面反映了建筑工程建设的详细情况，对工程质量评定、工程竣工后的管理和维护，以及对新建工程的准备等，都具有重要的利用价值。因此，认真做好建设工程档案管理工作是非常重要的。

综上所述，建设工程档案管理工作在工程建设中发挥着重要的作用，也是加快城市现代化建设进程、构建和谐社会的重要手段之一，因此，认真做好建设工程档案管理工作非常必要。但是做好此项工作远非几个人就能完成，而是要靠各责任主体及相关人员的共同重视。相关部门应制定一些具体的措施，严格落实有关的法律规章制度，确保建设工程档案管理步入良性循环的轨道。

7.4.2 合同资料

1. 合同资料的种类

在实际工程中与合同相关的资料面广量大，形式多样，主要有：

1）合同资料，如各种合同文本、招标文件、投标文件、总进度计划、图纸、工程说明等。

2）合同分析资料，如合同总体分析、合同事件表、网络图、横道图等。

3）合同履行中产生的各种资料，如发包方的各种工作指令、工程签证、信件、会谈纪要和其他协议，各种变更指令、申请、变更记录，各种检查验收报告、鉴定报告。

4）工程实施中的各种记录、施工日记等，行政主管机关的各种审批文件、行政许可，反映工程实施情况的各种报表、报告、图片等。

在工程实施中，现场记录必须到位、完备，必须对所有合同事件和合同相关的各种活动的情况加以记录，收集整理相关资料。

2. 合同资料的基本要求

（1）专业对口，实用　不同专业的工程小组，不同的项目管理职能人员提供同时又需要不同的资料，资料首先要满足各种专业工作的要求。

（2）反映实际情况　这里主要有以下几个方面问题：各种合同文件、工程文件、报表、报告要实事求是，反映客观，不能弄虚作假；各种计划、指令、协调方案也要符合实际，切实可行。

（3）及时提供　资料过时就会失去它的作用，造成损失。如索赔证据提供过迟就会失去索赔机会；合同要求发包方代表、监理工程师、承包方对函件应在答复期内答复，否则承担相应的责任。

（4）全面、准确　合同资料要全面、准确，并经当事人确认，在必要时可以互相查询和印证。

7.4.3　合同档案管理的主要任务

1. 合同资料的收集

合同包括许多资料、文件；合同分析又产生许多分析文件；在合同履行中每天又产生许多资料，如记工单、领料单、图纸、报告、指令、信件等。首先必须落实这些资料的收集工作，应由相应的职能人员每天收集这些原始资料交合同管理人员。

2. 资料加工

原始资料必须经过信息加工才能成为可供决策的信息，成为工程报表或报告文件。

3. 资料的储存

所有合同管理中涉及的资料不仅目前使用，而且必须保存，为了查找和使用方便必须建立资料的文档系统。

合同档案管理是一个环环相扣的过程化管理，任意一个环节不规范就可能造成档案的失实或缺失。为此，各有关单位相关专业管理部门应通力协作，共同做好相关的工作：

1）合同履约责任部门负责收集、整理合同履行过程中的各类原始资料，建立合同档案，合同履行完毕或合同的权利义务终止后，及时将全套合同资料提交合同主管部门归档。

2）合同主管部门按规定及时将合同档案移交档案管理部门存档。合同档案资料包括合同协议书、合同条款、有关纪要等文件。招标项目还应包括招投标的全套档案资料。

3）合同文件存档后，正本不得外借，副本外借时，要按规定办理好借阅手续，并及时回收，以免档案遗失或损毁。

4. 资料的提供、调用和输出

合同管理人员有责任向项目经理、发包方作工程实施情况报告；向各职能人员和各工程小组、分包商提供资料；为工程的各种验收、索赔提供资料和证据。

7.4.4　合同资料文档的建立

1. 资料的编码

有效的文档管理是以与用户友好的和具有较强的表达能力的资料编码为前提的。在合同履行前就应专门研究和建立合同资料的编码系统。最简单的编码是用序数，但它没有较强的表达能力，不能全面表达资料的特征。

一般合同资料的编码体系有如下要求：

1）统一的，包括所有资料的编码系统。

2）能区分资料的种类和特征，即从编码上即可读出资料的主要"形象"。

3）能"随便扩展"。

4）对人工处理和计算机处理有同样效果。

通常，资料编码由一些字母和数字符号构成，它们被赋予一定的含义，在合同履行前必须对每部分的编码进行设计和定义。这样编码就能被识别，起到标志作用。合同资料的编码一般由如下几部分构成：

（1）有效范围　说明资料的有效/使用范围，如属于某项目或子项目。

（2）资料种类　通常有几种分类方法，如不同形态、性质和类别的资料，如图纸、合同文本、信件、备忘录等；不同特征的资料，如技术性的、商务性的、行政的等。

（3）内容和对象　这是资料编码最重要的部分。有时用项目结构分解的结果作为资料内容和对象的说明，但对于大的工程必须重新专门设计。

（4）日期/序号　对相同有效范围、种类、对象的资料可通过日期或序号来表达和区别。

以上这几个部分对于不同规模、不同复杂程度的工程要求不一样。如对一个小工程，仅一个单位工程，则有效范围可以省略。

2. 索引系统

为了资料储存和使用的方便，必须建立索引系统。它类似于图书馆的书刊索引。合同相关资料的索引一般可采用表格形式。在合同履行前，它就应被专门设计。表中的栏目应能反映资料的各种特征信息。不同类别的资料可以采用不同的索引表。如果要查询或调用某种资料，即可按图索骥。例如，信件索引可以包括如下栏目：信件编码、来（回）信人、来（回）信日期、主要内容、文档号、备注等。这里要考虑到来信和回信之间的对应关系。收到来信或回信后即可在索引表上登记，并将信件存入对应的文档中。索引和文档的对应关系可如图 7-1 所示。

发包方、承包方和承包方工程师都应有一套完善的工程资料文档管理系统，将所有资料分类建档保存，便于处理合同纠纷和结算时核对。在工程具体实施过程中，很多情况下工程师也无法做到及时发出正式的工程变更令，而是通过各种形式的往来函件、记录、报告、报表、会议纪要等发出有关变更指令。由于项目各方都有强烈的合同和成本管理意识以及完善

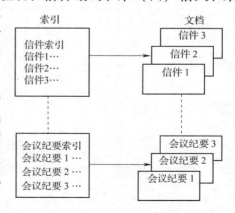

图 7-1　索引和文档的关系

的文档管理系统，使得工程变更管理仍然得以顺利地实施和操作。

由于现代工程的特点，使得建设工程合同管理极为困难和复杂，日常的事务性工作极多，为了使工作有秩序、有计划地进行，必须建立完善的工程合同履行阶段的管理体系。在合同履行过程中合同管理对项目管理的各个方面起总协调和总控制作用，它的工作主要包括合同分析、交底、监督、跟踪、诊断、后评价、变更及文档管理等。

通过建设工程合同履行情况分析，找出偏离，以便及时采取措施，调整合同履行过程，达到合同总目标。工程变更管理是施工过程合同管理的重要内容，工程变更常伴随着合同价格的调整，是合同双方利益的焦点，因此，合理确定并及时处理好工程变更，既可以减少不必要的纠纷，保证合同的顺利实施，又有利于发包方对工程造价的控制。工程档案资料是工程质量的客观反映，是评价工程质量的前提和基础，也是处理工程的质量事故、合同纠纷等问题的重要依据。因此，在建设工程施工活动中，做好建设工程档案资料的收集和整理，就显得尤为重要。

技能训练

将一份工程规模较小的，结构形式相对简单的施工合同进行详细分析，按照合同分析的性质、对象、内容，对合同进行总体分析、详细分析和特殊问题的拓展分析。

训练任务1：合同总体分析

确定合同中的重点内容：承包商的主要合同责任、业主的主要合同责任、合同价格、计价方法和补偿条件、工期要求和补偿条件、违约责任、变更程序和竣工验收方法、争议的解决方式等。

训练任务2：合同详细分析

通过工期活动网络图、质量管理网络图、安全管理网络图、监理签证等活动，予以明确程序和目标，并将责任落实到各管理小组和责任人。

训练任务3：特殊问题分析

找出本工程合同的特殊之处。

第 8 章

工程索赔管理

本章概要

本章主要介绍索赔的概念、特征、分类、索赔的程序、索赔策略与技巧及索赔风险防范等内容。通过本章教学使读者了解索赔的概念、特征与分类；掌握工期索赔与费用索赔的计算方法，熟悉索赔的处理解决方法，帮助读者掌握索赔程序、索赔值的计算、索赔与反索赔技巧和策略的运用能力。

【引导案例】建设单位原因导致的施工单位索赔

某房屋建筑工程项目，建设单位与施工单位按照《建设工程施工合同（示范）文本》签订了施工承包合同。合同中规定：设备由建设单位采购，施工单位安装；由于建设单位原因导致的施工单位人员窝工，按 18 元/工日补偿，由于建设单位原因导致的施工单位设备闲置，补偿标准为大型起重机为台班单价（1060 元）的 60%、5t 自卸汽车为台班单价（318元）的 40%、58t 自卸汽车为台班单价（458 元）的 50%；施工过程中发生的设计变更，其价款按建标［2003］206 号文件的规定以工料单价法计价程序计价（以直接费为计算基础），间接费费率为 10%，利润率为 5%，税率为 3.41%。该工程在施工过程中，施工单位在土方工程填筑时，发现取土区的土壤含水量过大，必须经过晾晒后才能填筑，增加费用30 000 元，工期延误 10 天；基坑开挖深度为 3m，施工组织设计中考虑的放坡系数为 0.3（已经监理工程师批准），施工单位为避免坑壁塌方，开挖时加大了放坡系数，使土方开挖量增加，导致费用超支 10 000 元，工期延误 3 天；施工单位在主体钢结构吊装安装阶段发现钢筋混凝土结构上缺少相应的预埋件，经查实是由于土建施工图纸遗漏该预埋件的错误所致，返工处理后，增加费用 20 000 元，工期延误 8 天；建设单位采购的设备没有按计划时间到场，施工受到影响，施工单位一台大型起重机、两台自卸汽车（载重 5t、8t 各一台）闲置 5 天，工人窝工 86 工日，工期延误 5 天，某分项工程由于建设单位提出工程使用功能的调整，须进行设计变更，设计变更后，经确认直接工程费增加 18 000 元，措施费增加2000 元。

上述事件发生后，施工单位及时向建设单位造价工程师提出索赔要求。造价工程师在仔细分析与计算后批准的索赔金额为 50 396.71 元，工期延长 13 天。那么，造价工程师理赔的依据是什么呢？索赔值是如何计算的呢？

【评析】以上案例中，施工单位由于避免坑壁塌方，增加的土方开挖量属于施工单位应该预料的，不应该批准索赔；凡是施工单位为确保工程施工安全，自行调整施工方案增加的费用，均不应调整；另外，由于土建图纸错误、建设单位采购未按计划时间到场或设计单位变更应该给予同意。

（资料来源：佚名，《某房屋建筑工程项目》，http：//wenku. baidu. com/link? url =_kQ5r48Wq-AUtZ_glIqjn9fPGnrqxI8WR6hBORSNDL2Ynf1W0qjXYS14WFVqRPbm5PP5zxNyf8OLYadC4DQiQ5tJzLR-MT7swam0aKCRap_)

8.1 索赔概述

8.1.1 索赔与反索赔的概念

工程索赔通常是指在施工合同的履行过程中，合同当事人一方因非自身原因而受到实际损失或权利损害时，通过合法程序向对方提出经济和（或）时间补偿的要求。在我国新颁布的《建设工程工程量清单计价规范》（GB 50500—2013）术语部分中将施工索赔定义为：“在工程合同履行过程中，合同当事人一方因非己方的原因而遭受损失，按照合同约定或法规规定应由对方承担责任，从而向对方提出补偿的要求。”

可见，施工索赔允许承包商获得不是由于承包商的原因造成的损失补偿，也允许业主获得由于承包商的原因而造成的损失补偿。索赔是维护施工合同签约者合法利益的一项根本性管理措施。它与合同条件中双方的合同责任一样，构成严密的合同制约关系。承包商可以向业主提出索赔，业主也可以向承包商要求索赔。

在工程施工索赔的实践中，常用到索赔和反索赔这两个概念。反索赔是对索赔的反诉、反制或反抗，索赔与反索赔并存，有索赔就会有反索赔，但由于甲乙双方的索赔量、索赔的难易程度等的差异较大。目前，大多数教材中是按索赔的对象来界定索赔与反索赔的。

1）承包商向业主提出的补偿要求称为“索赔”。根据1999版FIDIC《土木工程施工合同条件》第20.1款，承包商索赔就是承包商依据合同条款和有关合同文件的规定，向业主要求工期延长和追加付款的一种权利主张。

2）业主对承包商提出的补偿要求称为“反索赔”。在阿德汉（J. J. Adhan）著的《施工索赔》一书中论述业主的反索赔时指出：“对承包商提出的损失索赔要求，业主采取的立场有两种可能的处理途径：一是就（承包商）施工质量存在的问题和拖延工期，可以对承包商提出反要求，即向承包商提出的反索赔。此项反索赔就是要求承包商承担修理工程缺陷的费用或要求承包商赔付拖延工期而造成的经济损失。二是对承包商提出的损失索赔要求进行争辩，即按照双方认可的生产率、会计原则和索赔计算方法等事项，对索赔要求进行分析审核，以便确定一个比较合理的和可以接受的款额。”由此可见，业主对承包商的反索赔包括两个方面：一方面是对承包商不履行合同或履行合同有缺陷，以及应承担的风险责任，如某部分工程质量达不到施工技术规程的要求，或拖期建成，独立地提出损失补偿要求。另一方面是对承包商提出的索赔要求进行分析、评审和修正，否定其不合理的要求，接受其合理的要求。

8.1.2 索赔事件及其发生率

1. 索赔事件

索赔事件又称干扰事件，是指那些使实际情况与合同规定不符合，最终引起工期和费用变化的那类事件。

（1）承包商索赔事件　在工程实践中，承包商可以提出索赔的事件通常有：

1）业主未按合同规定的时间和数量交付设计图纸和资料，未按时交付合格的施工现场及行驶道路、接通水电等，造成工程拖延和费用增加。

2）工程实际地质条件与合同描述不一致。

3）业主或工程师变更原合同规定的施工顺序，打乱了工程施工计划。

4）设计变更、设计错误或业主、工程师错误的指令或提供错误的数据等造成工程修改、返工、停工或窝工。

5）工程数量变更，使实际工程量与原定工程量不同。

6）业主指令提高设计、施工、材料的质量标准。

7）业主或工程师指令增加额外工程。

8）业主指令工程加速。

9）不可抗力因素。

10）业主未及时支付工程款。

11）合同缺陷，如条款不全、错误或前后矛盾，双方就合同理解产生争议。

12）物价上涨，造成材料价格、工人工资上涨。

13）国家政策、法令修改，如增加或提高新的税费、颁布新的外汇管理条例等。

14）货币贬值，使承包商蒙受较大的汇率损失。

上述这些事件承包商能否作为索赔事件，进行有效的索赔，还要看具体的工程和合同背景、合同条件，不可一概而论。

（2）业主索赔事件　在工程实践中，业主可以提出索赔事件通常有：

1）承包商所施工工程质量有缺陷。

2）承包商的不适当行为而扩大的损失。

3）承包商原因造成工期延误。

4）承包商不正当地放弃工程。

5）合同规定的承包商应承担的风险事件。

2. 索赔事件发生率

近年来，由于建筑市场竞争激烈，索赔无论在数量或金额上都呈不断递增的趋势，引起业主、承包商及有关各方越来越多的关注。国内目前尚未有专门的机构对索赔事件进行系统调查统计，美国某机构曾对政府管理的各项工程进行了调查，其结果可作为我们的参考。

（1）索赔次数和索赔成功率　被调查的 22 项工程中，共发生施工索赔达 427 次，平均每项工程索赔约 20 次，其中 378 次为单项索赔，49 次为综合索赔。单项索赔中有 17 次、综合索赔中有 12 次，皆因索赔证据不足而被对方撤销，撤销率占 6.8%，即索赔成功率为 93.2%，单项索赔成功率为 95.5%，综合索赔成功率为 75.5%。

（2）索赔与工期延长要求　在 313 次增量索赔中，有 80 次索赔同时要求延长工期，要求延期的索赔次数占增量索赔总数的 25.6%，每项索赔平均延长 20 天。

（3）索赔的比例分布　具体如下：

1）设计修改错误及完善占调增索赔的 46%，判给补偿费占 40%。

2）工程更改可分随意性工程更改和强制性工程更改。前者是指业主因最初工艺标准设计范围规定不一致或要求增减工作量所作的变更，后者是指因法规或规定变化所作的工程规模的变更。两种变更的索赔次数在增量索赔中占26%，判给赔偿费占28%。

3）现场条件变化，指现场施工条件与合同约定不符，如地质情况复杂与地质勘探资料差异较大等。这类索赔次数占15%，判给赔偿费占13%。

4）自然气候，这类索赔基本上要求延长合同工期，因气候所获准的延期占全部延期的60%。

5）其他，包括终止合同和协议停工等较少发生的索赔占2%，判给赔偿费占19%。

（4）调查结论　调查结果表明：

1）工程规模越大，施工索赔的机会和次数就越多。其中大于5000万美元的工程共发生索赔次数151次，占总次数的48%，获得赔偿费达391.7万美元，占总赔偿费的64%。

2）中标的标价低于次低标价的幅度越大，索赔发生率就越高。低于次低标价10%以内中标的工程，其索赔发生次数为34次，占索赔总次数的13%，获得赔偿费83.1万美元，占赔偿总额的15%；而低于次低标价10%以上中标的工程，共发生索赔231次，占索赔总次数的87%，获得赔偿费481.2万美元，占赔偿总额的85%。

8.1.3　索赔的条件

2013《清单规范》的9.13.1规定："合同一方向另一方提出索赔时，应有正当的索赔理由和有效证据，并应符合合同的相关约定。"本条款规定了索赔的条件，即：正当的索赔理由；有效的索赔证据；在合同约定的时间内提出。

索赔的目的在于保护索赔主体的经济利益。在合同履行期间，凡是由于非自身的过错而遭受了损失的，都可以向对方提出索赔。索赔成立的要件一是己方遭受了实际损失，二是造成损失的原因不在己方。索赔能否成功，关键在于索赔的理由是否充分，依据是否可靠，是否客观、合理、合法地反映了索赔事件，其证据要真实、全面，并在规定时限内及时提交，具有法律证明效力，符合特定条件，并以书面文字或文件为依据。

1）索赔必须符合所签订的建设工程合同的有关条款和相关法律法规。因为依法签订的建设工程施工合同具有法律效力，所以它是鉴定索赔能否成立的主要依据之一。

2）索赔所反映的问题，必须客观实际，经得起双方的调查和质证。

3）索赔要有具体的事实依据，如索赔事件发生的时间、地点、原因、涉及人员，双方签字的原始记录、来往函件以及计算结果等。

4）索赔证据必须具备真实性、全面性。

5）索赔要在合同规定的时间内提出。

简而言之，依据可靠、证据充分、主张合理、时机得当是成功索赔的条件。

8.1.4　索赔的分类

索赔的种类多、范围广，不可能用某一种方法就将索赔的种类完全涵盖。因此本章仅列举按索赔主体分类、按索赔事件分类、按索赔目的分类、按合同依据分类及按索赔的处理方式分类五种分类方法，以期使读者对建设工程合同索赔的种类有一个直观的了解。

1. 按照索赔主体分类

（1）承包方与发包方之间的索赔　工程建设过程中，大多数的索赔发生于承包方与发包方之间，并且根据本章前文所述，在实践中，承包方向发包方提出的索赔更具代表性，通常是承包方在工程的工期、质量、价款、工程量等方面发生了变更并产生了争议的情况下向发包方提出索赔。

（2）分包方与承包方之间的索赔　这一类型的索赔和第一类承包方与发包方之间的索赔相似，从地位上讲，此时承包方的地位就相当于第一类索赔中的发包方，而分包方的地位就相当于第一类中的承包方。这类索赔发生在施工过程之中，因此一般为施工索赔。

（3）承包方与供应方之间的索赔　这类索赔是由与工程建设有关的买卖合同争议引发的。工程建设过程中，如果合同约定由承包方进行材料和设备的采购，则因货物的质量、数量、运输、交付等环节存在瑕疵给承包方带来损失时，承包方可以向货物供应方进行索赔。

（4）承包方与保险公司的索赔　此类索赔多系承包方受到灾害、事故或其他损害或损失，按保险单向其投保的保险公司索赔。

以上四种索赔中，前两种索赔发生在施工过程中，有时合称为施工索赔；后两种索赔发生在物资采购、运输及工程保险等过程中，有时合称为商务索赔。

2. 按照索赔事件分类

索赔事件又称干扰事件，是指那些使实际情况与合同约定不相符，最终引起工期和费用变化的事件。在实践中主要包括以下四种：

（1）一方违约引起的索赔　在一份合同的履行过程中，不可避免地会有违约情形的发生，尤其是建设工程合同，由于其复杂、难度高，因此在实际履行过程中很容易出现一方违约的情况，可能是发包方违约，也可能是承包方违约。就发包方而言，其可能由于未及时为承包方提供合同约定的施工条件，未按照合同约定的时间与数额付款等违约；就承包方而言，其也可能由于未在合同约定的期限内完成施工任务等违约。

（2）工程变更引起的索赔　由于工程建设存在诸多不可预见因素，所以在工程建设过程中经常会发生工程变更，如工程设计与现场情况不相匹配，或者由于其他原因导致工期必须提前或延后，再或者需要增加或减少工程量等情况。这种情况下必须形成书面的合同变更或工程签证，而这些也成为承包方向发包方进行索赔的关键证据。

（3）合同条款引起的索赔　合同条款可能在两种情况下引发争议，进而引起索赔：①条款本身在客观上存在错误；②承包方与发包方双方在主观上对合同条款存在理解争议。从客观角度讲，如果合同存在条款不全、条款前后矛盾、关键性文字错误等明显问题，承包方存在据此提出索赔主张的可能性。如果是由于条款存在理解争议，承包方根据自己主观理解施工时造成损失或损害，亦可向发包方主张索赔。但相比较而言，前者得到发包方认可的可能性更大一些。

（4）不可抗力引起的索赔　所谓不可抗力，是指不能预见、不能避免并且不能克服的客观情况。例如，在工程建设过程中发生地震、海啸、战争等情况，造成承包方的工期损失，承包方可据此不可抗力事由向发包方主张索赔。

3. 按照索赔目的分类

（1）针对费用的索赔　这类索赔主要是指承包方由于非自身原因受到经济损失时，向发包方提出的经济补偿要求，包括费用的补偿和合同价款的补偿等方面的内容。费用的索赔有时是单独提出的，有时也可以和工期索赔结合在一起提出。例如，由于发包方的原因，使得承包方无法正常施工，则导致工期延长的同时也必然导致承包方人工费、机械费和管理费等费用的增加。此时，对于承包方来说，既可以仅提出费用的索赔，也可以费用索赔和工期索赔一并提出。

（2）针对工期的索赔　理论上讲，对工期索赔可以有广义和狭义两种理解。狭义的工期索赔仅指工期的延长和竣工日期的推迟。但是，实际工程的建设过程中，工期的延误往往伴随着经济方面的损失，承包方提出工期索赔时，通常也会同时提出经济补偿的要求，也即费用的索赔。因此，从广义上讲，工期索赔包含了费用索赔在内。相对来说，狭义的工期索赔如果证据充足，更容易得到发包方或驻现场工程师的认可。

4. 按照合同依据分类

（1）有合同依据的索赔　有合同依据的索赔，是指受损方依据合同明确的约定进行的索赔。

（2）无合同依据的索赔　无合同依据的索赔，是指受损方的索赔要求在建设工程合同中没有明确的约定，但基于合同约定的原则、目的，根据法律、法规、行业惯例进行的索赔。

5. 按照索赔的处理方法分类

（1）单项索赔　单项索赔是针对某一干扰事件提出的，在影响工程建设顺利进行的干扰事件发生时或发生后由合同管理人员立即处理，并在合同约定的索赔有效期内向发包方或监理工程师提交索赔要求和报告的索赔处理方式。单项索赔通常原因单一，责任单一，分析起来相对容易，由于涉及的金额一般较小，双方容易达成协议，处理起来也比较简单，因此合同双方应尽可能地用此种方式来处理索赔。

（2）综合索赔　综合索赔又称一揽子索赔，一般在工程竣工前和工程移交前，一方将工程实施过程中因各种原因未能及时解决的单项索赔集中起来进行综合考虑，提出一份综合索赔报告，由合同双方在工程交付前后进行最终谈判，以一揽子方案解决索赔问题。由于一揽子索赔中许多干扰事件交织在一起，影响因素比较复杂而且相互交叉，责任分析和索赔值计算比较复杂，索赔涉及的金额较大，双方往往不愿或不容易作出让步，索赔的谈判和处理相对困难。因此综合索赔的成功率比单项索赔要低得多。

8.1.5　索赔管理的任务

1. 工程师的索赔管理任务

索赔管理是工程师进行工程项目管理的主要任务之一，他的索赔管理任务包括：

（1）预测和分析导致索赔的原因和可能性　工程师在工作中应预测和分析导致索赔的原因和可能性，及早堵塞漏洞。工程师在起草文件、下达指令、作出决定、答复请示时应注意到完备性和严密性；颁发图纸、作出计划和实施方案时应考虑其正确性和周密性。

（2）通过有效的合同管理减少索赔事件发生　工程师应对合同实施进行有力的控制，这是他的主要工作。通过对合同的监督和跟踪，不仅可以及早发现干扰事件，也可以及早采取措施降低干扰事件的影响，减少双方损失，还可以及早了解情况，为合理地解决索赔提供条件。在施工中，工程师作为双方的纽带，应做好协调、缓冲工作，为双方建立一个良好的合作气氛。通常合同实施越顺利，双方合作得越好，索赔事件越少，越易于解决。

（3）公平合理地处理和解决索赔　合理解决发包人和承包人之间的索赔纠纷，使双方对解决结果满意，有利于继续保持友好的合作关系，保证项目顺利实施。

2. 承包商的索赔管理任务

1）预测、寻找和发现索赔机会。在招标文件分析、合同谈判过程中，承包商应对工程实施可能的干扰事件有充分的考虑和防范，预测索赔的可能性。在合同实施过程中，通过对实施状况的跟踪、分析和诊断，寻找和发现索赔机会。

2）收集索赔的证据、调查和分析干扰事件的影响。

3）提出索赔意向。

4）计算索赔值、起草索赔报告和递交索赔报告。

5）索赔谈判。

8.1.6 索赔管理和项目管理其他职能的关系

（1）索赔管理与合同管理的关系　合同管理是项目管理的一项主要职能。合同是索赔的依据。承包商只有通过完善的合同管理，才能发现索赔机会和提高索赔成功率；而整个索赔处理过程又是执行合同的过程。

（2）索赔管理与施工计划管理的关系　索赔是计划管理的动力。工程计划管理一般是指项目实施方案、进度安排、施工顺序和所需劳动力、机械、材料的使用安排。在施工过程中，通过实际实施情况与原计划进行比较，一旦发生偏离就要分析其原因和责任，如果这种偏离使合同的一方受到损失，损失方就会向责任方提出索赔。因此，加强工程计划管理，可及早发现索赔机会，避免经济损失。

（3）索赔管理与工程成本控制的关系　在合同实施过程中，承包商可以通过对工程成本的控制，发现实际成本与计划成本的差异，如果实际工程成本增加不是承包商自身的原因造成的，就可以通过索赔，及时挽回工程成本损失，即工程成本管理是搞好索赔管理的基础。

（4）索赔管理与文档管理的关系　索赔必须要求有充分证据，证据是索赔报告的重要组成部分，证据不足的情况下，要取得索赔成功是相当困难的。如果文档管理混乱、资料不及时整理和保存，就会给索赔证据的提供带来很大困难。

8.2 索赔值的计算

8.2.1 费用索赔计算

1. 费用索赔的组成

索赔费用的主要组成部分与工程造价的构成类似，包括直接费、管理费、利润、额外担保与保险费用、融资成本。

（1）直接费　直接费主要包括人工费、材料费、机械设备费及正常损耗费等。

1）人工费。人工费的索赔主要包括额外劳动力雇佣、劳动效益降低、由于发包方违约造成人员闲置、额外工作引起加班劳动、人员人身保险和各种社会保险支出等。

2）材料费。材料费的索赔主要包括材料涨价费用、额外新增材料运输费用、额外新增材料使用费、材料破损消耗估价费用、材料的超期储存费用等。

3）机械设备费。机械设备费的索赔主要包括新增机械设备费用、已有机械设备使用时间延长费用、新增租赁设备费用、由于一方违约使机械设备闲置的费用、机械设备保险费用、机械设备折旧和修理费分摊等。

4）正常损耗费。正常损耗费的索赔主要包括额外低值易耗品使用费、小型工具费、仓库保管成本费等。

（2）管理费　管理费的索赔主要包括总部管理费和现场管理费。

（3）利润　在非己方原因导致合同延期、合同全部完成之前的合同解除，以及合同变更等情况下的索赔可能包括利润的索赔。

（4）额外担保与保险费用　例如，由于发包方违约等非承包方原因造成的合同工期延长，则承包方就必须相应延长履约担保的有效期，或由于工程量变更较大而追加担保金额，保险期延长也使保险费用增加等，承包方有权从发包方那里得到这部分额外担保和保险费用的补偿。

（5）融资成本　例如，对于发包方违约造成的承包方的融资成本损失，承包方应有权得到相应的经济补偿。

引起索赔事件的原因和费用都是多方面的和复杂的，在具体进行一项索赔事件的费用计算时，应该具体问题具体分析，并分项列出详细的费用开支和损失证明及单据，交由监理工程师审核和批准。

2. 费用索赔的计算方法

（1）总费用法　总费用法是一种较简单的计算方法，是把固定总价合同转化为成本加酬金合同，即以受损方的额外成本为基础，加上管理费和利息等附加费作为索赔值。一般认为在具备以下条件时采用总费用法是合理的：① 已开支的实际总费用经过审核，认为是比较合理的；② 受损方的原始报价是比较合理的；③ 费用的增加是由于对方原因造成的，其中没有受损方管理不善的责任；④ 由于该项索赔事件的性质以及现场记录的不足，难于采用更精确的计算方法。

（2）分项法　分项法是按每个或每类干扰事件引起费用项目损失分别计算索赔值的方法。包括人工费索赔、材料费索赔、施工机械费索赔、现场管理费索赔、总部管理费索赔和融资成本、利润与机会利润损失的索赔。

8.2.2　工期索赔计算

1. 工期索赔的情形

按延误责任进行分类可分为无过错延误和过错延误两种。

（1）无过错延误　无过错延误是由发包方的责任和客观原因造成的延误，并非承包方的过错。它是无法合理预见和防范的延误，是可以原谅的，虽然不一定能得到经济补偿，但承包方有权获准延长合同工期。

（2）过错延误　过错延误是指因可以预见的条件或在承包方控制范围之内的情况，或由承包方自己的问题与过错而引起的延误。承包方不仅得不到工期延长，也得不到费用补偿，还要赔偿发包方由此而造成的损失。

2. 工期索赔的计算方法

工期索赔的计算主要有网络图分析法和比例计算法两种。

（1）网络图分析法　网络图分析法是通过分析延误发生前后的网络计划，对比两种工期的计算结果，计算索赔值。就是利用网络图进度计划，分析其关键线路。如果延误的工作为关键工作，则延误的时间为索赔的工期；如果延误的工作为非关键工作，若该工作延误后仍为非关键工作，则不存在工期索赔问题。若该工作延误时间超过总时差时，可索赔延误时间与时差的差值。

（2）比例计算法　比例计算法是用工程的费用比例来确定工期应占的比例，往往用在工程量增加的情况。工期索赔值的计算公式为

$$工期索赔值 = \frac{额外增加工程量价值}{原合同总价} \times 原合同总工期$$

比例计算法简单方便，但有时不符合实际情况，不适用于变更施工顺序、加速施工、删减工程量等事件的索赔，适用范围比较狭窄。

8.2.3　案例研究与练习

某大型商业中心大楼的建设工程按照 FIDIC 合同模式进行招标和施工管理。中标合同价为 18 329 500 元人民币，工期 18 个月。工程内容包括场地平整、大楼土建施工、停车场、餐饮厅等。

1. 承包方遇到的问题及索赔要求

在发包方下达开工指令后，承包方按期开始施工。但在施工过程中，首先遇到如下问题：

1）工程地基条件比发包方提供的地质勘探报告差。

2）施工条件受交通的干扰甚大。

3）设计多次修改，监理工程师下达工程变更指令，导致工程量增加和工期拖延。

为此，承包方先后提出 6 次工期索赔，累计要求延期 395 天；此外，还提出了相关的费用索赔。申明将报送详细索赔款额计算书。

2. 发包方的答复

对于承包方的索赔要求，发包方和监理工程师的答复是：

1）根据合同条件和实际调查结果，同意工期适当延长，批准累计延期 128 天。

2）发包方不承担合同价款以外的任何附加开支。

承包方对发包方的上述答复极不满意，并提出了书面申辩，提出累计工期延长 128 天是不合理的，不符合实际的施工条件和合同条款。承包方的 6 次工期索赔报告，包括了实际存在的并符合合同的诸多理由，要求监理工程师和发包方对工期延长天数再次予以核查批准。

从施工的第二年开始，根据发包方的反复要求，承包方采取了加速施工措施，以便商业中心大楼早日建成。这些加速施工的措施，监理工程师是同意的，如由一班作业改为两班作业，节假日加班施工，增加了一些施工设备等。就此，承包方向发包方提出加速施工的费用赔偿要求。

3. 监理工程师和发包方对承包方的索赔要求的最终答复

监理工程师和发包方对承包方的反驳函件进行了多次研究，在工程快结束时作出答复：

1）最终批准工期延长 176 天。

2）如果发生计划外附加开支，同意支付直接费和管理费，待索赔报告正式送出后核定。这最终批准的工期延长天数就是工程建成时实际发生的拖期天数。工期原定期为 18 个月（547 个日历天数），而实际竣工工期为 723 天，即实际延期 176 天。发包方在这里承认

了工程拖期的合理性，免除了承包方承担误期损害赔偿费的责任，虽然不再多给承包方更多的延期天数，承包方也感到满意。同时发包方允诺支付由此而产生的附加费用（直接费和管理费），说明发包方已基本认可承包方的索赔要求。

4. 承包方的费用索赔要求

在工程即将竣工时，承包方送来了索赔报告书，其索赔费用的组成如下：

- 加速施工期间的生产效率降低损失费 659 191 元；
- 加速并延长施工期的管理费 121 350 元；
- 人工费调价增支 23 485 元；
- 材料费调价增支 59 850 元；
- 设备租赁费 65 780 元；
- 分包装修增支 187 550 元；
- 增加投资贷款利息 152 380 元；
- 履约保函延期增支 52 830 元；

以上共计 1 322 416 元。

- 利润（8.5%）为 112 405 元；

索赔款合计 1 434 821 元。

对于上述索赔额，承包方在索赔报告书中逐项地进行了分析计算，主要内容如下：

（1）劳动生产率降低引起的附加开支　承包方根据自己的施工记录，证明在发包方正式通知采取加速措施以前，他的工人的劳动生产率可以达到投标文件所列的生产效率。但当采取加速措施以后，由于进行两班作业，夜班工作效率下降；由于改变了某些部位的施工顺序，工效亦降低。在开始加速施工以后，直到建成工程项目，承包方的施工记录总用技工 20 237 个工日，普工 38 623 个工日。但根据投标书中的工日定额，完成同样的工作所需技工为 10 820 个工日，普工 21 760 个工日。这样，多用的工日是由于加速施工形成的生产率降低，增加了承包方的开支，见表 8-1。

表 8-1　劳动生产效率降低引起的附加开支表

	技　工	普　工
实际用工日（A）	20 237	38 623
按合同文件用工日（B）	10 820	21 760
多用工日（C = A − B）	9417	16 863
每工日平均工资元/工日（D）	31.5	21.5
增支工资款/元（E = C × D）	296 636	362 555
共计增支工资/元	659 191	

（2）延期施工管理费增支　根据投标书及中标协议书约定，在中标合同价 18 329 500 元中包含施工现场管理费及总部管理费 1 270 134 元。按原定工期 18 个月（547 个日历天数）计，每日平均管理费为 2322 元。在原定工期 547 天的前提下，发包方批准承包方采取加速措施，并准予延长工期 176 天，以完成全部工程。在延长施工的 176 天内，承包方应得管理费款额为：（2332 × 176）元 = 408 672 元。

但是，在工期延长期间，承包方实施发包方的工程变更指令，所完成的工程款中已包含了管理费 287 322 元（可以按比例反算工程变更增加工程费为 414 万元人民币，相当于正常 4 个月工作量）。为了避免管理费的重复计算，承包方应得的管理费为：（408 672 − 287 322）元 = 121 350 元。

（3）人工费调价增支　根据人工费增长的统计，在后半年施工期间工人工资增长 3.2%，按规定进行人工费调整，故应调增人工费。

本工程实际施工期为 2 年，其中包括原定工期 18 个月（547 天），以及批准工期延长 176 天。在 2 年的施工过程中，第一年系按合同正常施工，第二年系加速工期。在加速施工的 1 年里，按规定在其后半年进行人工费调整（增加 3.2%），故应对加速施工期（1 年）的人工费的 50% 进行调增，即：

技工：　　　　　$[(20\ 237 \times 31.5)/2 \times 3.2\%]$ 元 = 10 199 元

普工：　　　　　$[(38\ 623 \times 21.5)/2 \times 3.2\%]$ 元 = 13 286 元

共调增 23 485 元。

（4）材料费调价增支　根据材料价格上调的幅度，对施工期第二年内采购的三材（钢材、木材、水泥）及其他建筑材料进行调价，上调 5.5%。由统计计算结果，第二年度内使用的材料总价为 1 088 182 元，故应调增材料费：1 088 182 元 × 5.5% = 59 850 元。

（5）租赁费增支　机械租赁费 65 780 元，系按租赁单据上款额列出。

（6）分包商装修工作增支　根据装修分包商的索赔报告，其人工费、材料费、管理费以及合同规定的利润索赔总计为 187 550 元。分包商的索赔费如数列入总承包方的索赔款总额以内，在发包方核准并付款后悉数付给分包商。

（7）增加投资贷款利息　由于采取加速施工措施，并延期施工工期，承包方不得不增加其资金投入。这部分增加的投资，无论是承包方从银行贷款，或是由其总部拨款，都应从发包方处取得利息的补偿，其利率按当时的银行贷款利率计算，计息为一年，即：

　　　　　1 792 700 元 × 8.5% = 152 380 元（1 792 700 元为总贷款额）

（8）履约保函延期开支　根据银行担保协议书规定的利率及延期天数计算，为 52 830 元。

（9）利润　按加速施工期间及延期施工期内，承包方的直接费、间接费等项附加开支的总值，乘以合同中原定的利润率（8.5%）计算，即 1 322 416 元 × 8.5% = 112 405 元。

以上 9 项，总计索赔款额为 1 434 821 元，相当于原合同价的 7.8%，这就是由于加速施工及工期延长所增加的建设费用。

5. 索赔处理分析

本工程项目的索赔包括工期拖延和加速施工索赔，在索赔的提出和处理上有一定的代表性。虽然该索赔经过工程师和发包方的讨论，顺利通过核准，并取得了拨款，但在处理该项索赔要求（即反驳索赔报告时）尚有如下问题值得注意：

（1）承包方索赔报告没有细分各干扰事件的分析和计算　承包方是按照综合索赔方式提出的索赔报告，而且没有细分各干扰事件的分析和计算。工程师反索赔应要求承包方将各干扰事件的工期索赔、工期拖延引起的各项费用索赔、加速施工所产生的各项费用索赔分开来分析和计算，否则容易出现计算错误。在本索赔中发包方基本上赔偿了承包方的全部损失，而且许多计算明显不合理。

（2）工期索赔的处理　对承包方提出的 6 次工期索赔，工程师进行了详细分析：

1）发包方责任造成的，如地质条件与勘查报告不一致、设计修改、图纸拖延等，则工期和费用都应补偿。

2）其他原因造成的，如恶劣的气候条件，工期可以顺延，但费用不予补偿。

3）承包方责任以及应由承包方承担的风险，如正常的阴雨天气、承包方施工组织失误、拖延开工等。

4）对承包方提出的交通干扰所引起的工期索赔，如果在投标后由于交通法规变化，或当地新的交通管理规章颁布，则属于一个有经验的承包方不能预见的情况，应不属于承包方的责任；如果当地交通状况一直如此，规章没有变化，则应属于承包方交通环境调查的责任。

上述几类索赔原因在工程中都会存在，这种分析在本工程中对工期、费用索赔的反驳，对确定加速所赶回工期数量（按本工程的索赔报告无法确定）以及加速费用计算极为重要。由于这个关键问题未说明，所以在本工程中对费用索赔的计算很难达到科学和合理。

（3）劳动生产率降低的计算　发包方赔偿了承包方在施工现场的所有实际人工费损失，这只有在承包方没有任何责任，以及没发生合同约定的任何承包方风险状况下才成立。如果存在气候原因和承包方应承担的风险原因造成工期拖延，则相应的人工工日应在总额中扣除。而且：

1）工程师应分析承包方报价中劳动效率（即合同文件用工量）的科学性。承包方在投标文件中可能有投标策略。如果投标文件用工量较少（即在保持总人工费不变的情况下，减少用工量，提高劳动力单价），则按这种方法计算会造成发包方损失。在上述情况下，则可利用定额规定的劳动效率，或参考本项目其他承包方的标书所载明劳动效率，以减少发包方的损失。

2）合同文件用工应包括工程变更（约414万元人民币工程量）中已经在工程价款中支付给承包方的人工费，应该扣除这部分人工费。

3）实际用工中应扣除发包方点工计酬，承包方责任和风险造成的窝工损失（如阴雨天气）。

4）从总体上看，第二年加速施工，实际用工比合同用工增加了近1倍，承包方报出的数量太大。这个数值是本索赔报告中最大的一项，应作重点分析。

（4）工期拖延相关的施工管理费计算　对拖延176天的管理费，这种计算使用了Hudson公式，不太合理，应按报价分摊到每天的管理费，并适当折扣。同时还要作报价分析。如果开办费独立立项，则这个折扣可大一点。但又应考虑到由于加速施工增加了劳动力和设备的投入，在一定程度上又会加大施工管理费的开支。

（5）人工费和材料费上涨的调整

1）由于本工程合同允许价格调整，则此调整最好放在工程款结算中调整较为适宜。如果工程合同不允许价格调整，即固定价格合同，则由于工期拖延和物价上涨的费用索赔在工期拖延相关费用索赔中提出较好。

2）如果建筑材料价格上涨5.5%是基准期到第二年年底的上涨幅度，或年初上涨幅度（对固定价格合同），则由于在工程中材料是被均衡使用的，所以按公式只能计算一半，即1 088 182 元 ×5.5% ×0.5 = 29 925 元。

（6）贷款利息的计算　这种计算利息的公式是假设在第二年年初就投入了全部资金的

情况，显然不太符合实际。利息的计算一般是以承包方工程的负现金流量作为计算依据。如果按照承包方在本工程中提出的公式计算，通常也只能算一半。

（7）利润的计算

1）由于图纸拖延、交通干扰等造成的拖延所引起的费用索赔一般不能计算利润。

2）人工费和材料费的调价也不能计算利润。一般情况下本工程不能索赔利润。

8.3　索赔的处理与解决

8.3.1　索赔的依据和证据

1. 索赔的依据

（1）法律法规

法律，如《中华人民共和国合同法》《中华人民共和国建筑法》《中华人民共和国招标投标法》等。

行政法规，如《建设工程质量管理条例》等。

司法解释，如最高人民法院《关于审理建设工程施工合同纠纷案件适用法律问题的解释》等。

部门规章，如《建设工程价款结算办法》等。

地方法规，如《×××省（市）建筑市场管理办法》《×××省（市）建设工程结算管理办法》等。

（2）合同　建设工程合同是建设工程的发包方为完成工程，与承包方签订的关于承包方按照发包方的要求完成工作，交付建设工程，并由发包方支付价款的合同。因此，建设工程合同一旦签订，就代表双方愿意接受合同的约束，严格按照合同约定行使权利、履行义务及承担责任。而出于对风险的预估，合同中往往会有关于索赔责任的约定，因此，一方可以依据合同中明确约定的索赔条款要求对方承担责任；另外，有时虽然合同中可能没有明确约定索赔条款，但是从合同的引申含义和合同相关的法律法规可以找到索赔的依据，即默示条款。

（3）工程建设惯例　交易习惯是指平等民事主体在民事往来中反复使用、长期形成的行为规则，这种规则约定俗成，虽无国家强制执行力，但交易双方自觉地遵守，在当事人之间产生权利和义务关系。《合同法》第六十一条规定：“合同生效后，当事人就质量、价款或者报酬、履行地点等内容没有约定或约定不明确的，可以协议补充；不能达成补充协议的，按照合同有关条款或者交易习惯确定。”由此可见，交易习惯是合同履行过程中有重要的补漏功能，另外也有学者认为交易习惯具有合同模式条款的功能，其“根据当事人的行为，根据合同其他明示条款或习惯，不言自明，理应存在于合同，而当事人在合同中没有写明的条款”。在当事人的长期交易中，由于共同遵循某种习惯或者形成了固定的交易惯例，在订立合同时，为了节省谈判时间和交易成本，提高效率，当事人一般不在合同中列出这些内容，但作为默示条款，仍支配着当事人的行为，因此，工程建设惯例也可作为索赔的依据。

2. 索赔证据

索赔证据是当事人用来支持其索赔成立或与索赔有关的证明文件和资料。索赔证据作为索赔报告的组成部分，在很大程度上关系到索赔的成功与否。证据不全、不足或没有证据，索赔是不可能获得成功的。索赔证据既要真实、全面、及时，又要具有法律证明效力。

对于索赔证据的收集，应在施工过程中就始终做好数据积累工作，建立完善的数据记录和科学管理制度，认真系统地积累和管理建设工程合同文件、质量、进度及财务收支等方面的数据，有意识地为索赔报告积累必要的证据材料。

在工程项目实施过程中，常见的索赔证据主要有：

1）各种工程合同文件。

2）施工日志。

3）工程照片及声像数据。

4）来往信件、电话记录。

5）会议纪要。

6）气象报告和资料。

7）工程进度计划。

8）投标前发包方提供的参考数据和现场数据。

9）工程备忘录及各种签证。

10）工程结算数据和有关财务报告。

11）各种检查验收报告和技术鉴定报告。

12）其他，包括分包合同、订货单、采购单、工资单、官方的物价指数等。

8.3.2 索赔重点

施工索赔贯穿施工项目全过程，是为确保增加结算收入、确保承包商在施工中超过合同范围的支出能得到相应的补偿的一项重要工作。施工索赔过程要抓住以下重点：

1. 深入研究招投标文件和施工合同两个文本

工程施工招投标文件和《施工承包合同》是索赔的根本和基础，研究两个文本是索赔的基本要求。只有对合同和招标文件认真研究和正确领会，在施工过程中找出合同与现状间的差距，才能发现问题提出索赔，才能知道解决问题的途径和方法，索赔工作才能做好。

（1）研究招投标文件 要深入研究招标书和投标书，清楚业主对施工的要求和承包人在投标时的承诺；报价编制的原则、依据；施工组织设计方案等方面，将招标、投标条款和现场实际情况进行比较，找到索赔的依据。

（2）研究施工承包合同 认真研究合同文件，熟练掌握合同条款，清楚合同中甲方的责任、义务、应该做到的工作、差价和设计变更的处理规定，清楚乙方应负的责任、义务和满足合同的要求等条款，对可能产生索赔的有关条款反复研究、认真分析、吃透精神以论证索赔要求的合法性，及时发现索赔条件，抓住索赔机会。

2. 切实掌握工作情况

（1）掌握设计变更工作动态 工程产品的特殊性，决定了任何工程在施工过程中都会发生设计变更。施工现场发生变更时首先要提出有利于增加收入的变更方案，主动提供现场数据资料，力促业主、监理、设计能按方案确定变更，把握好设计变更就会产生利润空间。积累全部的变更资料，否则就等于自动放弃了可能实现的利润。

（2）掌握当地政府收费政策的变化 工程项目从立项到施工结束时间跨度长，工程所在地政府的收费标准可能发生变化，掌握好实际发生的资源费、占地费、排污费、河道占用费等各种管理费等的变化情况，与招标文件、标书和施工承包合同进行比较，寻找差异和索赔的机会。

（3）掌握施工现场条件与环境的变化　由于设计深度不够，设计与施工现场不符，特别是设计与施工间隔时间较长的工程，地面状况变化会很大。通过复测计算工程量并与施工图数量进行对照，掌握数量的变化以及大临的设置、过渡方案的可行性，有变化及时与设计反映，及时履行有效的索赔手续，就可能避免很多损失，得到补偿，产生利润。

（4）掌握人工、材料、设备价格的变动情况　由于供需关系的变化，人工、材料、设备的市场价格随着工程的进展变化特别大，及时了解价格变化情况，随时收集变化的有关证明材料，尤其是施工过程中的发票、当地政府公布的市场价信息、结算单据等，为索赔打下基础。

（5）掌握自然灾害造成的损失情况　人力不可抗拒的自然灾害不可避免，按合同规定是可以得到补偿的，若业主委托给保险公司办理，也可以索赔。根据收集的气象资料、影像资料等认真分析、计算造成工期延后工效降低及抗灾抢险等费用，及时上报业主并做好记录。

（6）掌握各种干扰造成的损失情况　由于设计滞后，交叉施工，各种征迁补偿等产生的干扰对施工影响很大；间断性、等待性、颠倒工序的施工降低工程效率，甚至产生废弃工程。掌握各种干扰对工程的影响，为索赔打下基础。

（7）掌握抢工期增加的投入情况　由于业主要求提前完工打破了合理的施工组织，不能按正常工期组织施工，要想抢工期就必须加大投入增加成本，增加费用计算要合情合理、翔实记录、有理有据。

（8）掌握施工方案的变更情况　设计或投标时的施工组织与实际情况不符，或由于工期的变更、运输的需要等无法执行原施工组织，需改变原有施工组织方案。改变后的施工方案，业主的有关文件，会议纪要和批复意见及监理、设计的书面意见等资料，都要及时收集整理。

3. 认真落实三项工作

（1）基础资料翔实有据　测量数据、变更图纸、数量计算、会议纪要、现场照片、影像资料、气象资料及相关文件，凡属涉及索赔的基础资料一定要做到随时收集整理。

（2）证明材料签字手续及时、齐全　首先，围绕索赔事项形成的会议纪要、工程量计算单、变更设计申请等，让有关方面及时予以签认；然后根据签认的数量按报价原则编制预算。有些索赔事件的时效性很强，当时进行签认，业主、监理、设计都便于接受，过后再补就会增加难度。

（3）与各方关系友好融洽　在索赔工作中一方面要据理力争，另一方面要态度谦和，处理好各方关系。只有与业主、监理、设计关系融洽才能使他们真正理解施工单位，以利于办理索赔手续达到索赔目的。

4. 在合同规定的时限内提出索赔

索赔事件发生后，按照合同规定的时限内提出索赔通知书，否则会丧失索赔权利。

索赔过程控制的关键：必须做到资料齐全、理由充分、证据确凿，这是索赔成功的基础；必须掌握索赔的有效时间，这是索赔成功的前提；必须把握索赔的方法、技巧，要有耐性和决心，这是索赔成功的保证。

8.3.3 索赔的程序

2013《清单规范》9.13.2规定，"根据合同约定，承包人认为非承包人原因发生的事件造成了承包人的损失，应按以下程序向发包人提出索赔：

1）承包人应在索赔事件发生后28天内，向发包人提交索赔意向通知书，说明发生索赔事项的事由。承包人逾期提交索赔意向通知书的，丧失索赔的权利。

2）承包人应在发出索赔意向通知书后28天内，向发包人正式提交索赔通知书。索赔通知书应详细说明索赔的理由和要求，并附有必要的记录和证明材料。

3）索赔事件具有连续影响的，承包人应继续提交延续索赔通知，说明连续影响的实际情况和记录。

4）在索赔事件影响结束后的28天内，承包人向发包人提交最终索赔通知书，说明最终索赔要求，并附必要的记录和证明材料。"

2013《清单规范》9.13.3规定，承包人索赔应按下列程序处理：

1）发包人收到承包人的索赔通知书后，应及时查验承包人的记录和证明材料。

2）发包人应在收到索赔通知书或有关索赔的进一步证明材料后的28天内，将索赔处理结果答复承包人，如果发包人逾期未作出答复，视为承包人索赔要求已经发包人认可。

3）承包人接受索赔处理结果的，索赔款项应作为增加合同价款，在当期进度款中进行支付；承包人不接受索赔处理结果的，按合同约定的争议解决方式办理。

2013《清单规范》9.13.4规定，承包商要求索赔时，可以选择以下一项或几项方式获得赔偿：

1）延长工期。

2）要求发包人支付实际发生的额外费用。

3）要求发包人支付合理的预期利润。

4）要求发包人按合同的约定支付违约金。

若承包人的费用索赔和工期索赔要求相关联时，发包人在作出费用索赔的批准决定时，应结合工程延期，综合作出费用索赔和工期延期的决定。

发承包双方在按合同约定办理了竣工结算后，应被认为承包人已无权再提出竣工结算前所发生的任何索赔。承包人在提交的最终结清申请中，只限于提出竣工结算后的索赔，提出索赔的期限自发承包双方最终结清时终止。

根据合同约定，发包人认为由于承包人的原因造成发包人的损失，应参照承包人索赔的程序进行索赔。

2013《清单规范》9.13.8规定，发包人要求索赔时，可以选择以下一项或几项方式获得赔偿：

1）延长质量缺陷修复期限。

2）要求承包人支付实际发生的额外费用。

3）要求承包人按合同的约定支付违约金。

承包人应付给发包人的索赔金额可以从拟支付给承包人的合同价款中扣除，或由承包人以其他方式支付给发包人。

8.3.4　索赔小组与索赔报告

1. 索赔小组

索赔是一项复杂、细致而艰巨的工作。组建一个知识全面、索赔经验丰富、稳定的索赔机构从事索赔工作，是索赔成功的重要条件。在一般情况下，应根据工程规模及复杂程度、工期长短、技术难度、合同的严密性程度以及发包方的管理能力等因素组建索赔小组。

索赔小组的人员要相对稳定，各负其责，积极配合，齐心协力完成好索赔管理工作。对于大型的工程，索赔小组应由项目经理、合同法律专家、工程经济专家、技术专家和施工工程师等组成。工程规模小、工期短、技术难度不高、合同较严密的工程，可以由有经验的造价工程师或合同管理人员承担索赔工作。

2. 索赔报告

索赔报告是索赔方向对方提出索赔的书面文件，它全面反映了索赔方对一个或若干个索赔事件的所有要求和主张，对方当事人也是通过对索赔报告的审核、分析和评价，作出认可、要求修改、反驳甚至拒绝的回答，索赔报告也是双方进行索赔谈判或调解、仲裁、诉讼的依据，因此，索赔报告的表达与内容对索赔的解决有重大影响，索赔方必须认真编写索赔报告。

在工程建设过程中，一旦出现索赔事件，索赔方应该按照索赔报告的构成内容，及时地向对方提交索赔报告。单项索赔报告的一般格式如下：

（1）题目　索赔报告的标题应该能够简要、准确地概括索赔的中心内容，如"关于……事件的索赔"。

（2）事件　详细描述事件过程，主要包括索赔事件发生的工程部位、时间、原因、经过，影响的范围，索赔方当时采取的防止事件扩大的措施，事件持续时间，索赔方已经向对方或工程师报告的次数及日期，最终影响结束的时间，事件处置过程中的有关主要人员办理的有关事项，包括双方信件交往、会谈，并指出对方如何违约、证据的编号等。

（3）理由　理由是指索赔的依据，主要是法律依据和合同条款的约定。合理引用法律和合同的有关规定，建立事实与损失之间的因果关系，说明索赔的合理、合法性。

（4）结论　结论指出事件造成的损失或损害的大小，主要包括要求补偿的金额及工期，这部分只需列举各项明细数字及汇总数据即可。

（5）详细计算书（包括损失估价和延期计算两部分）　为了证实索赔金额和工期的真实性，必须指明计算依据及计算数据的合理性，包括损失费用、工期延长的计算基础、计算方法、计算公式及详细的计算过程及计算结果。

（6）附件　附件包括索赔报告中所列举的事实、理由、影响等各种附编号的证据、图表。

编写索赔报告需要实际工作经验。索赔报告如果起草不当，会失去索赔方的有利地位和条件，使正当的索赔要求得不到合理解决。对于重大索赔或一揽子索赔，最好能在律师或索赔专家的指导下进行。编写索赔报告要满足符合实际、说服力强、计算准确和简明扼要等基本要求。

8.4 索赔与反索赔策略

8.4.1 索赔的策略

索赔策略是承包方工程经营策略和索赔向导的重要环节，包括承包方的基本方针和索赔目标的制订、分析实现目标的优劣条件、索赔对承包方利益和发展的影响、索赔处理技巧等。索赔需要总体谋略。《孙子兵法·计篇》曰："夫未战而庙算胜者，得算多也；未战而庙算不胜者，得算少也。多算胜，少算不胜，况乎无算乎。"古人之教诲，工程承包界前辈之经验，总体谋略是索赔成功的关键。一般来讲要做好索赔总体谋略，承包方必须全面把握几个方面的问题。

1. 确定索赔目标

施工索赔目标是指承包方对施工索赔的基本要求。可对要达到的目标进行分解，按难易程度进行排列，分析它们实现的可能性，从而确定最低和最高目标。也分析实现目标的风险，如能否抓住施工索赔机会，保证在施工索赔有效期内提出施工索赔；能否按期完成合同约定的工程量，执行发包方加速施工指令；能否保证工程质量，按期交付，工程中出现失误后的处理办法等。

2. 对发包方进行分析

分析发包方的兴趣和利益所在，要让施工索赔在友好和谐的气氛中进行，处理好单项施工索赔和总施工索赔的关系，对于理由充分且重要的单项施工索赔应力争尽早解决；对于发包方坚持拖后解决的施工索赔要按发包方的意见认真积累有关资料，为最终施工索赔做准备。根据对方的利益所在，就双方感兴趣的地方，承包方在不过多损害自己利益的情况下可适当让步，打破僵局，在对方愿意接受施工索赔的情况下，不要得理不让人，否则反而达不到施工索赔的目的。

对发包方的社会心理、价值观念、传统文化、生活习惯，甚至包括发包方本人的兴趣、爱好的了解和尊重，对索赔的处理和解决有极大的影响，有时直接关系到索赔甚至整个项目的成败。现在西方的承包方在工程投标、洽谈、施工、索赔中特别注意这些方面的内容。

3. 承包方自身的经营战略分析

承包方的经营战略直接制约着索赔策略和计划。在分析发包方的目标，发包方的情况和工程所在地的情况后，承包方应考虑如下问题：

1）有无可能与发包方继续进行新的合作，如发包方有无新的工程项目？

2）承包方是否打算在当地继续扩展业务或扩展业务的前景如何？

3）承包方与发包方之间的关系对当地扩展业务有何影响？

这些问题是承包方决定整个索赔要求、解决方法和解决期望的基本点，由此确定承包方对整个索赔的基本方针。

4. 承包方的主要对外关系分析

在合同履行过程中，承包方有多方面的合作关系，如与发包方、监理工程师、设计单位、发包方的其他承包方和供货商、承包方的代理人或担保人、发包方的上级主管部门或政府机关等。承包方对各个方面要进行详细分析，利用这些关系，争取各方面的理解、合作和支持，造成有利于承包方的氛围，从各个方面向发包方施加影响，这往往比直接与发包方谈判更为有效。

5. 对发包方索赔的估计

在工程问题比较复杂、双方都有责任，或工程索赔以一揽子方案解决的情况下，应对对方已提出的或可能提出的索赔值进行分析和估算。在国际承包工程中，常常有这种情况：在承包方提出索赔后，发包方采取反索赔策略和措施，如找一些借口提出罚款和扣款，在工程验收时挑毛病，提出索赔用以平衡承包方的索赔。这是必须充分估计到的。对发包方已经提出的和可能提出的索赔项目进行分析，列出分析表，并分析发包方这些索赔要求的合理性，即自己反驳的可能性。

6. 承包方的索赔值估计

承包方对自己已经提出的及准备提出的索赔进行分析，分析可能的最大值和最小值、这些索赔要求的合理性和发包方反驳的可能性。

7. 合同双方索赔要求对比分析

通过分析可以看出双方要求的差距。己方提出索赔，目的是通过索赔得到费用补偿，则两估计值对比后，己方应有盈余。如己方为反索赔，目的是为了反击对方的索赔要求，不给对方以费用，则两估计值对比后至少平衡。

8. 可能的谈判过程

索赔一般最终在谈判桌上解决。索赔谈判是合同双方面对面的较量，是索赔能否成功的关键。一切索赔计划和策略都要在此付诸实施，接受检验；索赔报告在此交换、推敲、反驳；双方都派最精明强干的专家参加谈判。在这里要考虑：① 如何在一个友好和谐的气氛中将对方引入谈判？② 谈判将有哪些可能的进程？③ 如何争取对自己有利的形势，谈判过程中对方有什么行动？④ 我方应采取哪些对应措施？

一切索赔的计划和策略都是在谈判桌上得以体现并接受检验的，因此，谈判之前要准备充分，对谈判的可能过程要做好事前分析，保持谈判的友好和谐气氛。谈判应从发包方关心的议题入手，从发包方感兴趣的问题谈起，始终保持友好和谐的谈判氛围。谈判过程要重事实、讲证据，既要据理力争、坚持原则，又要适当让步、机动灵活。所谓施工索赔的"艺术"，常常在谈判桌上得以体现。所以，选择和组织精明强干、有丰富施工索赔知识及经验的谈判班子就显得极为重要。

8.4.2　索赔技巧

施工索赔的技巧是为施工索赔的策略目标服务的，因此，在确定了施工索赔的策略目标之后，施工索赔技巧就显得格外重要，它是施工索赔策略的具体体现。施工索赔技巧因人、因客观环境条件而异。

1. 及早发现施工索赔机会

一个有经验的承包方，在投标报价时就应考虑将来可能要发生施工索赔的问题，仔细研究招标文件中合同条款和规范，仔细查勘施工现场，对可能发生的索赔事件有敏感性和预见性，探索施工索赔的可能机会。

在报价时要考虑施工索赔的需要，在进行单价分析时，应列入生产效率，把工程成本与投入资源的效率结合起来，这样，在施工过程中论证施工索赔原因时，可引用效率降低作为施工索赔的根据。在施工索赔谈判中，如果没有生产效率降低的数据，则很难说服监理工程师和发包方，施工索赔无取胜可能，反而会被认为生产效率的降低是承包方施工组织不利，没有达到投标时的效率。

要论证效率降低，承包方应做好施工记录，记录好每天使用的设备、工时、材料和人工数量、完成的工程量和施工中遇到的问题。

2. 选准并把握索赔时机进行索赔

索赔时机选择是否恰当，在很大程度上影响着索赔的质量。虽然相关法规都对索赔意向书、索赔报告的提出、上报时间作了明确的规定，然而承包方发现索赔很难在法规要求的时间内得到答复并得到应有的补偿。因此承包方必须选准索赔时机，采取各种灵活的方式敦促发包方履行合同，维护自己的正当权利，并适时向发包方、监理单位提出索赔要求并尽快解决。

一个有索赔经验的承包方，往往把握住索赔机会，使大量的索赔事件在施工过程前1/4～3/4这段时间内基本逐项解决。如果实在不能，也应在工程移交前完成主要索赔的谈判和付款，否则工程移交后，承包方就失去了约束发包方的"武器"，导致发包方"赖账"。承包方要根据发包方的具体情况，具体分析发包方的心态和资金状况，一般以工程作为筹码或以发包方的诚信作赌注，避免索赔时机的丧失。

3. 尽量采用单项索赔，减少综合索赔

单项索赔由于涉及的索赔事件比较简单，责任分析和索赔值的计算不太复杂，金额也不会太大，双方容易达成协议，获得成功。尽量采用单项索赔，随时申报、单项解决、逐月支付，把索赔款的支付纳入按月支付的轨道，同工程进度款的结算支付同步处理。综合索赔的弊端往往由于索赔额大，干扰事件多，索赔报告审阅、评价难度大，谈判难度也大，大多以牺牲承包方利益而终，承包方难以实现预期的索赔目标。

4. 正确处理个性与共性索赔事件

多个承包方施工时，索赔事件要区分个性与共性的问题。这就要求承包方拥有大量的信息，对其他标段的合同及索赔情况有一定的程度的认知和了解。

（1）个性的问题应集中力量优先解决　共性的索赔事项由于牵连到原则性问题，牵涉面广，涉及的金额大，往往解决的时间滞后，通常需要多个承包方共同努力才能解决。

（2）充分利用合同条件将共性问题个性化　索赔事件原因一般比较复杂，可选择的突破口很多，可利用的索赔条款往往不止一条，有经验的索赔人员首先要考虑的问题是将共性问题个性化，同时处理方式要争取个性化。

5. 商务条款苛刻时，多从技术方面取得突破

在买方市场条件下，承包方低价夺标，而合同条款特别是商务条款又近乎苛刻，如何在索赔上取得突破，是一个有经验承包方要考虑的首要问题。大多数合同是固定单价合同，如何实现由价到量的转变，根本出路是从技术方面入手，只要合同条件发生变化，就可申请单价变更。例如，固定的石方开挖单价，可以从岩石的分界线、运距、炸药单消耗等方面找突破口。

6. 合理确定索赔金额的大小

索赔金额必须综合考虑多方面的因素，绝不能单纯从某一个方面（如预算）下结论，确定前必须多次召开专门会议汇总、分析各个方面的情况，在合理的范围内确定索赔的最大金额。

在确定某一索赔事件的索赔金额时，首先要考虑承包方的实际损失，同时系统考虑：发包方、监理方的心态；项目概预算的执行情况及可能的调整情况；索赔证据掌握的程度；发包方的资金状况；公共关系情况等因素。

7. 慎重选择索赔值的计算方法

索赔事项对成本和费用影响的定量分析和计算是极为困难和复杂的，目前还没有统一认可的通用计算方法，如停工和窝工损失费用的计算方法还处在探讨阶段。选用不同的计算方法，对索赔值的影响很大，因此，个别项目在《合同专用条款》中直接规定了索赔值的计算方法。

对于没有明确规定补偿办法的合同，承包方在索赔值计算前，应专门讨论计算方法的选用问题。这需要技巧和实际工作经验，最好向这方面的专家咨询。在重大索赔项目的计算过程中，要按照不同的计算方法，比较计算结果，分析各种计算方法的合理性和发包方接受的可能性大小。这一点在实际操作过程中极为重要。承包方要以合理、有利的原则选取计算方法。

8. 按时提交高质量的索赔报告

在施工索赔业务中，索赔报告书的质量和水平对索赔成败关系密切，一项符合合同要求的索赔，如果索赔报告书写得不好，如对索赔权论证无力，索赔证据不足，索赔计算有误等，承包方会失去索赔中的有利地位和条件，轻则使索赔大打折扣，重则使索赔失败。

索赔报告的编写，首先要根据合同分清责任，阐述索赔事件的责任方是对方的根据。其次是论述的逻辑性要强，强调索赔事件、工程受到的影响、索赔值三者间的因果关系；索赔计算要详细、准确；索赔报告的内容要齐全，语言简洁，通俗易懂，论理透彻；用词要委婉，避免生硬，刺激性，不友好的语言，周全考虑，避免伤及监理、设计单位。对于大型土建工程，索赔报告应就工期和费用索赔分册编写报告报送，不要混为一体。小型工程或比较简单的索赔事项，可编写在同一个报告中。

9. 提交重大索赔报告前必须营造各方认同的气氛

重大索赔事项的解决不仅要取得发包方、监理主要人员的认同，而且要取得与会工作人员的认同，这就需要事先将索赔项目、索赔值与各方负责人进行非正式、单独的意见交换，倾听各方意见，制订下一步的操作方案，如做好舆论宣传做好公关工作等。直接提交重大索赔报告及要求，发包方难以接受，应水到渠成，循序渐进，逐步进入索赔程序，非正式的会谈效果往往比正式谈判好得多。

10. 组成各方面互补的索赔谈判小组

所谓索赔的"艺术"，往往在谈判桌上得到充分的体现。一次谈判能否成功，与谈判人员的组成关系很大，不能轻视，一般要注意索赔谈判小组人员在能力、业务、知识结构、性格、经历、文化层次上应该互补，构成有机整体。

11. 力争友好协商解决，必要时施加压力

索赔争执一般都应该力争和平、友好协商方式解决，避免尖锐的对抗。谈判中出现对立情绪、以凌厉的攻势压倒对方，或一开始就打算用仲裁或诉讼的形式解决，都是不可取的，工程承包界常说："好的诉讼不如坏的友好解决"。

索赔策略和技巧必须在积累大量工程案例的经验基础上才能发挥作用，如果承包方从投标阶段开始，到工程建成、施工合同履行完毕，都注意在施工索赔实践总结各种经验教训，那将会在索赔工作中取得更大的成绩。

8.4.3 索赔防范

1. 外部环境风险防范

外部环境风险如气候条件、经济走向、政治变动、政策法规的调整通常不以施工企业的意志为转移，不管施工企业采用何种措施，都不能避免这些情况的发生。但如果措施得当，风险损失可以得到一定的控制。承包商应积极了解工程所在地天气气候条件，将各季节情况与自己施工计划、工期结合在一起进行分析，并根据客观条件对施工计划、工期进行调整。例如，在江南地区夏季高温期较长，严重影响施工，若工期主要集中在这一时期，则应充分考虑。而在台风较为频繁的时候，应特意关注短期天气预报，提前做好保护措施。对于政策、法规方面的风险，施工企业同样无法避免风险事件的发生。预测预防是主要的应对手段。

2. 招投标风险防范

在招投标过程中，必须在信息获取和报价两方面做足工夫。信息的获取是前提。施工企业必须尽可能了解项目本身情况、业主情况、竞争对手情况、项目所在地情况。其中最重要的是对业主资信的调查了解。业主是工程承包合同的主要当事人，在决定承包工程之前，承包商必须起码了解业主的支付能力和支付信誉，业主拟发包工程的资金来源是否可保证资金的供给，业主能否保证付款的连续性，业主在历史上的支付信誉及对于工程的管理能力，业主同其过去的合作对象的关系及有无过分挑剔行为等，以便作出相应的对策。当业主的资信存在严重问题时，承包商所要考虑的不仅仅是如何应对，而且应考虑是否投这个标。次之重要的是工程本身情况和竞争对手情况。要结合自身实力、特点分析招标项目是否适合自身，与竞争对手相比优劣势何在，如何扬长避短，合理报价，争取中标。

3. 合同风险防范

兵法中有句话："以我之不可胜而待敌之可胜"，这句话同样适合作为施工企业在合同风险中的指导思想。加强自身管理，说得再通俗些，即先做好自己的工作，尽量自己不犯错误，不要给对方以可乘之机，这是施工企业在合同风险应对中的积极态度。具体地讲，施工企业应做到以下几方面：

1）在合同签订、谈判中要尽量争取，不能唯业主之命是从，尽可能避免附加不平等条款的出现。

2）由专人对工程合同及合同条件的原文详细阅读研究，熟悉条款，明晰双方的权利和义务，分清责任，以备双方发生纠纷时有据可查，不至于处于被动地位。对有可能出现歧义的条文，与业主进行沟通、确认。对事关重大的条文，要以学习会、研讨会的形式，达成共识。

3）执行合同不能凭经验、想当然，要讲法律，讲依据。不要急于做合同规定以外的工作，发现合同规定以外应当做的工作要研究具体情况，如果是涉及合同变更或索赔的要抓住，并及时汇总给经营部门，很有可能是创收的好机会。有些工作人员经常是好心帮业主做了额外的工作，似乎是搞好了同业主的关系，但实际上是放弃了合同的权利。

4）文件、函电、会议纪要、合同变更和索赔声明的起草要严格根据合同，以合同条款为依据。有些工作人员经常在起草文件时写到："根据合同的约定"，这样写是不足以为依据的。应该写为："根据合同某条某款的如下约定"并引用原文，只有这样写才能说服业主。

5）合理处理好工期、质量和成本关系。质量是承包商对顾客的承诺，是承包商最基本的责任。任何情况下，都不能放弃质量目标，同时要兼顾工期、质量、成本的不同目标，争取最佳的效果。只有自己保质、保量、按期完成项目，圆满履行合同，才能使自己处于有利地位，在合同履约金、保修金的返还中争取更多主动。

4. 施工过程风险防范

（1）做好图纸会审工作　这是应对设计问题的关键措施。施工前的图纸会审对减少施工中的差错、保证施工的顺利进行有着重要作用。图纸会审中应着重以下几方面问题：

1）设计的依据与施工现场条件是否相符，特别是地质条件和水文条件是否相符。

2）设计对施工有无特殊要求，承包商在技术上、工艺设备上有无困难，能否保证安全施工，能否保证工程质量，承包商对材料的特殊要求，核对工艺要求是否能满足。

3）图纸上尺寸、标高、轴线有无错误；预留孔洞，预埋件大样图有无错误或矛盾等。

（2）重视安全问题　安全风险是实证研究中的另一个关键因素，降低安全风险的关键是加强安全管理，确保生产安全是减少施工风险的有效措施。重视安全投入，提高安全管理人员素质，促使所有一线人员建立安全意识。

（3）注意关系协调　搞好协调是应对业主和监理风险的有效手段。只有积极地沟通和交流，才能减少来自这两方的风险，保证工程的顺利进行。在协调中，施工企业既要坚持原则，讲法律法规，讲合同，不能听任对方摆布，又要考虑到各种现实条件，必要时进行让步，切不可死板教条，因小失大，能在协商范围内解决的问题，就不要通过诉讼等较为极端的方式解决，努力和业主与监理两方搞好关系。

8.4.4　索赔反驳

承包商在接到业主的索赔报告后，就应该着手进行分析，承包商在以下几方面的分析的基础上，向业主进行反驳：

1. 合同总体分析

反索赔同样是以合同作为根据。承包商进行合同分析的目的是分析、评价业主索赔要求的理由和依据。在合同中找出对对方不利、对承包商自己有利的合同条文，以构成对对方索赔要求否定的理由。合同总体分析的重点是，与对方索赔报告中提出的问题有关的合同条款，主要包括合同的组成及其合同变更情况；合同规定的工程范围和承包商责任；工程变更的补偿条件、范围和方法；对方的合作责任；合同价格的调整条件、范围、方法以及对方应承担的风险；工期调整条件、范围和方法；违约责任；争执的解决方法等。

2. 事态调查

承包商的反索赔仍然基于事实基础之上，以事实为根据。这个事实必须有承包商对合同实施过程跟踪和监督的结果，即各种实际工程资料作为证据，用以对照索赔报告所描述的事情经过和所附证据。通过调查可以确定干扰事件的起因、事件经过、持续时间、影响范围等真实的详细情况，应收集整理所有与反索赔相关的工程资料。

3. 合同状态分析、可能状态分析、实际状态分析

承包商在事态调查相收集、整理工程资料的基础上进行合同状态、可能状态、实际状态分析。通过三种状态的分析，承包商首先可以全面地评价工程合同、合同实际状况，评价承包商、业主双方合同责任的完成情况。其次对业主有理由提出索赔的部分进行总概括，分析业主有理由提出索赔的干扰事件有哪些，索赔值是多少。再次对业主的失误和风险范围进行具体指认，这样在谈判中才有攻击点。最后要针对业主的失误作进一步分析，注意寻找向对方索赔的机会，以准备向业主提出索赔，在反索赔中同时要使用索赔手段。

4. 分析评价业主索赔报告

承包商对索赔报告进行全面分析，可以通过索赔分析评价表进行，在索赔分析评价表中分别列出了业主索赔报告中的干扰事件、索赔理由、索赔要求、提出我方的反驳理由、证据、处理意见或对策等，承包商要对索赔分析评价表中的每一项进行逐条分析评价。

5. 向业主递交反索赔报告

承包商反索赔报告主要从业主的索赔程序、索赔理由、索赔计算等方面来反驳业主的索赔。为了避免和减少损失，承包商也可以向业主提出索赔来对抗（平衡）业主的索赔要求。反索赔报告的主要内容包括：合同总体分析简述、合同实施情况简述和评价。这里承包商重点要针对业主索赔报告中的问题和干扰事件叙述事实情况，应包括前述三种状态的分析结果。首先，承包商对双方合同责任完成情况和工程施工情况作评价，评价目的是推卸承包商对对方索赔报告中提出的干扰事件的合同责任，反驳业主索赔要求。按具体的干扰事件，逐条反驳业主的索赔要求，详细叙述承包商自己的反索赔理由和证据，全部或部分地否定业主的索赔要求。其次，承包商提出索赔，对经合同分析和三种状态分析得出的业主违约责任，提出我方的索赔要求，通常可以在本反索赔报告中提出索赔，也可另外出具承包商自己的索赔报告。最后，承包商对反索赔作全面总结：对合同总体分析作简要概括；对合同实施情况作简要概括；对业主索赔报告作总评价；对承包商自己提出的索赔作概括；进行索赔和反索赔最终分析结果比较；提出解决意见，同时要附各种证据，即本反索赔报告中所述的事件经过、索赔理由、计算基础、计算过程和计算结果等证明材料。

小　结

工程索赔通常是指在建设工程合同的履行过程中，合同当事人一方非因自身原因而受到实际损失或权利损害时，通过合法程序向对方提出经济和（或）时间补偿的要求。按照索赔的目的分为工期索赔和费用索赔。

在索赔事件发生后，从承包方提出索赔申请到索赔事件处理完毕，大致要经过的步骤包括：承包方提出索赔意向通知；递交索赔通知书；监理人审核承包方的索赔通知书；提出初步处理意见；商定或确定解决索赔事件的方案；发包方赔付。

索赔的依据主要有法律法规、双方签订的合同以及工程建设惯例。

在工程项目实施过程中，常见的索赔证据主要有：各种工程合同文件；施工日志；工程照片及声像数据；来往信件、电话记录；会议纪要；气象报告和资料；工程进度计划；投标前发包方提供的参考数据和现场数据；工程备忘录及各种签证；工程结算数据和有关财务报告；各种检查验收报告和技术鉴定报告；其他，包括分包合同、订货单、采购单、工资单、官方的物价指数等。

索赔费用的主要组成部分与工程造价的构成类似，包括直接费、管理费、利润及额外费用等。

索赔报告是索赔方向对方提出索赔的书面文件，它全面反映了索赔方对一个或若干个索赔事件的所有要求和主张，对方当事人也是通过对索赔报告的审核、分析和评价，作出认可、要求修改、反驳甚至拒绝的回答，也是双方进行索赔谈判或调解、仲裁、诉讼的依据。

　　无论是发包方还是承包方都应具备防范索赔发生的意识，并采取积极的防范措施；发包方的索赔风险防范主要集中在图纸准备、招投标及施工三个阶段；而承包方的索赔风险防范主要发生在招投标与施工两个阶段，另外合同风险防范也是承包方防范索赔风险的重要措施。

技能训练

训练任务

【背景】某监理单位承担了一工业项目的施工监理工作。经过招标，建设单位选择了甲、乙施工单位分别承担A、B标段工程的施工，并按照《建设工程施工合同（示范文本）》分别和甲、乙施工单位签订了施工合同。建设单位与乙施工单位在合同中约定，B标段所需的部分设备由建设单位负责采购。乙施工单位按照正常的程序将B标段的安装工程分包给丙施工单位。在施工过程中，发生了如下事件：

　　事件1：建设单位在采购B标段的锅炉设备时，设备生产厂商提出由自己的施工队伍进行安装更能保证质量，建设单位便与设备生产厂商签订了供货和安装合同并通知了监理单位和乙施工单位。

　　事件2：总监理工程师根据现场反馈信息及质量记录分析，对A标段某部位隐蔽工程的质量有怀疑，随即指令甲施工单位暂停施工，并要求剥离检验。甲施工单位称：该部位隐蔽工程已经专业监理工程师验收，若剥离检验，监理单位需赔偿由此造成的损失并相应延长工期。

　　事件3：专业监理工程师对B标段进场的配电设备进行检验时，发现由建设单位采购的某设备不合格，建设单位对该设备进行了更换，从而导致丙施工单位停工。因此，丙施工单位致函监理单位，要求补偿其被迫停工所遭受的损失并延长工期。

　　问题：

　　1）在事件1中，建设单位将设备交由厂商安装的做法是否正确？为什么？

　　2）在事件1中，若乙施工单位同意由该设备生产厂商的施工队伍安装该设备，监理单位应该如何处理？

　　3）在事件2中，总监理工程师的做法是否正确？为什么？试分析剥离检验的可能结果及总监理工程师相应的处理方法。

　　4）在事件3中，丙施工单位的索赔要求是否应该向监理单位提出？为什么？对该索赔事件应如何应处理？

第 9 章

国际工程项目常用合同条件

本章概要

合同在国际工程中占据着中心地位，是国际工程参与各方实施工程管理的基本依据。合同的有效管理是项目取得成功的关键；国际工程合同的相关条款及实践经验也是我们国家制定和完善标准合同文本的重要参考，同时也是国内项目实施过程中处理争议及矛盾的重要参考依据。本章重点阐述了国际工程项目中常用的 **FIDIC** 系列合同条件，同时对美国 **AIA** 系列合同、英国的 **ICE** 施工合同、**NEC** 合同、**JCT** 合同及亚洲各地使用的合同条件进行了介绍。通过本章教学，使学生了解国际工程合同条件的类型；理解各合同条件的主要内容和结构；掌握它们的适用范围、条件和各自的特点。

【引导案例】麦加轻轨的伤感

麦加轻轨是沙特政府为缓解每年数百万穆斯林在麦加朝觐时造成的巨大交通压力而专门建造的，项目的建成将在阿拉伯世界产生重大影响。2008 年 10 月初，受沙特阿拉伯政府邀请，并经中国政府推荐，中国铁建股份有限公司独家参与沙特阿拉伯麦加轻轨项目设计、采购、施工总承包以及三年运营管理的议标。2009 年 2 月 10 日，在中沙两国首脑的见证下，沙特政府与中国铁建股份有限公司正式签署了中标合同。麦加轻轨是中国和沙特阿拉伯两国首个合作项目，是中国企业在中东地区承包的第一条轻轨铁路，也是中国企业在海外第一次采用总承包模式承接的工程项目。

麦加轻轨项目采用 EPC + O/M 模式，即设计、采购、施工 + 运营管理的模式，合同造价为 17.73 亿美元，正线全长 18.06 公里，建设工期 22 个月，计划于 2010 年 10 月开通运营。经过中国铁建股份有限公司近一年的不懈努力和艰苦奋战，克服了无数苦难与障碍，确保了项目于 2011 年 10 月全面竣工，并于 2011 年 11 月 3 日全面开通运营。

从该项目合同签署到正式运营的 22 个月里，扣除斋月、朝觐等宗教习俗和作息习惯以及高温的影响，项目留给建设者的实际工期仅 16 个月。如今，这条迄今世界上设计运能最大、运营模式最复杂、同类工程建设工期最短的轻轨铁路项目经受住了首次大规模运营的考验，让世界见证了中国建设军的力量，也为中国铁路进一步赢取中东市场树立了标杆。

但在工期满足要求的同时，中国铁建公司在合同管理上遇到了前所未有的困难，由于实际工程数量比签约时预计工程数量大幅度增加，再加上业主对该项目的 2010 年运能需求较合同规定大幅提升、业主负责的地下管网和征地拆迁严重滞后、业主为增加新的功能大量指令性变更使部分已完工工程重新调整等因素影响，导致项目工作量和成本投入大幅增加，且由于承包单位未针对项目要求进行询价，采用国内价格估价，没有对业主的概念设计进行深入分析，低估项目工程量，同时由于对于中东市场不够熟悉，低估了项目实施的难度，造成项目巨额亏损（据相关资料显示，项目亏损预计达到 41 亿人民币），让项目在进度、质量等方面的成功淹没在国内一片批评和质疑声中。

【评析】为了全面实施"走出去"发展战略，中国的工程公司纷纷到国外承揽工程项目，但由于我们不能及时适应国际市场规则，特别是对合同条款的认识和经验不足，造成了中国工程公司的国际竞争力被大大削弱；同时，中国公司对国际工程通用合同条件缺乏全面的理解及实践经验，合同重要性的认识程度较国外大公司仍有差距，在合同管理上缺乏有效控制，致使许多项目虽然取得了一定的成绩，但仍有大量项目存在成本超支、预期盈利目标未能实现现象。对国际工程合同的全面理解及严格管理是国际工程项目取得成功的必要条件，中国公司仍任重道远。

9.1　概述

所谓国际工程就是工程法律关系（主体、客体和法律关系的内容）三要素之一具有涉外性的工程。从我国的角度看，国际工程包括我国工程单位在海外参与的工程，我国政府、企业在境外投资建设的项目，也包括大量的国内涉外工程，如利用世界银行等国际金融组织的贷款项目、外国政府投资建设的项目等。由于国际工程的涉外性，因而文化传统、法律环境等不同，难以以某国合同文本确立权利义务关系，所以就出现了国际合同文本。

随着近几十年来国际工程的规模和数量的不断扩大，在国际工程承包领域逐步形成了常用的一些标准合同条件，这些标准合同条件在国际工程市场上大量地被采用，同时各标准合同制订委员会亦根据工程实践的情况不断对这些标准文本进行修改完善，使其更为符合工程实际。同时，许多国家在参照国际性的合同条件标准格式的基础上，结合自己国家的具体情况，制订本国的标准合同条件。

目前国际工程项目常用的合同条件主要有：国际咨询工程师联合会（FIDIC）编制的系列合同条件；英国土木工程师学会编制的 ICE 合同、NEC 合同；美国建筑师学会的 AIA 系列合同条件；英国皇家建筑师学会的 JCT 合同及亚洲地区使用的各种合同条件。

大部分国际通用的合同条件都由"通用条件"和"专用条件"两部分组成。通用条件是指对某类工程都普遍适用的条款，如 FIDIC 的"施工合同条件"对各类土木工程（包括房屋建筑、工业厂房、公路、桥梁、水利、港口、铁路等）均是通用的。专用条件则是针对某一具体的工程项目，根据项目所在国和地区的法律法规、项目的特点和业主对合同实施的要求，而对通用条件的具体化、修改和补充。专用条件的条款号和通用条件的条款号是一致的，专用条件和通用条件共同构成一个完整的合同条件。

当然，并非所有的国际工程合同条件都是由通用条件和专用条件来构成的，如 ICE 合同条件就没有独立的专用条件，而是用合同条件标准本的第 71 条来表达专用条件的内容。

9.2　FIDIC 合同条件

9.2.1　FIDIC 组织简介

FIDIC 是国际咨询工程师联合会的法文缩写，即为 Fédération Internationale Des Ingénieurs

Conseils，它于 1913 年在英国成立。第二次世界大战结束后 FIDIC 迅速发展起来，至今已有超过 80 个国家和地区成为其会员，会员分为有投票权的会员协会和无投票权的会员协会（包括荣誉会员、附属会员及联系会员）。中国于 1996 年正式加入。FIDIC 的总部设在瑞士洛桑。FIDIC 是全世界上独立的咨询工程师的代表，是最具权威的咨询工程师组织，它推动着全球范围内高质量、高水平的工程咨询服务业的发展。

FIDIC 下设执行委员会、常设委员会、工作组及论坛四个组织机构。执行委员会设主席、副主席及四位执委岗位，主要负责执行和管理 FIDIC 的全部事务，包括组织战略规划、任命常设委员会、工作组的成员及其工作职责等；常设委员会主要包括裁决评审委员会、业务实践委员会、廉洁管理委员会、合同委员会等；工作组设非洲分会工作组和战略审查工作组；论坛下设质量管理论坛和青年咨询工程师论坛。

9.2.2　FIDIC 文献介绍

国际咨询工程师联合会（FIDIC）对世界工程咨询业的重大贡献之一就是为全球从事工程建设领域的技术人员、管理人员提供了一个重要的知识宝库——FIDIC 文献。多年来，FIDIC 对其文献的编制持续不断地投入了巨大的工作量。

每一份文件都是在根据各国多年的工程管理实践经验，并汲取有关专家、学者及各方的意见和建议的基础上编制的，并在使用过程中不断地进行补充和修订，不断完善并提高其实际应用价值。可以说，FIDIC 文献是集中了全球工程领域持续进步的管理经验编写而成的。

FIDIC 的文献的内容非常广泛，几乎囊括了工程建设领域各类重要问题。FIDIC 编制的各种文件突出的特点是公平、务实、严谨、适用面广和持续改进。编写形式具有多样性，可概括为：合同格式、工作指南、程序规定、工作手册等几类。其内容包括：合同条件、协议范本、质量管理、廉洁管理、项目可持续管理、环境管理、实力建设、咨询服务选择、风险管理、争端解决等许多方面。

FIDIC 的文献确立了工程咨询行业的先进的管理理念和科学的管理方法，构成了 FIDIC 完整的知识体系，已被世界上很多国家和地区所采用，并被普遍认为是工程管理领域应遵循的国际惯例。多年来，FIDIC 的文献在促进国际工程咨询行业的发展中起着重要的作用，赢得了很高的国际声誉。

9.2.3　1999 年以前的 FIDIC 合同条件

FIDIC 专业委员会编制的一系列规范性合同条件，构成了 FIDIC 合同条件体系。这些标准的 FIDIC 合同条件在世界上得到了广泛的应用，不仅 FIDIC 成员在世界范围内广泛使用，也被世界银行、亚洲开发银行、非洲开发银行等世界金融组织在招标文件中使用。

在 FIDIC 合同条件体系中，最早的 FIDIC 合同源于 1957 年，FIDIC 在英国咨询工程师联合会（ACE）颁布的《土木工程合同文件格式》的基础上出版了《土木工程施工合同条件》的第 1 版，常称为"红皮书"，被誉为土木工程合同的"圣经"。随后于 1969 年、1977 年、1987 年分别出了《土木工程施工合同条件》的第 2、3、4 版。1988 年、1992 年两次对第 4 版进行修改，1996 年又作了增补。

1963 年，FIDIC 首次出版了适用于业主和承包商的机械与设备供应和安装的《电气与机械工程标准合同条件格式》即"黄皮书"，随后于 1980 年、1987 年分别出了第 2、3 版。

1995 年，FIDIC 出版了《设计-建造和交钥匙合同条件》即"橘皮书"。以上的"红皮书"、"黄皮书"、"橘皮书"和《土木工程施工合同——分包合同条件》、"蓝皮书"（《招标程序》）、"白皮书"（《顾客/咨询工程师模式服务协议》）、《联合承包协议》、《咨询服务分包协议》共同构成 FIDIC 彩虹族系列合同文件。

9.2.4　新版的 FIDIC 合同条件

为了适应国际工程业和国际经济的不断发展，FIDIC 对其合同条件也一直不断进行修改和调整，以令其更能反映国际工程实践，更具有代表性和普遍意义，更加严谨、完善，更具权威性和可操作性。尤其是近十几年，修改调整的频率明显增大。

1. 新版 FIDIC 合同条件

FIDIC 于 1999 年出版了新的合同标准格式的第 1 版。

（1）《施工合同条件》（Conditions of Contract for Construction），简称"新红皮书"　该合同条件被推荐用于由雇主设计的或由其工程师设计的房屋建筑或土木工程。在这种合同形式下，承包商一般都按照雇主提供的设计施工。但工程中的某些土木、机械、电力和建造工程也可能由承包商设计。

（2）《永久设备和设计——建造合同条件》（Conditions of Contract for Plant and Design-Build），简称"新黄皮书"　该合同条件被推荐用于电力或机械设备的提供，以及房屋建筑或土木工程的设计和实施。在这种合同条件形式下，一般都是由承包商按照雇主的要求设计和提供设备或其他工程（可能包括由土木、机械、电力或建造工程的任何组合形式）。"新黄皮书"与原来的《电气与机械工程标准合同条件格式》相对应，其名称的改变主要在于从名称上直接反映出该合同条件与"新红皮书"的区别，即在"新黄皮书"的条件下，雇主负责编制项目纲要和永久设备性能要求，承包商负责完成永久设备的设计、制造和安装工作；在总价条件下按里程碑方式支付。

（3）《设计采购施工（EPC）/交钥匙工程合同条件》（Conditions of Contract for EPC Turnkey Projects），简称"银皮书"　这本"银皮书"与 1995 年出版的"橘皮书"有一定的相似性，但也有区别，它主要适于工厂建设之类的开发项目，是包含了项目策划、可行性研究、具体设计、采购、建造、安装、试运行等在内的全过程承包方式。"银皮书"采用固定总价合同，按里程碑方式进行支付，雇主代表负责项目实施全过程的管理，管理方式较为宽松，但对工程质量的竣工检验要求非常严格，承包商"交钥匙"时，提供的必须是一套配套完整的可以运行的设施。

（4）《合同的简短格式》（Short Form of Contract）　该合同条件被推荐用于价值相对较低的房屋建筑或土木工程。根据工程的类型和具体条件的不同，此格式也适用于价值较高的工程，特别是较简单的或重复性的或工期短的工程。在这种合同形式下，一般都是由承包商按照雇主或其代表——工程师提供的设计实施工程，但对于部分或完全由承包商设计的土木、机械、电力或建造工程的合同也同样适用。

（5）多边开发银行统一版《施工合同条件》　FIDIC 与世界银行、亚洲开发银行、非洲开发银行、泛美开发银行等国际金融机构共同工作，对 FIDIC《施工合同条件》（1999 年第 1 版）进行了修改补充，编制了这本用于多边开发银行提供贷款项目的合同条件——多边开发银行统一版《施工合同条件》（2005 版和 2006 版）。这本合同条件，不仅便于多边开发银行及其借款人使用 FIDIC 合同条件，也便于参与多边开发银行贷款项目的其他各方，如工程咨询机构、承包商等使用。

多边开发银行统一版《施工合同条件》，在通用条件中加入了以往多边开发银行在专用条件中使用的标准措辞，减少了以往在专用条件的增补和修改的数量，提高了用户的工作效率，减少了不确定性和发生争端的可能性。该合同条件与 FIDIC 的其他合同条件的格式一样，包括通用条件、专用条件以及各种担保、保证、保函和争端委员会协议书的标准文本，方便用户的理解和使用。

2. 新版 FIDIC 合同条件的结构

新版的 FIDIC 合同条件的内容由两部分构成，第一部分为通用条款，第二部分为专用条款以及一套标准格式，本教材主要介绍 FIDIC《施工合同条件》的基本结构。

FIDIC《施工合同条件》的通用条款包括了 20 条 160 款，每条条款下又分有若干子款。

在通常情况下，在国际间的项目招标文件中，对于 FIDIC《施工合同条件》中的通用条款是直接采用，不再需要去编制相关的合同条款。例如，我国曾经的二滩水电站项目、京津塘高速公路项目等，都是直接引用了 FIDIC《施工合同条件》中的通用条款，并以此获得了世界银行的认可。

FIDIC《施工合同条件》第二部分专用条款共包括 20 条，在通常情况下，这一专用条款的部分大都由项目的招标委员会根据项目所在国的具体情况，并结合项目自身的特性，对照 FIDIC《施工合同条件》第一部分的通用条款，进行具体的编写。例如，可以将通用条款中不适合具体工程的条款删去，同时换上适合于本项目的具体内容；同时将通用条款中表述得不够具体或是不够细致的地方在专用条款的对应条款中进行补充和完善；若完全采用通用条款的规定，则该条专用条款只列条款号，内容为空。

3. 新版 FIDIC 合同条件的主要特征

FIDIC 1999 新版的系列合同条件具有许多特点，如"新红皮书"在维持原版本基本原则的基础上，对合同结构和内容作了较大修订，主要体现在以下几个方面：

1）《施工合同条件》与新版的《永久设备与设计——建造合同条件》《设计采购施工（EPC）/交钥匙工程合同条件》统一借鉴了 FIDIC 1995 年出版的"橘皮书"格式，其大部条款标题一致，条款内容上也尽量的保持一致，这样形成了 FIDIC 合同条件的新格式。

2）"新红皮书"对雇主责任、权利和义务作了更为明确的规定。

3）"新红皮书"对承包商的职责和义务以及工程师的职权都作了更为严格而明确的规定。

4）"新红皮书"的条款内容作了较大的改动与补充，条款顺序也重新进行合理调整。"新红皮书"共定义了 58 个关键词，并将定义的关键词分为六大类编排，条理清晰，其中 30 个关键词是"红皮书"没有的；"新红皮书"将过去放在专用条件中的一些内容，如预付款、调价公式、有关劳务工的规定等都写入通用条件，同时在通用条件中加入了不少操作细节。"新红皮书"的通用条款比"红皮书"条目数少，但条款数多，尽可能将相关内容归列在同一主题下，克服了合同履行过程中发生的某一事件往往涉及排列序号不在一起，使得编写合同、履行管理都非常烦琐的问题。

5）"新红皮书"表现了更多的灵活性。例如，"新红皮书"中规定履约保证采用专用条件中规定的格式或雇主批准的其他格式，这样即符合了世界银行的要求，也给了雇主比较大的周转余地。

6）索赔争端与仲裁方式及规定方面也做了较多更符合工程实际的改变。

现阶段，FIDIC 合同条件得到了国际上的广泛认可和使用，并被世界银行、亚洲开发银行及美国总承包商协会（FIEG）、中美洲建筑工程联合会（FIDIC）等众多的国际组织推荐作为土木工程实行国际招标时通用的合同条款。究其原因，与其所具有的典型特征密不可分的，具体来说有以下几方面：

1）广泛的适应性。通常情况下，各种工程项目都较为复杂，不仅涉及项目所在国的自然条件，而且还涉及施工的技术方法以及严密的组织管理。因此，要在规定的时间和预算内，圆满地完成不同类型且较为复杂的项目，必然需要一套适用性较强的规范范本，而FIDIC 合同条件恰恰符合了项目管理的这种需求，它以其全面充分的合同条款在最大程度上适应了不同类型的项目、不同的项目管理模式的需要。同时，在各种合同格式的专用条款中，还可以根据需要，对局部问题参照其他合同格式作出修改规定，从而显示了较强的适应性。

2）规定的合理性。FIDIC 合同条件最大限度地集中了国际项目中的招标投标、施工、管理的经验，并且把项目管理的有关内容通过各个文件全面、系统地反映出来，明确规定了有关各方的责、权、利和相关义务，还针对各国法规、税收政策变化和市场价格波动大等特点，规定了按实际变化进行调整，并把不可预见费改为按实际发生的损失支付，公平地在合同各方之间分配风险和责任，合理地平衡有关各方之间的要求和利益，从而充分体现了其规定的合理性。

3）执行的严格性。在不同类型的工程项目中，无论是工程前期的招标文件的准备，还是后期的招标、投标、评标、施工和工程监理等各个方面在最新版本的 FIDIC 合同条件中都作了严格的规定，任何一方都必须严格执行，不得随意变更。与此同时，合同条件中各项条款也严格制约着合同双方的行为，如合同中的通用条款就包括了三大相互制约的部分，即法律与商务方面通过条款制约、经济方面通过工作量清单和计量支付制约、技术方面通过设计图纸和文件规范来制约，从而使合同条款的执行变得更加严格。

9.2.5　FIDIC 的工作指南及程序文件

1. 工作指南

FIDIC 为了帮助项目参与各方正确理解和使用合同条件和协议书的含义，帮助咨询工程师提高道德和业务素质，提升执业水平，相应地编写了一系列工作指南。FIDIC 先后出版的工作指南达几十种，具有代表性的如《FIDIC 合同指南》（2000 年第 1 版）、《客户/咨询工程师（单位）服务协议书（白皮书）指南》（2001 年第 2 版）、《咨询工程师和环境行动指南》等。

新版《FIDIC 合同指南》（2000 年第 1 版）就是 FIDIC 针对其新版《施工合同条件》《永久设备和设计——建造合同条件》和《设计采购施工（EPC）/交钥匙工程合同条件》于2000 年编写的权威性应用指南。为了帮助有关人员更好地学习应用这套新版合同条件，《FIDIC 合同指南》将三种合同条件的特点进行了对比；对编写中的思路以及一些条款作了说明；对如何选用适合的合同格式、如何编写合同专用条件及附件等提供了指导意见。这对于加深理解和合理使用这些合同条件具有指导意义。

2. 工作程序与准则及工作手册

FIDIC 编制的文件中，有许多关于咨询业务指导性文件，主要有工作程序与准则以及工作手册等，这些文件对于规范工程市场活动、指导咨询工程师的工作实践、提高服务质量均有重要的借鉴和参考价值。

9.2.6 FIDIC《施工合同条件》的主要内容

1. 一般性条款

（1）合同文件 FIDIC 规定构成合同的各个文件应被视作互为说明的。为解释之目的，各文件的优先次序如下：

- 合同协议书（如有时）；
- 中标函；
- 投标函；
- 专用条件；
- 本通用条件；
- 规范；
- 图纸；
- 资料表以及其他构成合同一部分的文件。

（2）合同的各方 FIDIC《施工合同》的各方和当事人包括：

1）雇主。雇主是指在投标函附录中指定为雇主的当事人或此当事人的合法继承人。合同规定属于雇主方的人员包括：① 工程师；② 工程师的助理人员；③ 工程师和雇主的雇员，包括职员和工人；④ 工程师和雇主通知承包商的为雇主方工作的其他人员。

2）承包商。承包商是指在雇主收到的投标函中指明为承包商的当事人及其合法继承人。承包商的人员包括承包商的代表以及为承包商在现场工作的一切人员。除非合同中已注明承包商的代表的姓名，否则承包商应在开工日期前将其准备任命的代表姓名及详细情况提交工程师，以取得同意。承包商的代表应以其全部时间协助承包商履行合同。如果承包商的代表在工程实施过程中暂离现场，则在工程师的事先同意下可以任命一名合适的替代人员，随后通知工程师。

3）工程师。工程师是指雇主为合同之目的指定作为工程师工作并在投标函附录中指明的人员。工程师按照合同履行他的职责，同时行使合同中明确规定的或必然隐含的赋予他的权力，但工程师无权修改合同。

如果要求工程师在行使其规定权力之前需获得雇主的批准，则此类要求应与合同专用条件中注明。雇主若需要对工程师的权力加以进一步限制，必须与承包商达成一致。然而，每当工程师行使某种需经雇主批准的权力时，则被认为他已从雇主处得到任何必要的批准。

除非合同条件中另有说明，否则：① 当履行职责或行使合同中明确规定的或必然隐含的权力时，均认为工程师为雇主工作；② 工程师无权解除任何一方依照合同具有的任何职责、义务或责任；③ 工程师的任何批准、审查、证书、同意、审核、检查、指示、通知、建议、请求、检验或类似行为（包括没有否定），不能解除承包商依照合同应具有的任何责任，包括对其错误、漏项、误差以及未能遵守合同的责任。

（3）合同的时间概念

1）基准日期。基准日期是指递交投标书截止日期前28日的日期。中标合同金额是承包商自己确信的充分价格。即使后来的情况表明报价并不充分，承包商也要自担风险，除非该不充分源于基准日后情况的改变（如第13.7款所述的法律或司法解释的改变），或是一个有经验的承包商在基准日前不能预见的物质条件（如第4.12款）。

2）开工日期。除非专用条款另有约定，开工日期是指工程师按照有关开工的条款通知承包商开工的日期。

3）合同工期。合同工期是所签合同内注明的完成全部工程或分部移交工程的时间，加上合同履行过程中因非承包商原因导致的变更和索赔事件发生后，经工程师批准顺延的工期。

4）施工期。从工程师按合同约定发布的"开工令"中指明的应开工之日起，至工程移交证书注明的竣工日止的日历天数。

5）缺陷通知期。缺陷通知期是指根据投标函附录中的规定，从接收证书中注明的工程或区段的竣工日期算起，根据合同通知工程或区段中的缺陷的期限（即国内施工合同文本所指的工程保修期），设置缺陷通知期的目的是为了考验工程在动态运行下是否达到了合同的要求。

6）合同有效期。有效期自合同签字日起至承包商提交给雇主的"结清单"生效日止，合同对雇主和承包商均具有法律约束力。颁发履约证书只是表示承包商的施工义务终止，合同约定的权利义务并未完全结束，还有管理工作和结算手续等。"结清单"生效是指雇主已按工程师签发的最终支付证书中的金额付款，并退还承包商的履约保函，"结清单"一经生效，承包商在合同内享有的索赔权利也自行终止。

（4）款项与付款

1）合同价格。合同价格是指承包商按照合同各条款的约定，完成工程和修补缺陷后，对其完成的合格工程有权获得的全部工程款，包括根据合同所作的调整（指合同结束时的最终的合同价格）。

2）费用。费用是指承包商现场内外正当发生的所有开支，包括管理费和类似支出，但不包括利润。

3）暂定金额。暂定金额是在招标文件中规定的作为雇主的备用金的一笔固定金额。投标人必须在自己的投标报价中加上此笔金额，中标的合同金额包含暂定金额。暂定金额由工程师来决定其使用。暂定金额主要用于：① 支付工程中尚未以图纸最后确定其具体细节或某一工程部分或施工中可能增加的工程细目，这些细目、附属或零星工程在招标时尚未确定下来；② 留作不可预见费，或用于支付计日工。

2. 权利与义务条款

权利与义务条款包括承包商、雇主和工程师三者的权利和义务。

（1）承包商的权利义务　FIDIC合同中承包商的权利主要有：有权得到提前竣工奖金、收款权、索赔权、因工程变更超过合同规定的限值而享有补偿权、暂停施工或延缓工程进展、停工或终止受雇、不承担雇主的风险、反对或拒不接受指定的分包商、特定情况下的合同转让与工程分包、特定情况下有权要求延长工期、特定情况下有权要求补偿损失、有权要求进行合同价格调整、有权要求工程师书面确认口头指示、有权反对雇主随意更换监理工程师。

承包商的义务包括：遵守合同文件规定、保质保量并按时完成工程任务并负责保修期内的各种维修、提交各种要求的担保、遵守各项投标规定、提交工程进度计划、提交现金流量估算、遵守有关法规、为其他承包商提供机会和方便、保证施工人员的安全和健康、向雇主偿付应付款项、承担第三国的风险、为雇主保守机密、按时缴纳税金、按时投保各种强制险、按时参加各种检查和验收。

（2）雇主的权利义务　雇主的权利包括：有权指定分包商、有权决定工程暂停或复工；在承包商违约时，雇主有权接管工程或没收各种保函或保证金，有权决定在一定的幅度内增减工程量，有权拒绝承包商分包或转让工程（应有充足理由）等。

雇主的义务主要有：向承包商提供完整、准确、可靠的信息资料和图纸，并对这些资料的准确性负完全的责任；承担由雇主风险所产生的损失或损坏，确保承包商免于承担属于承包商风险以外的一切索赔、诉讼、损害赔偿费、诉讼费、指控费及其他费用；在多家独立的承包商受雇于同一工程或属于分阶段移交的工程情况下，雇主负责办理保险，支付相关款项，为承包商办理各种许可，承担工程竣工移交后的任何调查费用，支付超过一定限度的工程变更所导致的费用增加部分，承担因后继法规所导致的工程费用增加额等。

（3）工程师的权利义务　FIDIC 采用的是以工程师为核心的三位一体的项目管理模式，工程师虽然不是工程承包合同的当事人，但他受雇于雇主，为雇主代为管理工程建设，行使合同规定的或合同中必然隐含的权力，主要有：有权拒绝承包商的代表；有权要求承包商撤走不称职人员；有权决定工程量的增减及相关费用；有权决定增加工程成本或延长工期；有权确定费率；有权下达开工令、停工令、复工令；有权对工程的各个阶段进行检查，包括已掩埋覆盖的隐蔽工程；有权拒绝接收不合格的工程；有权拒绝接受不符合规定标准的材料和设备等。

工程师在行使权利的同时必须承担相对应的义务。这些义务包括公平、公正合理的处理问题，以书面的形式发出指示，对工程进行检查和验收等。

3. 质量控制条款

（1）实施方式　承包商应以合同中规定的方法，按照公认的良好惯例，以恰当、熟练和谨慎的方式，使用适当装备的设施以及安全的材料来制造工程设备，生产和制造材料及实施工程。

（2）样本　承包商应向工程师提交以下材料的样本以及有关资料，以在工程中或为工程使用该材料之前获得同意：

1）制造商的材料标准样本和合同中规定的样本均由承包商自费提供。

2）工程师指示作为变更增加的样本。

（3）检查和检验　雇主的人员在一切合理的时间内：

1）应完全能进入现场及进入获得自然材料的所有场所。

2）有权在生产、制造和施工期间对材料和工艺进行审核、检查、测量与检验，并对永久设备的制造进度和材料的生产及制造进度进行审查。

承包商应向雇主的人员提供一切机会执行该任务，包括提供通道、设施、许可及安全装备。但此类活动并不解除承包商的任何义务和责任。

在工程即将覆盖、隐蔽之前，承包商应通知工程师。工程师应随即进行审核、检查、测量或检验，不得无故拖延，或立即通知承包商无需进行上述工作。对于承包商未通知工程师检验而自行隐蔽的任何工程部位，当工程师要求进行剥露或穿孔检查时，无论检验结果是否合格，均由承包商承担全部费用。

承包商应提供所有为有效进行检验所需的装置、协助、文件和其他资料、电、燃料、消耗品、仪器、劳工、材料与适当的有经验的合格职员。承包商应与工程师商定对任何永久设备、材料和工程其他部分进行规定检验的时间和地点。

工程师可以变更规定检验的位置或细节，或指示承包商进行附加检验。如果此变更或附加检验证明被检验的永久设备、材料或工艺不符合合同规定，则此变更费用由承包商承担，不论合同中是否有其他规定。

工程师应提前至少 24 小时将其参加检验的意图通知承包商。如果工程师未在商定的时间和地点参加检验，除非工程师另有指示，承包商可着手进行检验，并且此检验应被视为是在工程师在场的情况下进行的。

（4）补救工作　不论以前是否进行了任何检验或颁发了证书，工程师仍可以指示承包商进行以下工作：

1）将工程师认为不符合合同规定的永久设备或材料从现场移走并进行替换。

2）把不符合合同规定的任何其他工程移走并重建。

承包商应在指示规定的合理时间内执行该指示。如果承包商未能遵守该指示，则雇主有权雇用其他人来实施工作，则承包商应向雇主支付因其未完成工作而导致的费用。

（5）竣工验收　承包商应提前 21 天将某一确定日期通知工程师，说明在该日期后将准备好进行竣工检验。若检验通过，则承包商应向工程师提交一份有关此检验结果的证明报告；若检验未能通过，工程师可拒收工程或该区段，并责令承包商修复缺陷，修复缺陷的费用和风险由承包商自负。工程师或承包商可要求进行重新检验。

如果雇主无故延误竣工检验，则承包商可根据合同中有关条款进行索赔；如果承包商无故延误竣工检验，工程师可要求承包商在收到通知后 21 日内进行竣工检验。若承包商未能在 21 日内进行，则雇主可自行进行竣工检验，其风险和费用均由承包商承担。

当整个工程或某区段未能通过竣工检验时，工程师应有权：

1）指示再进行一次重复的竣工检验。

2）如果由于该过失致使雇主基本上无法享用该工程或区段所带来的全部利益，拒收整个工程或区段，在此情况下，对整个工程或不能按期投入使用的那部分主要工程终止合同。但不影响任何其他权利，依据合同或其他规定，雇主还应有权收回为整个工程或该部分工程所支付的全部费用以及融资费用、拆除工程、清理现场和将永久设备和材料退还给承包商所支付的费用。

4. 成本控制条款

（1）中标合同金额的充分性　承包商应被认为：

1）已完全理解了接受的合同款额的合宜性和充分性。

2）该接受的合同款额是基于第 4.10 款"现场数据"提供的数据、解释、必要资料、检查、审核及其他相关资料。除非合同中另有规定，接受的合同款额应包括承包商在合同中应承担的全部义务（包括根据暂定金额应承担的义务，如有时）以及为恰当地实施和完成工程并修补任何缺陷必需的全部有关事宜。

（2）雇主的资金安排　在接到承包商的请求后，雇主应在 28 天内提供合理的证据，表明已做好了资金安排，并将一直坚持实施这种安排，此安排能够使雇主按照合同的规定支付合同价格。如果雇主欲对其资金安排作出任何实质性变更，雇主应向承包商发出通知并提供详细资料。

这一条款确定了承包商对雇主付款能力的核查权。按照 FIDIC《施工合同条件》的规定承包商自中标函签发之日起，应在合同规定的时间内，按季度向工程师提交其根据合同有权得到全部支付的详细现金流量估算。这种提交现金流量估算的做法使雇主的资金安排具有一定的针对性，但承包商却无法知道雇主在应当支付工程价款时是否拥有足够的资金。为了力求公平地对待雇主和承包商双方，必须使雇主的资金安排更加公开和透明，因此新版的 FIDIC《施工合同条件》增加了"雇主的资金安排"的内容。有了这样的规定承包商就能根据雇主的资金安排，了解自己能否按时获得工程价款。如果在规定的 28 天内没有收到雇主的资金安排证明，承包商可以减缓施工进度。如果在发出通知后 42 天内仍未收到雇主的合理证明，承包商有暂停工作的权利。

（3）预付款　预付款是由雇主在项目启动阶段支付给承包商用于工程启动和动员的无息贷款。预付款总额、支付的次数和时间等在投标书附录中规定。一般为合同额的 10% ~ 30%。雇主支付预付款的条件是承包商提交必须履约保函和预付款保函。

预付款从开工后一定期限后开始到工程竣工期前的一定期限，从每月向承包商的支付款中扣回，不计利息。具体的扣回方式有很多种，如可由开工后累计支付款达到合同总价的某一百分数的下一个月开始扣还，扣还额为每月期中支付证书总额的 25%，直到将预付款扣完为止。

（4）履约担保　履约保函用于保证承包人合同规定履行合约。FIDIC 合同规定承包商应在收到中标函后 28 日内向雇主提交履约担保，并向工程师送一份副本。履约担保应由雇主批准的国家（或其他司法管辖区）内的实体提供，并采用专用条件所附格式或雇主批准的其他格式。

履约保证金一般为合同价的 10%。

履约保函就是担保承包商根据合同完成施工、竣工，并通过了缺陷责任期内的运行，修补了所有的缺陷。因此保函的有效期应到工程师签发"解除缺陷责任证书"之日止，发出"解除缺陷责任证书"之后，雇主就无权对该担保提出任何索赔要求，并应在证书发出的 14 天内将履约保函退还承包商。

FIDIC《施工合同条件》对雇主在什么条件下可以没收履约保证作出了明确规定：

1）承包商不按规定去延长履约保证的有效期，雇主可没收履约保证全部金额。

2）如果已就雇主向承包商的索赔达成协议或出作决定后 42 天，承包商不支付此应付的款额。

3）雇主要求修补缺陷后 42 天承包商未进行修补。

（5）期中支付　承包商应按工程师批准的格式在每个月末向工程师提交一式六份报表，详细说明承包商认为自己有权得到的款额，同时提交各证明文件。该报表应包括下列项目，这些项目应以应付合同价格的各种货币表示，并按下列顺序排列：

1）截至当月末已实施的工程及承包商的文件估算合同的价值。

2）根据第 13.7 款"法规变化引起的调整"和第 13.8 款"费用变化引起的调整"，由于立法和费用变化应增加和减扣的任何款额。

3）作为保留金减扣的任何款额，保留金按投标函附录中标明的保留金百分率乘以上述款额的总额计算得出，减扣直至雇主保留的款额达到投标函附录中规定的保留金限额为止。

4）为预付款的支付和偿还应增加和减扣的任何款额。

5）为永久设备和材料应增加和减扣的款额。

6）根据合同或其他规定，应付的任何其他的增加和减扣的款额。

7）对所有以前的支付证书中证明的款额的扣除。

在收到承包商的报表和证明文件后的 28 日内．工程师应向雇主签发期中支付证书，列出他认为应支付给承包商的金额，并提交详细证明材料。工程师在收到承包商的报表和证明文件后 28 天内，应向雇主签发期中支付证书；在工程师收到期中支付报表和证明文件 56 天内，雇主应向承包商支付；如果未按规定日期支付，承包商有权就未付款额按月计复利收取延期利息作为融资费。这些规定防止了工程师签发期中支付证书的延误，又确定了较高的融资费以防止雇主任意拖延支付。

（6）保留金　保留金是为了确保在施工阶段，或在缺陷责任期间，由于承包商未能履行合同义务，由雇主（或工程师）指定他人完成应由承包商承担的工作所发生的费用。

FIDIC《施工合同条件》规定，保留金的款额为合同总价的 5%，从第一次付款证书开始，按期中支付工程款的 10% 扣留，直到累计扣留达到合同总额的 5% 止。

保留金的退还一般分两次进行。当颁发整个工程的移交证书时，将一半保留金退还给承包商；当工程的缺陷责任期满时，另一半保留金将由工程师开具证书付给承包商。如果签发的移交证书，仅是永久工程的某一区域或部分的移交证书时，则退还的保留金仅是移交部分的保留金，并且也只是一半。如果工程的缺陷责任期满时，承包商仍有未完工作，则工程师有权在剩余工程完成之前扣发他认为与需要完成的工程费用相应的保留金余款。

（7）最终支付和结清单　颁发工程接受证书后 56 天内承包人提交最终报表，最终报表是指工程接受证书指明的竣工日以前完成的合同价款，包括与工程量清单相应项目结算额、调价、变更、索赔、违约和风险等补偿额等，实际支付了多少，还有多少未支付。最终报表由工程师核定并与发包人和承包人反复协商，在取得一致的情况下，由工程师在 28 天内发出最终付款证书，发包人在 28 天内作最终支付。

5. 进度控制条款

（1）开工　承包商应在开工日期后合理可行的情况下尽快开始实施工程，随后应迅速且毫不拖延地进行施工。

（2）进度计划　承包商应在接到开工通知后的 28 天内，向工程师提交详细的进度计划，并应按此进度计划开展工作。进度计划的内容包括：

1）承包商计划实施工作的次序和各项工作的预期时间。

2）每个指定分包商工作的各个阶段。

3）合同中规定的检查和检验的次序和时间。

4）承包商拟采用的方法和各主要阶段的概括性描述，所需的承包商的人员和承包商设备的数量的合理估算及详细说明。

承包商应按照以上的进度计划履行义务，如果在任何时候工程师通知承包商该进度计划（规定范围内）不符合合同规定，或与实际进度及承包商说明的计划不一致，承包商应按本款规定向工程师提交一份修改的进度计划。

（3）进度报告　在工程施工期间，承包商应每个月向工程师提交月进度报告。此报告应随期中支付报表的申请一起提交。月进度报告的内容主要包括：

1）进度图表和详细说明。

2）照片。

3）工程设备制造、加工进度和其他情况。

4）承包商的人员和设备数量。

5）质量保证文件、材料检验结果。

6）双方索赔通知。

7）安全情况。

8）实际进度与计划进度对比。

9）暂停施工。

工程师可随时指示承包商暂停进行部分或全部工程。暂停期间，承包商应保护、保管以及保障该部分或全部工程免遭任何损蚀、损失或损害。

如果承包商在遵守工程师工程暂停的指示或在复工时遭受了延误和导致了费用，则承包商有权获得工期和费用的补偿，但下述情况除外：

1）暂停施工是由于承包商错误的设计、工艺或材料引起的。

2）由于现场不利气候条件而导致的必要停工。

3）为了使工程合理施工以及为了整体工程或部分工程安全所必要的停工。

4）承包商未能按规定采取保护、保管及保障措施，则承包商无权获得为修复上述后果所需的延期和导致的费用。

出现非承包商原因的暂停施工已持续84天，而工程师仍未发布复工的指令，承包商可以要求28天内允许继续施工。如果仍得不到批准，承包商可以通知工程师要求在认为被停工的工程属于按合同规定被删减的工程，不再承担继续施工义务。若是整个合同工程被暂停，可视为雇主违约终止合同，承包商可以宣布解除合同关系。

（4）加速施工　如果工程师认为实际进度过于缓慢以致无法按竣工时间完工，进度已经（或将要）落后于现行进度计划，则有权下达赶工令，承包商应立即采取经工程师同意的必要措施加快施工进度。发生这种情况时，还要根据赶工指令的发布原因，决定承包商的赶工措施是否应该给予补偿。承包商在没有合理理由延长工期的情况下，其不仅无权要求补偿赶工费用，而且在其赶工措施中若包括夜间或当地公认的休息日加班工作时，还应承担工程师因增加附加工作所需补偿的监理费用。

（5）竣工时间的延长　如果由于下述任何原因致使承包商竣工在一定程度上遭到或将要遭到延误，承包商有权要求延长竣工时间：

1）工程变更或其他合同中包括的任何一项工程数量上的实质性变化。

2）根据本合同条件的某条款有权获得延长工期的延误原因。

3）异常不利的气候条件。

4）由于传染病或其他政府行为导致人员或货物的可获得的不可预见的短缺。

5）由雇主、雇主人员或现场中雇主的其他承包商直接造成的或认为属于其责任的任何延误、干扰或阻碍。

（6）误期损害赔偿费　如果承包商未能在竣工时间（包括经批准的延长）内完成合同

规定的义务，雇主可向承包商收取误期损害赔偿费，这笔误期损害赔偿费是指投标函附录中注明的金额，即自相应的竣工时间起至接收证书注明的日期止的每日支付。但全部应付款额不应超过投标函附录中规定的误期损失的最高限额（如有时）。

6. 违约惩罚与索赔条款

违约惩罚与索赔是 FIDIC 条款的一项重要内容，也是国际承包工程得以圆满实施的有效手段。FIDIC 条款中的违约条款包括两部分：

（1）雇主对承包商的惩罚措施和承包商对雇主拥有的索赔权　这包括因承包商违约或履约不力雇主可采取相应的惩罚措施，包括没收有关保函或保证金、误期罚款、由雇主接管工程并终止对承包商的雇用。同时对雇主违约也作了严格的规定，按照合同规定，当雇主方不执行合同时，承包商可以分两步采取措施：

- 有权暂停工作：当工程师不按规定开具支付证书，或雇主不提供资金安排证据。
- 雇主不按规定日期支付时，承包商可提前 21 天通知雇主，暂停工作或降低工作速度。承包商并有权索赔由此引起的工期延误、费用和利润损失。

（2）索赔条款　索赔条款是根据关于承包商享有的因雇主履约不力或违约，或因意外因素（包括不可抗力情况）蒙受损失（时间和款项）而向雇主要求赔偿或补偿权利的契约性条款，具体包括索赔的前提条件、索赔程序、索赔通知、索赔的依据、索赔的时效和索赔款项的支付等。

合同对工程师给予承包商索赔的答复日期有非常严格的限制：在收到承包商的索赔详细报告（包括索赔依据、索赔工期和金额等）之后 42 天内（或在工程师可能建议但由承包商认可的时间内），工程师应对承包商的索赔表示批准或不批准，不批准时要给予详细的评价，并可能要求进一步的详细报告；同时加入了争端裁决委员会（DAB）的工作步骤：尽管 FIDIC 的合同条件要求工程师在处理合同相关问题时必须是独立、公正公平的，但毕竟工程师是雇主聘用的，工程师在工作过程中很难做到绝对的公平、公正。因此，FIDIC 在吸收相关国家及世行解决工程争端经验的基础上，加入了 DAB 工作的程序，即由雇主方和承包商方各提名一位 DAB 委员，由对方批准，合同双方再与这二人协商确定第三位委员（作为主席）共同组成 DAB。DAB 委员会的报酬由双方平均支付。

7. 附件和补充条款

FIDIC 条款还规定了作为招标文件的文件内容和格式，以及在各种具体合同中可能出现的补充条款。其中附件条款包括投标书及其附件、合同协议书；补充条款包括防止贿赂、保密要求、支出限制、联合承包情况下的各承包人的各自责任及连带责任、关税和税收的特别规定等五个方面内容。

9.2.7　FIDIC 合同在我国的运用

FIDIC 合同条件是在总结了各个国家、各个地区的雇主、咨询工程师和承包商各方经验基础上编制出来的，也是在长期的国际工程实践中形成并逐渐发展和成熟起来的国际工程惯例。它是国际工程中通用的、规范化的典型的合同条件，具有国际性、通用性和权威性，它与工程管理相关的技术、经济、法律三者有机地结合在一起，构成了一个较为完善的合同体系。

FIDIC 合同的最大特点是程序公开、机会均等、职责分明、程序严谨、易于操作，这是它的合理性，对任何人都不持偏见。这种开放、公平及高透明度的工作原则亦符合世界贸易组织政府采购协议的原则，所以 FIDIC 合同才在国际工程中得到了广泛的应用。

20 世纪 80 年代的鲁布格水电站引水系统工程是我国第一个使用 FIDIC《土木工程施工合同条件》的工程，项目取得了巨大的成功，创造了著名的"鲁布格工程项目管理经验"，拉开了 FIDIC《土木工程施工合同条件》在中国广泛使用的序幕；20 世纪 90 年代的神延铁路、二滩水电站等项目亦成功采用了该合同条件，伴随着这些项目的实施，FIDIC 合同条件的学习和应用在中国得到迅速发展。除了国际金融组织贷款的项目直接采用 FIDIC 合同条件外，我国政府投资的一些重大工程项目也按 FIDIC 方式进行管理，参照 FIDIC 合同条件制定的标准合同条件得到了广泛应用，如 1999 年由建设部和国家工商行政管理局联合制定的《建设工程施工合同（示范文本）》。同时，由政府投资的其他一些项目，对 FIDIC 合同条件作了一些修改后等效使用，FIDIC 合同条件在我国的适用范围正在逐步扩大和普及。采用 FIDIC 合同条件，加快了我国工程建设项目管理规范化和标准化的进程，使项目管理思路逐步与国际惯例接轨。当然 FIDIC 是一个民间的专业机构，其文本合同需要建立在一定的法律制度框架下，即双方当事人选择某种法律以用于解释合同，因此，应注意在不同的法律环境下对 FIDIC 条件理解。

在我国，FIDIC 合同条件的应用方式通常有如下几种：

1. 国际金融组织贷款和一些国际项目直接采用

在我国，凡世行、亚行、非行贷款的工程项目以及一些地区的工程招标文件中，大部分都采用了 FIDIC 合同条件。如凡亚行贷款项目，全文采用 FIDIC "红皮书"；凡世行贷款项目，在执行世行有关合同原则的基础上，执行我国财政部在世行批准和指导下编制的有关合同条件。

2. 合同管理中对比分析使用

我国在学习、借鉴 FIDIC 合同条件的基础上，编制了符合中国国情的《建设工程合同（示范文本）》。其项目和内容与 FIDIC 的"新红皮书"有许多相似之处，主要差异体现在处理问题的程序规定上以及风险分担的规定上。

FIDIC 合同条件的各项程序是相当严谨的，处理雇主和承包商风险、权利及义务也比较公正。因此，雇主、咨询工程师、承包商通常都会将 FIDIC 合同条件作为一把尺子，与工作中遇到的其他合同条件相对比，进行合同分析和风险研究，制定相应的合同管理措施，防止合同管理上出现漏洞。

3. 在合同谈判中使用

FIDIC 合同条件的国际性、通用性和权威性使合同双方在谈判中可以以"国际惯例"为理由要求对方对其合同条款的不合理、不完善之处作出修改或补充，以维护双方的合法权益。这种方式在我国工程项目合同谈判中普遍使用。

4. 部分选择使用

即使不全文采用 FIDIC 合同条件，在编制招标文件、分包合同条件时，仍可以部分选择其中的某些条款、某些规定、某些程序甚至借鉴某些思路，使所编制的文件更完善、更严谨。在项目实施过程中，也可以借鉴 FIDIC 合同条件的思路和程序来解决和处理有关问题。

9.3　国际上其他施工合同条件

9.3.1　美国 AIA 系列合同条件

1. 美国 AIA 系列合同条件的主要内容

美国的土木工程建设的规模和数量均较大，除国内工程以外，其大量的对国外工程进行投资和承包，在长期的工程实践中形成了一套自身的合同体系。在工程合同和法规方面，美国实行多渠道的制定和管理办法，因此，制定施工合同和法规的部门很多，涉及的合同条件种类繁多，其中，在美国建筑业及国际工程承包界具有很高权威和信誉的是美国建筑师协会（The American Institute of Architects，AIA）制定的 AIA 合同条件。

AIA 成立于 1857 年，已有 100 多年的历史，作为建筑师的专业社团，其制定的 AIA 系列合同条件在美洲地区具有很高的权威性，影响大，使用范围广泛。

AIA 的合同条件主要用于私营的房屋建筑工程。该系列合同条件主要确定了三种工程项目管理模式，即传统模式、设计-建造模式和 CM 模式。

同时 AIA 针对合同各方之间不同的关系制定以下不同的系列合同文件：

A 系列是用于发包人与承包商的标准合同文件，不仅包括合同条件，还包括承包商资格申报表，保证标准格式。

B 系列主要用于发包人与建筑师之间的标准合同文件，其中包括专门用于建筑设计、室内装修工程等特定情况的标准合同文件。

C 系列主要用于建筑师与专业咨询机构之间的标准合同文件。

D 系列是建筑师行业内部使用的文件。

F 系列作为财务管理报表。

G 系列是建筑师企业及项目管理中使用的文件。

AIA 系列合同文件的核心是"一般条件"（A201），即《施工合同通用条件》，类似于 FIDIC 的《施工合同条件》，是 AIA 系列合同中的核心文件，在项目管理的传统模式和 CM 模式中被广泛采用。采用不同的工程项目管理模式及不同的计价方式时，只需选用不同的"协议书格式"与"一般条件"即可。AIA 文件 A201《施工合同通用条件》共计 14 条 68 款，14 个条款的主要内容如下：

1）合同文件。

2）建筑师。

3）业主。

4）承包商。

5）分包商。

6）由业主或其他承包商完成的工作。

7）其他规定。

8）工期。

9）建造与支付。

10）人员及财产的保护。

11）保险。

12）工程变更。

13）工程剥露与修改。

14）合同的终止。

将上述的合同文件用于具体工程时，还应针对具体工程进行条款的补充，补充条款具体约定工程的地点、工程范围、实施竣工、税收、工程临时设施、施工图纸、支付、保险以及场地清理等具体事宜。

2. 美国 AIA 系列合同条件的特点

（1）适用范围广，合同选择灵活　AIA 是一套通用的系列文件，广泛被美国建筑业所采用并被作为拟定和管理项目合约的基础，其涵盖了所有项目采购方式的各种标准合同文件，内容涉及工程承包业的各个方面，主要包括有业主与总承包商、业主与工程管理商（CM）、业主与设计商、业主与建筑师、总承包商与分包商等众多标准合同文本。这些标准合同文件适用于不同的项目采购方式和计价方式，为业主提供了充分的选择余地，适用范围广泛、灵活。

（2）对承包商的要求非常细致　美国工程建设合同中业主和承包商之间的合同以固定价格合同和成本加补偿合同较为常见，这两类合同中关于承包商职责的条款有 21 条之多，要求非常细致。

（3）适用法律范围较为复杂　美国是一个联邦国家，各州均有独立立法权和司法权，因此，AIA 系列合同条件中均有适用法律的有关条款，法律关系较为复杂，但是为了减少争端，一般选择适用于项目所在地的法律。

9.3.2　ICE《施工合同条件》

ICE 是英国土木工程师学会（The Institution of Civil Engineer）的简称，是设于英国的国际性组织，该学会已有将近 200 年的历史，已成为世界公认的学术中心、资质评定组织及专业代表机构。ICE《施工合同条件》是国际上流行的工程承包合同制式，其应用范围仅次于 FIDIC 合同条件，特别是英联邦国家和地区基本上普遍使用 ICE《施工合同条件》。目前，我国香港特区或其在内地投资项目也常使用 ICE《施工合同条件》或其变通形式。

ICE《施工合同条件》共计 71 条 109 款，主要内容包括：工程师及工程师代表，转让与分包，合同文件，承包商的一般义务，保险，工艺与材料质量的检查，开工、延期与暂停，变更、增加与删除，材料及承包商设备的所有权，计量，证书与支付，争端的解决，特殊用途条款，投标书格式。此外 ICE《施工合同条件》的最后也附有投标书格式、投标书格式附件、协议书格式、履约保证等文件。

ICE《施工合同条件》与 FIDIC《施工合同条件》一样属于固定单价合同，也是以实际完成的工程量和投标书中的单价来控制工程项目的总造价，但和 FIDIC 相比又具有许多自身特点：

1）ICE《施工合同条件》采用的施工承发包运作模式，在许多责任和风险条款方面比 FIDIC《施工合同条件》的条款更严格。其合同构架和管理模式代表了当今国际上成熟的企业管理和经营理念。例如，总承包方采用有关的替代物料或方案会导致工程费用增加，有关增加费用由总承包方承担，合同总价将不会作出任何调整；但如果采用有关的替代物料或方案会减少工程费用，则有关的替代物料或方案经建筑师书面认可后，合同总价将相应下调；

同时对工程上的所有材料均要求提前按计划报验，提供样品和相关资料，任何工序施工前，均应按计划做样板和报审施工方案，相关顾问单位审批通过后，才能实施和被计量，这些都是对总承包方的严厉要求。

2）项目一般采用议标机制，议标文件只发给资格预审合格的投标单位；资格预审过程烦琐和漫长，要求被考察单位提供其曾建造项目的施工图纸，考察时会根据施工图检查室内净高、进深、建筑外墙长度或外围面积、外露钢构机电设备的品牌等是否符合设计文件，如果投标单位准备不足或估计不足，则很难获得机会。

3）发包方将合同管理及项目统筹管理权限通过合同授予建筑师（建筑师可以是设计方代表），建筑师在合同授权范围内有至高无上的权力，发包方对承包方及专业分包方任何指令均通过建筑师发出，发包方不直接面对承包方及专业分包方；发包方又将项目成本控制权限通过合同授予专业的造价测量公司，由专业的造价测量公司对承包方及专业分包方的报量、进度款、变更签证、索赔处理进行管理和控制；为了符合国内法律要求将工程质量、安全管理及现场见证事宜权限授予监理公司。上述三家均称为发包方的顾问单位，共同对承包方及专业分包方实施管理。

4）ICE《施工合同条件》注重沟通、合作与协调，通过对合同和各种信息的清晰定义促进对项目目标的有效控制，对参与各方工作效率、沟通能力和执行能力要求较高，但在合同构架下，项目由业主及业主聘请的众多的专业管理团队进行管理，管理环节多、过程复杂、沟通难度大，解决问题进程缓慢。各专业设计通常由不同设计单位组成，专业设计矛盾现象经常发生。在施工过程中涉及设计变更及澄清文件的程序繁杂、冗长，容易出现无任何人负责和出面承担责任的现象。

9.3.3 NEC《工程施工合同》

1. NEC《工程施工合同》的产生

为了满足业主多样化的要求，便于对工程进行良好的管理，和各方共同协作并能有效地解决工程频繁的争议和造成的不利影响，1985 年 9 月，英国土木工程师学会委员会批准并始编制新工程合同条件（NEC），工作小组由土木工程师学会成员、承包商、咨询工程师和业主代表组成。新工程合同条件的征求意见版于 1991 年出版。随后通过征求广泛的意见和多次讨论，并在一些国家的不同类型的工程中进行试用，第 1 版于 1993 年 3 月正式出版。1995 年通过对第 1 版进行大量的细微修改后出版了第 2 版。NEC 在英国及英联邦国家得到了广泛使用，且其影响范围仍在不断扩大。

2. NEC《工程施工合同》的主要结构和内容

NEC《工程施工合同》包括以下几个部分：

（1）核心条款 核心条款是所有合同共有的条款，无论选择何种计价方式，核心条款均是通用的。核心条款包括 9 个部分。

（2）主要选项条款 主要选项条款包括：选项 A（带有工程量表的标价合同）、选项 B（带有工程量清单的标价合同）、选项 C 和 D（带有分项工程量表和工程量清单）、选项 E（成本偿付合同）、选项 F（管理合同）。主要选项条款针对 6 种不同的计价方式设置，任一特定的合同应该而且只能选择 1 个主要选项。

（3）次要选项 次要选项包括保函、担保等，当事人可根据需要选择部分、全部或根本不选择。

（4）成本组成表 成本组成表主要对成本组成项目进行全面定义，从而避免因计价方式不同、计量方式差异而导致不确定性。

3. NEC《工程施工合同》的特点（原则）

英国土木工程师学会设计新的《工程施工合同》旨在以下几个方面作出改进：

（1）灵活性 NEC《工程施工合同》可用于那些包括任一或所有的传统领域，诸如土木、电气、机械和房屋建筑工程的施工；可用于承包商承担部分、全部设计责任或无设计责任的承包模式。NEC《工程施工合同》同时还提供了用于不同合同类型的常用选项。

（2）清晰和简洁 NEC《工程施工合同》根据合同中指定的当事人将要遵循的工作程序流程图起草，简化且通俗易懂，不包含条款之间的互见条目，易于阅读理解。

（3）促进良好的管理 这是NEC《工程施工合同》的最重要的特征。NEC《工程施工合同》基于这样一种认识：各参与方有远见、相互合作的管理能在工程内部减少风险，其每道程序都专门设计，使其实施有助于工程的有效管理。主要体现在：

1）允许业主确定最佳的计价方式。

2）明确分摊风险。

3）建立早期警告程序，承包商和项目经理有责任互相警告和合作。

4）补偿事件的评估程序是基于对实际成本和工期的预测结果，从而选择最有效的解决途径。

4. NEC《工程施工合同》和FIDIC《施工合同条件》的主要区别

1）对项目管理的执行人和准仲裁者的规定不同。FIDIC《施工合同条件》项目管理的执行人是工程师，而NEC《工程施工合同》规定项目管理由项目经理和监理工程师共同承担，其中监理工程师负责现场管理及检查工程的施工是否符合合同的要求，其余的由项目经理负责；FIDIC《施工合同条件》中准仲裁的执行人是工程师，由于依附于雇主而很难独立，而NEC《工程施工合同》的准仲裁人是独立于当事人之外的第三方，由雇主和承包商共同聘任，更具独立性和公正性。

2）在承包商的设计、施工方面，FIDIC注重工作范畴的界定，而NEC却对实施的细节步骤加以明述。但在遵守法律、现场环境和物品、设备运输等方面，FIDIC作出了细节性的阐述，而NEC却对这些方面没有涉及。

3）NEC《工程施工合同》没有专门的索赔条款，它强调的是合同条件的简明和促进良好的管理，雇主和承包商以一种合作式的管理模式来完成项目。所以，为了促进这种关系，NEC没有涉及法律中有规定的而又是体现雇主和承包商之间矛盾的索赔问题。

9.3.4 JCT合同

1. JCT合同和JCT联合会

英国皇家建筑师学会（Royal Institute of British Architects，RIBA）1902年编制出版的《建筑合同标准格式》是世界上第一部房屋工程标准合同，普遍适用于英联邦国家，在这些地区有很大的影响。该合同后来以1931年成立的"联合合同审理委员会"（JCT, Joint Contract Tribunal）名义发行，因此一般称为"JCT合同"。

JCT是英国建筑业多个专业组织的联合会，它包括英国皇家建筑师学会、皇家特许测量师学会、咨询工程师协会、物业主联盟、专业承包商协会等。该联合会自 1931 年成立以来致力于私人和公共建筑的标准合同文本的制订与不断更新。其中最重要的文件是《建筑合同标准格式》，最新版本为 2005 年的 JCT05。

JCT 章程对"标准合同文本"的定义为："所有相互一致的合同文本组合，这些文本共同被使用，作为运作某一特定项目所必需的文件。"这些合同文本包括：顾问合同；发包人与主承包人之间的主合同；主承包人与分包人之间的分包合同；分包人与次分包人之间的次分包合同的标准格式；发包人与专业设计师之间的设计合同；标书格式，用于发包人进行主承包人招标、主承包人进行分包人招标以及分包人进行次分包人招标；货物供应合同格式；保证金和抵押合同格式。JCT 的工作是制作这些标准格式的组合，用于各种类型的工程承接。"JCT 合同"文本至今已在中国的上海、北京、广州、重庆、武汉等地的许多工程项目中被采用。

2. JCT 合同的特点

JCT 合同文本与 ICE 合同条件相比具有自身的一些特点：

1）JCT 合同文本适用于采用总价合同承包的计价方式，也适用于"交钥匙"承包合同形式。合同履行过程中如果工程量出入比较大或工程变更较多，可对合同总价进行调整。

2）JCT 合同文本主要适用于房屋建筑工程，而房屋建筑工程相对于一些大型的土木工程项目建设周期短、风险小，所以 JCT 合同文本中建筑师的权力比 ICE 合同的工程师小，对建筑师的临时决策权进行了限制，其主要负责工程项目的现场监督。

3）JCT 合同文本采用其标准格式中的"增值税补充协议书"对税收作了详细的规定。

9.3.5　亚洲地区使用的合同条件

1. 我国香港特区使用的合同条件

我国香港特区建设工程合同文本是多元化的，但主要的有特区政府合同文本(HK. GOV. FORMS)、建筑师/测量师学会合同文本（HKIA/HKIS FORMS）、国际咨询工程师联合会合同文本（FIDIC）；一些大型私营建设机构如和记黄埔集团、九广铁路集团等还拥有自己的合同文本；香港特区政府还为重大建设项目编写特别的合同条件，如为香港新机场核心工程编写的合同条件；此外，英美等国合同文本，如 RICS、JCT 等也在香港特区的工程建设中被使用。香港特区的工程合同以英国工程合同为基础，其中，建筑工程合同参照 JCT 合同，设有建筑师和测量师，建筑分包合同也有测量师；其余工程合同参照 ICE 合同系列，只设工程师。

在我国香港特区，政府投资工程主要有采用《土木工程通用合同条件》《房屋建筑通用合同条件》和《电气与机械工程通用合同条件》；而私人投资工程则多采用香港建筑师学会《标准房屋建筑合同格式（带或不带工程量清单)》，该合同除有明确的通用条款外，还有一些根据法院诉讼经验而订立的默示条款这些条款暗中给予承包商一种权利，使之在甲方违约的情况下可以索赔。

2. 日本的建设工程合同

日本的建设工程承包合同的内容规定在《日本建设业法》中。该法的第三章"建设工程承包合同"规定，建设工程承包合同包括以下内容：工程内容、承包价款数额及支付、工程及工期变更的经济损失的计算方法、工程交工日期及工程完工后承包价款的支付日期和方法、当事人之间合同纠纷的解决方法等。

日本先进工程协会（ENAA）编制发行的工厂及电厂的建厂工程合同条件除了世行已开始采用以外，也开始受到欧洲人士的肯定，认为其文句清楚、结构良好，而且编有大量的附表模板方便使用。由瑞典、丹麦及德国联合承包的跨海大桥合约就是采用这种合同条件。

3. 韩国的建设工程合同

韩国的建设工程合同的内容规定在国家的法律《韩国建设业法》，该法1994年1月7日颁布实施。在该法第三章"承包合同"中规定承包合同有以下内容：建设工程承包的限制，承包额的核定，承包资格限制的禁止，概算限制，建设工程承包合同的原则，承包人的质量保障责任，分包的限制，分包人的地位，分包价款的支付，分包人变更的要求，工程的检查和交接等。

一个具体的工程项目，选用什么样的合同条件，要考虑当地的传统习惯、工程项目中角色的不同、实力对比的不同。同时，合同条件的选用还与业主偏好、贷款人要求有关。合同条件的宽严取决于业主对承包商的态度及承包商在其工程项目建设中的地位。此外，任何一个工程项目都不会全文原封不动照搬格式合同，通常是根据工程具体情况，修改补充相关条款。

在发达国家和地区，政府对工程合同的管理很重要的一种方式就是授权专业人士组织学会编制标准合同条件，国际上较著名的一些标准合同条件一般是由代表各方利益的权威专业人士组织制定，由政府认可，工程参与各方可参照执行；经过长期的工程实践，再进行修改完善。这些标准合同条件能比较公平、合理地划分风险责任和权利义务，一般较科学、严谨，易于为合同双方所接受，长期使用后为广大工程管理人员所熟悉，便于理解和沟通，大大地减少了合同当事人之间的误解和冲突，节省招投标和合同管理的精力和费用。系统地、认真地学习和掌握这些标准合同条件是每一位工程管理人员掌握现代化项目管理、合同管理理论和方法，提高管理水平的基本要求，也是我国工程项目管理与国际接轨的基本条件。目前，我国工程建设行业面临着许多机遇与挑战，进一步加强这方面的学习，关注和及时获取这方面的信息，对打造自身的核心竞争力，提升自身的实力，提高管理水平是十分必要的。

一个具体的工程项目，选用什么样的合同条件，要考虑当地的传统习惯、工程项目中角色的不同、实力对比的不同。同时，合同条件的选用还与业主偏好、贷款人要求有关。合同条件的宽严取决于业主对承包商的态度及承包商在其工程项目建设中的地位。此外，任何一个工程项目都不会全文原封不动照搬格式合同，通常是根据工程具体情况，修改补充相关条款。

技能训练

训练任务1：编制合同专用条款

请学生以引导案例为蓝本，分两组分别参照《建设工程施工合同（示范文本 GF—2013—0201）》及FIDIC《施工合同条件》为其编制专用合同的造价条款及进度条款，编制完成后由老师抽取部分学生代表组成评审组对内容进行对比分析。

训练任务2：编制索赔报告

请学生通过网络、文献等渠道收集本章引导案例的详细信息，学生可5~7人组成一个团队，每个团队作为施工单位的合同人员，为项目组编制一份索赔报告，学生编制索赔报告时要求报告结构完整，但可从造价、进度、不可抗力等方面选择重点进行详细分析。

从学生内部推选3~5名代表组成工程师团队，按照FIDIC合同条款的精神，对各组的索赔报告予以分析，明确索赔依据是否充分。

第 10 章

信息技术辅助招投标与合同管理

本章概要

　　随着网络化、信息化和数字浪潮的进步，网络办公日益临近，电子商务和电子政务的应用逐渐普及。对于招投标工作而言，网络化办公是最好的发展方向，可以充分体现招投标工作的"透明"特征，更好地实现"公开、公平、公正"。通过本章教学，可以使学生了解网络招投标的概念与特点；掌握网络招标系统的主要内容和发展趋势；掌握招投标整体解决方案的特点和操作方法；了解投标报价软件的特点和操作方法；掌握合同管理软件的特点和操作方法。

【引导案例】某公司成功使用网络招投标购销平台采购案例

　　某省工业设备安装公司成立于1954年，是一家大型的国有建筑安装施工企业，具有机电安装工程总承包、建筑装饰装修工程专业承包、钢结构工程专业承包、建筑智能化工程专业承包、消防设施工程专业承包、机电设备安装专业承包一级资质、市政总承包、房屋建筑总承包二级资质以及智能化集成设计甲级资质、轻型钢结构设计和装饰装修设计资质。公司属下设一～五分公司、建筑装饰分公司、建筑智能化分公司、房地产开发分公司，在深圳、珠海、东莞、江门、惠州、海南、重庆、大连等地设有分支机构。

　　作为一个大型建筑安装工程施工单位，每天都为处理大量的采购需求而忙碌，特别是针对材料招标就更是烦琐了，虽然在公司的合格供应商库里也有大量的厂商信息，可以满足企业的部分采购需求，但还是要大量地查找，打电话询问、比价，在采购需求多、材料偏的情况下，更缺乏快速完成采购工作的解决方案。

　　该公司引入的某网络招投标购销平台，包括网上发布采购招标信息及询价信息，合格供应商管理，主材价格趋势分析，全国范围内各种建材厂商信息共享，同一平台上同一标准下的快捷比价等功能。在企业需要采购螺旋钢板的信息在网上发布后，当天即有四家厂商发布了报价，经过网上审核、评标等环节，公司迅速选定了中标单位，并签订了购销合同。

【评析】成功的案例证明网络招标的优越和便捷，足不出户便可把握商机，招标采购工作更加省时省力且降低了成本，与传统的招标模式相比，网络招标更加迅速、准确、便利。

10.1　网络招标

10.1.1　网络招标的概念与特点

　　网络招标，也称网上招标采购，是在互联网上利用电子商务平台提供的安全通道进行招标信息的传递和处理，包括招标信息的公布、标书的下载与发放、投标书的收集、在线的竞标投标、投标结果的通知以及项目合同协议签订的完整过程。

建立这个功能完整的 B-B（企业—企业）、B-G（企业—政府）的网上招标系统不仅可以满足市场的需求，而且将有力地推动电子商务向深度和广度发展，实现招投标的网络化和自动化，最终提高招投标的效率以及实现整个过程的公正合理。

网络招标的特点可用三公开、三公平、三公正、三择优来表述。

1. 三公开

投标企业情况公开，即招标企业可以在网上查询企业的业绩、信用等基本情况，能在最大范围内选择好的投标人；招标公告及资格预审条件公开，即投标人可以在网上查询招标信息及投标条件，以确定是否要投标；中标人及中标信息公开，即任何人可在网上查询中标人及中标信息，使交易主体双方接受社会的监督。

2. 三公平

公平地对待投标人，即不设地方保护及门槛，只要达到资质要求的投标人均可在网上参加投标；公平地解答招标疑问，即招标人可在网上解答投标人疑问，并及时发放至所有投标人；公平地抽取评标专家，即在专家库中设立了回避规则，随机抽取与招标人和投标人没有任何利害关系或利益关系的专家。

3. 三公正

公正地收标，即采用计算机系统划卡，只要时间一到，计算机自动停止收标，杜绝任何人为因素；公正地评标，即通过计算机系统隐藏投标人的名称，统一投标格式，使专家不带偏向，公正客观地评分；公正地建立企业库，即利用计算机能有效地防止企业人员多头挂靠现象，保证企业资料的真实性。

4. 三择优

通过资格预审择优系统选择出业主满意的投标人，即依由招标人依法制订的择优条件及评分原则，经招标办备案后，在网上和报名点公布，并在网上查询投标人的业绩、资信、财务、诉讼等其他基本情况，最大范围内选择好的投标人。

通过专家库系统选择出能胜任评标工作的专家，即由招标人在已有的专家库中，根据评标专家需具备的条件，随机选取能胜任本次采购评标工作的技术、经济专家。

通过评标系统选择出业主满意的中标人，即招标人根据事先约定的评标原则和评标办法，由专家对所有投标文件进行在线的评价、打分，最终选出业主满意的中标人。

10.1.2 网络招标的优势与局限性

网络招标采购与传统招标采购在流程上十分相似，通过网络进行招标的起点从编制招标文件开始，经过在线销售标书、网上投标、开标、评标、决标、网上公开评标结果，最终结束于项目的归档保存，尽管流程相似，但网络招标高效便捷，与传统招标比存在以下几个方面的优势：

1）网络招标可以做到信息的完全公开并充分利用，提高办公效率，体现"公开、公平、公正"的办公原则。

2）网络招标可为招标、投标企业节约大量开支，符合建立节约型社会的要求，通过网络招标投标，可以提高监督部门与企业的办事效率，为企业节约人力、物力资源。

3）网络招标投标打破了时间和地域上的限制，可操作性强，在一些特殊情况下，如"非典"时期等，通过网络招投标使招标投标事宜顺利进行。

4）网络招标投标能为监管部门提供高效优质的监管手段，监管部门可实时为企业办理工程登记手续、审批招标公告、审查中标公示、打印中标通知书，监管部门还可以通过网络来综合查询、统计汇总及分析所有工程招标投标办理情况，并可通过内部管理程序以地域、时间、企业、工程等多种参数进行数据整合，大大提高了统计的速度和精度。

在看到网络招标便利、高效的同时，必须看到网络招标的局限性：由于采用电子操作，在身份认证、数据传输、数据存储等方面，一个错误的操作指令或系统的小错误就可能带来麻烦。另外，网络招标还需要一整套严密的管理体系和有效的约束机制，保证其规范化和法制化，对于一些重大技术装备和成套装备的招标也不适合使用网络招投标。同时网络安全也是一个需要引起注意的问题。

10. 1. 3　网络招标系统

网络招标系统主要由信息发布系统、招标过程管理及数据维护系统、中标评定系统和投标方管理系统组成，其具体过程及系统组成如图 10-1 所示。

1. 信息发布系统

传统的招标信息的发布是通过报纸、杂志这些传统媒体，目的是使尽可能多的供应商（货物、服务、工程）获得招标信息，以便形成广泛的竞争。供应商在获得有关招标信息后，必须到指定的地点按要求取得招标文件，互联网作为一种飞速发展的新型载体，同时具备信息发布和文件传输的双重功能，在招投标系统中，建设单位可以通过招标公告的形式在网上将信息和文件发布出去，从而可以使任何潜在的投标人随时地查阅各种招标信息，并立即通过网络下载招标文件。

目前我国已经成立的招投标网站有：中国招投标网 http：//www. cec. gov. cn/，中国采购与招标网 http：//www. chinabidding. com. cn/，中国工程招标网 http：// www. cnbidding. com. cn /index. jsp，这些网站能为用户提供招标公告、预中标人公告、中标信息、质量信息、企业名录、政策法规各种类的信息，招投标两方可通过信息发布系统进行招标申请、投标报名、招标答疑、发放中标通知书等，从而大大方便了招标人和投标人参加招投标活动，提高招投标工作效率，减少招投标成本。

2. 招标过程管理及数据维护系统

招标过程管理及数据维护系统是招投标过程的核心，它包括在招标过程中为投标方提供的以下服务：

1）招标情况说明及招标信息查询。
2）会员注册。
3）会员资料更改。
4）下载标书。
5）填定标书并发给招标方。
6）网上现场竞标。

3. 中标评定系统

中标评定系统通过中标评定算法对各投标方进行评估。

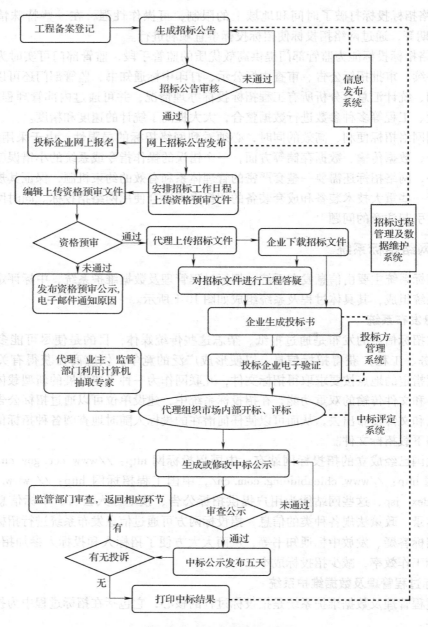

图 10-1　网络招投标流程图

4. 投标方管理系统

投标方管理系统通过对投标企业信息的收集进行管理。

10.1.4　网络招标的角色转换

网络招标中，共涉及招标代理、招标企业、管理部门、投标人和技术经济专家五个方面，其中，招标代理指的是具备各级招标资质的代理机构；招标企业是具备招标资质并进行采购项目的业主企业；管理部门是具有监督、管理招投标工作职能的有关机构；投标人是有独立法人资格的所有投标企业或供货商；技术经济专家指的是达到相关法律规定的各行业专家。

在进行网络招标后，各方所承担的职责见表 10-1。

表 10-1　网络招标各方职责

网络招标角色	承担的职责
甲方代表	整体采购策略和采购流程的制定；整体采购计划的制订和整体采购进度的推进；采购决策和采购变更决策；网络招投标的主导和推进；商务谈判确定中标单位
网络采购员	网上发布招标公告；通知供应商查看招标公告并准备预审资料；供应商网络投标操作培训；网上发布招标文件并提醒答疑；汇总网上供应商提问的问题；网上发布采购答疑内容并提醒查看；接收网上报价并提醒报价截止时间；网上开标、评经济标、汇总技术文件；发布入围结果；网上开标，汇总投标报价相应文件；发布中标结果
投标商代表	提交报价文件在内的投标文件；提供分包商名单；参与合同谈判；其他配合工作
技术经济专家	技术方案评审论证；其他技术性问题咨询、服务

10.1.5　网络招投标的未来

如今已是信息科技的时代，电子化、信息化的浪潮迎面而来，在社会的各个领域呈现出前所未有的发展趋势。网络招投标以信息技术为载体，结合电子商务技术的应用，能使招投标各方在人力、财力上得到大幅的节省，在效率上得到充分的提高，网络招标系统建设逐渐成为招投标采购系统建设的重点。

从国际招投标发展趋势看，通过网络进行招投标是改革的方向。网络招标方式与传统招标方式相比，可以消除空间障碍，提高采购时效，降低招投标的成本，目前有许多国家和地区开始运用。

从政府招标采购方面看，政府采购电子化是大势所趋，建立完善的电子化政府采购平台将对提高政府采购透明度和效率、降低采购成本、增强竞争发挥重要作用，而且能够进一步规范政府采购行为，抑制腐败现象的发生。而网络招投标是电子化政府采购平台的重要组成部分，必将受到政府重视，得到良好发展。

个性化、专业化是电子商务发展的两大趋势，网络招投标作为电子商务的重要组成部分，其发展也将呈现个性化和专业化的趋势，直接体现在现有的网络招标平台逐渐同类兼并，不同类型的招标网站以战略联盟的形式进行相互协作，网络招标平台将从以往的"大而全"模式转向专业细分的行业商务门户，充分发挥第一代的电子商务 Internet 在信息服务方面的优势，使网络招投标真正进入实用阶段。

10.2　招投标软件的运用

10.2.1　招投标整体解决方案

一个完整的建设工程招投标管理信息系统可以实现招标文件制作、投标文件制作、交易办公、评标过程、专家管理等全过程管理的信息化，系统的各个组成部分模块性、独立性强，可以全部应用，也可以独立运行。图 10-2 为广联达招投标整体解决方案流程图。

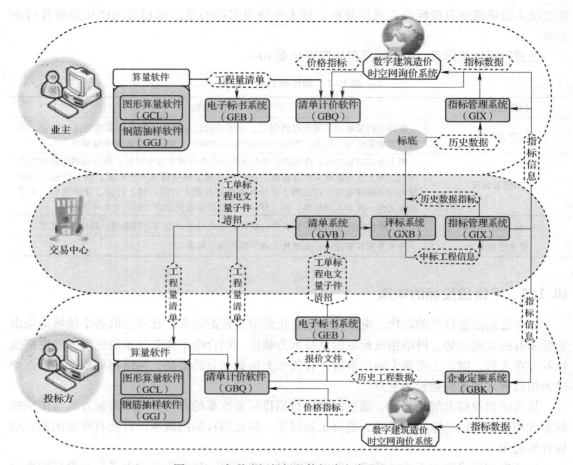

图 10-2 广联达招投标整体解决方案流程图

10.2.2 标书编制软件

以下以某工程软件中《招标文件自动形成与管理系统》（以下简称《招标系统》）为例，说明招标方编制软件的基本操作过程。

1. 招标文件的建立

（1）新建招标文件 对于新建一个招标文件，《招标系统》提供了两种操作方式：使用招标文件制作向导操作和按模板新建工程。使用招标文件制作向导新建文件过程见表 10-2。

表 10-2 使用招标文件制作向导新建文件过程示意

步　　骤	操　　作
使用生成向导	用鼠标左键单击工具条上的"新建"按钮或选择文件菜单下的"新建工程"菜单
选择招标方式	根据提示选择招标方式，拟招标工程是采取"公开招标"方式还是采取"邀请招标"方式
选择对投标人资格的审查方式	根据提示选择拟招标工程对投标申请人的资格审查是采取"资格预审"方式还是"资格后审"方式

（续）

步　骤	操　作
选择投标报价方式	根据提示选择投标报价方式，是采取"综合单价形式"还是"工料单价形式"
选择担保方式	选择担保方式，拟招标工程对承包人履约担保和发包人支付担保方式，是采取"银行保函"还是"担保机构担保书"方式，选择完成之后，单击"完成"按钮就新建好了一个招标文件工程
备注	如果中途想放弃新建，可以单击"放弃"按钮离开新建向导，如果想改变上一次的选择类型，只需单击"上一步"按钮，改变选择类型即可

按《招标系统》默认的选择方式完成操作步骤之后建立的招标文件的类型是：公开招标——资格预审——综合单价——银行保函方式。系统总共可以建立16种不同招标文件的形式。

《招标系统》已将16种不同招标文件的形式做成了模板，同时使用者也可以建立自己的模板，通过选择相应的模板，可快速建立拟招标工程的招标文件。选择文件菜单下的"按模板新建"菜单，会出现如图10-3所示窗口，用鼠标左键在左边下面的窗口进行模板选择，上面显示选中的模板，右边窗口显示模板的适用条件说明。单击"确定"按钮，系统则按选中的模板新建工程，单击"关闭"按钮放弃新建工程。

（2）输入招标工程信息　招标工程信息在"工程信息"页面输入，里面包括招标项目的主要信息，如工程项目信息、招标人信息、招标代理机构信息、投标人要求信息等。本页面输入的信息会在"快速自动替换功能"中使用，在生成招标文件时，输入的信息能自动填写到招标文件的各部分的相应位置。使用者可以根据工程的主要信息，生成招标文件，这些修改的信息就能在全部文档中反映出来。输入的方法也很简单，只要在相应位置填入相关内容即可。

（3）编辑招标文件的文档结构《招标系统》以一个树状的文档结构树来管理招标文件的各个部分。招标文件的每个独立部分称为一个节点，通过增删

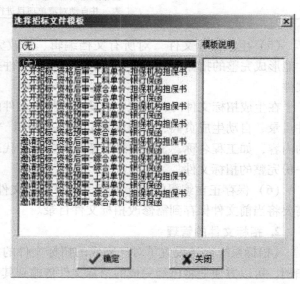

图 10-3　选择招标文件模板

节点，可以对招标文件进行调整，以增加标准格式以外的内容。文档结构树也是生成招标文件目录的依据。文档结构树"招标文件"页面中操作，通过选择编辑菜单下的"增加节点""插入节点""删除节点""增加子节点"和"重命名"，可以对招标文件的组织结构进行调整，通过在当前窗口中单击鼠标右键选择上述操作，对当前招标文件的结构进行调整，是方便的操作。

（4）编辑节点文档　《招标系统》提供了编辑招标文档的四种方式，见表10-3。

表10-3 招标文件编辑方法

编 辑 方 式	操 作 方 法
在"招标文件"页面编辑	在"招标文件"页面的文档结构树上，找到需编辑的文档节点，双击该节点名称或单击鼠标右键选择"编辑文档"菜单（或者选择编辑菜单下的"编辑文档"菜单），对当前节点的文档进行编辑、修改，保存修改只需单击"保存文档"菜单即可，单击"退出"可以退出此编辑窗口
单击工具条上的"浏览按钮"编辑	单击工具条上的"浏览"按钮，可以对所有文档进行编辑，单击之后会出现编辑窗口，使用者可以在左边的窗口通过用鼠标单击文档节点名称，在所有文档节点之间进行切换，右边窗口就会显示当前节点的文档信息，用户可以在右边窗口中对文档进行编辑。在文档节点切换的过程中，如果对当前文档资料进行了修改，系统会自动提示《招标系统》使用者是否需要保存修改，使用者可以根据需要选择是否保存
零散文档编辑	对于一些填写位置零乱或个别表格的文档，软件会自动给出一个集中填写页面，使用者可在页面下端处按提示填写内容，完成后按"写入"按钮自动将数据填入文档相应位置
工程量清单文档编辑	对于招标文件中的工程量清单表，系统设计了一个专用填表程序，在此页面，使用者可以使用右键菜单的"插入""删除""增加""增加子项"功能，对表内的相关数据行进行调整，单击数据单元可对表格内容进行修改。在输入内容时不必考虑表格的行数问题，在数据填完后，按"写入"按钮，程序会自动将数据填入文档中，如果工程量清单表格超过一页，系统会自动成多个续表，并自动对清单项目进行编号

（5）生成招标文件 对所有文档编辑、修改完成之后，需要执行生成招标文件功能，才能形成完整的招标文件。根据所选择的招标文件类型的不同，系统会自动生成相应的招标文件。

在生成招标文件时，系统会自动完成招标文件的内容组织工作，自动生成封面、招标文件目录、自动生成页码、自动设置页眉，并利用"自动快速替换功能"将工程信息页面中的内容，如工程名称、工程编号、招标人、招标代理等内容自动填写到相应位置，最终形成一份完整的招标文件。

（6）保存正在编辑的招标工程 如果当前文件的编制未完成或需要以后进行修改，就需要将当前文件保存到需修改招标文件目录。

2. 招标文件的管理

《招标系统》还设置了对已完成的招标文件的简单管理功能，使用者可以将文件备份、归档，可以方便地将已经完成的招标文件传输到其他文件中去，保证了工程招标文件资料的收集和积累。

（1）备份系统中的招标文件数据 为了实现资料积累，备份文件数据，或将文件传递给其他人使用，需要将已做完的招标文从系统中转移出来。为达到这些目的，可使用"导出数据"的功能，单击工具条上的"导出"按钮或文件菜单下的"导出文件"菜单，在项目名称处输入准备用于导出的文件名称，右边选择导出的目录，单击"确定"按钮以后，当前的文件被备份，单击"放弃"按钮则不备份。备份成功后，文件的所有数据被转移到了与项目名称相同的目录中。通过指定导出目录则可将数据转移到指定位置。

（2）从备份中调入数据到系统中 与导出功能相反，导入功能可将备份中的文件装入系统中，从而进行进一步的修改。单击工具条上的"导入"按钮或文件菜单下的"导入文件"菜单,选择"备份数据"所在目录,系统会提示该目录中所有的备份工程,从中选中要导入的备份文件,单击"打开"按钮,系统将新建一个工程将数据导入,单击"取消"按钮放弃该操作。备份文件导入后,就可使用打开文件功能来操作了。

(3) 导出工程信息　在一些情况下,《招标系统》使用者可能仅仅希望将一个工程的信息传给另一个工程,或想将工程信息保存下来供以后工程使用,此时可以使用导出工程信息功能,将工程信息保存到一个文件中去,以便其他工程使用。单击维护菜单下的"导出工程信息",在文件名处输入保存工程信息的文件名,单击"取消"按钮不保存文件,单击"保存"按钮进行保存。

(4) 导入工程信息　使用该功能首先要有其他工程的工程信息文件。单击维护菜单下的"导入工程信息",在窗口中选择保存工程信息文件的目录,从中选择一个工程信息文件,按"确定"按钮,工程信息会被导入当前工程的工程信息表中。

(5) 保存为文件模板　在招标工作中,招标人经常会遇到类似工程招标的情况。如果重新编制招标文件,则费时、费力。为此《招标系统》提供了模板功能,可以将以前编制完成的招标文件保存下来,如遇到编制类似工程的招标文件时,只需利用模板稍加修改,填入拟招标工程的相关信息,就能快速生成所需要的招标文件,且不易出现纰漏,极大地方便了招标文件编制人。

10.2.3　投标报价软件

1. 一般计价软件的主要特点

1) 软件可提供清单计价和定额计价功能,清单计价细分为工程量清单、工程量清单计价(标底)、工程量清单计价(投标)。

2) 多文档操作,可以同时打开多个预算文件,各文件间可以通过鼠标拖动复制子目,实现数据共享、交换,减轻数据输入量。

3) 可通过网络使用,在服务器上或在任一工作站上安装后,客户端设置加密锁主机,服务端启动服务程序后,即可实现网络使用。

4) 灵活的换算功能,系统提供类别换算、批量换算等功能。

5) 输入子目后,实时汇总分部、预算书、工料分析和费用。

6) 报表导出到 Excel,用户可利用其强大的功能对数据进行加工。

2. 计价软件的使用

以某软件为例,说明计价软件的操作过程。该软件是融计价、招标管理、投标管理于一体的全新计价软件,旨在帮助工程造价人员解决电子招投标环境下的工程计价、招投标业务问题,使计价更高效、招标更便捷、投标更安全。软件包含三大模块:招标管理模块、投标管理模块、清单计价模块。软件使用流程如图 10-4 所示。

(1) 招标方的主要工作

1) 新建招标项目,包括新建招标项目工程,建立项目结构。

2) 编制单位工程分部分项工程量清单,包括输入清单项、输入清单工程量、编辑清单名称、分部整理。

3) 编制措施项目清单。

4) 编制其他项目清单。

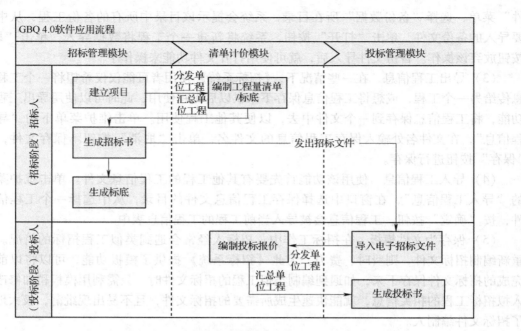

图 10-4　使用流程

5）编制甲供材料、设备表。

6）查看工程量清单报表。

7）生成电子标书，包括招标书自检、生成电子招标书、打印报表、刻录及导出电子标书。

（2）投标人编制工程量清单

1）新建投标项目。

2）编制单位工程分部分项工程量清单计价，包括套定额子目、输入子目工程量、子目换算、设置单价构成。

3）编制措施项目清单计价，包括计算公式组价、定额组价、实物量组价三种方式。

4）编制其他项目清单计价。

5）人材机汇总，包括调整人材机价格，设置甲供材料、设备。

6）查看单位工程费用汇总，包括调整计价程序、工程造价调整。

7）查看报表。

8）汇总项目总价，包括查看项目总价、调整项目总价。

9）生成电子标书，包括符合性检查、投标书自检、生成电子投标书、打印报表、刻录及导出电子标书。

3. 软件操作

（1）进入软件　在桌面上双击软件的快捷图标，软件会启动文件管理界面；在文件管理界面选择工程类型为清单计价，单击"新建项目"→"新建招标项目"，在弹出的新建招标工程界面中，选择地区标准为"北京"，项目名称输入"白云广场"，项目编号输入"BJ-070621-SG"，单击"确定"，软件会进入招标管理主界面。

（2）建立项目结构

1）新建单项工程。选中招标项目节点"白云广场"，单击鼠标右键，选择"新建单项工程"，在弹出的新建单项工程界面中输入单项工程名称"01 号楼"。

2）新建单位工程。选中单项工程节点"01 号楼"，单击鼠标右键，选择"新建单位工程"，选择清单库"工程量清单项目设置规则（2002-北京）"，清单专业选择"建筑工程"，定额库选择"北京市建设工程预算定额（2001）"，定额专业为"建筑工程"。工程名称输入为"土建工程"，结构类型选择为"框架结构"，建筑面积为"3600m^2"。在这里，建筑面积会影响单方造价。单击"确定"则完成新建土建单位工程文件。

通过以上操作，就新建了一个招标项目。

（3）编制土建工程分部分项工程量清单

1）建立清单项　进入单位工程编辑界面，选择土建工程，单击"进入编辑窗口"，软件会进入单位工程编辑主界面，通过查询输入、按编码输入、简码输入、补充清单项、直接输入和图元公式输入方法输入工程量清单。

2）清单名称描述：

方法一：项目特征输入清单名称。

选择平整场地清单，单击"清单工作内容/项目特征"，单击土壤类别的特征值单元格，选择为"一类土、二类土"，填写运距，单击"清单名称显示规则"，在界面中单击"应用规则到全部清单项"，软件会把项目特征信息输入到项目名称中。

方法二：直接修改清单名称。

选择"矩形柱"清单，单击项目名称单元格，使其处于编辑状态，单击单元格右侧的小三点按钮…，在编辑［名称］界面中输入项目名称，按以上方法，设置所有清单的名称。

3）分部整理。在左侧功能区单击"分部整理"，在右下角属性窗口的分部整理界面勾选"需要章分部标题"，单击"执行分部整理"，软件会按照计价规范的章节编排增加分部行，并建立分部行和清单行的归属关系。

通过以上操作就编制完成了土建单位工程的分部分项工程量清单，接下来编制措施项目清单。

（4）编制土建工程、其他项目清单等内容

1）措施项目清单。选择 1.11 施工排水、降水措施项，单击鼠标右键"添加"→"添加措施项"，插入两空行，分别输入序号，名称为 1.12 高层建筑超高费，1.13 工程水电费。

2）其他项目清单。选中"预留金"行，在计算基数单元格中输入 100000。

通过以上方式就编制完成了土建单位工程的工程量清单。

（5）新建投标项目、土建分部分项工程组价

1）新建投标项目。在工程文件管理界面，单击"新建项目"→"新建投标项目"；在新建投标工程界面，单击"浏览"，在桌面找到电子招标书文件，单击"打开"，软件会导入电子招标文件中的项目信息。

单击"确定"，软件进入投标管理主界面，就可以看出项目结构也被完整导入进来了。

2）进入单位工程界面。选择土建工程，单击"进入编辑窗口"，在新建清单计价单位工程界面选择清单库、定额库及专业。

单击"确定"后，软件会进入单位工程编辑主界面，能看到已经导入的工程量清单。

（6）套定额组价

1）内容指引。选择平整场地清单，单击"内容指引"，选择 1-1 子目，单击"选择"，软件即可输入定额子目，输入子目工程量。

2）换算

选中挖基础土方清单下的 1-17 子目，单击"子目编码列"，使其处于编辑状态，在子目编码后面空一格输入 *1.1，软件就会把这条子目的单价乘以 1.1 的系数。

选中散水、坡道清单下的 1-7 子目，在左侧功能区单击"标准换算"，在右下角属性窗口的标准换算界面选择 C15 普通混凝土，单击"应用换算"，则软件会把子目换算为 C15 普通混凝土。

标准换算可以处理的换算内容包括：定额书中的章节说明、附注信息，混凝土、砂浆标号换算，运距、板厚换算。在实际工作中，大部分换算都可以通过标准换算来完成。

3）设置单价构成。在左侧功能区单击"设置单价构成"→"单价构成管理"，在"管理取费文件"界面输入现场经费 5.4% 及企业管理费的费率 6.74，软件会按照设置后的费率重新计算清单的综合单价。

（7）措施项目组价 措施项目的计价方式包括三种，分别为计算公式计价方式、定额计价方式、实物量计价方式，这三种方式可以互相转换。

选择高层建筑超高费措施项，在组价内容界面，单击"当前的计价方式"下拉框，选择定额计价方式。

通过以上方式就把高层建筑超高费措施项的计价方式由计算公式计价方式修改为定额计价方式。

1）公式计算法。选择临时设施措施项，在组价内容界面单击计算基数后面的小三点按钮，在弹出的费用代码查询界面选择分部分项合计，然后单击"选择"，输入费率为 1.5%，软件会计算出临时设施的费用。

2）定额组价方式：

混凝土模板：选择混凝土模板措施项，单击"组价内容"→"提取模板子目"。在模板类别列选择相应的模板类型，单击"提取"。

在组价内容界面查看提取的模板子目，再次单击"提取模板子目"，在提取模板子目界面修改模板系数，然后单击"提取"。

脚手架：选择脚手架措施项，单击"组价内容"，在页面上单击鼠标右键，单击"插入"，在编码列输入 15-7 子目。软件会读取建筑面积信息，工程量自动输入为 $3600m^2$。

3）实物量组价方式。选中环境保护项，将当前计价方式修改为实物量计价方式，单击"载入模板"，选择环境保护措施项目模板，单击"打开"。根据工程填写实际发生的项目即可。

（8）其他项目清单 投标人部分没有发生费用，可以直接在投标人部分输入相应地金额即可。

（9）费用汇总 单击"费用汇总"，查看及核实费用汇总表。

10.2.4 评标软件

1. 计算机辅助评标系统整体流程

计算机辅助评标系统由"电子标书系统"和"辅助评标系统"两部分组成（图 10-5）：

招标人在向投标人提供招标文件时，同时提供以光盘为存储介质的电子招标文件。投标人在计价软件中编制完投标报价后，将投标报价回填或导入电子标书系统中，形成电子投标文件，刻录投标光盘。并将光盘作为投标文件的一部分与纸质投标文件一同递交到开标现场。开标时把电子投标文件导入辅助评标系统。商务标评委首先对各投标报价进行初步评审（清标），并打印出清标结果报表。并对清标结果进行分析、确认和判定。然后由辅助评标系统根据评标办法统计各投标报价排名，得出最终评审结果。以下以某评标软件为例，说明电子评标过程。

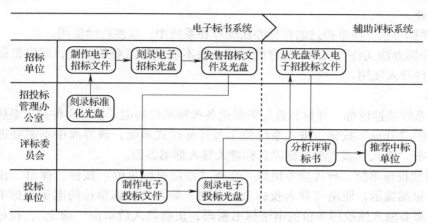

图 10-5　计算机辅助评标系统流程图

2. 新建标段

招标代理公司在开标现场输入自己公司的名称和密码，登录辅助评标系统。即单击"快捷方式"，启动"工程询评标系统"，在弹出的登录界面里正确输入公司名称和密码，进入标段管理界面。要评标，首先必须确定要评标的工程项目是什么，将这个过程软件化，就是系统中的"标段管理"，在这里可以增加、查看或者删除要评标的工程项目（即标段）。

在"标段管理"界面的下半部，可以对工程的特征信息进行直接编辑修改，也可以"增加特征"和"删除特征"。

进入"增加标段"，出现导入招标书功能，可以选择导入电子招标书文件。导入招标书后，项目的基本信息都导入到辅助评标系统中。单击"确定"之后，直接进入评标准备界面。

3. 评标准备

评标按照流程划分为：工程信息、开标、初步评审、详细评审、评分汇总和评标结果六个步骤。这六大部分实质上是实际评标业务流程的软件化，要理解软件的流程操作是很简单的，关键在于理解评标业务，对评标实际业务理解了，软件流程中的界面和功能就能很清晰地理解。软件是用来辅助工作的，实际操作的还是业务工作，根据业务工作的内容操作软件就可以了。

（1）项目信息　"项目信息"页面中显示的内容是新建项目时录入的标段信息。如果在新建标段时没有完整录入，此时可以继续完善。以便积累的数据中有完整的参考信息。

（2）评标办法设定　确定评委之后，选择下一步"评标办法"，进入评标过程的第二步——"评标办法"设定。评标办法设定可以设置"评分汇总"、"技术标"、"商务标"、"综合标"。各页面中,因具体评标办法和业务流程不同,而设置了不同的选项和参数,从而实现了一定规则下对评标办法的灵活设置。

针对实际评标过程中不同的工程项目,评标办法千差万别,手工维护工作量大,且无法方便地借用以往类似数据的情况,软件实现内置评标规则可维护,同时内置许多评标办法供选择使用,对评标办法可以进行灵活调整、保存和再次调用。

"选择评标办法"为当前工程选择适用的评标办法,内置的和保存过的评标办法会显示出来以供选择。

"保存评标办法"将维护过的评标办法保存在系统中,以便持续使用。

"导入评标办法文件"软件中保存的评标办法不能满足需要的时候,可以将做好的其他评标办法文件导入使用。

4. 开标

为实现系统快速清标、评标,首先需要把各投标单位的电子投标文件导入系统中。单击评标流程中的"开标"按钮,进入系统的工程开标仪式界面,该界面中不需要进行任何编辑,直接单击"进入"或者单击标段名称进入导入标书界面。

(1) 添加投标单位、导入参考预算 选择"添加投标单位"按钮,弹出"添加投标单位"界面,根据提示,使用"导入投标书"按钮,导入的投标单位的电子投标书。选择投标文件后,需要输入该投标单位的电子标书密码,正确输入后单击"确定",投标书即可导入。同时相关的投标文件工程信息也会自动导入并显示在"添加投标单位"对话框内,确定信息准确无误后,单击"确定",投标单位添加成功。重复上述操作,依次导入各投标文件即可。

(2) 标书管理 在招标书、投标单位文件、标底导入成功后的整体界面中可以看到投标单位下侧还有一个界面,分为"技术标"、"商务标"、"综合标"三栏,这一界面就是标书管理界面,单击总体界面最下面的"标书管理"按钮可以显示和隐藏标书管理界面。

标书管理操作时,可以"导入"、"查看"和"清除"各投标单位技术标、商务标文件;可以"查看标书版本",投标单位电子标书导入后在商务标栏可以显示出标书文件信息。

所有投标单位的电子投标文件导入完成后,软件会提示输入标段密码。开标后如果再打开该标段查看数据,就必须输入密码。

5. 评标专家

抽取专家之后,招标人或招标代理登录系统,录入抽取的专家名单。

1) 选择"新增专家",弹出"增加评委"界面,直接录入或选择评委姓名、专业、职称等信息即可。

2) 在评标委员选定之后,必须为各位评标委员指定所任职务。每个评标工程项目,必须有唯一的一个"评标负责人",其他评委可分别设置为"技术评委""经济评委",也可以两项都设置。

6. 初步评审(清标)

评委启动评标软件,选择评审的项目,输入评委的姓名。

现在的评标过程中,经常会发生投标人修改了招标工程量清单内容,标书中存在"单价×数量≠合价"等计算错误，招标人规定了最高价格的清单项、材料，投标人的报价却仍然高于该限价等情况。这些问题在初步评审过程中软件会自动进行计算、比对，将错误和不符的项目自动筛选出来，以供评审参考。在一定程度上保证评标的公平、公正、择优的原则。

"初步评审"包括：偏差审核、分部分项工程量清单检查、有效性检查、初步排序四部分。

（1）偏差审核　如图 10-6 所示，上半部是各投标单位偏差审核的汇总结果显示部分，下半部是偏差审核的操作工作区。

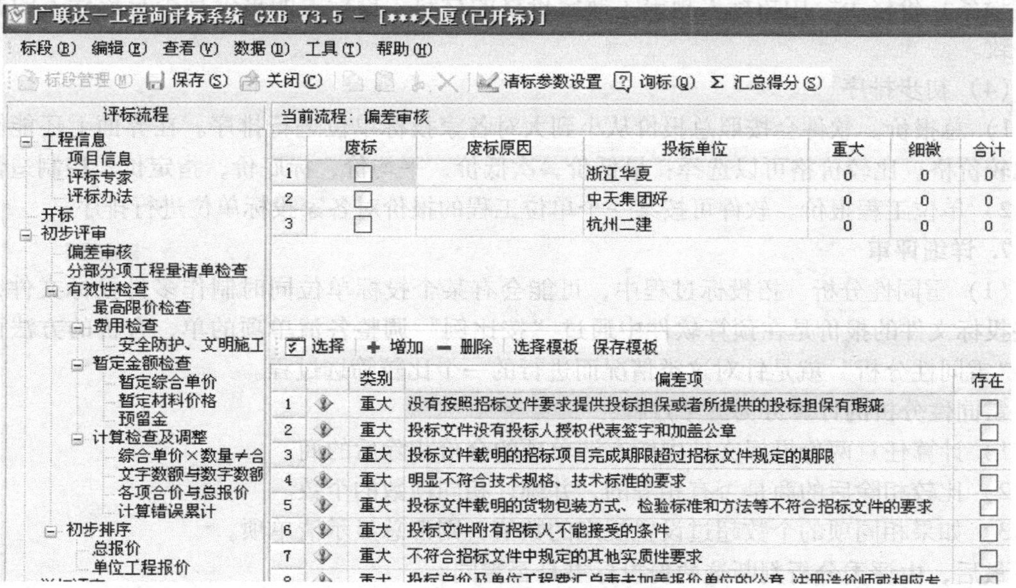

图 10-6　偏差审核页面

系统内置了部分偏差审核项。实际使用时，可根据不同工程需要自行增减偏差项。另外通过对维护后的偏差项进行保存，以后工程中可以以模板的方式再调用。

在对投标文件的审核中，发现存在的问题后，结合软件中提供的偏差项对号入座，在"存在"列中勾选该项，该项就被设置为存在偏差，并记入软件的"投标文件偏差一览表"中。

（2）分部分项工程量清单检查　"分部分项工程量清单检查"主要检查投标文件中是否有修改招标文件的分部分项工程量清单的情况。

招标人在招标文件中制作的分部分项工程量清单的清单编码、名称、计量单位、工程数量，投标人是不可以随意修改的。评审前一般需要检查投标书是否修改了招标文件中的内容。以前手工进行符合性检查需要耗费大量人力和时间。现在软件自动将各投标文件与招标文件中的各项进行对比，快速准确地列出符合性检查中的增减项和改动项，不再需要人工逐项核对。

通过"选择评审报表"可以查看任一专业工程的工程量清单的符合性检查结果。

（3）有效性检查

1）最高限价检查。"最高限价检查"是用来检查投标人的分部分项清单报价是否超出最高限价。超出最高限价的项会列在表格中，显示超出的金额和比例。

2）费用检查。费用检查是用来检查"工程项目总价表""单位工程费汇总表"这两张表中的规费、税金的报出费率和规定费率是否一致的。

3）安全防护、文明施工措施费用。检查各家投标单位报出的"安全防护、文明施工措施"费用是否低于最低金额。软件自动计算比较报出费用与最低金额的差额，如果差额为负，说明投标人的费用报价低于最低金额，不符合要求。

4）暂定金额检查。检查投标人的报价是否和招标人规定的暂定价一致。检查"主要材料（设备）价格表"中招标人规定了暂定价格的材料，投标人的报价是否与招标人的暂定价一致。

（4）初步排序

1）总报价。软件会按照总报价从小到大对各家投标单位进行排序。在界面上还能够显示比较价格。比较价格可以选择：最低价，次低价，平均价，标底价，指定价，控制造价。

2）单位工程报价。软件可按某一个单位工程的报价对各家投标单位进行排序。

7. 详细评审

（1）雷同性分析 招投标过程中，可能会有某个投标单位同时制作多份投标文件，且这些投标文件的报价是在预算软件中通过"按比例"调整各清单项的单、合价的方法而生成。"雷同性分析"就是针对这类情况而进行的一个比较筛选过程。

雷同性分析的计算分为三个过程：

1）计算任意两份投标文件中所有清单项的合价相除后的商。

2）比较相除后的商是否有相等的，并统计相同项数的个数。

3）如果相同项的个数超过设置规定的数值，则汇总显示清单项。

最后，由评委分析判断这两份投标书是否雷同。

软件可以按相同项数和占总报价比率筛选出任意两家投标单位所有清单项的雷同性。

（2）分部分项清单分析 分部分项清单分析为配合评委对清单项的评审而设计的，所有清单项目设定范围的筛选、排序；并对所有投标报价进行横向对比，即从清单项的总价到清单项费用组成，到工作内容组成，最后到工料机细项组成内容的逐层分析对比，从而判断清单项是否合理的过程。辅助评委对清单项报价的合理性进行评审。

1）清单分析（图10-7）。

"分部分项清单分析"包括如下内容：

"选择评审报表"：可以选择所有专业工程的分部分项报表，也可以选择某一个专业工程的分部分项报表。

"比较价格"：可以指定各种比较价格，软件会显示与比较价格的差额以及差额率。

"筛选"：按"差额率"和"差额"两种方式，筛选超出即定范围的过高或过低的清单项。

"排序"：按照"绝对值"或"相对值"两种方式排序显示过高或过低的清单项。

"横向对比"：对所有投标单位的报价进行从清单总价到费用组成，到工程内容，到工料机细项的逐层分析对比过程。

选择某一要查看的清单后，单击"横向对比"按钮即弹出"各单位横向对比"页面，

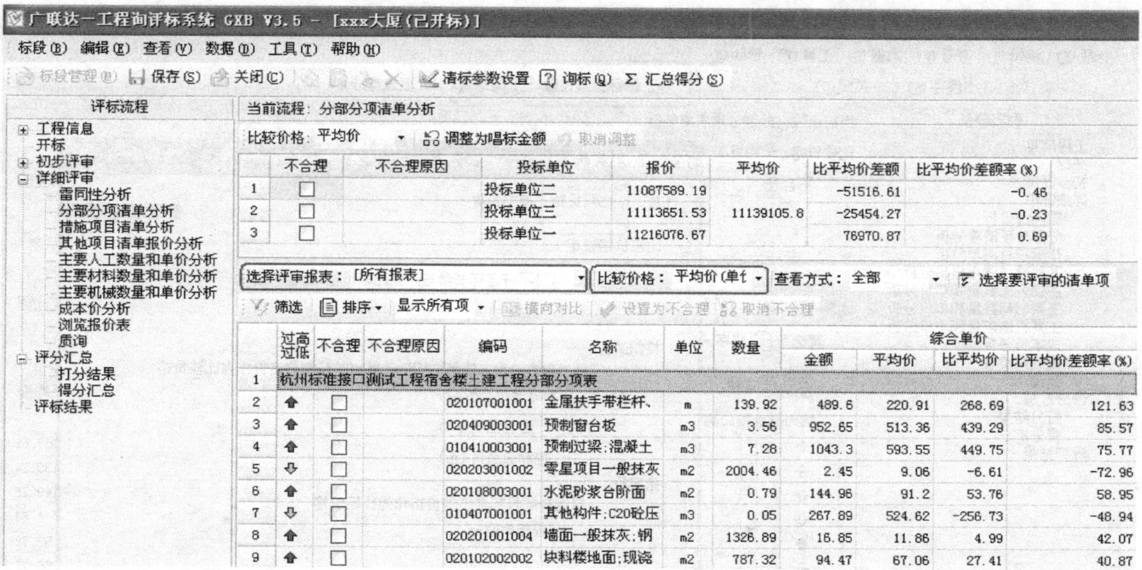

图 10-7　分部分项清单分析页面

在页面的上半部分可以查看该清单项总价的各投标单位的横向对比，图 10-7 显示的是各投标单位与平均价比较后的差额及差额率。

如果通过查看总价，发现某一投标单位的当前清单项明显过高或过低，需要进一步分析，可以选择页面下半部分中的"各投标单位横向对比""清单项子目组成""人材机材料"页签，逐层地分析报价合理性。

通过页面下侧的"上一条清单"和"下一条清单"可以方便地在各清单项间切换。

通过"设置为不合理"和"取消不合理"，评委可以针对某一条清单项设置为不合理和取消不合理。这里的设置会显示在详细评审的报表中。

2）参数设置（图 10-8）。

清单分析时的"比较价格"是在工具栏的"清标参数设置"里设置的。如图 10-8 所示，单击"清标参数设置"后，弹出设置框，可以在其中调整"控制造价"的具体数额，输入"单方造价"和"建筑面积"后，系统自动计算出"控制总造价"供评审时调用；在"指定价"指定哪一家投标单位的价格为比较价；计算"平均价"等。"比较价格设定"选择不符合的标书和标底（需在开标时导入标底后，此项才可设置）是否参与比较价格的计算。

（3）措施项目清单分析　与"分部分项清单分析"的作用相似，"措施项目清单分析"分析各投标单位的"措施项目清单"报价的合理性。

（4）其他项目清单报价分析　与"分部分项清单分析""措施项目清单分析"的作用相似，其他项目清单报价分析用来分析各投标单位的"其他项目清单"报价的合理性。

（5）主要人工（材料、机械）数量和单价分析表　将"主要人工（材料、机械）数量和单价分析表"中的人材机数量与所有投标单位的该条材料的平均数量（最低、次低）进行比较。系统自动按设定条件汇总计算，辅助评委确定其合理性。

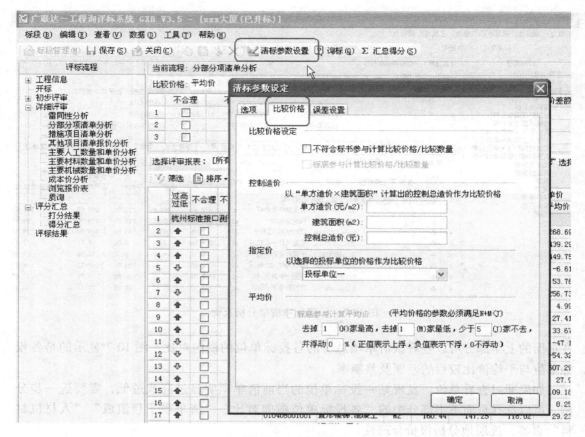

图 10-8 参数设置

（6）成本价分析 显示的各家投标单位的总报价信息，按"成本价分析参数设置"筛选出来的投标单位显示为亮黄色，表示是低于成本价的投标单位。

（7）浏览报价表 显示各家投标单位的报价。

（8）质询 评委可以单击"询标"按钮，在出现的询标窗口中输入问题，可以打印和保存问题。

8. 评分汇总

（1）商务标打分

"商务标打分"：根据"评标办法"中的设置，系统自动计算各打分项得分。

"计算机打分"：软件根据初步评审结果自动汇总商务标分值，并针对不同的评分项计算出各投标单位的商务标得分。

"按投标单位查看评分"：单击后可以查看各个单位的技术标、商务标和综合标的得分情况。

（2）技术标打分、综合标打分 由于在评标办法设定时定义的技术标打分方式是手工打分，所以在技术标打分时可以对每家单位的各个评分项输入得分值。如果评表办法设定时选择按照"优良中差"打分。

所有打分进行后，单击软件功能菜单中的 Σ 汇总得分⑤ 按钮，分值就可汇总成功。在得分汇总界面上可以看到各家投标单位的总报价、技术标、经济标、综合标分数，以及总得分和排名。

详细评审及评分汇总结束后，评标流程就基本完成了。对该评审工程的评审意见可以形成在界面下侧的评审意见界面中，各评委的评审意见将进入评表结果中的"评委评审意见记录"报表。

9. 报表

在评标工作结束后，评标委员会要形成评标报告，提交一系列的报表。软件在评标过程中的数据都自动进入报表系统形成表格，并按照流程进行分类，可以方便地查找和预览，评标委员会可以直接在报表界面进行打印。

10.3　合同管理软件的运用

10.3.1　合同管理软件的开发现状及发展

20 世纪 90 年代后，工程项目管理软件发展迅速，不断有功能强大、使用方便的软件推出，在项目管理中发挥了重要作用，而部分合同管理软件也逐渐从项目管理软件中独立出来，在工程管理和招投标管理中起到越来越重要的作用。现在我国比较流行的合同管理软件一般是根据住建部和国家工商行政管理总局批准颁发的《建设工程施工合同（示范文本）》《建设工程施工专业分包合同（示范文本）》以及《建设工程施工劳务分包合同（示范文本）》开发编制的，可以快速、自动地编制、生成合同文件，并对合同文件进行管理。软件能提供包括合同文件制作向导、集中信息填写、文档结构编辑、文档结构浏览、自动快速替换、合同文件自动生成、合同文件目录自动生成、模板功能以及合同文件管理等多种功能。利用这些功能，能极大地减少合同文件编制过程中的重复和遗漏，减轻合同当事人的工作量，缩短编制周期，使合同文件的编制更快捷、更准确，成为合同当事人便捷、准确、得心应手的管理工具。

10.3.2　合同管理软件操作

以下以某工程软件中《合同文件自动形成与管理系统》（以下简称《合同管理系统》）为例，说明合同管理软件的基本操作过程。

1. 合同的形成

（1）新建合同文件　对于新建一个合同文件，《合同管理系统》提供了两种操作方式：使用合同文件制作向导新建合同文件和按模板新建合同文件。

1）使用合同文件制作向导新建合同文件。使用合同文件制作向导，只需用鼠标单击相关内容，即可得到拟建立的合同文件形式。具体操作是用鼠标左键单击工具条上的"新建"按钮或选择文件菜单下的"新建合同文件"菜单，如果想放弃新建，可以单击"放弃"按钮离开新建向导。

2）按模板新建合同文件。《合同管理系统》已将三种不同合同文件的形式做成了模板，同时合同当事人也可以建立自己的模板，通过选择相应的模板，可以快速编制合同文件。选择文件菜单下的"按模板新建"菜单，会出现模板窗口，用鼠标左键在页面左边的窗口进行模板选择，页面左上方显示选中的模板，右边窗口显示模板的适用条件说明。单击"确定"按钮，系统则按选中的模板新建合同文件，单击"关闭"按钮放弃新建合同文件。从本步骤开始的后续操作界面，与招投标文件的操作界面相似，故不再重复展示。

（2）输入合同信息　拟签订合同的主要信息可在"合同信息"页面输入。本页面输入的信息会在生成合同文件时，通过《合同管理系统》内置的"快速自动替换功能"，自动填写到合同文件的相应位置。也就是说，合同当事人可以随时修改、替换合同的主要信息，只要重新生成一次合同文件，这些修改的信息就能在合同文件中反映出来。信息输入时，只要在页面相应的位置填入相关的内容即可。凡在界面中有"▼"按钮的地方，如合同订立时间等，均可下拉选择。

（3）编辑合同文件的文档结构　《合同管理系统》以一个树状的合同文件结构树来管理整个合同文件。合同文件的每个独立部分称为一个节点，通过增删节点，可以对合同文件的结构进行调整，增加标准格式以外的内容，或者删除标准格式以内的内容。同时，合同文件结构树也是生成合同文件目录的依据。编辑合同文件结构树在"合同文件"页面中操作，通过选择编辑菜单下的"增加节点""插入节点""删除节点""增加子节点"和"名"，可以对合同文件的组织结构进行调整，调整时在当前窗口中单击鼠标右键，即可选择、完成上述操作。

（4）编辑合同文档　合同当事人可以在左边的窗口通过用鼠标单击文档节点名称，在所有文档节点之间进行切换，右边窗口就会显示当前节点的文档信息，用户可以在右边窗口中对文档进行编辑。在文档节点切换的过程中，如果对当前文档进行了修改，系统会自动提示是否需要保存修改，合同当事人可以根据需要选择是否保存。需要注意的是此处保存文档只是对当前节点的文档进行保存，但整个合同没有被保存，如果需要保存，应单击工具条上的保存按钮或者文件菜单下的保存合同文件菜单；不要修改文档资料中被符号"｛""｝"包围起来的内容，因为它会被"合同信息"页面的相关信息自动替换掉。

（5）生成合同文件　对所有合同文档编辑、修改完成之后，需要执行生成合同文件功能，才能形成完整的合同文件。根据所选择的合同文件类型的不同，《合同管理系统》会自动生成相应的合同文件。

在生成合同文件时，《合同管理系统》会自动完成合同文件的内容组织工作，自动生成合同文件封面、合同文件目录、自动生成页码、自动设置页眉，并利用"自动快速替换功能"将"合同信息"页面中的相关内容自动填写到合同文件的相应位置，最终形成一份准确、完整的合同文件。

单击工具条上的"生成合同"按钮或编辑菜单下的"生成合同文件"菜单，可自动生成合同文件的全部文档。如果在生成的过程中发现合同信息填入有误或其他原因，单击"终止"按钮，可以结束当前自动生成过程。

（6）保存正在编辑的合同文件　如果当前合同文件的编制尚未完成或需要以后进行修改，就需要将当前文件保存到《合同管理系统》中。只需单击工具条上的"保存"按钮或"文件"菜单下的"保存合同文件"菜单就可以完成此项操作。

2. 合同的管理

《合同管理系统》还设置了对已完成的合同文件的简单管理功能，合同当事人可以将合同文件备份、归档，可以方便地将已经完成的合同文件传输到其他文件中去，保证了工程合同文件资料的收集和积累。

（1）备份《合同管理系统》中的合同文件　为了实现资料积累，备份合同文件，或将文件传递给其他人使用，需要将已做完的合同文件从系统中转移出来，为达到这些目的，可使用导出功能。单击工具条上的"导出"按钮或文件菜单下的"导出合同文件"菜单，在文件名称处输入准备用于导出的文件名称，右边选择导出的目录，单击"确定"按钮以后，当前的文件被备份；单击"放弃"按钮则不备份。备份成功后，文件的所有数据被转移到了与文件名称相同的目录中。通过指定备份目录则可将数据转移到指定位置。

（2）从备份中调入数据到系统中　与导出功能相反，导入功能可将备份中的文件装入系统中，从而进行进一步的修改。单击工具条上的"导入"按钮或文件菜单下的"导入合同文件"菜单，出现以下窗口：选择备份数据的目录，系统会提示该目录中所有的备份文件，从中选中要导入的备份文件，单击"打开"按钮，系统将新建一个文件将数据导入，"取消"按钮放弃该操作。备份文件导入后，就可把其当做新建的合同文件操作。

（3）导出合同信息　在某些情况下，合同当事人可能希望将一个合同的信息传递到另一个合同中去，或希望将合同信息保存下来供以后使用，此时可以使用"导出合同信息"功能，将合同信息导出，保存到一个指定的文件中去，以备后用。单击维护菜单下的"导出合同信息"，在文件名处输入保存合同信息的文件名，单击"取消"按钮则不保存文件；单击"保存"按钮则进行保存。

（4）导入合同信息　与"导出合同信息"功能相对应，《合同管理系统》设置了"导入合同信息"功能，使用该功能首先要有其他工程项目的合同信息文件。单击维护菜单下的"导入合同信息"，在窗口中选择保存的合同信息文件的目录，从中选择一个合同信息文件，按"打开"按钮，合同信息会被导入当前的"合同信息"页面中；按"取消"按钮，则选择的合同信息不会被导入。

（5）保存为合同文件模板　在实际工作中，合同当事人经常会需要签订类似的工程合同。如果重新编制合同文件，则费时、费力。为此，《合同管理系统》提供了模板功能，可以将以前编制完成的合同文件保存下来，如遇到编制类似工程的合同文件时，只需利用模板稍加修改，填入合同文件的相关信息，就能快速生成所需的合同文件，且不易出现纰漏，极大地方便了合同当事人。若要将当前合同文件保存为模板，选择维护菜单下的"保存为合同文件模板"菜单，按照窗口提示操作，输入模板名称及模板说明之后，单击"确定"按钮，则当前文件被保存为模板；单击"放弃"按钮，则不保存。

小　结

由于招标工作涉及招标公告、资格预审、发标、质疑和澄清、回收投标文件、开标、评标、发布中标公告等多个环节，因此传统的招标方式费用高、工作量大、周期长，并且产生了大量的招标文件、投标文件等纸质文档，归档、保存和检索都需要花费大量的人力物力。采用网络招投标系统能提高招投标工作效率，降低招投标费用，更好地实现"公平、公开、公正"的基本原则，为招投标工作服务。

目前，我国现有的几个运用较多的招投标系统均能系统综合运用各种网络信息技术，为招投标双方提供自主自助招标平台。招标单位可以通过网络完成招标项目建立、项目审核、招标邀请发布、供应商审核、招标文件上传、公告澄清、投标文件回收、开标、招标结果公告等招标工作的全过程；投标单位可以通过系统完成查阅招标邀请、接受招标邀请、下载招标文件、递交投标文件、浏览回复澄清、维护公司资质文件等投标工作全过程。而且各系统可以同时进行多个不同项目招投标工作，而且还支持多个不同招标单位各自独立组织招标活动。部分招投标系统还能为招标单位提供标书费用、投标保证金等辅助管理和招投标用户注册、审核、系统资料维护等业务管理功能，同时，提供专用账号，可跟踪、查询项目的招投标全过程和各类统计数据以满足各级主管机关、监察部门等的管理需要。可以相信，网络招投标将是我国未来招投标工作的重要发展趋势，是我国电子商务平台重要组成部分，必将有着美好的未来。

技能训练

某工程平整绿化用地 $20m^2$，园路 $10m^2$，水刷混凝土路面，厚14cm，宽120cm，3∶7灰土垫层，厚10cm，片植红花继木 $10m^2$，5株/m^2，修剪高度100cm，养护一年。现场安全生产措施费基本费费率0.7%，考评费费率0.4%，暂列金10 000元，工程排污费费率0.1%，社会保险费2.2%，税金3.445%，试求此工程的工程造价。

提示：

1）分部分项工程量清单，见表10-4。

表10-4　分部分项工程量清单

序　　号	项 目 编 码	项 目 名 称	计 量 单 位	工　程　量	综合单价	合　　价
1	050101006001	平整绿化用地	m^2	20		
2	050201001001	园路	m^2	10		
3	050102007001	栽植色带	m^2	10		

2）需考虑的措施项目费用：现场安全文明生产措施费。

3）其他项目费——暂列金。

4）规费：

a. 工程排污费。

b. 社会保险费。

5）税金。